泥石流勘查与防治

张永盛 郭德庆 徐庆方 ◎主编

 吉林科学技术出版社

图书在版编目（CIP）数据

泥石流勘查与防治 / 张永盛，郭德庆，徐庆方主编
. -- 长春 : 吉林科学技术出版社，2023.6
ISBN 978-7-5744-0663-6

Ⅰ．①泥… Ⅱ．①张… ②郭… ③徐… Ⅲ．①泥石流
－地质勘探－研究②泥石流－灾害防治－研究 Ⅳ.
①P642.23

中国国家版本馆CIP数据核字(2023)第136550号

泥石流勘查与防治

主　　编　张永盛　郭德庆　徐庆方
出 版 人　宛　霞
责任编辑　袁　芳
封面设计　长春美印图文设计有限公司
制　　版　长春美印图文设计有限公司
幅面尺寸　185mm×260mm
开　　本　16
字　　数　360 千字
印　　张　23.75
印　　数　1–1500 册
版　　次　2023年6月第1版
印　　次　2024年2月第1次印刷

出　　版　吉林科学技术出版社
发　　行　吉林科学技术出版社
地　　址　长春市福祉大路5788号
邮　　编　130118
发行部电话/传真　0431-81629529 81629530 81629531
　　　　　　　　　　81629532 81629533 81629534
储运部电话　0431-86059116
编辑部电话　0431-81629518
印　　刷　三河市嵩川印刷有限公司

书　　号　ISBN 978-7-5744-0663-6
定　　价　78.00元

前　言

我国是一个多山的国家，山地面积占全国面积的 70% 以上。由于山地地质地貌复杂，气候类型多变，人类的生产、生活范围空前扩大，原始地貌、水文等平衡遭受破坏，导致泥石流、滑坡突发性灾害暴发频繁，水土流失也较严重，都在时时刻刻威胁着人类生命财产安全，是世界上山地灾害最严重的国家之一。另外，地质灾害宣传力度及临灾避险意识和避险能力的欠缺加大了致灾伤亡的风险。

全国地质灾害防治"十四五"规划指出："受太平洋板块、印度洋板块和亚欧板块运动作用，我国构造与地震活动强烈，地形地貌、地质条件复杂，加上气候类型多样，人类工程活动剧烈，我国地质灾害易发、多发、频发。截至 2020 年底，全国登记在册地质灾害隐患点共有 328654 处，潜在威胁 1399 万人和 6053 亿元财产的安全。按类型划分，滑坡 130202 处、崩塌 67383 处、泥石流 33667 处、不稳定斜坡 84782 处，其他类型地质灾害 12620 处。"

国家一直对滑坡、崩塌、泥石流、山洪等突发性灾害的防御十分重视，近 20 年每年的投入，都有较大幅度增加，广大山区、省、地、县、乡、村防灾减灾体系已基本建立并逐渐完善，灾害多发的县级以上城镇已明显减少。据自然资源部门，据统计，通过开展避险搬迁和工程治理等工作，全国受地质灾害威胁的人数由"十二五"末的 1891 万人降至 2020 年底的 1399 万人，减少了 492 万人，减少 26%。"十三五"期间，全国共发生地质灾害 34218 起，造成 1234 人死亡（失踪）、直接经济损失 160 亿元，较"十二五"期间分别减少 47%、39%、41%。全国共实现地质灾害成功避让 4296 起，涉及可能伤亡人员 14.6 万人，避免直接经济损失 50 亿元。

2018 年 10 月 10 日召开的中央财经委员会第三次会议后，各地各部门进一步加强地质灾害防治工作，又取得新进展。2019-2020 年，全国共发生地质灾害 14021 起，造成 363 人死亡（失踪），年平均死亡（失踪）人数较"十二五"期间减少 55%。但地质灾害死亡事件并没有也不可能彻底杜绝。笔者相信通过大力推广、普及，人民群众的防灾减灾意识会不断增强，因地质灾害造成的人员伤亡会进一步减少，人民的美好生活向往一定能够实现。但令人深思的是在上述人员伤亡中，农村占了总数的 80% 以上，就其原因是广大山区居民缺乏临灾应变的能力。因此，普及泥石流的勘查与防治，是防灾减灾的重要任务。本书就是为提高群众的地质灾害防灾减灾知识水平而编写的。希望这套丛书的出版，有益于普及科学文化知识，有益于防灾减灾，有益于保护生命。

本书行文设计共有十二章内容，是笔者从多泥石流沟勘查与治理实践的基础上研究、总结和提炼的技术成果。全书系统地研究了泥石流的形成机理、影响因素、分类、流体特征及判别方法等，提出了泥石流勘查和预测的方法，建立了泥石流防治工程设计原则、标准与布置等安全控制技术体系，通过大量有代表性的照片和示意图，生动形象地展示了泥石流治理工程中的常见问题，并对这些问题提出了行之有效的解决办法。初步架构出泥石流治理工程设计体系，按设计步骤系统阐述泥石流的参数厘定、防治方案、工程措施与结构设计，并归纳震后泥石流的特点与防治经验。在讨论泥石流的防止措施中，从岩土工程防治措施、生物工程防治措施两个方面来进行探究得；并讨论了旅游城镇泥石流灾害防治与风险融资，文章最后更是补充了泥石流行政防治管理与开发利用。

泥石流对其下游居住的人和物具有严重的威胁性，通过对其分类、形成条件、启动特征及危害的了解，提出了生物与工程措施相结合的措施，能够对泥石流进行有效治理，避免造成二次灾害，从而保护该区域的人和物的生命财产安全。为了使泥石流的治理体系发挥长期效果，应运用大数据对已发泥石流的形成条件和危险区域进行统计，利用自动化监测对已发泥石流地区进行监测，提高监测精度，能够有效避免泥石流对该区域的人和物造成二次伤害。基于泥石流的破坏性及威胁性，我们应该及时总结当前治理工作中的经验教训，并随着对泥石流治理技术的不断成熟，使泥石流防治措施得到不断完善。

在编写过程中，我们既对前辈学者的研究成果有所参考和借鉴，也注重将自身的研究成果充实于其中。尽管如此，圈于编者学识眼界，本书瑕疵之处难以避免，切望同行专家及读者斧正。

编　者

内容简介

　　本书在介绍泥石流及其判别、危害方式与特征、形成条件、分布规律、分类等基本理论的基础上，阐述了泥石流野外考察、观测、试验（现场和室内）理论和技术方法，对泥石流防治的原则和方案、预防和治理泥石流的环境保护措施、监测预（报）警（报）措施，工程措施、行政管理措施等的理论和技术方法进行了归纳总结和提炼，探讨了泥石流的开发利用问题。本书主要作为提高公众的泥石流认知水平和防灾减灾科技水平的用书，融科学性、知识性和实用性为一体，也可供从事地质灾害勘查与防治、山区开发与建设的工程技术人员和行政管理人员参考，还可作为大专院校相关专业师生的教学参考用书。

目 录

第一章 我国泥石流灾害概况

泥石流作为自然界中一种常见的山地灾害，广泛分布于世界各地，除南极洲外，六大洲都有泥石流踪迹，可以说泥石流灾害遍布全球。世界上泥石流最活跃地区，莫过于北回归线至北纬50°之间的区域，如阿尔卑斯山—喜马拉雅山系、环太平洋山系、欧亚大陆内部的一些山系等；其次是拉丁美洲、大洋洲和非洲某些山区。

我国山区和半山区面积约占国土总面积的三分之二，大部分山地和切割高原地质构造复杂，山地起伏大，特别是在新构造运动活跃的第四系沉积物深厚，且山高坡陡、地表破碎、地震频繁，加之暴雨集中，植被覆盖率低，往往成为泥石流易发区。

我国山区面积辽阔，又多处季风区，降水集中，晚近地壳运动又很剧烈，地震频繁，地形陡峭，切割破碎。许多地方具备泥石流形成必不可少的三个基本条件——陡峻的地形、骤发洪流和大量碎屑物。1949年以来相当长的时间里，忽视环境保护工作，对自然界不正确的开发利用，严重破坏了生态平衡，导致一些山区泥石流日趋活跃。

据统计，中国泥石流分布在31个省、市和自治区，约950县市。泥石流的活动区域面积430万 km^2 其中活动强烈的地区达230.万 km^2，全国有8万处泥石流活动，其中严重的有8500处。天山、祁连山、昆仑山的前山地带、秦岭、太行山区、北京西山、辽西山地和吉林的长白山地区均分布有严重泥石流，而西藏东南部、横断山区、滇西及滇东北、四川省山区，则更是泥石流频发地区，图1-1为我国泥石流分布简图。

根据研究统计，全国有近百座县城受到泥石流的直接威胁和危害。如四川的汉源、泸定、德荣、西昌、南坪、炉霍、金川等20余座；云南的东川、巧家、南涧、漾濞、德钦等18座；西藏的江孜、亚东、八宿、定日、索县、丁青等10座县城；甘肃的兰州、武都、文县、礼县等10余座城市。

山区铁路交通也深受泥石流危害。据初步统计，全国有20条铁路干线分布有泥石流沟1400余条。1949年以来，先后发生中断行车的泥石流灾害300余起，有33个车站被淤埋，有的车站曾被淤埋多次。其中以成昆、宝成、天兰铁路干线和东川铁路支

1

线最为严重。

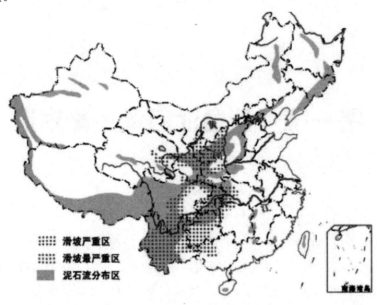

图1-1　中国泥石流分布简图

我国公路网中，川藏、川滇、川陕、川甘等线路泥石流灾害最严重，仅川藏公路沿线就有泥石流沟1000余条。公路建成以来，先后发生的泥石流灾害400余起，每年因泥石流灾害阻车时间长达1-6个月，成为川藏公路运输的重大问题。泥石流对内河航道的危害也十分严重。其中金沙江中下游（金江街至新市镇）、雅碧江中下游和嘉陵江中下游，通航的最大障碍之一是泥石流活动及其堆积物，如金沙江金江街以下河段共有险滩400多处，均由泥石流堆积物和滑坡体淤塞河床而致，最为称著的老君滩即为泥石流堵江形成。

泥石流对修建于河道上的水利水电工程危害很大。如云南省近年受泥石流冲毁的中、小水电站达360余座，水库50余座；上千座水库因泥石流活动而淤积严重，造成巨大的经济损失，更为突出的危害是使河床淤积严重，形成极端荒凉的"沙石化"景观，如我国泥石流灾害最严重地区之一的云南小江，两岸分布有泥石流沟100余条，大量泥沙砾石输入小江河床，每年淤高10~20cm，形成一片沙滩石海，难以兴建任何水利工程。

第一节　我国泥石流灾害分布特征

泥石流分布受到大的地貌、地质和气候控制而具有一定的区域分布特点，同时由于其他外力因子的作用出现局部的区域性特点，沿深切割地貌屏障迎风坡密集分布，沿强烈地震带成群分布，沿深大断裂带集中分布，沿生态环境严重破坏地带分布，从而具有典型的地域分布特征。各地区典型泥石流如图1-2、图1-3、图1-4、图1-5、图

1-6、图1-7所示。

（一）我国地形阶梯地貌之间的过渡地带泥石流分布

我国现有三个地形阶梯地貌，其间分布有两个过渡地带，其一是青藏高原向次一级的高原或盆地（云贵高原、黄土高原、四川盆地、塔里木盆地、准嘎尔盆地）的过渡地带，包括昆仑山、祁连山、岷山、龙门山、横断山和喜马拉雅山；其二是次一级高原盆地向我国东部低山丘陵的过渡地带，包括大小兴安岭、长白山、燕山、太行山、秦岭、大巴山、巫山、武岭、云开大山等。以上两个过渡地带区域均分布泥石流灾害，而且异常活跃。

（二）我国高原及边缘山区的泥石流分布

青藏高原及边缘山区。青藏高原平均海拔在4500m，高原上横卧着一列列冰雪连绵的巨大山脉，是我国冰雪消融泥石流的分布地带。

图1-2　西藏帕隆藏布泥石流

图1-3　西藏察隅曲泥石流沟拦砂坝破坏情况

图 1-4 四川省凉山州昭觉县城北泥石流沟上游段

图 1-5 四川省凉山州昭觉县城北泥石流沟拦砂坝

黄土高原及边缘山区。它包括太行山、乌鞘岭、日月山、秦岭的广大地域。在干燥作用下，旺盛的黄土堆积和在较湿润的气候条件下，强烈的流水侵蚀所塑造的特殊的黄土沟谷地貌与塌、梁、昴等谷间地貌组合，使黄土高原成为一个千沟万壑、地表十分破碎的地貌形态。是我国以暴雨泥石流为主的发生区。

云贵高原及边缘山区。位于我国西南，包括贵州全部、云南东部、广西北部以及四川、湖南、湖北部分边境地区。高原平均海拔 1000~2000m，西北高、东南低。云贵高原的地貌除滇中、滇东和黔西北角常保持较平缓高原面外，外围大部分地区被江河切割成层峦叠嶂、坎坷崎岖的山地性高原，是我国暴雨泥石流分布的地带。

除了高原及边缘山区外，泥石流在我国的华北和东北山区，如北京的西山和太行山，东北辽宁省境内都有泥石流出现。我国其他地区的山区，如福建的安溪，台湾的南投、花莲，香港特区的大屿山和青山都有不同类型的泥石流分布。

（3）具有强烈切割的河谷地带的泥石流分布。

我国泥石流活跃密集地带分布于支流强烈切割（相对高差大于 1000m）的高原和高山区的河谷地带。例如西藏雅鲁藏布江的波密—林芝一带；流经甘肃武都境内的白龙江两岸，流经四川的泸沽至西昌间的安宁河谷；金沙江中下游及小江河谷（流经云南东川），云南大盈江中游河谷，都为我国最活跃最发育的泥石流分布地带。

图 1-6　甘肃省陇南武都县城泥石流沟

图 1-7　云南省盈江县户撒河泥石流危害

第二节　历年来泥石流灾害概况

随着地壳构造运动及气候变化频繁加剧，我国近年来泥石流灾害呈现加剧之势。以下简述 2009 年以来的 3 年间我国发生的重大泥石流灾害情况。

一、2009 年泥石流灾害

（1）四川康定"7·23"泥石流灾害。

2009 年 7 月 23 日，四川省康定县突降暴雨，引发特大泥石流灾害，导致当地人员死亡 5 人，失踪人员达 50 人，省道 211 线多处中断，3000m 道路被淹没，电力中断、通讯不畅；136间、1853m2工棚被毁，损失各类车辆32台，各类机具61台（件），仪器设备80台，各类建筑物资1400t，经济损失巨大。泥石流灾害现场如图1-8所示。

图1-8 泥石流现场搜救

（2）四川金阳"7·31"泥石流灾害。

2009年7月30日傍晚至次日上午，包括金阳县在内的凉山州各市县普遍遭受中雨到大雨袭击，引发特大泥石流灾害，特别是泥石流袭击了金阳县境内的中国水电十局施工人员居住区，造成9人死亡，凉山州共有6个县38个乡镇2.3万人受灾，倒塌房屋132间，农作物受灾面积680hm2，受灾极为严重。泥石流灾害现场如图1-9所示。

图1-9 寻找被埋的失踪人员

（3）台湾高雄"8·9"泥石流灾害。

2009年8月9日凌晨，台湾省高雄县由于台风引起长时间的集中暴雨，并暴发严重的泥石流灾害，特别是高雄县甲仙乡小林村大部分民宅惨遭掩埋，小林村第9至18邻完全被土石掩埋，包括小林小学、中华电信机、卫生所均不见踪影。据台湾灾害应变中心13日公布数据，小林村有169户、398人遭活埋，在台风中遇难人数估计已超过500人。泥石流灾害场景如图1-10所示。

图 1-10 泥石流淹没村落及冲毁的公路

二、2010年泥石流灾害

2010年是我国泥石流灾害频发的一年，自当年5月至8月发生包括舟曲特大泥石流灾害在内几十次特大泥石流，是历年的10倍，表1-1列举2010年汛期发生重大泥石流的时间、地点、致灾原因及受灾情况。

表 1-1　2010年5—8月特大泥石流灾害情况

年份	发生时间	发生地区	发生灾害原因	受灾情况
2010 年	5月6日	湖南省醴陵市黄泥坳办事处国光居委会	强降雨	经济损失600万元
	6月1日	广西玉林市容县和岑溪县接壤地区	强降雨	43人死亡
	6月16日	四川省甘孜州九龙县魁多乡扎洼村陈家湾	强降雨	经济损失543.9万元
	6月28日	贵州关岭县岗乌镇	强降雨及滑坡	42人死亡，57人失踪
	7月13日	云南省昭通市巧家县小河镇	强降雨	19人死亡，32人失踪，直接经济损失达1.65亿元
	7月16日	四川省阿坝州理县古尔沟镇木城沟	降雨	经济损失2384万元
	7月17日	四川省雅安市汉源县小堡乡汉源化工厂选厂	降雨	经济损失3000万元
	7月19日	陕西安康	强降雨	20人失踪
	7月24日	四川省凉山州甘洛县黑马乡铁阿莫村一组	降雨	经济损失700万元
	7月26日	云南省怒江州贡山县普拉底乡咪各村米谷电站	降雨	11人失踪
	7月27日	四川省雅安市汉源县万工乡	强降雨	20人失踪，92户房屋倒塌
	7月29日	四川省阿坝州理县上孟乡	强降雨	直接经济损失达7689万元
	8月7日	甘肃省甘南州舟曲县	强降雨	1463人遇难，302人失踪
	8月13日	四川省锦竹市汉旺镇清平乡	强降雨、地震	7人遇难，500多人被困
	8月18日	云南贡山	强降雨	14人遇难，90人失踪，直接经济损失1.4亿元

（1）"8·7"甘肃舟曲特大泥石流。

2010年8月7日22时许，甘肃省甘南藏族自治州舟曲县突降强降雨，县城北面的罗家峪、三眼峪泥石流下泄，由北向南冲向县城，造成沿河房屋被冲毁，泥石流阻断白龙江，形成堰塞湖。灾害主要发生在县城东北方向的三眼峪和罗家峪这两条沟内，在三眼峪，堆积物

长约2km、宽达100余m、平均厚度3～4m，泥石流土方高达130万m3罗家峪的泥石流规模要小一些，堆积物长约2km，宽50~80m，厚度也比前者稍薄，泥石流土方为30万这两处泥石流土方总计达180万m^3之多。据中国舟曲灾区指挥部消息，截至28日，舟曲"8-7"特大泥石流灾害中遇难1463人，失踪302人，累计门诊人数2244人。泥石流灾区航拍片如图1-11所示。

图1-11　"8·7"舟曲特大泥石流灾害

（2）"8•14"四川汶川特大泥石流。

2010年8月12日起，四川省部分地方降大雨或暴雨，局部地方降大暴雨，致使成都市、德阳市、阿坝州等10个市（州）34县（市）576万人受灾，引发多处特大山洪泥石流灾害。8月13日夜间至14日凌晨，汶川突降暴雨，境内映秀镇、漩口镇、银杏乡、三江乡等多个乡镇多处发生泥石流、塌方等灾害，10余个乡镇交通、通信、电力中断，造成国道213线汶川段多处阻断。这是汶川地震后，"震区生命线"第五次因地质灾害而中断，也是"震区生命线"受创最多、最深的一次。其中以银杏乡毛家湾、映秀镇烧房沟、红村沟最为严重，毛家湾泥石流形成的堰塞湖造成213国道300余m路基被淹，水位高出路面3~4m，红村沟和烧房沟及沿途泥石流堆积体达85万m^3。映秀镇枫香树村红村沟泥石流致使岷江改道，镇内部分安置房被淹。由于准备充分、预警及时、工作到位，虽然灾情巨大，但最大限度避免了人员伤亡，把灾害损失降到了最低程度。截至15H，共有死亡13人、失踪59人。泥石流淹没地区现场如图1-12所示。

图 1-12　映秀镇山洪泥石流受灾场景

（3）"8•18"云南怒江贡山泥石流。

2010 年 8 月 18 日，由于连日频降暴雨，云南省怒江保健族自治州贡山独龙族怒族自治县普拉底乡一铁矿附近突发泥石流灾害，冲毁路基 2350m，冲毁玉金公司东月谷铁矿选厂厂区，冲毁石拱桥 1 座，造成道路和通信中断。泥石流堆积物冲入怒江，导致怒江水位提高了 6m 左右，但没有形成堰塞湖。共造成 22 人死亡，90 人失踪，10 人重伤，28 人轻伤，受灾人员达 275 人。

三、 2011年泥石流灾害

（1）"3•15"云南盈江泥石流。

2011 年 3 月 15 日，云南省德宏州盈江县靠近震中的弄璋镇飞勐村允冒、广云、允哨、贺哈、弄兴 5 个自然村出现建筑地基、耕地喷沙冒水现象。根据专家查勘后认为从 2010 年 12 月起多次发生地震，可能造成山体斜坡的土体松动，岩土体结构的破坏，使得斜坡稳定性降低，产生滑坡、诱发泥石流的可能性增大。

（2）"7•4"四川阿坝州茂县泥石流。

2011 年 7 月 4 日，四川省阿坝州遭遇强降雨天气，多地发生滑坡、塌方和泥石流等地质灾情，暴雨导致岷江暴发泥石流，213 国道"汶川生命线"映秀至汶川段多处塌方，洪水和泥石完全阻断道路。其中阿坝州茂县南新镇棉簇村棉簇沟发生泥石流，当地一家化工厂的宿舍楼被淹至二楼，消防人员接报赶到，救出 27 人，仍有 8 人失踪，事故又造成化工厂内氯气泄漏，125A 不适送医院治理。泥石流冲毁淹没居民区现场如图 1-13 所示。

图 1-13　泥石流掩埋房屋

（3）"7·6"四川阿坝州理县泥石流。

2011 年 7 月 6 日，受强降雨影响，致使四川省阿坝州理县境内多处发生泥石流灾害。位于朴头乡甲司口村的特大泥石流致使漆树坪电站厂房和职工宿舍被冲毁，直接造成甲司口电站被淹没，壅塞体堵塞河道形成堰塞湖，阻断杂古脑河过水断面四分之三。朴头新桥村新桥沟、杂谷脑镇打色尔沟、甘堡乡板子沟村、蒲溪乡、桃坪乡增头沟等发生泥石流。一时间，山洪肆虐、房屋倒塌、人员被困，路基下沉，保坎垮塌，漫过河堤，冲进村道，桥梁被冲。

第三节　我国泥石流致灾原因及特点

一、泥石流灾害特点及危害方式

（一）泥石流灾害特点

（1）规模大，危害严重。

我国山区具备形成大规模泥石流的条件。在我国西部地区暴发的冰川泥石流，一次输出的固体物质达百万立方米以上。规模惊人的大型泥石流，不仅使其危害范围内的一切设施、土地、森林资源等荡然无存，而且还造成一系列次生灾害。如泥石流堵断江河，回水淹没以及堵塞溃决所造成的灾害也是十分严重的。西藏波密迫隆沟冰川泥石流就是一例。

（2）数量多，危及面广。

我国泥石流分布广，数量多。仅川藏、青藏、滇藏和黑昌等公路沿线，近期活动的泥石流沟就有2000余条；金沙江干支流近期发生泥石流的沟有1000余条。泥石流危害的对象有：①铁路、公路、航道、渠道等构筑物；②土地、森林、矿产、水力等自然资源和能源；③城镇、工厂、矿山、电站、桥涵、隧道等建筑物；④作物、牲畜等农牧业；⑤自然保护区、风景名胜区；⑥人民生命财产的伤亡和损失等。总之，泥石流危及面广，受灾对象不胜枚举。

（3）活动频繁，重复成灾。

我国泥石流活动受到所处的流域环境条件的影响，泥石流暴发的时间（年代）间隔长短不一，长的可达百年以上，短者不足一年。20世纪80年代以来，泥石流活动日趋频繁，尤其是新发生的泥石流沟，不仅年年暴发，而且年内暴发多次，重复成灾。如西藏波密的迫隆沟冰川泥石流，由于规模大，暴发次数多，灾情特别严重。

我国西部公路（川藏、川陕、川甘、川滇等）多为重要交通干线，运输量较大，车辆较多，而处于要害地段的泥石流沟的重复多次暴发，其危害就远远超过多年一次或一年一次的泥石流灾害。

（二）泥石流灾害对环境的影响

泥石流是一种特殊的物质运动现象，它以强大的破坏力，剧烈地改变地表形态、结构和物质组成而导致环境恶化。

（1）泥石流对山地环境的影响。

泥石流对孕育其发生发展的沟谷进行强烈的侵蚀，尤其是中上游段，一次大型泥石流活动，可使沟谷下切3~5cm，有的可达10m以上（如古乡沟泥石流），能把数十万立方米乃至数百万立方米固体物质冲出山谷，输送到堆积区和主河。严重的泥石流活动区，年土壤侵蚀模数可达（2～3）$\times 10^5$t/（$km^2 \cdot a$）以上。由于泥石流强大的侵蚀作用，破坏沟源和两岸山体的稳定性，重力作用不断加剧，滑坡，崩塌不断发生，泥石流活动进一步发展。山地不断被蚕食和肢解而支离破碎，沟谷纵横，滑坡成片，使昔日森林密闭、林木葱葱的青山绿水，演变成为光山秃岭、恶水横流的荒芜景象。

（2）泥石流对河谷环境的影响。

泥石流是一种饱含泥沙石块的特殊洪流，具有固体物质含量高、大块石多、冲击破坏力强等特点。泥石流暴发冲出山口，进入宽缓的大河谷地，大量泥石流块停积而形成堆积扇，特别是那些暴发频率高，一次冲出固体物质达百万立方米的特大泥石流，顷刻之间使河谷地形巨变，形成沙滩石海。在泥石流沟分布密集的河谷，形成众多堆积扇，相互连接，成为一片沙石荒滩，淤埋良田和村庄。一场大型或特大型黏性泥石流，以整体方式搬运固体物质进入大河，一举形成天然堆石坝、堵塞河道、壅水成湖，随着水位升高，水流漫顶过坝，往往导致坝体溃决，形成特大溃决洪流，强烈地冲蚀河谷，所经之处一切荡然无存，迅猛地改变河床河谷形态，严重地影响水资源、土地资源开发利用和环境保护。西藏东南部冰川泥石流、金沙江暴雨泥石流对河谷环境的影响都有典型事例。

泥石流进入大河除停积一部分泥沙石块外，其余被水流挟带而下，使大河含沙量大大增高，常常由于河床淤高，使得水资源开发非常困难。最严重的小江河床，每年淤高形成大面积的沙石荒滩，致使河谷环境恶化。

（3）泥石流活动对气候、水文环境的影响。

泥石流活动使山地环境退化，森林植被破坏，由此而引起一系列其他灾害的出现。

干旱和洪水增多，枯水季节水量小。由于泥石流地区失去调节气候、涵养水源、调节洪水和保持水土的能力，一方面导致泥石流地区气温变化加剧，风力增大，降水减少，产生干旱灾害；另一方面，一遇暴雨，易于形成强大暴雨径流，造成洪水灾害，而且地表水多流失，大大减少对地下水的补给，从而影响到枯水季节对河流的补给，使河流枯竭。

加速土地退化。由于泥石流地区失去耕地，沙石满布，地表荒芜，甚至造成风沙灾害，致使土地退化。

环境污染加重。由于地表缺乏森林植被而失去净化大气的能力，致使二氧化碳等气体不断积累，尘埃增高，加重环境污染。

（三）泥石流致灾方式

（1）泥石流淤埋危害。

淤埋是最常见的一种泥石流危害方式。范围广，危害大，受灾部门多。主要有农田、村寨、道路、水利水电工程、城镇和江河湖（海）等。例如1983年四川喜德后山一场暴雨激发泥石流沟达27条，淤埋上千亩农田、4km多长的公路等。又如1972年四川冕宁汉罗沟泥石流，淤埋成昆铁路新铁村车站（四股道）以及一列货车、上百亩农田和数十间房屋。

（2）泥石流冲毁危害。

泥石流具有强大的冲毁能力。一场大中型黏性泥石流暴发时，所运行的路径上一切设施、道路和农田都被一扫而光，形成一片石海景象，并带来严重的灾祸。例如，1981年7月9日，成昆铁路利子依达沟暴发灾害性泥石流，流速高达13.2m/s，容重达2.32t/m3，巨砾多，粒径大，直径8m以上者达数十块，具有强大的冲毁力。泥石流冲毁利子依达沟大桥右岸桥台，剪断2号桥墩，毁梁两孔，使422次列车颠覆，300余人遇难。1984年7月18日，四川省南坪县关庙沟暴发泥石流，流速9.2m/s，容重达2.22t/m³含巨砾多，直径2~5m的有430块，5~10m的有60余块，产生强大的冲毁能力。泥石流将一幢三层楼房一侧自底到顶削掉，巨石冲进水泥砖墙屋内，将厚1m的混凝土墙冲开，一出沟口就冲毁公路，并把左岸一道厚1m的挡墙冲开，击出一个14m长的缺口，造成严重的灾祸。

（3）泥石流堵河阻水危害。

泥石流发生时，当其规模较大并同主流直角相交时，往往发生堵河。一般阻塞时间较短，随着水位升高而过坝溢流，阻塞严重者则形成堰塞湖，湖水淹没农田、村舍和道路。若坝体溃决，则会酿成更大的危害。

二、自然因素诱发泥石流灾害

泥石流致灾的主要自然因素包括以下3个方面：

（1）降雨条件：降雨量、降雨过程及降雨强度、冰雪融水。

（2）地质构造：岩性、地质、新构造运动及地震、风化作用、重力地质作用（含滑坡、崩塌、剥落、泻溜、高山区域的冰崩、雪崩等）。

（3）地形地貌：相对高度、坡度与坡向、流域形状和沟谷形态等。

1.3.2.1 泥石流形成的降雨条件

泥石流发生和降雨的关系极为密切。我国处于典型的季风气候区，雨量充沛，降水集中，多暴雨和特大暴雨，若以年降水量400mm等值线为界，可将我国分成东部湿润区和西部干旱区。在东部湿润区多发生降雨型泥石流，出现频率高；西部干旱区和高寒区多出现冰雪消融泥石流、冰湖溃决泥石流和降雨型泥石流，且冰雪消融泥石流规模大，频率高。降雨型泥石流发育和分布于辽西山地、北京西部山区、太行山区、秦岭山区、大巴山区、龙门山区、横断山区、乌蒙山区、南岭、五指山区，台湾的阿里山也有零星分布。降水与冰雪消融、冰湖溃决为水动力条件而形成泥石流的地区分布于喜马拉雅山、念青唐古拉山、祁连山、天山及横断山（一部分高原地区）等山区。从行政区上看，我国的降雨型泥石流遍及全国20多个省、市、自治区。

当中雨、大雨、暴雨、大暴雨和特大暴雨24h降雨分别为10mm、25mm、50mm、100mm和200mm时均有激发泥石流的可能性。而且，泥石流的发生与前期降水，特别是与前10min和1h的短历时降雨雨强关系十分密切。

强暴雨的局地性和短历时雨强对泥石流激发起着重要的作用。在日本，激发泥石流的1h雨强一般都在30mm以上，10min雨强在7~9mm以上。我国川西地区激发泥石流的1h雨强也在30mm左右，10min雨强则在10mm以上（见表1-2）。

表1-2 泥石流发生的降水特征统计表

沟名	泥石流发生时间	降水量（mm）		雨强（mm）		泥石流活动特征	备注
		前期	当日	1h	10min		
关庙沟	1984年7月18日	—	50	40	20	大型黏性泥石流	南坪县城区
芦花沟	1984年7月17日	10.1	33.0	32.9	20.2	中等规模，成灾	黑水县城区
芦花沟	1986年6月15日	23.9	2&8	8.9	4.0	中小规模泥石流	—
芦花沟	1987年6月13日	23.5	29.6	10.4	5.8	小型泥石流	—
芦花沟	1987年7月19日	14.9	14.7	5.0	1.5	小型泥石流	—
张家沟	1985年5月14日	—	9.5	7.9	6.0	小规模泥石流	小金县城区
上窑沟	1988年6月8日	—	—	—	20.5	中小规模泥石流灾害严重	松潘县城区

沟名	泥石流发生时间	降水量（mm）		雨强（mm）		泥石流活动特征	备注
		前期	当日	lh	10min		
七盘沟	1978年7月15日	79.5	66.7	36.4	17.0	黏性泥石流，危害公路、工厂	汶川县
七盘沟	1979年8月15日	48.0	30.8	—	6」	稀性泥石流，无危害	汶川县
七盘沟	1983年7月9日	—	31.3	8.1	1.7	稀性泥石流，无危害	汶川县
八步里沟	1981年8月20日	—	56.2	1&0	10.0	稀性泥石流，危害道路、农田	金川县城区

暴雨的形成是由中尺度的天气系统作用造成的，这类天气系统的尺度，一般只有数十公里，历时只有几个小时，而且暴雨集中的地区，此天气系统的尺度还要小得多。事实上，由暴雨激发的泥石流，常常是限制在较小的范围内，或是发生于某个山岭某几条沟的流域。大面积的沟谷泥石流同时共发的现象，在没有特殊条件的情况下（如强烈地震作用和大暴雨），一般是少见的。即使在地形、固体物质和植被等条件都类似的同一地区，或相邻的沟谷，往往也并不同时发生泥石流。泥石流的形成、运动和停积的全过程是非常短促的，一次泥石流历时仅数小时。

综上所述，我国大部分山区在季风气候影响下，降水量大，暴雨的频率高，普遍有利于各种类型泥石流发生，日降水量、1h和10min雨强与泥石流的形成关系最密切。

1.3.2.2 泥石流形成的地质和地貌条件

（1）构造运动和地震。

构造运动形成的一系列大规模断裂构造带，对泥石流形成和活动具有重要的影响和作用。我国构造运动表现十分强烈，断裂非常发育，特别是以纵向构造和歹字型构造最突出，这些断裂规模大、活动性强，是影响区域地壳稳定性的主要因素。大断裂分布地区，也是区域地震活动最为频繁的地区。断裂对地形的影响也很明显，它们不仅控制着我国现代地貌的发育，而且也基本控制了我国泥石流发育和区域分布特征。

大断裂构造破碎带一般长几公里至数十公里，沿断裂带上软弱构造面发育的岩石破碎，形成糜棱岩、破碎岩和角砾岩等动力变质岩，成为次生泥石流的温床，是泥石流发生发展的控制性因素。我国活动断裂带，诸如安宁河断裂带、绿汁江断裂带、小江断裂带和波密—易贡断裂带以及白龙江断裂带等，成为我国泥石流最发育的地区，其泥石流数量之多，规模之大，活动之强，灾害之重，为我国之冠。其次，怒江断裂带（巴青—丁青、邦达—左贡）、澜沧江断裂带（昌都—察雅）、金沙江断裂带（巴塘—奔子栏）等也发育了较多的泥石流。次一级或小断裂构造对泥石流的发生和发展也有直接影响，例如东川蒋家沟泥石流、大白泥沟泥石流、四川黑水芦花沟泥石流、九寨沟荷叶沟泥石流等。在我国东部地区，主要有北东向和南北向断裂等也发育了较多的泥石流。

由此可见，我国泥石流绝大多数发育带与区域大断裂的分布有关。活动断裂构造有利于泥石流的发育和形成，但不是所有断裂构造都能发育和形成泥石流。

新构造运动是控制泥石流分布和发生发展的重要因素。因为新构造运动为泥石流形成提供了地形条件和重力能量，并控制区域水文网的发育，地震活动强度取决于新构造运动对大断裂活动的强化程度。

新构造运动对泥石流发育的影响主要表现为新构造运动的类型，其次是运动的幅度。

①差异升降区。从我国西部泥石流发育的特征来看，随着差异性升降幅度越大泥石流分布越密集，具有数量多、活动强、灾害重的特点。如龙门山一大雪山一小相岭一玉龙雪山，是横断山区向四川盆地、滇中凹陷的过渡地带，泥石流极为发育，仅岷江上游发育有泥石流沟545条。②翘起抬升区。该区内泥石流主要发育和分布于翘起抬升区的顶端，因为断裂强烈，地形坡度陡，有利于泥石流发育。例如，安宁河流域翘起抬升区的顶端黄联~德昌段泥石流流域面积分布率为27.4%，德昌一河口为20.5%。

新构造运动可分为垂直运动和水平运动，其中垂直运动对泥石流发育影响较大。垂直运动幅度对泥石流发育的影响比较复杂，从横断山区整体看，隆升幅度从东南向西北递增，但泥石流发育和分布并没有呈现类似的规律，这主要是因为地壳稳定性、断裂活动强度、地震活动主要与新构造运动类型有关。但在同一流域中，强隆升断块区泥石流发育，而沉降断块和稳定断块区内泥石流不发育。如安宁河流域东岸为强抬升区，西岸较稳定，东岸抬升量高于西岸约100m，冕宁以南，东岸其发育有124条泥石流沟，而西岸只有39条，泥石流面积分布率东岸为34.2%，西岸为12.9%。南北间次级断块也有类似规律。

地震是释放地壳应力和地壳应变能量的重要方式之一。地震特别是强震可显著降低表层的强度，破坏自然斜坡的稳定性。地震所激发的滑坡等，是地震力对斜坡变形的直接效应，7级以上的强震还可产生大量地震断层，这些都直接增加了泥石流固体物质来源。例如，1973年的炉霍地震，1976年的松潘一平武地震，均曾有泥石流活动。地震对泥石流发育分布的影响是叠加在新构造运动和断裂活动之上的，因为强震都发生在新构造运动强烈、深断裂运动性强、断裂相互交切的地区。

地震对泥石流发育和分布的影响大小主要受地震强度控制。一般认为，地震烈度在YD级以上的地区，地震对泥石流发育和分布影响显著。

据安宁河主河谷两侧不同地震烈度区泥石流分布密度统计，得出如下结论，并在横断山区得到了验证。

① 烈度IX度以上地区泥石流沟发育，分布极密。例如，位于1850年西昌礼州7.5级地震与1952年石龙6.75级地震之间的安宁河谷两侧，泥石流沟密度达0.51条/km。

横断山区地震烈度在 DC 度以上，地震泥石流分布具同样的规律。

② 烈度Ⅶ度以上地区泥石流分布与地震关系较密切。安宁河主河谷两侧 vn 度以上地区烈度与泥石流沟谷密度有一定的线性关系。

横断山区 8 条强震发生带与滇西北的永胜—宾川强震发生带、中甸—大理强震发生带、泸水—龙陵强震发生带泥石流分布都很密集。

综上所述，地质背景条件是决定泥石流形成和分布的重要因素。在地质条件中新构造运动类型、深断裂及其活动是控制泥石流形成和分布的首要因素。

（2）地层岩性。

在地质构造控制下，一个地区的地层岩性与泥石流发育和形成有密切的关系。由于风化程度的不同，岩性软弱的岩层或软硬相间的岩层比岩性均一的坚硬岩层易遭受破坏，提供松散物质也就越容易，因此对于泥石流的形成也就越有利，反之亦然。据有关资料统计，我国易发育和形成泥石流的岩层主要有以下几类：①新生界地层。此类地层为固结较差的黏土岩类和各种成因的松散堆积，极易产生泥石流等山洪灾害，特别是西南地区的成都黏土、昔格达黏土、西北地区的黄土及含盐地层，泥石流发育，成片状分布。②中生界陆相地层（特别是含膏盐红层）。此类岩层岩石固结性差，抗剪强度低，易软化和泥化，在干燥度变化下膨胀作用明显，岩石表层崩解迅速，常形成较厚的碎屑层；该地层常含膏盐，在水的长期作用下，固结力会降低甚至失去；由于软化性大，当其处于边坡位置，特别是当产状与坡向一致时，坡面易于失稳，产生滑坡，成为泥石流的物质补给来源。在该地层分布地区泥石流发育。例如安宁河、龙川河、澜沧江（昌都—察雅段）、川东地区。③煤系地层。该地层为砂泥岩系，黏土岩类强度低，遇水易软化，组成的斜坡易失稳，发生滑坡泥石流灾害，其发育和分布多呈点状或带状，如贵州六盘水煤矿区。④凝灰岩夹层的玄武岩。该岩层常夹数层凝灰岩或凝灰碎屑岩，对岩体稳定性影响很大，特别是当其产状顺坡时，边坡失稳产生滑坡，导致泥石流发生，如云南禄功普福等大型崩塌型滑坡泥石流。⑤变质岩类。此类岩层时代古老，节理、裂隙发育，常有较厚的风化带，特别是在水浸作用下，其中变质矿物如绢云母、绿泥石易重新分解为黏土矿物而发生泥化，极易产生滑坡，形成泥石流。例如云南东川小江流域的蒋家沟，大、小白泥沟，西藏东南部波密加马其美沟，四川西部大渡河和岷江的金川八步里沟、黑水芦花沟，甘肃武都白龙江的柳弯沟、火烧沟等泥石流，均发育于此类岩层组成的山地河谷地带。⑥碳酸盐岩层。该岩层具有可溶性，在石灰岩分布地区只有机械风化或寒冻风化所形成的岩块碎屑或经淋溶残积而发育的红土，成为泥石流流域固体物质补给源时，才有可能参与泥石流活动。四川九寨沟泥石流发育于古生代碳酸盐岩山地。该岩层不仅提供固体物质，而且形成陡峻地形，有利于泥石流的形成和活动。又如云南大理苍山 18 溪泥石流的发育状况也与此类似。我国南方喀斯特（岩溶）发育地区，由于碳酸盐岩层的可溶性和溶洞发育，不仅难以为泥石流发育提供充足的固体物质，而且也缺少水源，因此，在碳酸盐岩层分布的大部分地区无泥石流发育。⑦强烈风化的花岗岩。花岗岩在炎热多雨的气候条件下，易形成深厚的风化壳，厚度达50~100m，强风化带厚5~30m，呈砂土状，强度低，易于泥石流发育和形成。在高寒的地区以寒冻风化为主，岩体机械破碎，形成岩屑型风化壳，也利于泥石流发育。例如西藏波密古乡沟泥石流，四川甘洛利子依达沟泥石流，云南黑山沟、梁河盈江浑水沟泥石流等发生在花岗岩、火成变质岩地区，岩体多构成高山，经历了物理和寒冻风化作用，使岩体沿节理裂隙面崩解成巨大岩块、碎石、粗砂，成为泥石流固体物质的补给源，多发育了大型泥石流。利子依达沟内花岗岩体中三组裂隙所组成的稠密裂隙网，加速了岩石的风化破碎。由于花岗岩的结构构造和矿物成分的特点，经物理和化学风化，导致岩体崩解，矿物或岩石表面裂开形成碎屑或砂砾，因此，花岗岩的岩体结构和岩性，对泥石流固体物质补给提供了极为有力的条件，使泥石流活动频繁，规模很大。此外，花岗岩岩性对泥石流的性质也有很大的影响，花岗岩颗粒粗大（0.5~1.5mm），形成的泥石流多属稀性。

（3）地形地貌条件。

地貌条件是形成泥石流的内因和必要条件，制约着泥石流的形成和运动，影响着泥石流的规模和特性。在泥石流形成的三个基本条件中，地貌条件是相对稳定的，其变化是缓慢的。同时，它在泥石流活动过程中，也进行着再塑造作用。

晚第三系以来，我国大部分山地强烈隆起，尤其是青藏高原的崛起，不仅形成了巨大的山系，构成了我国地貌总的骨架，而且影响到季风活动和水热状况的分布，同时也决定了我国山地自然灾害的形成和分布格局。

我国地形具有西部高、东部低，呈阶梯状特点。西部为大高原、极高山、高山，东部为宽广的中山、低山、丘陵和平原。从西部到东部地形高度呈阶梯状下降，明显有三级阶梯，平均海拔分别为4500m以上、2000-1000m和500m以下。在各阶梯过渡的斜坡地带和大山系及其边缘地带，岭谷高差达2000m以上，山坡坡度30°~50°，河床比降陡，多跌水和瀑布，这种青壮年期地貌特点，无疑是十分有利于泥石流的形成。

就一个沟谷而言，泥石流形成的地貌条件，主要是沟床比降、沟坡坡度、集水区面积和沟谷形态等。

1）沟床比降。

沟床比降是流体由位能转变为动能的底床条件，是影响泥石流形成和运动的重要因素，一般来说，泥石流沟床比降愈大，则愈有利于泥石流发生，反之亦然。现将有代表性的西藏150条各类泥石流平均沟床比降统计如表1-3所示。

表1-3　西藏泥石流沟床比降统计表

沟床比降（‰）	<50	50~100	100~300	300~400	400~500	>500	合计
泥石流沟条数	3	26	82	28	5	6	150
占总条数的百分比（%）	2	17.3	54.7	18.7	3.3	4	100

从表1-3中看出，沟谷平均沟床比降在50‰~400‰的占总数的90.7%，尤以

100‰~300‰。沟床比降居多，占54.7%。说明这种沟床比降对泥石流的形成和运动最为有利，因此在这个比降范围的沟谷，泥石流暴发十分频繁。比如，古乡沟自沟谷口至源头平均比降为283‰，加马其美沟平均比降为262‰，这两条泥石流沟是西藏境内泥石流暴发最频繁的典型泥石流沟。

我国其他山区泥石流沟床比降与西藏情况也很相似，例如四川汉源流沙河流域的42条泥石流沟，其平均沟床比降以100‰~300‰居多，占总数的83%；起始比降最小值为380‰，最大值为686‰，这种沟床比降既表现沟谷坡面侵蚀与沟道侵蚀的相互关系，又反映出泥石流沟的发育状况。当沟谷处于发展阶段，沟床强烈下切而极不稳定，常具有猛冲、猛淤的特点，往往在较短的时间输移大量的固体物质，使沟床比降不断进行调整，当沟床纵比降变缓，沟内所提供的固体物质无力输送到沟口以下的主河谷地时，沟床比降处于不冲不淤的均衡剖面状态，此后泥石流活动将发生显著变化，其间歇期增长，活动性减小，直到衰亡，即由泥石流沟谷变成为非泥石流的清水溪沟。

2）沟坡坡度。

沟谷内沟坡坡度的陡缓直接影响到泥石流的规模和固体物质的补给方式与数量，表1-4是甘肃省部分泥石流沟沟谷坡度统计表。

表1-4　甘肃泥石流形成区山坡坡度统计表

坡度（°）	20~30	30~40	40~50	50~60	60~70	合计
泥石流沟条数	10	10	7	8	3	38
占总条数的百分比（%）	26.6	26.6	18.7	21.0	7.1	100

从表1-4可以看出，甘肃省泥石流沟沟谷坡度主要分布在20°~60°之间。沟谷坡度小于20°时，沟谷较稳定，难以提供泥石流形成所需的固体物质；坡度大于70°时，组成物质是难以风化的坚硬岩石，同样不能为泥石流提供固体物质来源。

从大量的统计资料来看，在东部中低山区，10°~30°有利于泥石流发生，固体物质补给方式主要是滑坡；在西部边缘高山区，30°~70°有利于泥石流发生，固体物质补给方式大多为崩塌、滑坡和岩屑流，在森林线以上坡地尤其如此。坡较陡的沟谷内，崩塌、滑坡规模较大，而形成泥石流的规模也较大，因此，这是我国西部泥石流规模较大的原因之一。例如，西藏古乡沟沟坡陡达50°，沟的源头基岩裸露的山坡，坡度达60°~80°，寒冻风化强烈，岩崩和雪崩频繁，而切于冰碛物内的沟坡陡直，坡度达60°~70°，坡面很不稳定，崩塌、滑坡活动强烈，为泥石流固体物质主要补给源，因此该沟泥石流暴发频繁，规模较大。

3）集水区面积。

泥石流大多形成于集水区面积较小的沟谷，一般来说，较小的集水区面积易于泥石流的形成和活动，现将西藏219条泥石流沟流域面积统计如表1-5所示。

表 1-5 西藏泥石流沟集水区面积统计表

集水区面积（km²）	<0.5	0.5~10	10~50	50~100	>100	合计
泥石流沟条数	26	135	49	7	2	219
占总条数的百分比（%）	11.9	61.6	22.4	3.2	0.9	100

从表1-5看出，集水区面积0.5～10.0km²的泥石流沟有135条，大于10.0km²有58条，小于0.5km²的有26条。冰雪类泥石流沟集水区面积大于10.0km²，多暴发特大的泥石流，西藏古乡沟集水区面积为26.0km²，章陇弄巴沟集水区面积为31.8km²，均暴发过特大泥石流。暴雨泥石流沟的集水区面积大多为0.6～10.0km²，它们是西藏最普遍和最活跃的泥石流沟。

4）沟谷形态。

泥石流沟谷因泥石流类型和发育阶段不同而具有多种形态。其中漏斗状和勺状为典型的泥石流沟谷形态，这种形态对于泥石流的形成和活动均较有利，前者如西藏古乡沟、云南蒋家沟、四川西农河，后者如云南小江大白泥沟。这种流域形态大多具有泥石流形成、流通和堆积等三个区段，是发育比较完善的泥石流沟谷，而处于高山峡谷地段集水区面积小于1.0km²，而且受到主河侵蚀下切影响的沟谷，其形态很不规则，三个区段发育不完善，特别是堆积区不发育，如西藏加马其美沟便是一例。

三、人类生产建设活动加剧了泥石流的发生

泥石流的形成不仅有自然因素，而且也有人为因素。由于人类不合理的生产建设活动，破坏生态平衡，造成环境退化，从而引起泥石流的发生。而泥石流发生和运动，形成荒沟废谷和沙滩石海，又促使生态环境进一步退化，造成恶性循环，给国民经济建设和人民生命财产带来重大损失。

新中国成立以来，随着我国经济建设事业的发展，人类生产建设活动逐步地向广度和深度发展，尤其是在山区，诸如森林集中砍伐，毁林开荒，陡坡垦植，修路开山炸石，矿山开采乱弃废渣，水利工程建设，过度放牧和索取生物能源以及城镇建设等，往往由于措施不当和开发过度，违背自然规律，使山地局部生态环境遭受到一定程度的影响和破坏，从而改变地表原有结构，扰动土体造成山坡水土流失，产生崩塌、滑坡。由此可见，不合理的经济活动，为泥石流形成创造了有利条件；反之，人类活动顺应自然规律维护生态环境，则可以防止泥石流形成。

人类生产建设活动对泥石流形成的影响程度究竟有多大，目前国内外还少有这方面研究。但有人认为，人类活动导致泥石流等山洪灾害数量与自然作用引起的山洪灾害各占一半，更有甚者将人为因素造成的估计占80%。从岷江上游泥石流形成的若干最主要的自然与人为因素综合调查和分析研究，得出人类活动对泥石流形成和综合影响起了40%的作用。比如四川会理炭山沟为一条老泥石流沟，在自然状态下，泥石流暴发频率较低，规模和危害较小，但在人类强烈经济活动作用下，松散碎屑物质剧

增，极大地促进了泥石流的形成，使泥石流的形成因素由自然型转化为人为型，泥石流活动随着采煤弃渣等松散碎屑物质的积累而增强，1990年5月31日暴发了灾害性泥石流，造成巨大损失。因此，该沟的自然因素是泥石流形成的基础，人为因素则促进了泥石流的发生发展，扩大了泥石流规模，加重了泥石流危害程度。可见，人为因素在泥石流发生发展中起到了重要的作用。人为泥石流成因主要有以下方面。

（一）森林集中砍伐，采育失调

岷江上游理县、松潘、黑水、汶川、茂县5县，在元朝时森林覆盖率为50%左右，20世纪50年代初为30%，70年代降至18.8%。会理林场采伐区，自1960年开始采伐，20多年来将10km²平方公里范围内的林木采伐殆尽，1981年山洪泥石流暴发，当地农田等遭受严重损失。阿坝州川西林业局的某伐区，1978年在45°以上的坡地（禁伐区）实行地毯式的采伐，1979年雨季就暴发了泥石流。岷江上游森林资源极为丰富，是四川西北部主要林区，由于过度采伐，尤其是20世纪50年代的大规模采伐，使森林覆盖率大幅降低，坡面裸露，形成冲沟，使山体失稳导致泥石流发生。据调查，该地区20世纪50年代较大泥石流灾害仅发生过一次，60—70年代已发生10次以上，1981年四川特大洪灾中，杂谷脑河发生泥石流100多处，到90年代达380余处。

（二）不合理的集运材方式

一般串坡集材或串坡敞洪集材都会严重破坏地表，使集材道逐渐扩展成冲沟；而机械化集材的拖拉机、绞盘机同样破坏地表，造成土壤侵蚀，给泥石流形成提供一定固体物质及有利地形。阿坝州理县至米亚罗段杂谷脑河两岸山坡，串坡集材道密布，有的寸草不生，已经发育成为泥石流沟。阿坝州马尔康林区303林场第14与第17采伐沟，1981年8、9月份，曾因坡地上森林采伐后清理迹地，将枝桠堆积于山坡而引起了泥石流，造成冲走木材的危害。川西林业局伐区内梭罗沟支沟塔子沟1979年7月也因此而暴发泥石流。茂县—北川之间的宝鼎山下神溪沟，因当地群众把山坡上的林木进行了大面积砍伐，破坏了地面结构和生态环境，于1981年雨季发生泥石流，把山坡上的原木汇同泥石流一并冲下，损失原木约2万m³。

（三）矿山开采与弃渣

我国山区矿产资源极其丰富，国家、地方、群众都进行开采，全国20余处露采矿山都发生过泥石流。

据云南《东川府志》记载，小江流域从唐代开始就开矿炼铜，历代的"铜政"、"商铜"都炼铜烧炭，大量砍伐森林，每炼铜100斤，需木炭1000斤，至清乾隆年间炼铜最盛时，年产铜量达1600万斤则需炭1.6亿斤，烧100斤炭需要10000斤柴，据此估算每年需砍伐约10km²森林，可见这种破坏速度是十分惊人的。到新中国成立前夕，这里森林已砍伐殆尽，过去青山绿水的优美环境，已变成荒山秃岭，水土流失愈演愈烈，干旱风沙不断加剧，泥石流频繁发生，昔日富庶的良田坝子，如今已变成一片荒芜的石滩。如四川冕宁县泸沽盐井沟因采矿弃渣于沟中，堵塞河道，在暴雨激发下暴发泥石流，造成百余人丧生等重大生命财产损失，就是典型事例之一。投资500万余元对其进行治'理，但仍未控制泥石流的发生，至今泥石流仍很活跃，威胁成昆铁路安全。会理县有15个采矿区在1981年雨季因山洪泥石流暴发造成停产，损失大量矿石，冲毁数十条公路，造成110多万元的经济损失；宁南县的银厂沟，因群众开采锡矿，年年发生泥石流，危害下游公路800m，淤埋附近大片农田。

（四）修筑公路与铁路

成昆铁路在修建过程中，由于没有采取水土保持措施，弃土弃渣堆放不合理，再加上修路改变了原有的地形，直接导致运营过程中的泥石流灾害十分严重。据统计，成昆铁路自通车以来，每年的雨季都会因泥石流灾害而不同程度中断交通，仅1984年就有6条沟发生泥石流，中断铁路运输26天。

第二章　泥石流基本概述

　　我国地貌类型复杂多样，且以山地高原为主。山地、丘陵、比较崎岖的高原面积广阔，约占全国陆地面积的三分之二。全国2100多个县级行政区中有1500多个在山区。这些地区地质地貌条件复杂，地层岩类齐全，其中有些地区地震频繁，新构造运动活跃，第四系沉积物深厚，且山高坡陡、地表破碎加上暴雨集中，植被覆盖率低，为泥石流的发生提供了有利条件。由于地势高差大，区域地质活动强烈，地质构造发育和岩石破碎，降雨季节性强且暴雨频发，密集的人口分布加上人类活动的影响，导致泥石流灾害发生频繁。泥石流属混合侵蚀类型的水土流失，具有突发性和瞬时性的特征，冲击力巨大，往往造成严重灾害。

　　泥石流是指由于降水（暴雨、冰川、积雪融化水）在沟谷或山坡上产生的一种挟带大量泥砂、石块和巨砾等固体物质的特殊洪流。其汇水、汇砂过程十分复杂，是各种自然和（或）人为因素综合作用的产物。它是介于山崩、滑坡等块体重力运动和液体水力运动之间，呈黏性层流或稀性紊流状态的特殊的突发性山洪。泥石流具有突然性以及流速快，流量大，物质容量大和破坏力强等特点。发生泥石流常常会冲毁公路铁路等交通设施甚至村镇等，造成巨大损失。

　　泥石流是暴雨、洪水将含有沙石且松软的土质山体经饱和稀释后形成的洪流，它的面积、体积和流量都较大，而滑坡是经稀释土质山体小面积的区域，典型的泥石流由悬浮着粗大固体碎屑物并富含粉砂及粘土的粘稠泥浆组成。在适当的地形条件下，大量的水体浸透流水山坡或沟床中的固体堆积物质，使其稳定性降低，饱含水分的固体堆积物质在自身重力作用下发生运动，就形成了泥石流。泥石流是一种灾害性的地质现象。通常泥石流爆发突然、来势凶猛，可携带巨大的石块。因其高速前进，具有强大的能量，因而破坏性极大。

　　泥石流流动的全过程一般只有几个小时，短的只有几分钟，是一种广泛分布于世界各国一些具有特殊地形、地貌状况地区的自然灾害。这是山区沟谷或山地坡面上，由暴雨、冰雪融化等水源激发的、含有大量泥沙石块的介于挟沙水流和滑坡之间的

22

土、水、气混合流。泥石流大多伴随山区洪水而发生。它与一般洪水的区别是洪流中含有足够数量的泥沙石等固体碎屑物，其体积含量最少为15%，最高可达80%左右，因此比洪水更具有破坏力。

不同地区的泥石流，其形成条件、运动规律、物理力学性质以及破坏能力等方面都存在着差异性，如何从这些差异性中抓住它们的内在联系的本质，来正确划分泥石流的类型，并为泥石流防治工程体系提供信息，在泥石流研究中是一个重要课题。一种较好的泥石流分类应具有科学性和实践性，目前国内外学者对分类标准尚未取得一致意见，已有的分类方法很多，但均不成熟。

第一节 泥石流形成的基本条件

诱发泥石流的主要因素无外乎有丰富的固体物质、陡峻的地形、充足的水源或强降雨激发因素等自然因素及不合理的人类开发建设活动，以下围绕诱发泥石流的地质、地形及降雨动力等三大因素分析泥石流的形成特征。

泥石流形成有3个基本条件：地质条件、地形条件、水源条件，这3个条件缺一不可。

一、地质条件

地质条件主要体现在泥石流形成的松散固体物质的影响，主要因素有地质构造、地层岩性、风化作用等。泥石流强烈发育的山区都是地质构造复杂、岩石风化强烈、新构造运动活跃、地震频发、崩塌滑坡灾害多发的地段，这样的地段为泥石流活动提供了丰富的固体物质来源。

岩土体性质是泥石流形成的物质基础，不同性质的岩石，对泥石流的频率、规模和性质有重要的影响。泥石流形成区最常见的岩层，往往是片岩、千枚岩、板岩、泥页岩、凝灰岩等软弱岩层，软弱岩层结构密实性差、孔隙多、风化侵蚀速度快，易于形成身后的风化壳堆积，为泥石流的发生提供丰富的松散物质储备。

风化作用，特别是物理风化作用，对岩石的破坏作用最大，风化速度最快，松散碎屑物质的积累速度快、储量丰富，对泥石流的形成意义特别大。风化作用的强弱还受到气候的影响，亚热带、暖温带半湿润半干旱气候区最有利于风化作用，可以加快风化速率和强度。如云南、川西南的西南季风气候区，陇南白龙江流域、秦岭以北及华北地区，风化作用均非常强烈。

地质条件决定了泥石流体的组成物质，一般为岩石的风化物、冰川挟运沉降物、火山熔岩物、山体滑坡或地震引起崩塌物。上述物质的储存场地有可能成为泥石流的发源地。这些物质的成分、数量和补给方式，决定了泥石流的类型、性质和规模。

地形因素是产生泥石流的重要动力之一。我国泥石流一般发生在高原的边缘、沟谷流域相对高差在 200m 以上。泥石流沟的流域面积一般小于 50km²，个别可达 100km² 以上；流域相对高差，一般大于 300m，沟床平均纵坡一般大于 10%。

充足的水源和适当的激发因素。泥石流的水源有突发性暴雨，冰雪融水，冰川湖或由山崩、滑坡堵塞溪沟而成的高山湖的突然溃决等。我国泥石流的水源主要是暴雨，特大暴雨是促使泥石流暴发的主要动力条件。

不合理的人类活动。人类活动的不良影响主要破坏了自然的平衡条件，增减松散固体物质的补给量或水量、植被破坏、陡坡开荒、工程建设处置不当（开矿、修路、挖渠等），增加径流，破坏山体稳定，诱发泥石流发生，或加大规模，加快频率。

地质条件集中反映在泥石流形成的松散碎屑物质方面。在山区的一个小流域内，如果没有数量足够的松散碎物质，是不可能形成泥石流的。岩性、构造、新构造运动、地震及火山活动等，属内力地质作用；风化作用、各种重力地质作用、流水侵蚀搬运堆积等，则属外力地质作用。这些互相关联、错综复杂的地质条件组合，决定着参与泥石流活动的松散碎屑物数量多少和类型特征。

1.岩石性质

岩石性质主要指岩石的类型、软硬程度、完整性及厚薄等，常与所属的地层相联系，新生界的时代新，结构松散，如第三系昔格达组、第四系黄土等；中生界、石生界及元古宇，既有坚硬岩石，也有软弱岩石，其耐风化和抗侵蚀能力差别很大，关键因素是岩石性质，至于岩石时代，则与泥石流形成无直接关系。

岩石分为硬质岩石和软质岩石（及未成岩松散土层），如表 2-1 所示，硬质岩石结构致密，耐风化侵蚀；而软质岩石结构密实性差，孔隙多，风化侵蚀快速，易于形成深厚的风化壳，在三大类岩石中，岩浆岩全部属硬质岩石，而多数的沉积岩、变质岩及含煤地层都是软弱岩石，沉积岩中的半成岩和松散层，如川西南一带的昔格达组属半成岩，黄土、残坡积层、冲洪积层和冰碛物等均为第四系松散堆积层，它们的储量、发育程度更与泥石流的活动息息有关。

表 2-1　形成泥石流的主要岩石及其性质

分类	岩浆岩	沉积岩	变质岩
硬质岩石	花岗岩、花岗斑岩、闪长岩、辉长岩、安山岩、玄武岩等	石英砂岩、硅质砾岩、石灰岩	片麻岩、大理岩、白云岩、石英岩
软质岩石（及未成岩 松散土层）		页岩、泥岩、泥灰岩、粉砂岩、含煤地层、半成岩、第四系松散层、黄土	板岩、片岩、千枚岩

岩石是泥石流形成的物质基础，不同性质的岩石，对泥石流形成的频率、规模和

性质有密切关系。例如云南小江流域出露岩石类型主要为变质碎屑岩（板岩、千枚岩）和碎屑岩（砂岩、页岩），这些岩石经历多次构造运动，褶皱断裂极为发育，整体性差，抗风化弱，黏粒含量丰富，吸水性和可塑性大。其次本区为灰岩、白云岩和玄武岩等。这些地层也同样遭受不同地质年代的构造变动，成为极为破碎坚硬岩块和碎屑物。这就成了小江泥石流暴发的物质基础。又如陇南白龙江流域（中下游泥石流分布密集，有泥石流1000余处，较大泥石流约490条），以黏性泥石流为主，当地的软岩石广泛分布是个重要原因，该地段岩性由碧口群和白龙江群的变质岩系（如千枚岩、片岩、板岩）构成，其上部有较厚的黄土覆盖。

2. 地质构造、新构造运动及地震

地质构造类型有断裂、断层、褶皱等，对泥石流形成发育具有直接影响的是断裂作用。断裂在地表往往呈带状分布，在断裂带内软弱结构面发育，岩石破碎，断层和裂隙发育，生成断层角砾岩、糜棱岩、压碎岩等。这利于加速风化进程，形成带状风化，因此断裂带上的风化壳深厚，滑坡、崩塌等重力侵蚀发育，松散碎屑物质都特别丰富。四川西部、西南部的高原山地就有多条规模大的深大断裂，甚至延伸到云南省北部和中部，如安宁河断裂带、小江断裂带、元谋一绿汁江断裂带等，这些深大断裂带由许多次级断层组成，断裂破碎的宽度大，影响范围广，岩石遭受强烈破坏，滑坡、崩塌、错落等普遍，形成分布密集的泥石流沟群。

新构造运动的最主要特点就是垂直升降运动显著，而且一直延续至今，构造断裂带通过的地段是地貌升降运动剧烈的区域，相对高度大，有利于形成泥石流。再者新构造运动活跃的山地，山口新老洪积扇发育，有的呈叠置状，有的呈串珠状，松散的洪积物、泥石流堆积物深厚，当现代泥石流山洪侵蚀切割老洪积扇时，就会形成沟蚀泥石流。

新构造运动对泥石流的影响是间接的、渐变的，而地震现象具有突发性，其中强烈地震破坏斜坡的稳定性，造成山坡开裂、土石体松动，甚至触发山崩滑坡，提供大量松散碎屑物质和骤发性水源，直接影响泥石流的形成和发展。在分布上许多地质上的深大断裂带同样也是地震带，如安宁地震带、小江地震带、鲜水河地震带等。因此泥石流和地震在分布上有直接联系，一般山区的地震同样是泥石流的集中分布区。

地震对泥石流造成的影响按时间序列可分为两类：一类地震触发的泥石流，又称为同发型，与地震同时或紧随地震之后暴发了泥石流灾害。另一类是震后泥石流，又称后发型，即强震会对泥石流活动及灾情有所加强，并使灾害扩大，影响主要表现在震后的1~2年，往后逐渐减弱。

3. 风化作用

风化作用中以物理风化作用对岩石破坏作用最大，风化速度最快，松散碎屑物质的积累快速，储量丰富，对泥石流形成的意义特别大。按风化程度又可分为全风化（风化系数0.6~1.0）、强风化（0.4~0.6）、弱风化（0.2~0.4）和微风化（0~0.2）。这是表征山体松碎屑物质储量多少的重要方面。

风化作用的强弱还与气候带关系密切，亚热带、暖温带半湿润半干旱气候区最有利于风化作用。此气候区地域广大，包括云南和川西南干湿季分明的西南季风气候区，川西高原内的干暖河谷和干温河谷（大渡河中上游、雅碧江上游等），陇南白龙江流域、秦岭以及华北地区。这里的气候大陆性强、干季长、气温日差悬殊、降雨变率大，地表森林植被稀疏，裸露的岩石土体面积大，热胀冷缩和干湿交替强烈，加快了风化速度，增加了松散土石体的积聚过程；加之西北、华北广大山区都有厚薄不等的黄土覆盖。上述山区的泥石流活跃，风化强烈是一重要因素。

中高山区的寒冻风化作用有利于松散碎屑物质的聚焦。因为川西、川西南和滇北一带许多泥石流沟的源头正好位于寒冻风化带上，寒冻风化碎屑成为泥石流物质的重要组成，甚至有的寒冻风化的岩体、碎屑成为当地泥石流固体主要来源。藏东南及川西贡嘎山的高山海洋性冰川发育区，冰蚀、冰碛和寒冻风化作用晴天盛，冰碛物异常丰富，成为泥石流活动的物质来源。

4.重力地质作用

重力地质作用包含滑坡、崩塌、剥落、泻溜、高山区域的冰崩、雪崩等。滑坡、崩塌（山崩）多呈单个发生，土石体补给量较大；剥落和泻溜产生于山坡表层，补给量小，在暴雨作用下具有群发性。在滑坡多发区，平均每平方公里面积上滑坡体积达数千万立方米，可不断为泥石流供给大量土石体，或一次性由滑坡崩塌转变成泥石流。据调查，绝大多数泥石流沟的上中游都有滑坡或崩塌，受岩性和构造控制，一般软质岩类、半成岩类及黄土出露的山区，普遍分布有滑坡；崩塌则主要分布于坚硬岩石区的陡处。我国主要的易滑地层和分布的关系如表2-2所示。

表2-2　我国主要的易滑地层和分布的关系表

类型	易滑地层名称	主要分布地区	分布状况
黏性土	成都黏土	成都平原	密集
	下蜀黏土	长江中、下游	有一定数量
	红色黏土	中南、闽、浙、晋南、陕	较密集
	黑色黏土	豫、东北地区	有一定数量
	三趾马红土、新老黄土	黄河中游，北方诸省区	密集
半成岩地层	共合组		极密集
	昔格达组	青海	极密集
	杂色黏土岩	川西	极密集
	泥岩、砂页岩	晋	密集
	煤系地层	西南地区、晋	极密集
	砂板岩	西南地区等	密集

续表

类型	易滑地层名称	主要分布地区	分布状况
成岩地层	富含泥质（或风化后富含泥质）的岩浆岩	川西北、甘南等地、闽等省	较密集
	千枚岩	鄂、湘、藏、云、川等地	密集—极密集
	其他富含泥质地层	零星分布	较密集

二、地形条件

地形条件主要为泥石流的形成提供能量和能量的转化条件，也影响泥石流固体物源的储备过程。地形条件对泥石流形成的影响主要体现在区域尺度和流域尺度2个方面。区域尺度的影响主要体现在海拔高、呈地势起伏和河流切割程度等方面。地势起伏程度越大，山体越高大，河流切割越强烈，其势能转化为动能的条件越好，越有利于泥石流的形成。具体到流域尺度，主要体现在沟床比降、主沟长度、相对高度和流域面积等。一般来说，相对高度越大，山坡和沟床越陡，越有利于泥石流的形成和发展。一个典型的泥石流流域根据地貌特征通常可分为3个区域，即形成区、流通区、堆积区。

泥石流形成区位于流域上游，又称汇流区，为泥石流形成提供土体和水体。在地形上多为三面环山、一面出口的半圆形宽阔地段，周围山坡陡峻，沟谷坡降可达30。以上，其面积可达数平方千米到数十平方千米，区域内斜坡常备冲沟切割，崩塌、滑坡和坡面泥石流发育，松散固体物质丰富。

泥石流流通区位于流域的中下游，又称沟谷区，是紧接形成区的一段沟谷。一般而言，流通区地形狭窄，两岸山坡比较稳定，固体物质供给相对较少，泥石流以通过为主。但有些沟谷的流通区也存在着较厚的洪积物和老泥石流堆积物，或者较大规模的泥石流冲刷沟岸形成崩塌、滑坡，为泥石流提供新的固体物质补给，加大其规模。

泥石流堆积区位于流域下游，多数位于山口以外，由于地势开阔平缓，泥石流运动的阻力增大而逐渐停淤，形成扇形、锥形或带形的堆积体。由于泥石流堆积区地形较为平缓，交通便利，往往是山区开发利用的主要区域，也是泥石流主要的危害区域。具体可概括为以下几点：

1.相对高度

相对高度对泥石流的形成起关键的作用，因为相对高度决定势能的大小，相对高度越高，势能越大，形成泥石流的动力条件越充足；因此泥石流主要发生在高山、中山和低山区，起伏较大的高原周边也有泥石流分布。从全国来看，从西到东可划分三大地貌阶梯：青藏高原平均海拔4000m，为最高阶梯；中间阶梯为高原和盆地，海拔1000~2000m；最东部为平原和低山丘陵。地貌阶梯之间的交接带正是岭谷相对高度悬殊、切割强烈的山地，最明显的第一阶梯和第二阶梯交接带上的横断山系，还有乌蒙山脉、大小凉山、龙门山脉、岷山、西秦岭、祁连山等。这些山脉平均相对高度2000~3000m，最大达5000m，对泥石流形成最为有利，泥石流分布最集中，泥石流沟数量占全国绝大部分。第二阶梯和第三阶梯之间的燕山、太行山、大巴山、巫山、武陵山、雪峰山等，相对高度平均1000~1500m，泥石流沟的数量及活跃程度就不及西部山区。

具体到一条沟谷，一般相对高度达300m以上才有可能发生泥石流。川西、滇北、陇南等地的泥石流沟，岭谷相对高度一般达到1000~2000m，泥石流能量极大，可起动直径达8m、体积300m\重量800t的多块巨石，一直挟带至沟口下游堆积。我国东部低山区的泥石流沟谷相对高度300~500m，极少在200m左右。相对高度小，流域内的势能不足，尽管其他条件具备也难以形成泥石流。

2.坡度与坡向。

山坡坡度的陡缓，影响松散碎屑物的分布和聚集，凡是泥石流发育的山地，山坡坡度较陡。各地的坡度资料统计表明：我国西部高山、中山的泥石流沟，山坡坡度平均多在28°~50°，东部低山25°~45°。因为245°的山坡为基岩裸露坡，残坡积物薄；＜45°的山坡，风化物质能存留住，风化壳较厚，松散碎屑物较丰富。25°~45°的斜坡，残坡积物内摩擦角大致与山坡坡度一致。松散碎屑物处于极限平衡状态，一遇暴雨激发，易产生重力侵蚀。大量调查表明，25°~45°的斜坡发生滑坡的可能性最大，N45°的斜坡发生的多是崩塌坡。不稳定的山坡成为泥石流主要物质来源。平均坡度V25°的缓坡山地，山坡较稳定，很少有重力侵蚀；坡度＜5°的缓坡，水土流失轻微。

泥石流活动的强弱与山坡坡向具有一定关系，在北半球的向南坡和向西坡（阳坡），泥石流的发育程度、暴发强度均大于向北坡和向东坡（阴坡），这是因为受小气候的影响之故。阳坡岩石土体风化作用强度比阴坡剧烈，岩体易破碎，松散土石体较厚，然而土体中的含水量、林草覆盖率，阳坡却低于阴坡。再者我国的东南低山丘陵，受东南季风的控制，许多东西走向和东北一西南走向的山脉南坡、东南坡正好地处南来气流的迎风面上，易于出现暴雨天气过程。例如，华北的燕山山脉、太行山脉，辽东的千山山脉，泥石流沟主要出现在向南和东南方向的迎风坡面上，背风坡（北坡、西北坡）面的泥石流沟少。

3.流域形状和沟谷形态。

流域形状对雨水和暴雨径流过程有明显的影响，径流和洪峰流量大小，直接关系着各种松散碎屑物质的起动和参与泥石流活动，因此泥石流发生关系密切，最有利于泥石流体汇流的流域形状是漏斗形、栋叶形、桃叶形、柳叶形和长条形等几种形状。

泥石流的沟谷和普通沟谷的发育过程大体相同，从横剖面上看，有V形谷、U形谷和槽形谷之分，表示沟谷的先后发育过程；在纵剖面上沟谷形成和发展，是流水的下蚀作用及溯源侵蚀的综合结果。与普通沟谷明显不同的是：泥石流沟谷的流域面积较小，侵蚀、搬运堆积的松散碎屑物数量大，溯源侵蚀快，因此沟谷形成与发育较普通沟谷快速。

　　泥石流沟的流域面积、沟长和沟床纵坡是表征沟谷形态的三个重要参数。流域面积是清水汇流面积和堆积扇面积之和，其面积大小与沟谷形态、沟床纵坡关系密切，对泥石流的性质、规模也会产生影响。四川攀西地区1437条泥石流统计结果表明：流域面积0.4～50.0km^{2}的泥石流沟占总数的90.2%，面积＜0.4km^{2}的泥石流沟占5.1%，面积＞50.0km^{2}泥石流沟占4.7%；西藏、四川等地大量的泥石流沟，流域面积一般是0.5～35.0km^2，＜0.5km^{2}多为山坡泥石流，流域面积50.0km^{2}基本上为稀性泥石流或山洪。日本的泥石流沟流域面积较小，为0.2~10.0km^2，其中以0.2～0.4km^{2}为最多，大多数的泥石流的形态特征相当于我国的山坡泥石流或冲沟泥石流。

　　沟床纵坡的大小可以表征泥石流的能量及活动强弱。沟谷泥石流的流域面积较大，上中游有支沟泥石流汇入，沟床平均纵坡较小，一般5%~30%，沟床纵坡曲线上段较陡下段较缓，呈上凹型，下游沟床开阔，可容纳大量的泥石流堆积；山坡泥石流或冲蚀泥石流流程短，沟型单一，无支沟汇入，沟床平均纵坡较大，一般N30%，沟床纵坡曲线呈直线型。沟床纵坡变缓，泥石流活动逐渐减弱，一般＜5%，便过渡为非泥石流的清水溪沟。

三、水源条件

　　泥石流的形成需要充足的水体，水体来源主要有降水、冰雪融水和水体溃决等。据此，可将泥石流分为降雨型泥石流、冰雪融化型泥石流（冰川型泥石流）和水体溃决型泥石流。

　　在我国，除青藏高原、高山区有较发育的冰雪融水外，其余广大地区的泥石流主要由降水引发。在大气降水中，又以暴雨形成的地表径流居首位。从对泥石流形成的作用上，可将以此降水过程分为激发雨量、前期降雨和后期降雨。激发雨量是指激发泥石流启动的1小时雨量，前期降雨量是指泥石流发生前的累积降雨量，这部分雨量通过入渗影响土体的稳定性，从而降低激发泥石流需要的降雨强度。泥石流发生后的降雨被称为后期降雨，这部分降雨可增大泥石流规模，延长泥石流的时间。不同地区即使总雨量相同，不同过程的降雨量对泥石流的形成影响不同。如在汶川地震区，高强度、短历时暴雨是形成泥石流的主要条件，而在云南省小江流域，长历时的前期降雨对泥石流的形成具有更重要的影响。

　　泥石流形成还要有数量充足的水体（径流），它成为泥石流发生的水源；一方面水体是泥石流物质的组成部分，泥石流为固液两相流体，液相物质就是水；另一方面汇流过程中水体又是泥石流运动的动力条件，只有当雨水、冰雪融水形成强大的径流，才能汇集挟带大量的土石运动并融合成为泥石流。

　　1.降雨

　　降雨因素是诱发泥石流的直接因素和激发条件，泥石流灾害的发生与降雨量、降雨强度和降雨历时关系密切。

（1）降雨量。

降雨量大，多数情况下意味着雨强高、激发力强，在一定的下垫面条件下，易产生泥石流灾害或激发滑坡灾害。激发泥石流的临界降雨量取决于雨型、区域气候与松散固体物质补给等条件。表2-3列出部分地区激发泥石流降雨量的经验数据。

表2-3 部分地区激发泥石流降水雨量统计分析结果

地区	年降水量（mm）	雨季降水量占年降水量的比例（%）	发生泥石流的一次最大降水量（mm）	激发泥石流的临界降水量（mm）	备注
东川	839.8	88		6.8~17.8	
大盈江	1486.8	63.1		5~10	临界降水量
西昌	1042.6	93	127	>10	以10min计
武都	479.1	86.8	170	10	
天水	554.9	8	101	30~50	临界降水量
秦岭（宝成铁路北段）	730.4		143.7	>16	以1h计

我国年降雨量在东南沿海地带最高，逐渐向西北递减。降雨的这种分布特点，决定着泥石流的区域空间分布。我国泥石流分布密集的西南地区，其南部多出现于年降水量的1600~1800mm＞过程降雨量大于150mm，日降雨量大于50mm的暴雨地区。北部地区多出现于年降水量的1700~2000mm、过程降雨量大于300mm，日降雨量大于100mm的大暴雨地区。我国长江以南地区，汛期连续最大4个月的雨量约占全年雨量的50%~60%，现有泥石流中90%以上发生在雨季。

（2）降雨强度。

高强度的降雨是引起泥石流灾害最主要的原因之一。泥石流的发生与前期降水，特别是前10min和1h时段历时降雨强度关系密切。强降雨的局地性和短历时雨强对泥石流激发起着重要的作用。实际情况表明，具有相当大的降水量和降雨强度才能发生泥石流，降雨量和雨强越大，形成的泥石流的几率就越高，规模也越大。一些泥石流发生时的降雨情况表明，前期降雨对泥石流的发生与否影响很大。前期降雨直接关系着激发泥石流的雨强及雨量，它可造成土体预先饱和，当前期降雨较多时，激发泥石流的雨强及雨量将较低。

（3）降雨历时。

在相同条件下，降雨历时越长，降雨量越多，产生的径流量越大，泥石流灾害损失也越严重。在下垫面条件满足的情况下，只要有足够大的降雨强度和降雨量，泥石流灾害就可发生。泥石流灾害与降雨历时的关系明显，一般而言，泥石流和降雨并不是同时发生，而是滞后于降雨，总体上堆积土、堆填土、黄土、黏土碎屑和基岩的滞后时间由短到长。

　　降雨型泥石流在我国分布最广，占到泥石流的绝大多数，它可分为暴雨、台风雨和雨水3个亚类。我国降水量的空间分布的总趋势是，自东南向西北递减，根据气候的干燥度分为湿润、半湿润、半干旱和干旱四个区域。从水源条件分析，半湿润到半干旱的气候对泥石流的形成最为有利，如川滇之间的西南季风控制区域，干湿两季分明，冬春干旱期长，夏季降雨集中，多暴雨，强度大的局地性暴雨，因而成为泥石流的多发区。

　　广大的湿润气候区，如江南低山（含闽浙湘赣及两广）、贵州、四川盆地周边一带低山中山，年平均降水量N1200mm。这些地区气温日差较小，降雨充沛且多暴雨、大暴雨，东南沿海低山区有台风暴雨，而且地表的抗蚀条件（主要是森林植被）良好，暴雨发生次数多，山坡上松散碎屑物质被频繁带走，积累的速度相对较为缓慢，因而泥石流的分布较稀疏且发生频率较低，降雨条件对泥石流形成不及半湿润半干旱区有利。就四川省而论，龙门山、大巴山、华基山、巫山、武陵山等盆地山地泥石流区，其降雨量条件及自然环境与半湿润的川西、川西南高原地区泥石流就迥然不同。

　　我国西北干旱区，年降水量V200mm，河西走廊西部和南疆甚至<50mm。甘肃河西走廊两侧的山地、甘青两省间的祁连山、宁夏回族自治区贺兰山东麓、新疆的天山以及南疆喀什、疏勒等地都有泥石流活动。这些干旱区年降水量少，但夏季降雨集中，有时发生短历时高强度的降雨，甚至一次强降雨占年降水量的一半，但比较稀遇。西北高山区降雨量的梯度变化也是泥石流产生的重要原因，新疆西天山一带最大降水高度一般海拔2500~3000m，降水量500~800mm，这一高度正好是泥石流沟的水源区。

　　形成泥石流的降雨条件相当复杂，根据雨区范围大小，有一类为雨区范围小，短历时局地暴雨；还有一类为雨区范围较大历时较长的区域性暴雨；如1981年7月13日川西北龙门山区暴雨、1982年7月26—29日川东特大暴雨等。根据泥石流前期雨量和引起泥石流发生的当日雨量两者的相对值，可将引起泥石流发生的降雨过程分为前期降雨丰沛型、前期降雨不丰沛型和无前期降雨型湿润区的泥石流，前期降雨丰沛，降雨历时长达2~3d，在降雨达到最大值时出现泥石流；许多半湿润干旱区的泥石流，降雨历时短暂，无前期降雨或有降雨，但数量不多。

　　2.冰雪融水

　　以冰川、冰雪融水和冰湖溃决为水源的泥石流，发生在青藏高原南部、东南部和西北部的高山区。西藏东南部高山地带为海洋性冰川区，在夏季若逢久晴高温天气，冰雪强烈消融而突然暴发泥石流；有时是冰雪消融和暴雨共同激发的泥石流。

第二节 泥石流分类及功能分区

一、泥石流分类

目前国内外泥石流有许多的分类方法，包括按沟谷地貌特征、水源条件、土源条件、发展历史、发育阶段、发生频率、规模大小、力源条件、运动流态、运动流型等分类，但这些分类方法都缺乏公认的泥石流分类原则、方法和指标、标准和界限，使用范围不同。

（1）按沟谷地貌特征的分类：典型泥石流沟、沟谷型泥石流沟和坡面型泥石流沟。

（2）按水源条件的分类：暴雨型泥石流（包括台风雨）、冰雪融水型泥石流、火山型泥石流和水体溃决型泥石流。

（3）按土源条件的分类：水石流、泥流和泥石流。

（4）按发展历史的分类：现代泥石流、老泥石流和古泥石流。

（5）按发育阶段的分类：幼年期泥石流、壮年期泥石流和老年期泥石流。

（6）按发生频率的分类：高频率泥石流、中频率泥石流和低频率泥石流。

（7）按规模大小的分类：特大型泥石流、大型泥石流、中型泥石流和小型泥石流。

（8）按力源条件的分类：土力类泥石流和水力类泥石流。

（9）按运动流态的分类：紊流型泥石流、层流型泥石流和蠕流型泥石流。

（10）   按运动流型的分类：连续型泥石流和阵流型泥石流。

除了上述10种分类方法外，还有许多分类方法，受篇幅所限，这里不再赘述。在我国最为常用是按土源条件的分类方法，所谓土源条件，也就是按泥石流的物质组成来源将广义的泥石流划分为水石流、泥流和泥石流3种类型。

1.水石流

这类泥石流主要发育在风化不严重的火山岩、灰岩、花岗岩等基岩山区，在我国陕西华山一带分布最为典型。

2.泥流

由于泥流主要发育在第三系、第四系广泛分布的地带，特别是我国西北的广大黄土高原，由于缺乏粗颗粒砾石，因此一般都是泥流或高含沙水流。

3.泥石流。

除了上述两类泥石流外，在我国广大山区，特别是西南山区，是这类泥石流常见的现象。这类泥石流的物质组成非常宽，从最小的黏土（V0.005mm）到最大的漂石（＞100mm）。

根据泥石流颗粒大小及容重，还可将泥石流划分为黏性泥石流和稀性泥石流。①黏性泥石流：容重为1.5~2.3t/m³，固体颗粒中小于0.005mm含量占到固体总量的3%以上，颗粒组成的直方图为双峰型，流型为阵性运动，流态无明显的紊流现象。②稀性泥石流：容重一般小于1.5t/m³，黏性颗粒占固体含量小于3%，颗粒组成的直方图为单峰型，流型为连续性，有明显的紊流现象。

泥石流体特征如表2-4所示。

表2-4 黏性、亚黏性、稀性泥石流体特征

流体类型	容重（g/cm²）		自由孔隙比	液体结构	流态	沉积物特征	流动特征
	泥石流	黄土泥流					
黏性	1.9~2.25	1.63~1.78	<0.05	类一相体	层流	无分选，级配和原始土体基本无区别	常呈阵性流
亚黏性	1.69~1.9	1.5~1.63	0.05~0.37	过渡类型	弱紊动流	基本无分选，含土量（黏土、细粉沙）低于原始土体	连续流
稀性	1.35~1.69	1.26~1.5	0.37~0.7	二相流	紊流	分选较明显，含土量大大低于原始土体	连续流

二、泥石流的功能分区

1.泥石流形成区

泥石流形成区（forming region of mud-rock flow）又称泥石流物源区，是泥石流主要水源、土源或砂石供给和起始源地。泥石流形成区位于泥石流流域的上游。其基本特点是：地形起伏比较大，具有比较充分的水源条件；岩土破碎或堆积有大量松散沉积物，具有比较充分的碎屑物质条件；植被稀少，水土流失严重。

泥石流形成区一般位于泥石流沟的上游段，地形呈漏斗状，周边高，中间低，出口向下游，沟床纵坡陡急，地形有利于松散碎屑物质和水流的汇集，形成泥石流的松散碎屑物质主要由此段供给。这里山坡陡、表层破碎，坡体不稳定，滑坡、崩塌、岩堆等不良物理地质现象很多，植被的生长环境差、覆盖度低，水土流失严重。泥石流在此段形成，并向下游流动。典型泥石流形成区如图2-1、图2-2所示。

2.泥石流流通区

泥石流流通区（moving region of mud-rock flow）是泥石流形成后，向下游集中流经的地区。泥石流流通区的地形多为沟谷，有时为山坡。泥石流沟谷与一般山洪沟谷没有截然区别，其主要差别是泥石流沟谷的宽度一般比较大，沟床碎屑物较厚，容易迁徙改道。泥石流沟谷有时亦可出现挟沙水流。典型泥石流流通区如图2-3所示。

泥石流流通区一般位于泥石流沟的中游地段，多为峡谷地形，沟谷两侧岸坡急

陡，沟床纵坡大，多陡坎或跌水，沟谷较顺直，其长度较形成区为短。此区段是连接泥石流形成区和堆积区的中间地段，泥石流以通过为主，流量变化不大。

图2-1 四川黑水县芦花沟泥石流形成区

图2-2 蒋家沟泥石流形成区

图2-3 四川汶川县茶园沟泥石流流通区

3.泥石流堆积区

泥石流堆积区（accumulated region of mud-rock flow）是泥石流碎屑物质大量淤积的 地区，位于泥石流下游或中下游。堆积活动有时发生在流通区内的泥石流沟谷坡度急剧 减小或转折处。由流通区进入坡度较缓的堆积区，或由沟道窄深段进入断面宽浅河段，或沿程有清水汇入等原因，往往发生沉积，主要的堆积形式见3.4节。典型泥石流堆积 区如图2-4、图2-5所示。

图2-4 泥石流堆积沟口

图2-5 甘肃舟曲县城北特大泥石流冲积扇

第三节 泥石流分布规律

泥石流形成受到能量、物质和水源这3大条件的制约，其分布也受这3大条件的影响。能量条件是决定是否有泥石流分布的关键因素，包括总能量条件和能量转化梯度条件。对于一个小流域而言，地形相对高差反映总能量条件，地形坡度反映能量转化条件，共同决定该流域是否具备泥石流形成的能量条件，是控制泥石流分布的关键因素。物质条件是泥石流形成的物质基础，但在自然界极端的石漠化地区外，绝大部分山区都具备泥石流活动所需的基本物质条件，只是物质的丰富程度存在较大的差异，物质条件对控制泥石流分布不像能量条件那么重要，但对泥石流的活跃程度却有十分重要的影响。水源条件是泥石流形成的激发条件，包括降水、冰川（雪）水、溃决洪水和泉水等，由于我国部分地区受季风气候影响，降水丰富且集中，除少数极干旱地区外，绝大分地区的降水均可以满足激发泥石流的需要。

一、在行政区的分布

我国泥石流分布极为广泛,我国除江苏省、上海市和澳门特别行政区外,其余各省(市、自治区)均有泥石流分布,但是在各行政单元的分布极不均匀,整体上是西部山区多于东部山区,西南山区多于西北山区。其中泥石流灾害分布最为集中的是四川、云南、陕西、西藏和重庆等,约占全国泥石流总量的80%。

二、在地貌带的分布

由于能量条件是控制泥石流形成的关键因素,泥石流在地貌带的分布具有很强的规律性。受大的地貌格局的控制,我国内陆地区泥石流的分布形成2个大条带:一是青藏高原向云贵高原,四川盆地和黄土高原向东部低山、丘陵和平原的过渡带,二是受太平洋板块俯冲作用影响形成的东部沿海山脉。这2个大条带均是地形起伏变化较大的地带。这导致泥石流在地貌带的分布具有以下特点。

(一)泥石流在大地单元过带集中分布

大地貌单元过渡带上往往地质构造活跃,地形高差起伏大,起伏的地形又往往造成降水增加,为泥石流的发育提供了良好的条件。我国地貌西高东低,呈阶梯状分布,由3大阶梯构成,这3大阶梯存在2个过渡带,这2个过渡带均是泥石流发育的地带。其中,在第一阶梯向第二阶梯的过渡带上不仅具有较大的高差,同时具有较大的坡度,导致泥石流异常发育,密集分布,是我国泥石流的主要活动区;在第二阶梯向第三阶梯的过渡带上,由于地形高差变化比前一过渡带小,虽然仍是泥石流发育区,但无论是泥石流数量还是泥石流的活跃程度均比前一个过渡带要弱。我国发育许多盆地,因盆地周边山地向盆底平原或丘陵过渡的地带相对高差较大,坡度较陡,是泥石流密集发育的地区。其中最为典型的是四川盆地,盆周西部山地是我国泥石流最发育的地区之一。

(二)泥石流在河流切割强烈、相对高差大的地区集中分布

河流切割强烈的地区往往地壳隆升强烈,地质构造活跃,地形相对高差大,地势陡峻,具备泥石流发育的有利条件,泥石流往往在这些地区集中分布。我国西部地区河流切割强烈、相对高差大的地区主要有横断山地及其沿经向构造发育的西南诸河以及雅碧江、安宁河、大渡河等河流,金沙江下游地区、岷江上游地区、嘉陵江上游、白龙江流域等。

三、在地质构造带的分布

断裂带皆为地质构造活跃的地带,新构造运动活动强烈,地震活动频繁,地震带多与大的断裂重合,这些地带往往岩层破碎,山坡稳定性差,河流沿断裂带切割强烈,形成陡峻的地形,为泥石流的发育提供了十分优越的条件,是泥石流分布最为密

集的地带。地震活动往往能诱发大规模的泥石流，在地震后较长的一段时间内，泥石流活动都处于活跃期，我国泥石流密集分布的地区几乎均分布在断裂带和地震带，例如，金沙江下游的小江流域沿小江深大断裂带发育，小江深大断裂带也是云南省主要的发震性活动断裂带之一。在断裂带和地震活动的作用下，小江两岸泥石流异常发育，小江流域全长仅138km，两岸发育的泥石流沟则多达140条（韦方强等，2004），其中的蒋家沟泥石流更是为全世界之最，平均每年暴发15场泥石流，最多一年暴发泥石流高达2g场（吴积善等，1990）。嘉江上游的白龙江流域密集分布的泥石流均处于白龙江复背斜、武都构造断裂带上。沿弧形断裂带有的大盈江是我国泥石流密集分布的又一地带，因滑坡为泥石流提供了极为丰富的物质，许多泥石流沟谷泥石流暴发频繁（张信保等，1989），通麦一然乌断裂带是帕隆藏布江段泥石流发育密集的地带，发育众多大规模的滑坡和泥石流沟，其中古乡沟、m堆沟和培龙沟等均是典型的冰川泥石流沟，对川藏公路构成了严重的危害。

四、在气候带的分布

泥石流的分布虽然受地带性因素影响，但主要受地形、地质和降水条件的控制，因此，也表现出一定的非地带性特征。由于我国绝大部分泥石流是由强降水诱发的，一般在降水丰沛和暴雨多发的地区集中分布。例如，长江上游的攀西地区、龙门山东部、四川盆地北部和东部及湖北西部山地等都是降水丰沛的地区，年降水量一般超过1200mm，且降水强度大，多为暴雨，皆为长江上游泥石流集中分布的地区。再如，滇西南地区受印度洋暖湿气流的影响，降水异常丰沛，是云南泥石流分布最为密集的地区，其中的大盈江流域地处亚热带，为印度洋季风气候区，降水充沛，并随海拔的升高而增加，区域内多年平均降水量为1345mm（下拉线，海拔837m）~2023mm（海拔2000的降水造成大盈江流域泥石流频发，大盈江主河长168km，但发育泥石流沟116条（张信保和刘江，1989）。

从泥石流成因类型看，冰川泥石流主要分布于我国西部山地，而且大部分集中于西藏东南部地区；暴雨泥石流主要分布于西南地区，其次西北、华北和华东地区也有呈带状或成零星分布。从泥石流物质组成看，泥石质泥石流分布遍及西南、西北和东北的基岩山区；沙（水）石质泥石流（简称"水石流"）分布于华北地区，而泥质泥石流（简称"泥流"）分布于松散易蚀的黄土分布区。

第四节　泥石流运动特征

一、突发性

一般的泥石流活动暴发突然，历时短暂，一场泥石流过程从发生到结束仅几分钟到几十分钟，在流通区流速可高达20m/s。泥石流的突发性使得对泥石流难以准确预报，撤离可用时间短。因而常给山区造成突变性灾害，一起强烈的侵蚀、搬运和冲击能毁坏房屋、道路、桥梁，堵塞河湖，淤埋农田，破坏森林等等，造成严重的人员伤亡与经济损失。例如，1984年5月27日，云南省东川市黑山沟突发泥石流，冲毁工矿区，造成121人死亡。

二、群发性

由于在同一区域内泥石流的环境背景条件差别不大，地质构造作用、水文气象条件、地震活动等对泥石流的影响具有面状特征，使得在一定区域内均可满足泥石流的形成条件，导致泥石流的群发性特征。例如，1998年8月13日一次暴雨，引起四川省遂宁市183处滑坡泥石流灾害，使得825个村庄受灾，造成6人死亡，3人受伤。2010年8月13日四川清平特大泥石流，24条沟谷同时暴发泥石流，致使绵远河清平乡附近的河道完全堵塞。

三、准周期性

泥石流活动具有波动性和周期性。泥石流活动的波动性主要受固体物质补给和降雨的影响，但泥石流暴发与强降雨周期不完全一致。我们把泥石流活动这种具有一定的周期性特点称为准周期性。例如，青藏高原泥石流活动有大周期与小周期。1902年，扎木弄巴发生特大规模滑坡泥石流，堵断易贡藏布江形成易贡湖；2000年4月，扎木弄巴在此发生特大规模滑坡泥石流，在此堵断易贡藏布江，这代表了泥石流活动的大周期特征。

四、季节性

泥石流活动具有季节性。对于降水引发的泥石流，由于受降雨过程的影响，泥石流发生时间主要集中在雨季，特别是7、8月之间，其他季节暴发较少，而且规模也较小；而在高山地区，由于冰雪融化导致的冰川泥石流，则多发生在4~6月。

五、夜发性

根据中国科学院东川泥石流观测研究站对将结构泥石流活动50多年来的观测数据发现，在夜间暴发的泥石流占泥石流发生总次数的70%以上，这说明泥石流具有明显的夜发性。正由于泥石流的夜发性，也加大了预警预报与人员转移的难度，常造成人员伤亡事故。例如，2012年6月28日，四川省凉山州宁南县白鹤滩镇矮子沟发生的特大泥石流灾害，泥石流冲毁了白鹤滩镇的一家酒楼，因发生在夜间，导致酒楼中住宿的40多人死亡或失踪。

第五节　泥石流物理特征

一、泥石流的物质组成

泥石流是大量固体物质与水的混合流体，是典型的固液两相流。泥石流中固体物质与泥石流的体积比一般为30%~70%，远远高于一般挟沙水流。泥石流中固体物质不仅含量高，且分布范围广，从最小的黏粒理解到直径达数米的巨石（图2-6），具有典型的宽级配特征。其中，固体物质中的细颗粒和水组成不分选的浆体，具有很高的黏性。因此，又可以进一步将泥石流概化为由水和细颗粒组成的浆体（液相）以及剩余粗颗粒（固相）构成的特殊两相流。对固液两相分界粒的确定是研究泥石流动力过程的关键问题之一。沈寿长等通过分析浆体组成的机理分别提出了稀性泥石流和黏性泥石流分界粒径的划分方法。费祥俊等通过分析泥石流野外观测资料认为，高浓度浆体所具有的屈服应力维持颗粒不沉，呈中性悬移运动，该稳定悬液的上限粒径即为两相分界粒径，其与泥石流的容重密切相关。艾弗森通过分析泥石流的物理力学性质认为，可以基于颗粒沉降的时间尺度和长度尺度来划分泥石流的固相和液相。舒安平等提出了基于最小能量耗损原理的泥石流分界粒径确定方法。陈宁生等提出以泥石流沟边壁、岩壁的固体黏结物的最大粒径作为浆体的上限粒径。蒋家沟泥石流野外实测资料分析结果表明，液相浆体以d<0.05mm的颗粒为主体，但并非固定不变。泥石流分界粒径将随着自身黏度和流速的增大而增大，并且在流速的增大过程中，分界粒径将趋于某一稳定值，其上限粒径一般认为为2mm。

图2-6　泥石流中携带的大石块

从对泥石流性质的影响角度出发，泥石流物质体系可细分为3部分，一是固相细颗粒与水组成的泥浆体，其影响着泥石流的流变性质；二是粒径大于2mm而又小于泥石流运动特征尺度的粗颗粒，充填在泥浆液中，对泥石流整体的性质有显著影响。三是泥石流中的粒径大于泥石流运动特征尺度的巨大块石，其虽然被泥石流搬运，但对泥石流体的性质影响不大。

泥石流固体物质组成通常可用各粒径占总量的质量百分比来表示，也即固体物质的颗粒级配。固体物质的颗粒级配对泥石流的运动及沉积规律有很大影响。泥石流中固体物质按其来源可分为2个部分，一部分来自形成区，另一部分来自运动过程中沟道两岸的堆积物和沟床堆积物。因此，在不同区域取样获得的固体物质颗粒级配不可能完全相同。此外，由于各类泥石流容重差异，冲淤变化也各不相同，所以同一地点取样得到的泥石流固体物质颗粒级配，既可反映源地物质组成，也反映泥石流运动特性。一般而言，泥石流容重越大，固体物质组成也越粗，而且高黏性泥石流颗粒组成比原始土体组成还略粗；随着泥石流浓度下降，固体物质开始有分选地被搬运，粗颗粒因沉积而减少，细颗粒仍能保持悬移，或较少沉积，其在总量中所占百分数相对增加。中值粒径d50随泥石流容重下降而很快减小，这也反映了泥石流容重或浓度越高，颗粒组成越粗的现象。

黏性泥石流固体物质组成具有两端大、中间小的双峰特性，粗细颗粒相差悬殊，使得粗颗粒间空隙被细小颗粒填充，这种填充效应导致黏性泥石流具有很高的容重或体积浓度。

二、泥石流的浓度

泥石流的浓度定义为水或土体占总泥石流体的质量或体积，通常有2种表达方式：一是单位体积泥石流体的质量，即泥石流密度，通常也称容重γ_c，常用单位为t/m^3或kg/m^3，其表达式如下：

$$\gamma c = \frac{泥石流体的总质量}{入泥石流体的总体积} \qquad (1-1)$$

另一种是单位体积泥石流体中固体颗粒所占的体积比，即体积浓度Cv，其表达式如下：

$$Cv = \frac{泥石流中固体物质的总体积}{泥石流的总体积} \qquad (1-2)$$

两者之间具有一定的换算关系，如式1-2所示。

$$Cv = \frac{\gamma c - \gamma w}{\gamma s - \gamma w} \text{ 或 } \gamma c = \gamma w + (\gamma s - \gamma w)Cv \qquad (1-3)$$

式中：γ_w为水的容重，γ_s为固体颗粒的重度，γ_c通常取2650~2700kg/m^3。

泥石流的浓度在一定条件下只与其物质组成有关。根据蒋家沟实测资料研究表明，泥石流容重与颗粒中值粒径治。具有很好的的相关性。相同体积浓度的泥石流体，如果力度组成和排列方式不同，可能具有不同的性质。因此，在泥石流研究中引入饱和体积浓度和极限体积浓度的概念。饱和体积浓度是指泥石流体中固体颗粒稳定接触排列下的体积浓度，极限体积浓度值泥石流体中的固体颗粒最密实镶嵌排列下的体积浓度。对于均匀球体，饱和体积浓度和极限体积浓度分别可达0.625和0.74。根据试验分析，泥石流密度越大，大于2mm的颗粒含量越大，饱和体积浓度和极限浓度也会随之增大。

第六节　泥石流运动特征

一、泥石流运动形态

（一）泥石流流态

由于泥石流本身性质和运动条件的复杂性，其流态无法用某些物理力学指标来明确划分，而流体力学中划分流态的常用无量纲参数，如管道水流中的雷洛数、明渠流中的弗洛德数，都无法直接套用到泥石流中。吴积善等根据四川凉山黑沙河泥石流长期观测资料，将泥石流流态定性分为紊动流、扰动流、层动流、蠕动流和滑动流5种。泥石流的流态主要受固体体积浓度的影响。稀性泥石流接近含沙水流，容易出现紊流，随着颗粒浓度的增加，密度增大，内部的结构性和整体性增强，泥石流流态趋于塑性流动状态。

（二）泥石流流型

泥石流流型是指泥石流运动的过程线的形状。根据泥石流过程线的观测结果，可将泥石流分为阵性流和连续流。阵性流是指流动过程中出现断流的现象，而连续流是指流量过程线连续、中间无断流现象发生。

一般来说，高容重的黏性泥石流才会出现阵性流。阵与阵之间具有明显的间隔时间，由几十秒到10~20min不等，在流量过程线上呈现独立的峰值。造成阵性流这种独特现象的原因大概有几个：泥石流物源区物质补给的不连续，泥石流启动过程中由于降水时空不均匀导致的间隙性；沟槽底面地形的复杂性；弯道的堵塞效应；沟床的展宽和流体沿程的黏附作用；泥石流运动过程的流动不稳定性。阵性泥石流的流速与泥深一般呈正相关，但不如一般洪水那样密切。泥深越大，流速越大，大流速泥石流可追上小的泥石流，并合成一阵更大的泥石流；泥石流的阵性运动使得其携带的物质在短时间内经过过流断面，大涨大落，其峰值流量往往是正常清水流量的几倍甚至几十倍。一般龙头越高，阵流长度越长，每次阵流的外形基本相似，即呈头大、身短、尾长的蝌蚪形。

对于稀性泥石流和水石流来讲，一般都是连续流，高容重的黏性泥石流在流量补给充足时也会出现连续流。

阵性流和连续流可能出现在同一个泥石流事件。根据云南东川的蒋家沟泥石流观测资料，蒋家沟泥石流中的阵性流流动历时占整个过程的70%以上。例如，1991年蒋家沟有记录的22场泥石流都是以阵性流为主，8月14日9：30暴发的一场泥石流共有224阵，总历时达10h。其中阵性流总历时为8-5h，其最大流量达至！1634.4m3/s，输沙总量513297m3；连续流总历时为4.5h，但连续流情况下其最大流量仅为37.9m3/s，输沙总量28719m3。根据蒋家沟泥石流全过程样本分析表明：泥石流始于挟沙洪水，再演化为泥石流，最后又逐渐过渡到挟沙洪水。典型的泥石流过程可分为：挟沙洪水—前期稀性连续泥石流—黏性阵性泥石流—后期稀性连续型泥石流—挟沙水流。

二、泥石流运动速度

泥石流运动速度的大小和分布特征是泥石流运动力学的关键核心问题，也是泥石流防治工程设计中最重要的参数之一。然而，由于泥石流是一种复杂的多相非牛顿体，野外原型观测和室内实验测量困难，测量手段和运动机理研究的滞后一直制约着泥石流流速研究的发展。一般所谓的泥石流流速是指泥石流在流通区运动通过时的速度，具体可分为泥石流的平均流速、表面流速、内部流速和龙头运动速度等。自然界和模拟实验中泥石流的流态既可能为层流，也可能为紊流。即使是层流，其流速在垂向、纵断面和横断面的分布也是不均匀的，而平均流速的测量和计算往往比不均匀的表面流速、内部流速和龙头流速简单。因此，目前在实际泥石流流速观测、测试和计算时，其结果一般都为平均流速。

（一）泥石流流速分布特征

泥石流流速分布分为横向分布和垂向分布2个方面。康志成等根据对东川蒋家沟泥石流观测资料进行研究发现，泥石流横向和垂向流速分布有个基本特点，即龙头在平面上的位置是一个向前突出的舌形体，流速在横向分布上呈现中间大两侧小的规律，并根据拍摄到的泥石流龙头照片中舌形体的凸宽比，粗略估算蒋家沟黏性泥石流阵流的表面流速系数为0.7。泥石流垂向流速分布遵从事律关系，即泥石流垂向流速与泥石流总流深与距沟床的距离只差的1.5次方成正比。根据泥石流龙头在运动过程中由上向下翻落，判断泥石流表面流速大于底层流速，并根据获得的泥石流运动照片粗略估算蒋家沟黏性阵流的垂向流速系数为0.85。杨红娟等利用泥石流冲击力方法开展黏性泥石流流速垂向分布的研究，结果显示试验中黏性泥石流的流速分布特征与一般流体相似，且能够通过宾汉模型描述。

（二）泥石流流速计算

泥石流流速的计算方法大至可以分为基于泥石流本构关系的理论公式、基于水力学的经验公式、基于能量损耗的计算公式和基于超高和爬高的计算公式4类。

1.基于泥石流本构关系的理论公式

①膨胀体模型，其流速估算公式为：v_c

$$v_C = \frac{2}{3}\xi H^{1.5}J \tag{1-4}$$

式中，ξ为颗粒大小和浓度的集中系数；H为泥深；J为沟床比降。该公式反映了颗粒流在惯性区的膨胀剪切关系，这也正是高桥堡泥石流模型的基础。

②牛顿体紊流的Manning_Strickelr公式（即曼宁公式）：

$$v_C = \frac{1}{n}H^{2/3}J^{1/2} \tag{1-5}$$

式中，n为曼宁系数。这个计算公式已经被推荐进入日本的泥石流防治技术标准中。

③明渠流的谢才公式：

$$v_C = CH^{1/2}J^{1/2} \tag{1-6}$$

式中，C为谢才系数。谢才公式是从一维明渠流的运动方程中推导出来的，后来推广到泥石流流速估算中。

2.基于水力学的经验公式

泥石流流速经验公式一般从均匀恒定的明渠流阻力公式出发，根据地区性的实际资料做出修正，建立泥石流断面平均流速、坡度、水力半径和反映沟床粗糙条件的阻力系数4个变量之间的一种经验统计关系，能在一定程度上解决当时当地的工程实践问题。国内外很多学者根据地区性的观测资料提出了不同的研究区相应的流速和阻力计算经验公式。从理论公式（1-5）与公式（1-6）中可以看出，泥石流流速公式的基本形式为：

$$v_C = C_m H^a J^b \tag{1-7}$$

式中，指数a、b以及经验系数C_m均为待定参数，需要根据不同地区、不同类型泥石流流速观测资料进行率定。我国基于实际观测资料的经验公式较多，例如，云南东川蒋家沟黏性泥石流估算公式，云南东川大白泥沟黏性泥石流经验公式，甘肃武都火烧沟、柳弯沟和泥弯沟黏性泥石流估算公式、西藏波密古乡沟黏性泥石流估算公式、云南大盈江浑水沟黏性泥石流估算公式、青海扎麻隆峡稀性泥石流估算公式、北京地区习性泥石流估算公式等。这些公式适合于我国不同地区、不同类型和性质泥石流流速与阻力的计算。这里仅列举4种相对有影响的经验公式。

①陈光曦和王继康根据云南东川蒋家沟、大白泥沟等153阵泥石流的观测数据，采用曼宁-谢才公式建立黏性泥石流流速公式（陈光曦等，1983）：

$$v_C = KH^{2/3}J^{1/2} \tag{1-8}$$

式中，V为泥石流流速；K为黏性泥石流流速系数；H为泥深；J为沟床比降。

②康志成呈（2004）借用曼宁公式，根据蒋家沟1965~1967年和1973~1975年的泥石流观测数据提出的黏性泥石流流速计算公式，并发现曼宁系数与泥深存在良好的统计相关关系［式（1-6）、式（1-7）］，还根据西藏、云南东川和甘肃武都等地区黏性泥石流的观测资料编制了经验性的曼宁系数表，曼宁系数取值在0.05~0.445o

$$\nu_{c} = \frac{1}{n} H^{2/3} J^{1/2} \tag{1-9}$$

$$\frac{1}{n} = 28.5 H^{-0.34} \tag{1-10}$$

式中，n 为曼宁系数。

③王文等（1985）根据西藏波密古乡沟 1964 年的 85 次和 1965 年的 10 次泥石流观测资料，提出了适用于稀性泥石流和黏性泥石流的流速经验公式：

$$\nu_{c} = \frac{1}{n} H^{2/3} J^{1/2} \tag{1-11}$$

④费祥俊等通过对泥石流运动阻力的分析，根据西南地区各黏性泥石流沟的实测统计资料，提出了涉及参数较为全面、有一定普遍意义的黏性泥石流流速计算公式，建立了曼宁系数与泥石流固体浓度、颗粒组成以及泥深、坡降的关系。该方法考虑了黏性泥石流浓度、坡降以及颗粒组成等对泥石流阻力的影响，包括的因素较为全面）（费祥俊，2003）。

$$\nu_{c} = \frac{1}{n} H^{2/3} J^{1/2} \tag{1-12}$$

$$\frac{1}{n} = 1.62 \left[\frac{C_{\gamma}(1 - C_{\gamma})}{\sqrt{HJd_{10}}} \right]^{2/3} \tag{1-13}$$

式中，C_{γ} 为泥石流固体体积浓度；J 为沟床坡降；d_{10} 为泥石流中固体物质含量为 10% 的颗粒粒径，作为反映细颗粒泥沙含量的一个指标。

3. 基于能量损耗的计算公式

王兆印（2001）在室内开展了水流冲刷沟床沉积物发展形成两相泥石流的试验。研究发现，坡降和液相流速/发生推移质运动，坡降和液相流速大时水流激发颗粒运动聚集在前部，大量卵石开始运动形成泥石流；形成泥石流的临界坡降与沟床卵石粒径的 2/3 次方呈正比；泥石流头部隆起高度与头部卵石粒径呈正比；泥石流中小卵石的瞬时速度高而大卵石的平均速度高，小颗粒总是碰撞前面的大颗粒而降低速度或停止，因此对颗粒运动的能量进行分析，建立了龙头运动的能量理论和泥石流龙头运动速度计算公式：

$$\nu_{c} = 2.96 \frac{\rho_{s} - \rho_{l}}{\rho_{l}} \cdot \frac{q}{C_{vd}h_{d}\left(1 - 20J + 12.6\frac{\rho_{s} - \rho_{l}}{\rho_{l}}\right)} \tag{1-14}$$

式中，ρ_{s} 为固体颗粒密度；ρ_{l} 为液相密度；q 为清水单宽流量；C_{vd} 以为龙头内卵石的体积比浓度（只包含推移质）；h_{d} 为龙头高度；J 为沟床坡降。

4. 基于超高和爬高的计算公式

泥石流过弯道时在离心运动的作用下，会产生凸岸泥面降低、凹岸泥面升高的超高现象。泥石流弯道的超高值与泥石流的流速、弯道曲率半径、弯道宽度有关。因此，根据离心运动的原理，利用现场调查得到的弯道沟壁处的泥痕高差值可以推算出泥石流爆发时的流速。国内外常见的泥石流弯道超高公式及相应的流速公式见表2-5。

表2-5　国内外常见的泥石流弯道超高公式

超高公式	流速公式	适用条件	参考文献
$\triangle h = kBV_2/(Rg)$	$V = \sqrt{\triangle hRg/2aB}$	稀性泥石流	水山高久和上原信司（1985）
$\triangle h = B(\dfrac{V_2}{gR\cos\theta} + \tan\varphi)$	$V = \sqrt{(\dfrac{\triangle h}{B} - \tan\varphi)gR\cos\theta}$	黏性泥石流	周必凡等（1991）
$\triangle h = B(\dfrac{V_2}{gR} + \tan\varphi + \dfrac{c}{H\gamma\cos^2\theta})$	$V = \sqrt{(\dfrac{\triangle h}{B} - \tan\varphi - \dfrac{c}{H\gamma\cos^2\theta})\theta}$	黏性泥石流	蒋忠信（2007）
$\triangle h = B(\dfrac{V_2}{gR} + \tan\varphi)$	$V = \sqrt{(\dfrac{\triangle h}{B} - \tan\varphi)Rg}$	稀性泥石流	
$\triangle h = \dfrac{v_2^2 - v_1^2}{2g}$	$V = \sqrt{\dfrac{1}{2}\triangle hg(\dfrac{R_2 + R_1}{R_2 - R_1})}$	稀、黏性泥石流	陈宁生等（2009）

注：$\triangle h$为弯道超高值（m）；K为弯道超高系数，常取2.0；R为弯道半径（m）；B为沟道宽度（m）；V为泥石流平均流速（m.s^{-1}）；V_1、V_2为分别为泥石流凹岸和凸岸流速（m.s^{-2}）；g为重力加速度（m.s^{-2}）；H为泥石流平均泥深（m）；γ为泥石流重度（N·m^{-3}）；c为泥石流黏聚力（KK.m^{-2}）；β为泥面斜度（°）；θ和φ为分别为来流角和内摩擦角（°）。

泥石流运动速度快、惯性大，易于保持直线运动。当它遇到凸起的障碍物时，容易出现爬高的现象。爬高的高度是由泥石流的动能决定的。因而可以从泥石流的爬高推算泥石流的运动速度。康志成等（2004）根据动能转化为势能的原理，推导了泥石流的爬高公式：

$$\triangle H_c = 1.6\frac{v_c^2}{2g} \tag{1-15}$$

第七节　泥石流动力特征

泥石流动力特征是指泥石流在其运动过程中触及到所有物体和下垫面时产生的一种力的作用过程，它是泥石流灾害的主要破坏力，是泥石流防治的主要对象。例如泥石流对河床的冲刷和淤积作用，对建构筑物的冲压力，在遇到阻碍时的冲起和爬高等等。

一、泥石流的冲淤特征

泥石流的冲淤过程就是泥石流和沟道相互作用的过程，其影响因素包括泥石流体性质、泥深、流量、流速、侵蚀基准、支沟泥石流、沟岸崩滑体、以及沟床和沟岸物质组成。复杂的影响因素使得泥石流的冲淤研究十分困难，多集中于定性描述。

从泥石流流域位置的冲淤变化来看，泥石流形成区以冲为主，流通区有冲有淤，冲淤交替，堆积区以淤为主。

从泥石流的性质来看，黏性泥石流中，阵性流以淤为主，连续流以冲为主；稀性泥石流以冲为主。云南东川蒋家沟阵性泥石流的铺床过程就是黏性泥石流在整个沟床上的淤积的一种形式，其厚度可达 0.5m 左右，但发生黏性连续流时可出现大幅度冲刷，有时一次性冲刷可达 5m；稀性泥石流的冲刷方式有 3 种：一是下切冲刷（下蚀），致使沟床加深加宽；二是弯道凹岸冲刷（侧蚀），致使沟道岸线侧移；三为溯源侵蚀，使临时跌坎后退。这在泥石流的防治工程设计中需要特别注意。

从泥石流规模来看，一般来说，泥石流流量大、流速快者发生冲刷，反之发生淤积。在特定情况下，部分学者提出了关于泥石流冲淤参数的定量计算公式，如基于观测数据的顺直沟道和弯道凹岸稀性泥石流冲刷深度计算式（兰州冰川冻土所）、基于无限边界理论的泥石流动床下切侵蚀深度计算公式和沟床侵蚀临界坡度公式（潘华利，2009）、基于粗化层形成、破坏理论的沟床颗粒输移公式（朱兴华，2013）、基于泥石流屈服应力特征的淤积厚度计算公式（余斌，2010）。

在泥石流沟道上修建拦沙坝等防治工程后，由于改变了泥石流沟道的纵坡、宽度或沟床边界条件，使得沟道内的冲淤发生变化。大时间尺度表现为拦沙坝上游淤积和下游冲刷，短时间尺度表现为上、下游沟道冲刷和淤积交替出现的特征。根据侵蚀机理的不同，可将拦沙坝下游侵蚀分为 2 种：冲击侵蚀和沟床侵蚀（田连权等，1993）。冲击侵蚀主要发生于上下游高差较大且无护坦或护坦已破坏的拦沙坝和副坝坝址处，这种侵蚀通常形成冲刷坑。沟床侵蚀是由于过坝后的泥石流含砂率降低，侵蚀能力增强，冲刷沟道，使沟床比降变缓以适应泥石流的冲淤条件，并在拦沙坝坝址形成陡坎，威胁拦沙坝的基础稳定随着坝后消能工的广泛应用，冲刷坑已得到较好的控制，沟床侵蚀成为影响拦沙坝稳定的主要因素。

排导工程往往要改变泥石流沟道的宽度、流向和汇入主河的位置，从而直接影响泥石流的冲淤。一般而言，因人工排导工程以排导泥石流流体为主，所以主要发生冲刷作用。但在部分地区也可能发生淤积作用。如导流堤改变流向时，主流顶冲处会发生强烈冲刷，远离主流的导流堤内将发生明显堆积；改变入口位置后，若沟道长度缩短，侵蚀基准下降，则会发生大幅度冲刷，反之则会出现大量堆积。因此，在修建排导工程时，需对其可能引起的冲淤要有一个正确评价，否则会影响工程的正常运行和减灾效果。

二、泥石流的冲击特征

高速运动的泥石流挟带大量的石块，甚至有粒径超过10m的巨石，对障碍物产生巨大的冲击力。冲击作用是泥石流成灾的3种方式之一，也是破坏力最为巨大的一种，往往给其冲击范围内的房屋、桥梁等造成毁灭性的破坏。因泥石流冲击力研究在泥石流防治工程中的重要性，国内外科学家在野外对泥石流的冲击力开展了许多观测研究。章书成和袁建模（1985）1973~1975年在蒋家沟采用电感式冲击力仪实测了泥石流的冲击力，1975年共测69次，其中龙头正面冲击的有35次，量级均在195kPa以上，这中间又有11次量级在920kPa上，其余34次的量级均在195kPa以下 1982~1985年，章书成、陈精日和叶明富改进了测量仪器，又测得了59个泥石流冲击力过程线（吴积善等，1990），测量值多在1000kPa左右，其中最大值超过5000kPa（仪器的满度量程为5000Pa）。2004年，胡凯衡等利用在云南蒋家沟建立的泥石流冲击力野外测试装置和新研制的力传感器以及数据采集系统，首次测得了不同流深位置、长历时、波形完整的泥石流冲击力数据，测得最大冲击力为3110kPa。

泥石流冲击力的计算方法可以分为水力学方法和固体力学方法。水力学方法根据流体动压力的计算原理，对一般流体动压力计算公式修改得到（吴积善等，1993）：

$$p = K\rho_c v_c^2 \tag{1-16}$$

式中，p为单位面积上的流体压力；ρ_c为泥石流密度；v_c为泥石流平均流速；K为泥石流不均匀系数，K为2.5~4.0。

计算泥石流中大石块的冲击力则要采用固体力学的方法。例如，采用弹性力学的石块冲击力计算公式：

$$P_d = \rho_s A v_c C \text{或} P_d = \frac{Q v_d}{T} \tag{1-17}$$

式中，ρ_s为石块比重；A为石块与被撞击物的接触面积；C为撞击物的弹性波传递速度（石块一般可取C为4000m·s^{-1}）；v_d为石块运动速度；T为大石块和坝体的撞击历时，按1s计算；Q为石块重量。

陈光曦等（1983）借鉴船筏与桥墩台撞击力公式来计算泥石流冲击力：

$$P_d = \gamma v_c \sin\alpha \sqrt{\frac{Q}{c_1 + c_2}} \tag{1-18}$$

式中，α为被撞击物的长轴与泥石流冲击力方向所形成夹角的大小；c_1、c_2分别为巨石及桥墩与工的弹性变形系数，采用船筏与桥墩台撞击的数值为$c_1 + c_2$=0.005；γ为动能折减系数，对于圆端属正面撞击，采用γ=0.3。

何思明等（2007）考虑泥石流碰撞时的弹塑性变形，提出了泥石流石块冲击力计算的弹塑性公式。但是，该公式比较复杂，需要的参数比较多。

三、泥石流弯道超高与爬起

由于泥石流流速快，惯性大，因此在弯道凹岸处有比水流更加显著的弯道超高现象，弯道超高分2种情况；一种是当凹岸是平缓斜坡时，泥石流紧靠凹岸一侧，流速较快，流体增厚，而接近凸岸一侧，流速变慢，流体变薄。另一种凹岸是陡壁时，泥石流不仅产生弯道超高，而且在凹岸底部还会产生强大的环流，对于凹岸有极大的冲击破坏作用。根据弯道泥面横比降动力平衡条件，推导出计算弯道超高的公式：

$$\triangle h = 2.3 \frac{v_c}{g} \lg \frac{R_2}{R_1} \qquad (1-19)$$

式中，$\triangle h$ 刀为弯道超高；凡为凹岸曲率半径；R_1 为凸岸曲率半径；v_c 为泥石流速度。泥石流流动中若遇到反坡，由于惯性作用，它仍然沿直线前进，我们称这种现象为爬高。若遇反坡地形不高时，泥石流就翻越过去，并继续前进；若遇反坡地形很高时，泥石流因地面磨阻影响，流体铺开、变薄，流速迅速降低，最后停止运动，泥石流行进中若突然遇阻或沟槽突然束窄，由于其动能在瞬间转变成势能，在泥石流与沟壁撞击处可使泥浆及其包裹的石块飞溅起来，我们称这种现象为冲起。据观察，假定泥石流流速为v，那么泥石流最大冲起高度，根据动能转化为位能的观点可表达为：

$$\triangle H_c = \frac{v_c^2}{2g} \qquad (1-20)$$

泥石流在爬高过程中由于受到沟床阻力的影响，其爬高空。

$$\triangle H_c = \frac{\alpha v_c^2}{2g} \qquad (1-21)$$

式中，α 为迎面坡度的函数。利用式（1-21）计算冲起高度偏小于观测值。其原因是我们在观测时把龙头的运动速度作为整体运动来观测的，而实际上龙头中部的流速远远大于龙头的整体流速。所以计算值往往小于实测值，这样根据观测数据资料，将式（1-21）乘以1.6的系数，即可作为泥石流冲起高度的近似计算公式（迎面坡度90°，a=1，0），即：

$$\triangle H_c = \frac{1.6 v_c^2}{2g} \qquad (1-22)$$

第八节　泥石流堆积特征

一、泥石流堆积过程

泥石流的主要特征包括充分饱和、密度大、精切力大、黏度高、固体颗粒组成不均匀等，这些特征使得泥石流存在较大的屈服强度，可以抵抗一定的剪切力，泥石流自流域源区启动，流经河沟谷的过程中，延长沟谷坡积物在高速运动的泥石流冲击作用下进一步被侵蚀，大量沟谷坡积物加入泥石流中一起向下搬运，此时泥石流的驱动力远大于泥石流所受的外部阻力和内部屈服力，泥石流主要以侵蚀作用为主，在泥石流高速运动的过程中，流域沟床形态不规则和流体中粗大固体颗粒的相互摩擦与碰撞给流体带来强烈的扰动形成紊流。泥石流体中的粗颗粒在碰撞应力和静浮托力的共同作用下，漂浮在流体表面或裹挟于流体流体内部。随着中下游沟道变缓，泥石流速度逐渐降低，运动的泥石流已经无法同时搬运全部的石块和泥沙，部分的粗颗粒开始停留在沟谷。当泥石流进入下游，宽阔沟谷的堆积沟段，或者在流域沟口，沟床坡度的变化使得泥石流流体的驱动力急剧减小，加之沟谷变宽，泥石流的深度降低，阻力增大。此时，泥石流的驱动力小于其所受的外部阻力和内部屈服力，速度减小，泥石流流体逐渐堆积在下游沟道或扇面。

黏性泥石流和稀性泥石流的堆积过程有显著差异。据田连权等（1993）的研究表明，黏性泥石流在堆积的过程中，粗大颗粒受到的浮托力减小，漂浮在泥石流表面或者悬浮于泥石流流体中的粗颗粒开始逐渐下沉，或者转变为沟床推移质。粗颗粒在下沉作用下逐渐集中，颗粒之间的碰撞、接触频率增加，泥石流流体中的结构力（咬合力）变大，当泥石流的运动速度减小到无法使整体向下游运动时，阵性泥石流从边缘的部分堆积逐渐过渡到整体堆积，流体中的物质缺乏分选性。稀性泥石流进入堆积沟段或者流域沟口，由于水和悬移质所形成浆体的切应力远小于黏性泥石流，缺乏黏性泥石流的结构特征，运动速度减小时，泥石流中的粗大颗粒首先转变为沟床的推移质向下游搬运，粗大的推移质之间的碰撞、接触频率增加；当运动速度进一步减小时，浆体中的推移质向下游运动的力逐渐减小，沟床的推移质开始部分叠置堆积、而浆体和较细颗粒则继续向下游运动，泥石流的泥深逐渐减小，直到泥深为零时完成泥石流堆积。在稀性泥石流的堆积过程中流体的物质发生了明显的分选性。

泥石流堆积物是泥石流活动的产物，客观地记录了泥石流的性质、规模、强度和频率，是揭示泥石流活动历史，鉴定泥石流的各种特性，还原泥石流成灾环境，预测泥石流发展趋势的重要科学证据。以形成的时间尺度来划分，泥石流堆积物可以分为古泥石流堆积物、老泥石流堆积物和新泥石流堆积物3类。一般来说，有人类文字记录以前的泥石流堆积物可归为古泥石流堆积物，时间尺度大约为几十万年到几千年之前。老泥石流堆积物一般为上千年和上百年之间泥石流活动的产物。新泥石流堆积物为近期发生的泥石流事件产生的，时间在几十年之间。古泥石流堆积物和老泥石流堆积物的结构和特征不仅受泥石流本身性质和结构的影响，而且后期环境气候的变化和山洪滑坡等其他地貌过程的干扰都会对原始的泥石流堆积物产生显著影响。下面所讲的泥石流堆积物粒度分布和结构特征主要针对新泥石流堆积物，没有受外界太多的干扰的典型特征。

二、堆积物的粒度分布

泥石流堆积物的粒度分布和粒序反映了泥石流中固体物质的运移方式。泥石流堆积物是运动泥石流流体在停积过程中逐渐失水而成。塑性和黏性泥石流堆积物基本上是运动的泥石流整体停积或成层堆积而成。因此，堆积体的组成与相应流体的组成大体一致，与源地土体的组成也相差不大。

田连权等（1993）对比分析了云南蒋家沟、盈江浑水沟和四川黑沙河的黏性泥石流堆积物与相应泥石流流体和源地土体的粒度分布，发现三者之间基本一致。蒋家沟泥石流堆积物、泥石流流体和源地土体粒度分布均为双峰型，第一峰值在-4Φ～-3Φ（$\Phi = -\log_2 D$，D为颗粒的直径），第二峰值在8Φ~10Φ；浑水沟泥石流堆积物、泥石流流体和源地土体粒度分布均为单峰型，前者峰值在-4Φ~-3Φ中，后两者的峰值在-3Φ~-2Φ应即堆积物的粒度比泥石流流体和源地土体粗一些。稀性泥石流在停积失水形成堆积物的过程中，不同粒径的固体颗粒会发生分选性沉降。悬移质部分呈整体压缩沉降堆积，粒径较大的推移质呈分选性沉积。因此，稀性泥石流堆积物的机械组成同时受流体的组成和输移能力的影响，具有一定的分选性。

堆积物的组成主要取决于泥石流的输沙能力和沉积环境，与源地的关系远不及黏性泥石流堆积物密切。随着堆积区比降的增大，堆积物的粒度与流体中土体的粒度之间的差异增大，随着比降的减小，两者之间的差异逐渐减小。

描述泥石流堆积物的粒度特征的参数大致有以下几种：

（1）平均粒径

$$M_2 = \frac{\Phi_{16} + \Phi_{50} + \Phi_{84}}{3} \tag{1-23}$$

式中，M_2为样本的平均粒径；Φ_{16}、Φ_{50}、Φ_{84}分别是质量比例为16%、50%、84%所对应的粒径。平均粒径的差异性可以反映泥石流形成的能量环境的不同，及搬运营力的平均动能。

（2）分选系数

$$\delta = \frac{\Phi_{84} - \Phi_{16}}{4} + \frac{\Phi_{95} - \Phi_5}{6.6} \tag{1-24}$$

式中，δ表示分选系数；Φ_{95}是质量比例为95%所对应的粒径。它表示颗粒大小的均匀程度。分选系数反映粒度的分选状况，分选系数愈小，分选度愈好；分选系数愈大，则相反。规定分选级别的标准为：分选极好（<0.35），分选好（0.35~0.50），分选较好（0.50-0.71），分选中等（0.71-1.00），分选较差（1.00-2.00），分选差（2.00-4.00），分选极差（>4.00）。

（3）偏度

$$S = \frac{\Phi_{16} - \Phi_{84} - 2\Phi_{50}}{2(\Phi_{84} - \Phi_{16})} + \frac{\Phi_5 + \Phi_{95} - 2\Phi_{50}}{2(\Phi_{95} - \Phi_5)} \tag{1-25}$$

式中，S 为偏度值。偏度用来判别粒度分布的不对称程度，等级界限分为五级：很负偏态（-1~-0.3），负偏态（-0.3—0.1），近于对称（-0.1~0.1），正偏态（0.1~0.3），很正偏态（0.3~1）。

（4）峰度

$$K = \frac{\Phi_{95} - \Phi_{5}}{2.44(\Phi_{75} - \Phi_{25})} \qquad (1\text{-}26)$$

式中，K 为峰度值；Φ_{75}、Φ_{25} 分别是质量比例为75%、25%所对应的粒径。峰度是用来衡量粒度频率曲线尖锐程度的，也就是度量粒度分布的中部与两尾端的展形之比。峰值的等级界限为：很平坦（V0.67），平坦（0.67~0.9），中等（正态）（0.90~1.11），尖锐（1.11-1.56），很尖锐（1.56~3.00），非常尖锐（>3.00）o

三、堆积物的结构和构造

泥石流流体在形成堆积物的过程中，不同粒径的颗粒在重力和颗粒间力的作用下，在垂向上可能发生分选作用，导致空间排列发生改变，形成一定的层理结构。大多数泥石流研究者对泥石流暴发后野外堆积物剖面的层理结构描述，基本上可分为5类：

（1）递变层（正粒序）：由于泥石流沉积时重力分选作用，粗大砾石缓慢下沉而形成正粒序，多半为稀性泥石流堆积的层理结构。

（2）混杂层（混杂粒序）：由于高黏性介质内部阻力的作用，颗粒呈杂乱无章堆积的混杂粒序，多半为黏性泥石流体堆积的层理结构。

（3）倒粒序：由于颗粒在低黏性介质中的离散力大于黏性阻力，颗粒呈倒粒序结构，多半为过渡性泥石流堆积的层理结构。

（4）粗化层：泥石流堆积后期被水冲刷，堆积层表面的细颗粒大部分被流水带走，使表层粗化，留下的粗颗粒（砾石）呈无序堆积的层理结构。

（5）底泥层：在泥石流堆积物底部具有较薄的富含粉砂和黏粒堆积的层理结构，此外，一些塑性泥石流堆积物还存在一种所谓的筛积层理结构。筛积层理结构的特点是在筛积层表面往往有8mm砾石累积的现象，而下层砾石则一般很少分选，它的平均粒径显著小于表面，在该层中颗粒无明显的垂直变化。

泥石流堆积物的构造是指泥石流堆积体中各种土体颗粒组合排列的形式。它是泥石流堆积过程中的产物，既记录了堆积过程的环境，也残留着运动的某些特征，主要取决于泥石流的性质、组成、运动特性和沉积（堆积）环境。泥石流的堆积构造分为原生构造和后生构造。原生构造能生动地反映沉积物搬运、堆积时的流态和沉积机制，后生构造与沉积介质活动无直接关系。由于泥石流是一种黏滞性很大的流体，其暴发和沉积有突然性，颗粒大小悬殊，堆积时下垫面又十分粗糙，因此，一些同生层面构造不是很平整，经常表现为弯曲度很大的袋状或假整合接触。每次泥石流堆积物质来源、动力条件和浆体流态的变化，以及沉积后的间歇、冲刷、风化等，都会在

2次泥石流堆积体之间造成不同清晰度的界面。

崔之久等（1996）分别从微观和宏观上系统阐述了泥石流堆积物的构造类型和特征。泥石流沉积的微构造是指光学和电子显微镜下（10~1000倍）所揭示的泥石流各组成物质（包括卷入的外来物体）在空间上的排列、分布和填充方式。黏性泥石流的常见微构造有以下几种：

（1）水平流动构造：粗颗粒沿水平方向定向很好，流纹为水平连续型，其中气孔也多被拉长或呈定向排列。

（2）波状流动构造：粗颗粒呈连续的波动状排列，颗粒定向较好，在玫瑰图上为锐角双瓣型，流纹多为规则波状，也有不规则波状者。

（3）不规则波状流动构造：粗颗粒呈断续的不规则波动状排列，颗粒定向较差，在玫瑰图上为相对集中的多瓣型，细颗粒纹层不明显，为不规则波状流纹。

（4）交织构造：粗颗粒沿流向作相互穿插、交织状排列，流纹为发育不明显的不规则波状或散碎状。颗粒定向差，在玫瑰图上为发散的多瓣型或钝角双瓣型。

（5）块状构造：粗颗粒杂乱分布，颗粒定向很差或无定向，细颗粒无流纹发育或呈散碎流纹，其中气孔也多为杂乱分布的不规则巨孔。

（6）绕流构造：指流纹在粗颗粒的一侧作挠曲状、帚状、S形或反S形分布。流纹的这种弯曲可发生在粗颗粒上侧或下侧和几个排列较紧密的粗颗粒之间。流纹一般为连续型，有时为连续规则波状。

（7）分流构造：流纹在粗颗粒的两侧同时作挠曲分布，粗颗粒在迎流面好似将流纹分开。在背流面，流纹于粗颗粒之后又会合，会合点与粗颗粒往往还有一段距离，此空间中为无流纹特征的杂基充填，称为粗颗粒的背流区。

（8）泥球构造：为粒径0.5~5mm的浑圆的黏土球，内部结构随原始黏土结构变化。它是宏观上的泥球构造在微观上的表现。很可能是气泡被充填的结果。

（9）捕虏体构造：细小的树叶、枝或草根等外来物在泥石流中的排列，常与其他粗颗粒一道作定向分布。

（10）贴边构造：粗颗粒微微下陷，使其下部浆体轻微变形，黏土等片状细颗粒平行于粗颗粒下缘排列成薄层，好似给粗颗粒贴了一个黏土边。

（11）半环状构造：粗颗粒下陷比较大时，其下浆体变形范围扩大，常迫使其中较小的颗粒面围绕粗颗粒下方作半环状排列。

黏性泥石流沉积的微构造与泥石流动力体系密切相关。黏性泥石流运动中颗粒主要受到摩擦力、碰撞应力、紊动力、重力、浮力和黏滞力等作用。层流运动中，剪切作用（摩擦力和黏滞力）是最基本的动力作用，它的效果就是使颗粒沿剪切方向产生定向排列。紊流运动中，紊动力和粒间碰撞力是最基本的动力作用。它的效果就是扰动，破坏颗粒的定向，使浆体结构构造趋于随机。因此，形成微构造的主要作用就是剪切作用和紊动作用。两者的相对强度和绝对强度以及分布状况将左右微构造的形成、特征和分布与黏性泥石流相比，稀性泥石流微构造相对简单，最主要的特征是大量发育粗糙层理构造。它往往也是宏观上的粗层理构造的一部分，其特点是颗粒产生一定程度的分选，形成粗糙的层理构造。其次是沉积定向构造，其特点是缺少细颗粒，粗颗粒有较好的定向性。泥石流沉积的宏观构造是指其组成物在空间上的排列组合方式所显示出的构成特征。根据崔之久等（1996）的研究，下面按泥石流的类型来介绍常见的宏观沉积构造。

（一）稀性泥石流

石线构造：石线构造是稀性泥石流的典型宏观构造，平面上呈垄岗状沿流向延伸，可有多道，延伸距离数十米至数百米。沿纵剖面，由上游到下游砾石略有减小，扁平砾石呈叠瓦状低角度向上游倾斜。底面为一冲刷面，横剖面呈透镜状，顶面和底面均起伏不平。

叠瓦构造：以扁平砾石为主的稀性泥石流，其堆积砾石呈叠瓦状，扁平面倾向上游。它与河流相砾石的不同在于稀性泥石流堆积砾石分选差，磨圆差，内部可有大量棱角状至次棱角状的特别粗大砾石。此外，顶面起伏不平，有大砾石突出，底面亦起伏不平。

砾石支撑构造：稀性泥石流在扇形地上搬运力减小而卸荷，使大量粗碎屑迅速堆积细粒部分继续流动离开粗粒沉积。首先快速堆积的粗碎屑形成砾石支撑一叠置构造。粗碎屑堆积体一般在扇形地交会点以上附近，往往构成扇形地沉积的筛积物，内部孔隙发达，允许水和细粒物质通过，阻挡后来的粗碎屑。

块状表泥层：系分异的细粒浆体沉积，平面上呈片状沉积在扇形地交汇点以下。由于碎屑含量较高，沉积迅速，一般呈块状构造。有时显示正粒级构造。

（二）过渡性泥石流

弧形构造：泥石流边缘砾石在停积时受挤压剪切而成的定向构造，最大扁平面环绕主流线倾斜。另外，剖面中尚有一种巨砾周围的层流绕流形成的流线构造，或称绕流构造。

反一正粒级层理：过渡性泥石流剖面特征，上部的正粒级是重力分异的结果，下部的反向粒级是层流剪切的结果。

叠瓦一直立构造：含有大量扁平砾石、密度较高的亚黏性泥石流中砾石扁平面的倾角由底向顶变大，在层的上部甚至直立。这是底部层流剪切到顶部星悬格架结构的沉积结果。

（三）黏性泥石流

环状流线构造：指平面特征，系阵性泥石流推挤剪切的结构。

反向粒级层理：剖面特征，为层流剪切的结果。扁平砾石倾角由底向顶变大，泥质基底支撑，反映剪切差由下向上减小。黏性泥石流中仅靠浆体的结构力支持的砾石一般呈直立状态。因此，黏性泥石流层上部的砾石多直立。

反粒级一混杂构造：寒流态黏性泥石流沉积的典型剖面特征。泥质基底支撑。底部的反粒级层可见平缓波状层理，系层流剪切的结果。

成泥一混杂构造：塑性滑动流态泥石流的沉积构造。底泥层有时显示流纹层理治非侵蚀性底面平缓地延伸。混杂层内物质无分异，呈泥包砾结构。

楔状尖灭体构造：剖面中无侧向变化形式，无论垂直还是平行流体切剖面，泥石流层以突然楔形尖灭的方式变化。它是结构性泥石流可以保持陡峭边缘的体现（李思田，1988）O

四、堆积体形态特征

在野外考察中可以发现，泥石流堆积体具有自身特定的堆积形态，沉积物确有大小混杂、泥砾、漂砾、擦痕、磨光面、磨圆度差等现象，这些情况与一些学者在文献中谈到的山区冰碛物有某些相似之处。然而在泥石流堆积地貌的研究中，泥石流具有确定的地貌形态，其主要类型有4种：沟谷堆积地貌、舌状堆积地貌、锥形堆积地貌和扇形堆积地貌。

（一）沟谷堆积地貌

主要指泥石流沟道内所堆积的粒径大于1m的砾石凌乱分布而形成的泥石流地貌，主要有巨大砾石组成的心滩，有的长数十米，宽十余米，高不足十米。滩体上游部分巨砾的长轴与扁平面倾向基本一致，倾向心滩两侧的沟道上游，下游部分巨砾主要倾向下游，沟床内泥石流体呈长条分布，多发育在沟侧，长度大的可达到百米，为泥石流侧积堤堆积。这是由于高速流动的泥石流沿沟床停积，砾石长轴与扁平面较一致并倾向上游，长轴以小干45。的角度与主流线相交，呈线条形排列；砾石呈叠瓦状排列。当巨大砾石阻塞了狭窄的沟道，原主沟道分流或改道，则沿巨砾下游的新沟道一侧堆积，易形成次一级粒径的砾石叠瓦组构，扁平面倾向下游。

（二）舌状堆积地貌

在黏性泥石流分布区，暴雨后往往见到从山谷支沟里一股股泥石流舌状体谁在沟口，有的直接停积于山麓沟口，或叠置于大扇形体的上方。舌状体规模大小不一，面积数十平方米至数百平方米。但舌状体边界十分明显，与下伏地面交角多大于40。舌状体周围往往有边界不定的滩地分布，主要是暴雨泥石流薄泥层堆积。舌状体上有围绕主流方向，向下游突出的多级弧形阶梯及陡坎。陡坎两侧向上游收敛，阶梯相对高度与阶梯面中部的宽度向下游逐渐增大。舌状体上粗大砾石多集中分布于每个弧形阶梯的边缘，各阶梯的中后缘颗粒变小，以弧形舌前端的粒径最大；分布于舌状体两侧的粗大颗粒长轴方向多近于平行流向，并倾向上游，但倾角较小；分布于中部的粗大颗粒长轴方向与流向的交角逐渐增大，至中部以与流向垂直者为多，但亦有部分颗粒长轴与扁平面倾向上游、倾角近于90。这与舌状体前部泥石流流速快、砾石受到挤压作用有关，致使呈高角度翘起。

（三）锥形堆积地貌

在山区陡坡段的坡面上方，由于有大量松散物质存在，当暴雨来临时将沿坡面沟道冲刷至坡麓，形成泥石流锥体。锥体面积一般不超过数十平方米，锥面纵坡度大于200，其上弧形阶梯不十分明显，锥体与下伏面交角小，锥体两侧没有边界条件的限制，砾石也没有一定的排列特点，锥边呈扇形，砾石堆积于锥形两侧分别沿坡倾向下游。

（四）扇形堆积地貌

较大规模的泥石流暴发时，大量碎屑物质沿较长的河谷到达沟口以后，由于坡面开阔、平缓，往往形成扇形堆积体，称为泥石流堆积扇，是最典型的泥石流堆积体形态。扇形堆积体纵剖面均为凸形，中上部坡面较陡，边缘十分平缓、一般只有几度；扇面轴部常发育有主沟道，且由于泥石流暴发凶猛，流体溢出沟道流向低平处。这样长期加积，加上沟道迁移，逐渐形成山前的泥石流扇形堆积体；当泥石流溢出沟道两侧时，形成沟道两岸的泥石流侧积堤，侧堤溃决，堤外堆积成泥石流决口扇。扇形堆积体中部及沿沟道的扇形堆积体上，砾石产状与主沟道内的砾石产状相似，扇形堆积体边缘的砾石一般多倾向下游，粒径也逐渐变小，沉积物层理逐渐明显。

泥石流堆积扇的形成是很复杂的，它是流体性质、地形变化（基准面）、流态等要素综合作用的结果。一种情况是，泥石流出山口的高程组成了上游山区山洪的局部侵蚀基准面，随着冲积扇的加积扩大、扇尖河床高程不断上升，引起上游河床的淤积，使来沙量减少。当来沙量减少到一定量时，流体转而下切，使堆积扇形成一个深槽，把泥沙推向下游。深槽下切到一定程度后，事物的发展又转向反面——上游来沙量随着侵蚀基准的下降而不断增加，转而引起沟槽的回淤和老扇的进一步淤高。这两种交替周期变化必然反映在泥石流的堆积形态上。另一种情况是水流的变化。在堆积扇上的流体不是成片漫流，便是分散成股下泄，一处淤高之后，又向低处转移或冲出另一处新槽。泥石流这种长期摆动的结果，使得冲积扇高高低低，极不平整，出现许多微地貌类型。

稀性泥石流在堆积扇上向下运动时，随着坡高逐渐降低，流速减小，首先落淤的是它携带的漂砾，然后是中、粗砾石；稀性泥石流停积后，从粗砾石中挤出的泥浆向下漫流，成为泥流；泥流停积后又从泥沙中吸出水分，汇集成细流汇入主河。为了更好描述泥石流堆积扇的特征，常用堆积长度二堆积宽度3、堆积厚度印和堆积面积S等指标进行定量描述。

泥石流堆积扇面积一般不会很大。据美国Anstery统计的近2000个冲积扇的结果，大部分近代冲积扇的半传变化在1.6~1.8km，相当于面积在8~200km²（钱宁，1989）。干旱地区的泥石流堆积扇比起半干旱地区的间歇性河流的冲积扇显得更小，例如，根据甘肃天水地区5条沟和云南东川小江流域55条沟的泥石流堆积扇面积的资料，泥石流堆积扇面积在0.01~2.88km²，只有间歇性河流冲积扇的1/50~1/100。

泥石流堆积扇纵向特征主要表现在它的纵向坡度（简称"纵坡"）变化。一般来说，泥石流堆积扇纵坡普遍的规律是：泥石流堆积扇＞洪积扇＞冲积扇。野外大量的资料统计表明，泥石流堆积扇的纵坡从扇尖到扇缘有2~3个纵坡段。野外61条沟的统计资料表明，泥石流堆积扇的纵坡在上部为8%~10%，中部为5%~6%，在下部为3%以下（Kang，1997）。又据唐川的统计，泥石流堆积纵坡1。~9。，其中20~7为主，占统计总数的92%，特别集中在40~50（唐川等，1993）。

一般来说，流量越大的河流，其河床的坡降越小。冲积扇的坡度似乎也遵循同样的规律。当径流量是因流域面积的扩大而增大时，冲积扇的纵剖面则越趋于平缓，使冲积扇的纵坡与流域面积间表现为反比关系。

大量野外考察资料表明，泥石流堆积扇和半干旱山区间歇性河流的冲积扇有类似之处，即横剖面为凸形，纵剖面为上凸形居多。堆积扇的宽度和长度同样受流域面积控制，而流域面积又是产流的重要因素，所以流域面积越大，堆积扇的长度和宽度也越大；反之亦然。

第九节　泥石流灾害效应

一、泥石流危害方式

（一）泥石流本身的危害

泥石流的危害方式包括接触式危害和非接触式危害。接触式危害是指泥石流与受害体直接接触所造成的危害，包括泥石流的冲击、冲刷、淤埋和堵塞造成的各类危害。

1.冲击危害

泥石流的冲击危害是泥石流及其所携带的大块石直接碰撞或撞击流经道路上的建（构）筑物所造成的危害。泥石流的冲击危害是十分严重的，往往造成铁路、公路路基，桥梁、涵洞，引水渠道、渡槽、挡坝，房屋和其他建筑物的毁坏或损坏。

2.冲刷危害

泥石流的冲刷危害是泥石流的强烈震动和巨大的携带泥沙的能力造成的对沟底、沟岸和沟源的剧烈掏刷，致使建（构）筑物、农田与环境所遭受的危害。

（1）沟底冲刷（下切侵蚀）的危害。

1981年，四川境内成昆铁路上疙瘩大桥沟和上疙瘩中桥沟暴发泥石流时，一次下切深度达7~13m，致使桥台和桥墩基础暴露，给大桥的安全带来严重威胁；莲地隧道顶部6号沟（迤布苦沟）暴发泥石流时，一次下切深度达13m，若按此冲刷速度发展，隧道也可能被切穿，因此必须加以整治。

（2）沟岸冲刷（侧蚀）的危害。

泥石流沟谷往往形成宽浅型河床，不仅游荡性强，而且曲流发育，因此泥石流对弯道凹岸的侧方侵蚀作用十分强烈。当弯道凹岸有足够超高时，泥石流通过掏刷可能摧毁护岸、护堤和岸上建筑物。

（3）沟源冲刷（溯源侵蚀）的危害。

泥石流的冲刷危害主要发生在泥石流的形成区和形成流通区。沟源冲刷往往以沟底冲刷为先导，当沟底冲刷强烈进行时，沟源因水力侵蚀和重力侵蚀作用不断加强而不断向分水岭后退，造成泥石流的强烈冲刷。由于沟源十分陡峻，往往建筑物较少，对建筑物的破坏相对较小，但重力侵蚀的发展，不仅会给泥石流提供更多的松散碎屑物质，使泥石流规模和破坏能力加大，而且也会导致沟源生态环境的严重破坏。

3.淤积（埋）危害

淤积（埋）危害是泥石流遇阻后发生堆积，在堆积过程中埋没建（构）筑物、房屋、农田等所造成的危害。遭泥石流淤积（埋）危害最严重的主要为交通干线、车站、房屋和农田等。

4.堵塞危害

泥石流的堵塞危害是指泥石流堆积物堵塞主河或堵塞自身流动通道所造成的危害，大致有下列数种。

（1）堵塞桥涵的危害。

铁路、公路通过泥石流沟时，往往设桥或设涵通过。当泥石流含有粗大石块或规模较大时，受通过能力限制，往往在桥、涵处发生堆积，堵塞桥孔与涵洞，导致泥石流漫上桥、涵与路基，淤埋铁路、公路，造成断道而中断行车，甚至造成桥、涵和路基的毁坏。泥石流堵塞桥涵的危害，一般发生在泥石流的堆积区。

（2）堵塞自身通道的危害。

泥石流沟谷下游，尤其是山口外的主河谷地，地势相对平坦、开阔，沟道具有游荡性。泥石流流经这一区域时，往往能量消耗甚大而部分发生堆积。堆积体一旦堵塞原来的通道，后续流体便改变方向，流入新的通道继续前进。泥石流改道会给下游造成重大灾害。如四川省凉山彝族自治州（简称凉山州）西昌市黑沙河（泥石流沟）出山口后有5条通道注入主河，一旦现行通道遭堵塞，泥石流便改道进入其他通道，给其他通道的耕地和设施造成严重危害。泥石流堵塞自身通道而改道造成的危害，通常发生在主河宽谷段。

（3）堵塞江河的危害。

泥石流堵塞江河的危害是指泥石流堆积体堵塞或堵断主河所造成的危害。泥石流堵塞主河的危害是严重的，在堵塞的过程中，往往严重摧毁沟口的村庄、农田和其他设施，甚至对岸也难幸免；堵塞或堵断江河后，通常转化为其他灾害，继续造成严重危害（后文将详尽介绍）。泥石流堵塞主河的危害，一般发生在主河峡谷段。

　　泥石流的危害方式虽然以接触式危害为主，但也伴随有一定的非接触式危害。由于泥石流流动快速，尤其是滑坡或冰崩、雪崩与冰湖溃决转化或导致的泥石流，能量巨大，流速可达每秒数十米，其掀起的流动快速的巨大气浪，可导致岸上的房屋、电杆、树木和农作物的严重破坏。

（二）泥石流中漂木的危害

　　泥石流是由泥石流浆体及其搬运的固体物质组成的多相流体，以往对其搬运的固相物质多关注于固体颗粒砂石。然而，近年来，世界范围内山地灾害暴发越加频繁，滑坡、崩塌、沟岸侵蚀等过程产生大量的漂木源(3)，并在山洪泥石流的作用下被搬运，其产生的灾害效应受到越来越多的关注，尤其是在植被较好、人口密度较大、山地灾害频发的地区，威胁附近建构筑物及人们的生命财产的安全。2003年云南德宏泥石流（图3-1）、2013年7月四川汶川草坡乡泥石流（图3-2），都搬运了大量的漂木。

图3-1　2003年云南德宏泥石流携带大量漂木

图3-2　2013年四川汶川县草坡乡泥石流

　　漂木作为一种显著易于砂石颗粒的搬运物，其运动堆积规律有着显著的特征，其产生的灾害效应主要表现在以下几方面。

　　1.漂木堆积加剧侵蚀作用

　　漂木堆积于沟道岸边、弯道等处，堆积体周围局部水流速度增大、侵蚀能力增强，从而进一步加剧沟岸的侵蚀，导致沟岸失稳、沟道加宽、弯道加剧等。漂木堆积于桥墩处则会加剧桥墩处水流对泥沙的侵蚀，从而导致桥墩失稳破坏。早在1956年，

Laursen就指出漂木在桥墩处堆积增加了桥墩的等效直径，使水流紊度增大，从而加重对桥墩的侵蚀。桥墩处有漂木堆积时的侵蚀坑深度可达无漂木堆积时的1.42~3倍。漂木堆积体的密实度是影响侵蚀效果的主要因素，漂木堆积体的纵向长度、平面分布对桥墩的侵蚀发展也有较大的影响。漂木在桥梁处堆积的主要方式为单个桥墩的堆积以及桥墩间的堵塞，其堵塞概率、堆积形态和规模受到桥梁上游沟道宽度、桥型、水流状态、漂木特征及桥梁净空高度等因素的影响。

2.漂木堆积导致雍水效应

漂木堵塞桥涵过水通道，导致回水淤积、水位升高，从而导致洪水泛滥面积增大、持续时间延长，加重灾害程度；水位升高也导致了水压力的增大，增加了建构筑物的荷载，严重威胁建构筑物的安全，我们将此定义为漂木堵塞导致的雍水效应。理论分析和试验研究表明弗洛德数、漂木堵塞体规模及密实度是影响雍水效应的关键参数，雍水程度随着流体弗洛德数、漂木堆积体长度的增大而增大，随着漂木堆积体直径以及堆积体密实度的增大而减小；其次，漂木的形态如枝丫、根系等对漂木堆积体雍水效应的影响也不可忽略。

3.漂木堆积体的溃决效应

漂木堆积体的溃决可能会带来类似土石堰塞坝溃决的灾害放大效应。据报道，1978年瑞士某流域的山洪灾害，由于漂木坝的溃决造成了3000m3/s的洪峰流量，将25000m3的漂木送进了下游水电站水库，从而导致了水电站大坝排水通道的堵塞，进而水位升高、漫顶溢流，威胁下游水电站建构筑物的安全。通过斯洛文尼亚流域2007年洪水事件的调查发现，沟道多处出现漂木堵塞体溃决现象。事实上，大规模山洪泥石流灾害事件中关于漂木堆积体溃决造成的洪峰经常被当地居民目睹，但遗憾的是翔实的调查数据仍然十分匮乏。初步的实验研究表明在顺直变宽沟道中泥石流挟带漂木形成不稳定坝体溃决后对流量的影响，漂木堆积体溃决后的洪峰流量是未形成堵塞体时的1.2倍。因此，关于漂木堆积体溃决导致的灾害效应亟须更加深入细致的研究。

4.漂木的冲击作用

运动中的漂木则对建构筑物具有一定的冲击力。水槽模拟以及现场模拟实验研究结果表明漂木撞击的偏心程度对冲击力有较大影响，当漂木长轴平行流线方向且垂直撞击建筑物时，造成的冲击力最大；随着建筑物刚度的增大，漂木冲击力越大，而冲击接触面的材料种类本身对最大冲击力的大小没有影响。傅宗甫等人则利用钟摆原理模拟漂木冲击漂木道的过程，采用应变式冲击力传感器直接测定了漂木的冲击力，得出单位体积内单位速度漂木冲击力只与撞击角度有关。总体而言，在山洪泥石流搬运过程中漂木对建构筑物的冲击作用不如大块石的冲击力大，灾害效应不

如侵蚀、堵塞作用明显，但由于其细长的形态，容易卡在建筑物的缝隙中，在外力作用下形成力矩等附加作用从而导致结构的破坏。

二、泥石流危害类型

泥石流的危害类型，可分为直接危害和间接危害2类。

（一）直接危害

泥石流的直接危害，是受害体直接遭到泥石流冲击、冲刷、淤埋和堵塞造成的接触式危害和泥石流掀起的巨大气浪所造成的非接触式危害等，是可用死亡人数和经济损失计算出来的危害。

（二）间接危害

泥石流的间接危害，通常可分为2种：一种是受泥石流直接危害制约而外延的危害；一种是泥石流转化为其他灾害类型，由其他灾害类型所造成的危害。泥石流的间接危害十分广泛而严重，其所造成的经济损失远远超过直接危害。

1.泥石流直接危害外延的间接危害

受泥石流直接危害制约而外延的间接危害主要有下列几种。

（1）冲埋交通干线。

泥石流冲毁或淤埋铁路、公路的外延危害，包括中断行车给运营部门造成的收益的减少；物资不能及时运到急需的部门和单位而造成停工停产所形成的损失；由于交通不便、物资不畅给区域经济带来的损失等。可见泥石流冲毁或淤埋交通干线造成间接危害是巨大的。

（2）冲埋工矿企业。

泥石流冲毁或淤埋工矿企业，往往导致这些企业停工停产，因此其外延危害应包括受害工矿企业停工停产所造成的损失；急需这些工矿企业所产产品的相关部门和单位因生产设备或原材料不足，导致停工停产而收益下降，甚至大幅下降所造成的损失；工矿企业及相关企业产品减少和收益下降，导致人民群众生产生活物资匮乏和国家税收减少，给国家和人民群众造成的损失等。

（3）冲埋村庄、农田和农田水利设施。

泥石流冲毁或淤埋村庄，造成灾民无家可归。这不仅给灾民造成经济和生活上的困难，也造成精神上的冲击，从而严重影响其建设家园，发展经济的积极性，若处理不当，还可能影响社会的安定；耕地被冲毁或淤埋后，往往一部分不能复耕，一部分难于复耕，致使灾民失去了耕地；农田水利设施遭冲毁或淤埋后，导致水浇地失去灌溉，农作物严重减产等。

由上述可见，泥石流直接危害所产生的外延危害，不仅是十分广泛的，也是相当严重的，所造成的经济损失，有的虽然难于用具体数据来度量，但远远超过直接经济损失，这一点是毋庸置疑的。

2.泥石流转化为其他灾种的危害

泥石流在外部条件改变的作用下，可转化为其他灾种。这些灾种所造成的危害，也应为泥石流的间接危害。

（1）转化为山洪（挟沙山洪或高含沙山洪）。

泥石流出山口后，大量固相物质发生堆积形成堆积扇（锥），其中一部分细粒物质随水进入主河，形成高含沙山洪或挟沙山洪。由于主河平缓、开阔，高含沙山洪或挟沙山洪中的一部分固相物质发生堆积。经过长期积累，主河被抬高，往往由窄深型河床转变为宽浅型河床，有的河床甚至高出两岸地面，形成悬河，不仅失去了泛舟之便，而且一遇暴雨便造成洪水泛滥，给两岸农田、村庄、城镇和铁路、公路及其他设施造成极为严重的危害。泥石流转化为山洪的危害，在世界各地和中国山区的泥石流多发区都能找到实例，而且是屡见不鲜的。

（2）堵江转化成其他灾种。

泥石流堵塞江河，可分堵塞和堵断2种情况，堵塞程度不同，所转化成的灾种和成灾程度也不同。

①堵塞江河转化为掏刷河岸的危害，泥石流堵塞江河是指泥石流进入主河后形成堆积扇，占据河槽的一部分或大部分这一现象。泥石流堵塞江河后，压缩河床，迫使江河主流偏向对岸，造成主流对对岸的强烈掏挖和冲刷，导致河岸坠落和坍塌，给岸上农田、农田水利设施、交通线路、通信设施和房屋等造成严重危害；堵塞体使江河河槽变窄、流速加快，形成急流险滩，使许多本来可以通航的河流失去通航能力，从而给人类社会造成危害。

②堵断江河转化为其他灾种的危害，泥石流堵断江河，往往在堵塞体上游形成涝灾，堵塞体溃决形成洪灾。

三、泥石流危害对象

凡是处于泥石流流通道路、堆积区域和影响范围内的人类辛勤劳作所积累的劳动成果和与人类协调发展的自然（含生态）环境，甚至人类自身都是泥石流的危害对象。可见泥石流的危害对象是众多的，是各种各样的。

（一）危害农田与村庄

泥石流对农田、农田基本设施和房屋与村庄的危害是十分严重的。

1.危害农田

泥石流危害农田的事件屡见不鲜，几乎每场泥石流，甚至每条沟暴发泥石流都会对农田造成危害。泥石流对农田的危害，包括直接冲毁或淤埋农田的危害和造成主河淤积导致的山洪对两岸农田的危害。

2.危害农田基本设施

泥石流对农田基本设施的危害，主要表现为对农用水库、小型水电站、水渠、护堤、机电提灌设施和其他储、蓄水设备的危害。

据调查，四川攀西地区（含攀枝花市和凉山州）南部泥石流多发区的许多小型水库，或因泥石流直接进库，或因泥石流通过主河进库，使水库成为白d装太阳，晚上装月亮的泥沙库而完全失去了灌溉能力；甘肃省陇东地区的泥石流活跃区内，控制面积小于70km²的水库，年平均泥沙淤积量可达$15 \times 10^4 \sim 20 \times 10^4 m^3$，最大可达$100 \times 10^4 m^3$，使用年限长则十几年，短则一两年即被淤满。

泥石流冲毁或淤埋水渠的危害，比比皆是，凡是穿越泥石流沟的水渠，常常不是被冲毁便是被淤埋。1981年，云南省东川市达德沟的泥石流冲毁位于沟口的由后工砌体构成的直径达5m的团结渠渡槽，1983年的泥石流又一次冲毁改建为跨度16m的团结渠钢管渡槽和渠堤60m，1984年再一次冲毁改建后的团结渠的涵洞10m；甘肃省陇南市武都区通过甘家沟的水渠，因遭泥石流淤积而改用隧道通过，隧道长达2km，由于泥石流堆积扇不断扩大，还要经常加长隧道才能保障水渠畅通；四川省凉山州的泸沽渠等灌溉着安宁河左岸大片良田，是重要的灌渠，由于泥石流危害严重，在通过泥石流沟时，往往采用倒虹吸技术，以暗渠形式通过，保障渠道不受泥石流危害。

3.危害房屋和村庄

泥石流危害房屋和村庄的事件，屡见不鲜，几乎每年都有发生。据陈循谦等调查，160多年前，云南小江流域大白泥沟沟口有个100多户人家的名叫"溜落"的村庄，依山傍水，景色秀丽，层层梯田，阡陌相连，还有榨糖、水碾、盐井等作坊，小白泥沟下方也是一个郁郁葱葱，一派生机的山庄，后因泥石流频繁暴发，导致两村被泥石流堆积物所吞噬；100多年前，在大桥河现泥石流堆积扇部位，分布有深沟村、瓦房子村、段家村和鲁家村等9个村庄，48盘榨糖的作坊，集镇上有仓房和客站，曾是昭通、巧家和昆明的交通要道和物资集散地，后来由于泥石流不断发生发展，形成一个2km²以上的大沙坝，将这些村庄埋没。泥石流对农田、农田基本设施和房屋与村庄的危害是十分严重的。农田是农村居民耕作的舞台和生活的主要来源，农田基本设施是农村发展农业和经济的必要的基本条件，房屋和村庄是农村居民休养生息的场所。泥石流危害农田、农田基本设施和房屋与村庄，就是危害农村居民赖以生存的基本条件，因此应给予高度重视。

（二）危害工矿企业和水利水电事业

泥石流危害工矿企业和水利水电事业的事件，在各国山区都有发生，中国山区更为严重，下面分别予以分析。

1.泥石流危害工矿企业

在山区泥石流对工矿企业的危害是十分严重的。1986年，四川省华蓥市视子沟发生泥石流，约（7×10^4）m³松散碎屑物质冲出沟外，其中约（4×10^4）m³冲入厂区，冲毁仓库、车间和部分生活设施，导致该厂局部停产，造成300余万元的直接经济损失和更大的间接经济损失。1984年5月27日，云南省东川矿务局因民矿黑山沟发生泥石流，首先冲毁因民镇红山村部分居民房屋，然后冲入矿区生活区，冲毁一座粮站、一座供销社、一座电影院，把刚修好的一幢楼房冲得粉碎，并沿途损毁小学、商店，冲埋大量生产生活物资，致死124人，停产半月，直接经济损失1100万元。

工矿企业是人口和经济高度集中的区域，是国家和当地发展经济、提高人民生活水平的支柱，工矿企业受危害，不仅给工矿企业本身造成危害，也严重制约辐射区的经济发展，应引起这些企业、当地政府和人民群众的高度重视。

2.危害水利水电事业

泥石流对水利和水电事业的危害是严重的，下面分别进行分析。

1.泥石流对水利事业的危害

泥石流对水利事业的危害是指对大中型及以上水库和引水渠道的危害，目前表现较为突出的，主要是对大中型及以上水库的危害。泥石流对大中型及以上水库的危害，主要表现在以下2个方面：

一是泥沙输入水库，减小可调控水源。如北京密云水库和北京与河北间的官厅水库，是两座特大型水库，是北京市（也曾是天津市）的饮用水、生活用水、工业用水和环保用水的水源地，但由于汇入两座水库的河流流域内泥石流活动强烈，每年都有泥石流暴发，致使大量泥沙通过河流输入水库，导致水库库容缩小。

二是泥石流把大量有机物质、污染物质和动植物残体、残骸等输入水库，降低了水库水质。1989年7月28日和1991年6月10日，白河流域和白马关河流域大范围发生泥石流，把大量污染物质通过主河送入密云水库，致使水库蓄水的浑浊度、悬浮物含量、氨氮含量、化学耗氧量和生物耗氧量显著上升而导致水质降低；据调查访问，官厅水库同样存在泥石流通过主河把大量污染物质输入水库而导致水质降低的

危害。像密云水库、官厅水库这样的特大型水库都遭受泥石流的危害，那么泥石流多发区，尤其是干旱和半干旱地区泥石流多发区的那些作为水源地的中小型水库，所遭受的危害必定更为严重。

2.泥石流对水电事业的危害

前文已讨论了泥石流对以农业服务为主的小型水电站的危害，实际上泥石流对中型、大型、乃至特大型水电站的危害都是显著而严重的。如泥石流把大量泥沙石块送入主河，通过主河进入水库造成淤积，减小水库库容，缩短使用寿命，给电站造成危害。黄河干流三门峡水电站设计为特大型水电站，但黄土高原不仅水土流失严重，而且泥石流活动特别强烈，水土流失和泥石流，尤其是泥石流，把大量泥沙输入黄河，进入该电站水库，造成严重淤积，给电站的运营造成严重危害。据宜昌水文站资料，长江流经该站的泥沙量平均每年达（$8\text{-}33\times10^8$）t，其中2/3来自泥石流活动十分活跃的金沙江和嘉陵江，这些泥沙将给水库造成严重的淤积危害。另据调查，三峡库区有泥石流沟271条，这些沟谷一旦暴发泥石流，一部分泥沙石块将直接送入水库，一部分将通过支流汇入水库，这些泥沙也将给水库造成严重的淤积危害。此外，泥石流暴发后，流体直接冲入大型水电站厂房，淤埋发电设备，导致停工停产的危害也曾有发生。泥石流危害水电站的事件，在山区各地都可能发生，应引起水电建设和泥石流工

作者的高度重视，也应引起电站库区和影响区域广大群众的高度重视。

（三）危害交通、电力与通信线路

泥石流危害铁路、公路和航道，以及电力线路和通信线路的状况是严重的，下面分别进行介绍。

1.泥石流对铁路的危害

中国山区面积广大，随着山区经济建设的突飞猛进，铁路不断向山区延伸，由于铁路属线性工程，穿越的河流和沟谷，尤其是穿越的沟谷众多，于是成为泥石流危害的主要对象之一。

东川铁路支线从滇黔铁路塘子车站接轨，至东川矿务局干燥车间，全长87km，进入小江河谷后的约70km线路内，有直接危害的泥石流沟28条。其中流域面积V2km²（小规模）的4条，2~10km²（中等规模）的12条，10~30km²（大规模）的10条，＞30km²（特大规模）的2条。可见该线路泥石流沟中，以中等规模及以上的泥石流沟为主，占总数的88-7%；大规模和特大规模的泥石流沟所占比例很大，占总数的42.9%。这些沟如果暴发泥石流，不是冲毁桥涵、路基，就是淤埋道床、堵塞隧道，更有甚者是堵断小江，致使河水猛涨，上涨河水均为高含沙水流，不是大段大段地冲毁路基，就是大段大段地淤埋道床。

据不完全统计，中国受泥石流危害的铁路，有成昆、宝成、滇黔、南昆、达渝、内昆、陇海（连云港一兰州）的三门峡一兰州段、兰新、兰青、包兰、宝中、阳安、西（安）（安）康、青藏、南疆等干线和东川、镜铁山、潮石、罗平、玉门、凤尚、海岫等支线。其中虽有灾害程度不同之分，但都给各线路的运营和维护造成了巨大或很大危害，同时也给铁路所在地区的可持续发展带来不利影响。

2.泥石流对公路的危害

随着中国山区经济建设的蓬勃发展，公路建设也获得了迅速发展，高速公路、高等级公路进山入村，形成山区的快速通道。以这些快速通道为骨干，与省道、县道和乡村公路相交织，形成了较为完整的公路交通网络，极大地促进了山区经济的发展，方便了山区群众的出行。但是山区脆弱的生态环境和人类不合理的经济活动孕育了大量的泥石流沟谷，随着公路的增多，泥石流对公路的危害也显得越来越严重。

（四）川（西）藏公路，是中国受泥石流危害最严重的线路之一

据资料，该线路中段（西藏自治区八宿一林芝段）的271km内有泥石流沟67条，分布密度达0.25条/km。其中流域面积＜2km²的2条，2~10km²的34条，10~30km²的21条，30km²的10条。中等规模以上的泥石流沟65条，占总数的97.0%，其中大规模和特大规模的泥石流沟31条，占总数的42-3%。这些沟暴发的规模巨大的泥石流，对公路的危害极为严重。

泥石流危害公路的事件，在中国山区屡见不鲜，每年都有发生。由于上述几例已足以说明泥石流对公路危害的严重性，因此对其他事件不再赘述。

3. 泥石流对航道的危害

泥石流对航道的危害是严重的。如金沙江这样一条规模和水量都巨大的河流，却仅在下游新市镇到宜宾一小段内能通航，而新市镇以上的河段却无法开通航道。究其原因，主要是在江内有400多个险滩所致。这些险滩中的多数，一部分为泥石流堵塞河床，压缩过流断面形成，一部分为泥石流堵断河道后天然坝溃决所形成；除了险滩碍航之外，在险滩的影响下，河流的水文特性发生变化，主流线很不稳定也是碍航的重要原因之一。又如四川盆地西部的青竹江（青川县境内），过去不仅能放木，而且中下段（竹园坝至关庄）能通木船，但后来由于流域内泥石流活动加强，河床由窄深型转变为宽浅型，而且巨石累累，不仅失去通航之便，连漂木也无法进行。类似事件，在山区各地都能找到例证。

4. 泥石流对电力和通信线路的危害

电力和通信线路的发展程度，是一个地区经济发展水平和现代化水平高低的标志，同时也与当地居民的生产和生活条件密切相关，因此一个地区的电力和通信线路遭危害，不仅直接影响到当地的经济发展速度，而且给群众的生活和生产活动带来巨大困难。

众所周知，交通、电力和通信线路，是一个地区高速发展经济和提高人民生活质量的生命线。这些线路遭危害，必然给国家和当地的经济及人民的生产生活造成巨大的损失。

（四）危害城镇

城镇，通常是当地的政治、经济、文化中心和物资集散地，因此是当地人口高度集中，经济相对发达的区域。城镇的经济发展程度，不仅直接关系到城镇自身的形象和群众生活水平的提高与改善，还对辐射区的经济发展和群众生活水平的提高与改善产生了深刻的影响。因此泥石流对城镇的危害，不仅对城镇自身造成危害，还对辐射区域造成危害。

第三章　泥石流勘察与评价

第一节　勘察阶段划分

考虑到水电水利行业泥石流勘察特点，并与水电水利主体工程勘察设计阶段工作内容基本匹配，将水电水利工程泥石流勘察阶段划分为初步调查、专门勘察和防治工程勘察3个阶段。

初步调查主要是对可能危害规划建设场地及建（构）筑物、人员安全的泥石流沟进行调查，通过调查与判别，区分是否是泥石流沟，初步确定泥石流发生的危险性、可能危害情况，并对是否需要加深泥石流研究提出初步意见。初步调查主要是在工程规划和预可行性研究阶段进行，适用于主体工程场址初选。

专门勘察是在泥石流初步调查的基础上，查明泥石流发育的自然地理、地质环境、泥石流的形成条件、泥石流的发育特征，分析计算泥石流特征参数，预测泥石流危害，阐明泥石流防治的必要性，为主体工程选定场地、选址、选线、枢纽布置进行地质评价，并提出泥石流防治措施建议，了解泥石流防治工程基本地质条件，对泥石流防治工程进行初步评价。专门勘察主要在工程预可行性研究阶段或可行性研究阶段进行，适用于主体工程选址及枢纽布置。

防治工程勘察是对泥石流防治工程方案进行的勘察，查明基本地质条件，提供设计所需的泥石流特征参数和有关岩土体物理力学参数，进行工程地质条件和分析评价，在工程可行性研究阶段及以后进行。

66

第二节 泥石流现场调查及观测方法

一、泥石流调查

泥石流的形成受沟谷的地质、地貌、气候、水文与植被等多种自然因素的影响。但最基本的条件可归纳为：丰富的固体物质、陡峻的地形、充足的水源和适当的激发因素等，人类活动对某些泥石流的发生和发展，也有不可忽略的影响。因而，对泥石流的调查也主要从这几个方面着手进行。其中，泥石流沟谷的地质条件和地貌条件是泥石流发生的物质基础，水源条件是泥石流发生的直接因素和激发条件，而人类活动决定了泥石流活动的频率和强度等。

泥石流沟道的识别主要根据历史泥石流活动情况，堆积物形态、结构、组成，流域内地质、地貌、植被、人类活动等环境条件。

高频率泥石流沟，由于泥石流经常暴发，流域内活动性滑坡、崩塌分布较广，沟道和堆积扇上有近期泥石流堆积物分布，易于识别。低频率泥石流沟，由于历史泥石流活动难以调查，流域的地质、地貌、植被等环境特征不易识别，因此往往通过堆积物调查加以识别。

（一）现场勘查调查

现场勘查的目的是深入泥石流沟道及受灾地区，追逐泥石流流过的痕迹，勘测泥石流发生的时间、规模及对当地造成的危害等，并将勘查的结果记录成表，如表3-1所示。

表3-1 泥石流现场勘查记录表

序号	测点（自下而上）		1（例）	2	3	4
1	起点距（m）		50	100	150	200
2	主支沟位置		右支沟			
3	地质条件	地质构造	砂岩			
		风化程度	强风化			
		断层破裂	未知			
		表层厚度（m）	3～4，较厚			
4	沟日	己基岩	砂岩坚硬			
5	崩塌滑破	分布	左岸			
		规模	长 X 宽 X 深			
		崩塌量（m²）	约100			
		扩大可能性	很小			

序号	测点（自下而上）			1（例）	2	3	4
6	沟源头堆积物J>2mm百分比			少量30%			
7	支沟堆积物			无			
8	坡面形状			小扇形			
9	沟床特征		宽度B（m）	30	50		
			展宽比b₂/b₁	1.67			
			沟床纵坡/（°）	9	12		
			变化率l₂/l₁	1.25			
			横断面形态	凸凹不平			
			纵断面形态	凸凹不平			
10	堆积区状况		冲刷淤积	无冲刷			
			弯曲程度	无			
			平均厚度（m）	5~6			
			最大厚度（m）	8			
			颗粒组成	碎石			
			堆积结构	分层			
			堆积物状态	泥石			
			最大粒径（m）	0.3			
11	泥石流区域划分			堆积区			
12	水流		地表水	有			
			地下水	不明			
			滴水	无			
13	植被密度		坡面	乔木			
			沟床	灌木杂草			
14	土地利用情况			两岸为农田			
15	崩塌滑坡可能性			可能性大			
16	堆积区稳定性			不稳定			
17	横断面示意图						
18	其他记录事项						

依据现场勘查的记录结果和现场收集的第一手资料，通过整理分析获得泥石流特征值和泥石流灾害情况统计表，分别如表3-2、表3-3所示。

表3-2 泥石流特征值统计表

编号		1（例）	2	3
流域沟名		×× 流域		
编号		1（例）	2	3
省市县		X省X县		
降雨量（mm）		1600		
沟床纵坡角（。）	形成区①	10		
	流通区②	8		
	堆积区③	5		
	比值②/③	1.6		
宽度（m）	流通区④	30		
	堆积区⑤	50		
	比值④/⑤	0.6		
堆积扇	长度（m）⑥	200		
	最大宽度（m）⑦	100		
	分散角（。）⑧	60		
弯曲度（。）⑨		120		
堆积量（n?）⑩		320		
崩塌土方量（mJ）		800		

注：沟床纵坡角在形成区包括崩塌前后两种，堆积区包括堆积前后两种。

表3-3 泥石流灾害情况统计表

编号		1（例）	2	3
人口伤亡	死亡失踪（人）	5		
	负伤人数（人）	33		
破坏房屋	全毁房屋（栋）	6		
	部分毁坏（栋）	17		
破坏公路	冲毁长度（m）	300		
	堆积沙量（n?）	2100		
破坏桥梁	冲毁数量（座）	1		
	受损数量（座）	3		
破坏铁路	冲毁长度（m）	100		
	堆积沙量（n?）	3000		
受灾农林	农田耕地（hn?）	150		
	受灾林地（hn?）	200		
水库堤坝损坏（座）		2		
中断交通运输（处）		4		

编号		1（例）	2	3
经济损失（万元）	直接损失	110		
	间接损失	900		
	其他损失	55		
	总计损失	1065		
其他受灾情况				

为了进一步分析泥石流的形成、流通、堆积及其成灾机理，现场勘查时应尽量采用照相和摄像方式记录泥石流发生现场和受灾情况的实景。除了注重本次泥石流的调查分析以外，如有条件应该尽可能多收集泥石流的历史资料，以便更充分准确地掌握泥石流沟的长期演变规律及其灾害的历史变迁，为泥石流治理工程规划设计提供可靠的科学依据。

（二）资料收集

为了分析揭示泥石流形成、运动及堆积演变规律，制定正确合理的泥石流防治措施，在泥石流现场调查时必须收集以下资料。

（1）地形地质图：比例尺1：25000或1：50000，并标明灾害地区平面位置等。

（2）受灾地区的流域分布图：在比例尺1：25000或1：10000地形图上，标明泥石流形成区、流通区及堆积区的位置，并尽可能标出坡面崩塌滑坡位置。

（3）受灾设施示意图：公共设施、房屋建筑物等受灾情况。

（4）泥石流堆积与淤埋分布图：淤积平面分布图、最大颗粒分布图及其与灾情关系等。

（5）泥石流沟断面图：绘制灾害发生前后的纵剖面对比图、自形成区至堆积区典型横断面图（现场勘测）。

（6）现场照片、航空照片及遥感图像等。

（7）当地有关新闻媒体报道等。

二、泥石流昭测

（一）泥石流形成因子

泥石流形成的最基本的条件是充沛的水量、陡峻的坡度、大量的松散固体物质补给。这三项因素的测量不受泥石流特殊的运动和动力特征的影响，所以其观察测试方法和所用仪器，可用较为成熟的测量技术。但是由于泥石流发生在山高坡陡、环境恶劣的地区，给以上各因素的测量带来极大的困难，所以泥石流形成条件的测量必须根据具体情况，采取相应的办法。

1.水量指标的测量

在泥石流形成条件影响因素中，最基本和最活跃的就是水文因素。其作用的结果直接影响着泥石流的发生与否和规模的大小。在我国最为常见和暴发频率最高的是暴雨型泥石流，即泥石流的形成所需水量由暴雨提供的激发。所以降雨量、降雨强度及过程的测量，以及降雨与径流的关系的研究是泥石流形成条件观测中最重要的内容之一。

（1）降雨监测。

对于泥石流流域的降雨进行长期定点观测，首先应对影响该区域的天气系统进行分析，进而对流域的历史降雨资料进行研究，力求在布设降雨观测点之前，对该流域的降雨时空分布有一个全面的了解，降雨观测点的布设应能有效地控制全流域的降雨状况，并且易于日常的维护与资料的收集。在可能的情况下，最好能建立某一点或几点降雨与泥石流发生的关系，这样就可根据降雨资料，迅速分析出泥石流暴发的可能性，为全面观测泥石流提前做好准备工作。

例如，蒋家沟的降雨与泥石流发生的关系为：

$$i_{10} = 5.5 - 0.098\left(P_{a0} + h\right) > 0.5\,\text{mm/10mm}$$

$$i_{10} = 6.9 - 0.123\left(P_{a0} + h\right) > 1.0\,\text{mm/10mm}$$

式中：i_{10} 为 10min 降雨量；P_{a0} 为前期降雨量；h 为泥石流暴发前本日降雨量。该式表明，满足前式可能暴发泥石流，满足后式一定暴发泥石流。这种关系的建立是要基于较长期的观测研究，并通过实践检验方能符合该流域的具体情况。

（2）泥石流激发水量的测量。

泥石流激发水量即激发泥石流发生并参与泥石流运动的水量。它主要由两部分组成：一是泥石流暴发前固体物质的含水量；二是泥石流暴发前本次降水量。本次降水量可以通过前述的降雨量测度方法直接测量，而固体物质的含水量却很难在泥石流暴发前直接测定，在泥石流研究中，可用泥石流暴发前的前期降雨量来反映固体物质的前期含水量，可以用下式计算：

$$P_{a0} = P_1 K + P_2 K^2 + P_3 K^3 + P_4 K^4 + \cdots + P_n K^n$$

式中：P_{a0} 为泥石流暴发前的前期降雨量；$P_1 \ P_2 \ P_3 \cdots P_n$ 分别为泥石流暴发前 1、2、3、…、n 天的降雨量；K 为递减系数，K 值根据纬度、日照、蒸发能力、固体物质的渗透能力来确定，一般宜取 0.8 左右。一次降雨，一般在 20 天就基本耗尽，所以 n 取到 20 即可。

一次泥石流暴发所需的激发水量指标的确定还受到许多因素的影响。如雨强的大小，雨区是否同固体物质的主要补给区相吻合，雨区的覆盖区域大小以及固体物质本身性质等。激发水量大也不一定会暴发泥石流，需对具体情况做具体分析。

（3）径流量的观测。

径流量的观测是指未发生泥石流的情况下，由于降雨而产生的清水径流量观测。关于泥石流流量观测在本章内还将专门介绍。降雨后在不同的下垫面及环境因素作用下，其产流和汇流的条件和强度是不同的。径流量的大小综合反映了流域的产汇流能力。清水径流观测主要包括坡面径流和沟槽径流。坡面径流可选择不同的下垫面条件，如林地、草地、裸露地等建立封闭的径流实验场，为对不同下垫面的产汇流条件进行比较，应尽量选取同海拔和坡向相近的坡地，观测在同等雨量下，各类坡地的产汇流能力以及产沙能力。沟槽径流量的观测可采用传统的水文断面观测法来测量。除下雨后测量沟槽中洪水径流量外，还应测量沟槽的基本径流量，在泥石流暴发后其基本径流量值虽只在泥石流量中占极小部分，但基本径流量却反映了流域的地下水流动状况和流域的蓄水能力。应该注意的是，沟槽径流量的测量应该在主沟和支沟同时进行，以研究流域的汇流速度和汇流特性。

2.坡度的测量

泥石流的形成过程，就是在陡峻的地形条件下，固体物质由于水流的作用，顺坡而下，形成快速的流动。泥石流流域的相对高差、山坡坡度和沟道坡度为泥石流的形成与运动提供了动力条件。在研究泥石流形成条件中，这些指标无疑均是十分重要的。但对于一个具体的泥石流流域，其高差和山坡坡度在一定的时间内变化很小，所以坡度的动态定点观测主要是指对泥石流沟道和边坡的测量。

由于泥石流特殊的冲淤特性和大量的固体物质参与了泥石流的运动，每次泥石流过后，泥石流沟道的纵坡和边坡都会发生极大的变化，所以在发生了泥石流后，只要能满足一定的测量施测条件，就应尽早地对坡度进行测量。泥石流沟道的纵坡测量可采用沿水流线顺沟测量的方法，用水准仪转点测量，从泥石流沟口（或从观测断面尽可能地向上下游延伸）。泥石流的边坡测量则可采用断面测量的方法。在泥石流沟的堆积段、流通段、形成段选取有代表性，测量条件较好的位置，设立固定测量断面，每次泥石流发生后，均进行断面测量。由于泥石流沟道的断面相对高差比较大，用水准仪测量难度很大，所以断面测量一般采用经纬仪测量。将以上的测量结果点绘于坐标纸，绘制泥石流沟道的纵坡图和各断面图，即可分析泥石流沟道的动态冲淤变化。

3.固体物质补给的观测

充足的松散固体物质是泥石流形成的重要物质来源。而流域内大量的松散固体物质的存在，又是错综复杂的地质条件所决定的。这些地质条件包括岩性、构造、新构造运动，地震、火山活动以及风化，各种重力地质作用，流水侵蚀搬运，等等。此外，一些非自然因素也可能产生大量的松散固体物质参与泥石流运动，如矿山的弃渣，不合理的耕作方式，山区的工程建设等。这些松散固体物质或以滑坡、崩塌的方式直接参与泥石流运动，或以坡积物、沟床质被水流裹挟参与泥石流运动。所以，松散固体物质的观测主要是对这几种形式存在的固体物质进行动态的观察与测量。

坡积物和沟床质除一部分是由于风化及坡面侵蚀水流搬运产生的外，其绝大部分仍是由滑坡、崩塌带来。除每年雨季头一两次泥石流可能将整个旱季所累积的坡积物和沟床质带走外，在雨季中，泥石流的固体物质主要是由滑坡及崩塌产生供给的。如蒋家沟流域滑坡众多，分布甚广。在泥石流形成区，有大型的滑坡21个，滑坡面积

16.4km²，占流域面积的34‰流域内崩塌分布面积广泛，作用强烈，面积达13.3km²，占流域面积的27.4‰滑坡和崩塌绝大部分分布在主支沟的中上游地区的沟两岸，是蒋家沟泥石流固体物质的主要补给源。据调查，蒋家沟流域滑坡松散土体总量12.3亿m³随着滑坡的活动，源源不断地为泥石流提供固体物质。

对于滑坡的动态观测采用设置观测断面，埋设观测桩的周期性定位观测的方法。观测桩用钢筋混凝土浇制，长50cm，断面5cm×5cm，埋入地下，桩心固定50cm长、10mm直径的钢筋作为量测点。沿滑坡体的水平方向或垂直方向设置观测网点，定期测定网点的位移情况，旱季测量周期较长，雨季由于滑动速度加快，测量周期相应较短。根据所测的滑坡位移量，即可分析滑坡的活动规律、滑动速度以及固体物质的补给量。

（二）泥石流运动要素

泥石流运动特征观测是指对流动中的泥石流的各种运动特征进行的观测研究。其主要内容包括：直接观察测量泥石流的流动状态、流速、流深、流宽以及通过统计计算得到泥石流的流量、径流量、输沙量等运动特征指标。

泥石流的运动特征观测在泥石流沟的流通段进行。选择冲淤变化小、顺直的沟段，布设观测断面。沟沿最好要有基岩出露，便于架设观测缆道及安装观测仪器和设备。在整个观测区域内，要有良好的通视性。

1.泥石流的运动状态观察

泥石流由于其特殊的形成机制、运动规律及组成，表现出的运动状态千变万化。因此，在泥石流的原型观测中，准确地对泥石流运动状态进行描述与记录，对于分析泥石流的运动力学特征，采取合理有效的防治工程措施，是十分重要的。

泥石流的运动状态观察包括泥石流的运动形态和泥石流的流动状态。

泥石流的运动形态是指泥石流的泥位过程形态。水流的水位过程线是连续的，而泥石流（主要是黏性泥石流）则可出现不连续的过程，即阵性流。而阵性流的运动形态有明显的头部、中部和尾部，俗称龙头、龙身和龙尾。龙头的流速越快，龙头越高，其整个过程也越长。黏性泥石流连续流的过程线表现为，前部有一个高峰波，此后是一些小波，连续时间很长。据蒋家沟1986年7月24日的一次观测，黏性泥石流连续过程长达3h12min，容重2.2~2.1t/m³，最大泥深3m，表面中泓流速达10~14.5m/s。稀性泥石流的泥位过程线为连续的过程线，类似于水流的过程线。

泥石流的流动状态主要分紊流和层流。紊流就是泥石流的流面不稳定，紊动强烈，流体中的石块或部分流体脱离整体流动，流体有垂直交换运动，其部分流体的运动速度远大于流体的整体流速。层流则是流体表面平稳，流体流动时层间物质交换不明显，以层间平行剪切运动为主，当泥石流停积后，仍能保持流动时的结构特征。通常只有黏性泥石流才能以层流的流动状态运动，而紊流则是各种泥石流均可表现出的流动状态。

泥石流运动状态的观察主要依靠观测者在现场对正在流动的泥石流进行记录和准确地描述，有条件时可对运动状态用录像、摄影的方法进行记录，然后再进行分析、研究。对泥石流运动状态的准确定性，是确定泥石流防治措施和防治工程设计的重要依据，直接影响着工程建筑物的设计标准和结构形式。

2.泥石流的流速测量

由于泥石流体的特殊的物质组成和完全不同于水流的运动状态，其流动速度的测量就不能沿用水文测量中水流的流速测量方法，必须根据泥石流的运动特点，采取切实有效的测试方法，才能完成流速测量的任务。遗憾的是，虽经多年的努力，泥石流流速测量仍未达到十分满意的效果，无论是原型观测还是实验观测，对于泥石流的流速分布测量，都还处于探索阶段，这对于泥石流运动机理的深入研究，是一个极大的障碍。目前，在原型观测中，对泥石流表面流速的观测，通常采用以下几种方法：浮标法、龙头跟踪法、非接触测量法。

（1）　浮标法。

浮标法测速是借用水文测量中传统的测速方法。在较为顺直的沟道中，利用架设跨沟的缆道设置浮标投放断面和测速断面。当泥石流流经观测沟段时，记录投入在流体表面的浮标通过上、下断面已知距离所需的时间，计算泥石流的表面流速。浮标必须保证能在流体表面同泥石流同步流动，并且要易于分辨。可采用实心泡沫球加系充气彩色气球制作，或其他可满足测量要求的物体替代。在泥石流测量中不可能用测船来投放浮标，一般采用在沟岸人工投掷或特制浮标投放器来投放浮标。蒋家沟泥石流观测站的浮标投放就是通过安装在跨沟的浮标投放缆道上的投放器来完成的。通过手动滑轮，可将投放器运行到断面上的任意位置，投放浮标来测量断面上任意一点的流速。并可同时安装三个浮标投放器，在泥石流到来时，同时测量断面上三个点的表面流速，从而得到泥石流的表面横向流速分布。浮标法测流，在实际操作中，客观上仍难度较大，对于紊动强烈的泥石流，浮标不是被损坏，就是被裹入流体致使浮标达到测速断面时不能被识别。再者，泥石流暴发多为夜间且风雨交加，浮标难于准确到位和被识别，所以浮标法测流受到诸多条件的限制。在可视条件良好，且泥石流流态平稳，如黏性层流或连续流的流速测量，还是能够达到满意的效果。

（2）龙头跟踪法。

泥石流的运动特征之一就是其不连续性，特别是黏性泥石流，有明显的阵性。其阵性流的前部（龙头）是一个明显的测流标志。记录龙头通过泥石流断面所用时间和断面间距离，即可得到龙头的平均流速。把这个泥石流的龙头当作一个整体来看待。流体流动速度的不均匀性在流动过程中被均匀化，因而将龙头流速当作泥石流的表面平均流速是可行的。把泥石流的龙头作为测速标记，基本不受环境等客观条件的影响，并能节省观测人员及费用，是一种切实可行的测量方法。在蒋家沟泥石.流观测中，因为80%以上的泥石流均以玻璃钢性流的方式出现，所以流速测量多采用龙头跟踪法。

（3）非接触测量法。

非接触测量法是指用测速仪器不与流体接触，间接量测泥石流的流速。非接触测量的方法有许多，在蒋家沟已采用的两种比较有效的方法是录像判读法和雷达测速法。

录像判读法是将泥石流通过观测断面的整个过程用摄像机录制下来，然后重放判读，根据泥石流中特别明显的标识，如龙头、大石块、泥球等通过已知距离所需的时间来量测流速。在可视条件较好的情况下，这种方法不失为一种行之有效的方法，但如泥石流发生在夜间，这种方法就难以达到满意的效果。

雷达测速仪是根据多普勒效应研制的测速仪器，具有结构简单、精度高、测速范围广、抗干扰性能好的特点，因而被广泛用来测定移动目标的速度。其工作原理根据如下公式：

$$f_{np} = \frac{1 + \dfrac{v}{c} \cos a}{1 + \dfrac{v}{c} \cos a} f_0$$

式中：f_0 为发射频率；f_{np} 为接收频率；c 为光速；v 为泥石流流速；a 为无线电波相对于泥石流流面的入射角。

由上式可求得：

$$v = \frac{(f_{np} - f_0) c}{2 f_0 \cos a}$$

将雷达测速仪的天线安置在泥石流沟道边用定向瞄准器对准测试目标位。当泥石流通过测试段时，测速仪自动测试泥石流的表面流速并记录下来。

根据对蒋家沟泥石流流速观测资料的分析，雷达测速仪所测流速比前几种测速方法所测流速大，并且泥石流紊动越强烈，差别越大。这主要是因为紊动强烈的泥石流体中飞溅的石块及浆体的速度远大于泥石流的整体速度所致。而对于流态较平衡的泥石流，测试结果则相差较少。

3.泥石流的泥深测量

泥石流的泥深是指泥石流通过测流断面时流体的实际厚度。它是计算泥石流过流断面面积进而计算泥石流流量以及分析泥石流运动和力学特征的重要参数。泥深测量由于受到泥石流流体物质组成及强烈冲淤特性的影响，进行动态测量非常困难。在水文观测的水深测量中，河床的河底断面形态变化较为缓慢，一般是以测量其水位的高低即可计算水深。但在泥石流的泥深测量中，除非有刚性床面（人工河床、排导槽），泥石流在过流过程中，不发生显著的冲刷或淤积，否则，泥石流表面的泥位高度均不能准确反映泥石流的流动深度。

东川蒋家沟的泥深测量最早采用的是完全手动操作的测深架，用测深锤去接触流体表面和沟床床面来测量泥石流的流深。

在泥石流到达前用测锤触及沟底，记录其测绳长度读数，泥石流过流时，测锤触及流体表面，两次所测测绳的长度差值，即为泥石流的泥深（h）。由于是人工操作，速度慢、精度差、测锤不能快速准确地到达流体表面。特别是当泥石流以阵性流形式流动，并且阵性很密的情况下，施测更加困难。在沟道的横断面上只能在泥石流发生前，确定一个施测点，泥石流的流动过程中，若主流线发生变化，测点不能随之变化，因而不能保证最大泥深资料的获取。

1982年，在横跨沟道的观测缆道上，安装了电动重锤式泥深测定仪。测试原理同前述一样，但由于全电动操作，不仅测试速度快，而且可对横断面上任何一点的泥深进行测量。用电动重锤式泥深测定仪测深的问题仍在于重锤难于准确接触到流体表面。特别是对于紊动强烈的玻璃钢性泥石流，重锤常因流体的飞溅冲击而发生剧烈地晃动，严重时甚至造成观测缆道的损坏。对于泥石流这种特殊的流体，采用直接同其接触甚至进入流体内部来测量流体深度几乎是不可能的。而利用水文测验中常用的超声波测深的原理，将传播媒介由水体改为空气，超声波换能器固定在测锤上（见图3-1），测定换能器到沟道床面和流体表面距离的变化可以达到测量泥石流泥深的目的。

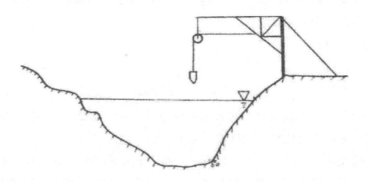

图3-1　泥石流测深示意图

超声波测深是利用回声测距的原理，声波在均匀介质中以一定的速度传播，当遇到不同介质界面时，由界面反射。发射和接收声波的时间间隔 t 已知，即可得到发射点到界面的距离 s。

$$s = \frac{1}{2}vt$$

式中：v 为超声波在介质中的传播速度。用吊在泥石流上方的超声波换能器向泥石流表面发射超声波，碰到流体表面即产生反射回波，根据从发射到收到回波的时间和超声波的传播速度，即能得到换能器到泥石流表面和沟床底跨度，从而测得泥石流的泥深（见图3-2）。超声波测距的采样频率可达4次/s。因而可以测得泥石流的泥深变化过程。

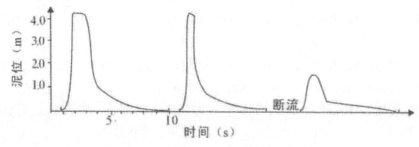

图 3-2　1985 年 7 月 25 日泥位过程线

超声波测深仪 1984 年投入使用以来，取得了良好的测试效果，特别是 1985 年同测速雷达的配合使用，能在同一测流断面上同时施测流速和泥深并打印记录下来，这两种仪器的投入使用，不仅提高了采样次数、精度，而且还节省了观测人员，保证了资料的完整性。

（三）泥石流动力因子

泥石流是一种固液两相组合的流体，其中的浆体含有极细的黏粒成分。随着浆体中粗颗粒的增加，其结构更为紧密，它们与大大小小的石块混为一体，在陡峻的沟床中快速运动，具有很大的动能，表现出极其复杂的力学特征，如具有强大破坏能力的冲击力和地面震动（地声）。动力特征的测量具有极大的理论和实际意义。

1.泥石流冲击力的测量

泥石流沟道的冲淤特性和泥石流强大的冲击力给测试工作带来了极大的困难，自 20 世纪 70 年代以来，泥石流研究者以极大的努力和高昂的代价来进行这项工作，取得了一定的进展，在蒋家沟泥石流观测站，主要采用以下两种方法进行泥石流冲击力的测试。

（1）电阻应变法。

将两个荷重式电阻传感器对称地装入一只钢盒内，当钢盒受到冲击后，则有信号输出。钢盒的加工制造要有较高的工艺要求，钢盒不仅要能抗冲击（通常采用 45# 钢），还要防水，而且还需与传感器有同步响应，即卸载后能恢复到原来状态。这种测试方法需要在沟道中修建测力墩台，在墩台的迎水面上安置若干个装有荷重式电阻传感器的钢盒，将由钢盒中引出的导线连接到室内的应变记录仪上。可见，这种测试方法的传感器的设置与安装，准确地标定，以及在具有大冲淤的泥石流沟道中安全地使用是比较困难的，而下面这种方法则较好地解决了这一问题。

（2）压电晶体法。

压电晶体法的测力原理是利用晶体受力后，内部发生极化现象而产生电荷，当外力去掉后又恢复为不带电状态，其产生的电荷之多少与外力的大小成正比。与中国科学院力学研究所合作研制的泥石流冲击力专用 NCC-1 型压电晶体传感器具有性能稳定、结构紧密、封闭性好、量程大的特点。在使用时，传感器被固定于一个钢座上，其受力面迎着泥石流冲击方向，钢座可以固定在泥石流必经沟段的合适部位，如崖壁上。传感器与遥测数传装置相结合的遥测数传冲击力仪，其测站可安置在沟岸安全之处，连接传感器的引线即可进行测试，该装置不仅实现了远距离遥测、遥控，而且又实现了较高频率的采样，可在沟床的任意合适的地点安放传感器，省却了建造冲击力墩台的麻烦与高昂的代价，并可保证源源不断地取得测试数据。

在沟床稳定、设立墩台方便、距离较近时（传输导线50m左右），采用电阻应变法对泥石流冲击力测量是行之有效的。压电晶体法的传感器的动态范围、灵敏度、稳定性均优于电阻应变法，而且采用数传、遥控，不受沟床冲淤变形的影响，频率高，数据量大，可以直接用计算机进行数据处理，总体来说，压电晶体法优于电阻应变法。

2.泥石流地声测量

通过地壳传播的振动波称为地声。泥石流地声是把泥石流看成一个振动源，它一旦流动即摩擦、撞击和侵蚀沟床而产生的振动波沿着沟床的纵向方向传播。这种振动波会影响边坡的稳定性，甚至可能使沙土边坡产生液化现象。对沟岸及附近的工程建筑物均会产生不利的影响。

选择合适的地声传感器是泥石流地声研究的关键。压电型传感器其灵敏度和精度都很高，频域宽，且结构简单便于安装，选用中国科学院声学研究所研制的压电陶瓷式地声传感器并改制后用于蒋家沟泥石流地声测量之中。

将传感器安装于沟床侧的基岩内，与基岩有平整的结合，然后以土或其他隔音材料覆盖，测试信号经放大后用.电缆线直接输入计算机，用计算机对数据进行采集（见图3-3），贮存和分析并打印绘图。在采集泥石流信号的同时，需要对各种背景信号（如风、雷、雨以及各种人为干扰信号等）进行采集，以便在分析研究中加以区分。

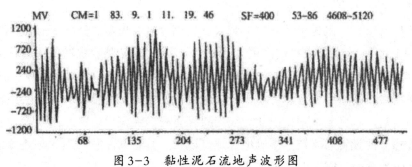

图3-3　黏性泥石流地声波形图

第二节 勘察内容与方法

一、勘察内容

（一）泥石流初步调查阶段

初步调查阶段的主要内容包括以下几点：

1.主要收集区域范围气象水文、区域地质、区域地震、区域泥石流发生的历史记录、前人调查研究成果、已有泥石流的勘察设计治理等资料。

2.在资料收集的基础上，初步调查了解区域地形地貌、地层岩性、地质构造、物理地质现象等基本地质条件，泥石流沟地理位置、流域形状、流域面积、支沟发育情况，泥、石流形成区和流通区以及堆积区的地形特征、泥石流沟的坡降、高差等，泥石流沟地层岩性、地质构造、物理地质现象、水文地质等基本地质条件，重点对易崩、易滑和破碎地松散物源的位置、分布、方量、稳定状况等。

3.需要对泥石流活动历史及其危害性，伐木、垦荒、耕植、采石（矿）弃渣、灌渠建设、修路等人类活动对形成泥石流的影响情况，以及建筑物、居民分布和泥石流防治措施现状进行调查。

（二）泥石流专门勘察阶段

专门勘察阶段的勘察内容是在初步调查的基础上，详细搜集当地水文、气象资料，包括年降雨量及其分配、暴雨时间和强度、一次最大降雨量及径流模数、最大流量模数以及冰川、积雪的分布与消融期等。查明泥石流沟的汇水面积，水补给类型与条件，地下水露头和流量，沟域内岩性、构造和物理地质现象，新构造活动迹象与地震情况，泥石流形成区、流通区、堆积区的范围、平剖面形态，沟坡的稳定性.形成泥石流的固体物质来源、物质组成、颗粒级配及其启动条件.不稳定及潜在不稳定物源量，以及泥石流沟口堆积区堆积物的分布形态、堆积形式、厚度、分层结构、分选特征、颗粒级配等；并对历史泥石流活动情况、类型、冲淤、危害性及防治情况、人类活动等对形成泥石流的影响进行调查访问，对泥石流危害进行评价。

（三）泥石流防治工程勘察阶段

防治工程勘察阶段的勘察内容是在复核泥石流专门研究成果的基础上.对防治工程建筑进行勘察，主要是查明治理工程各建筑物部位的地形地貌、地层岩性、地质构造、物理地质现象、水文地质、岩土体物理力学性质等基本地质条件，并对治理工程进行工程地质评价，提出相关泥石流监测和预警建议。

二、勘察方法

（一）3S技术及其他新技术

泥石流通常发生于山区，流域面积大，相对高差大，物源分布较为广泛，交通条件差，使得实地勘查较为困难。考虑到泥石流勘察以调查为主，以3S技术（RS遥感技术、GIS地理信息系统技术、GPS全球定位系统）为代表的新技术、新方法已成为泥石流调查的重要手段。

针对泥石流的特点及泥石流勘察工作的难点和盲区.RS（遥感影像、卫星图片等）主要用于泥石流分布、流域内不良地质体分布、泥石流形成区植被覆盖率、流域土地利用特征等方面的调查；GIS技术泥石流信息系统是将有关该泥石流的各种信息搜集、整理、分类，在计算机软硬件支持下，把各种信息按空间分布或地理坐标，以一定的格式输入、编辑、存储、查询、统计和分析的应用系统。它主要由图像库、图形库和数据库组成.是有关整个泥石流的全部信息的累积，是各种因子的叠加结果，可以提供泥石流.动态和实时环境评价、危险性区划等灾害预警信息成果.为有关相关部门提供决策服务。此外，近年来，小型无人机、三维激光扫描也在泥石流物源调查、植被调查等方面发挥重要作用。

（二）工程地质测绘

工程地质测绘是泥石流调查的基础工作之一，其测绘范围应包括全流域（形成区、流通区、堆积区）和可能受泥石流影响的地段，测绘比例尺可按规模、重要性、地形地质条件综合确定确定，一般来讲，工程地质测绘的比例尺全流域可采用1：10000~1：50000，形成区、流通区和堆积区及工程治理区可采用1：500~1：5000.工程治理区可进行大比例尺工程地质测绘.

（三）勘探

勘探工作应在地质测绘的基础上分阶段进行，勘探方法应根据勘探目的、岩土特性和综合利用的原则确定。对于影响主体工程选址、选线和危害性较大的泥石流沟，可根据需要布置物探、坑探和钻探。泥石流初步调查宜以地面地质调查为主，必要时可考虑适量勘探工作。专门勘察针对主要物源区、堆积扇和可能采取防治工程的地段，以坑、槽、井、物探为主，必要时布置钻孔。为查明泥石流堆积厚度的钻孔，进入基岩的深度应超过沟内最大块石直径的3~5m。泥石流形成区、流通区和堆积区均宜布置不少于1条的勘察横剖面。拦挡工程勘察主勘探线勘探点间距为30~50m，每条勘探线的勘探点一般不低于2个。钻孔孔深应深入持力层以下5~10m。

（四）测试与试验

泥石流勘察测试工作主要包括泥石流流体试验和岩土试验，泥石流流体试验主要包括：泥石流流体重度、颗粒级配分析、黏度和静切力试验等。岩土试验项目主要包括密度、容重、颗分、含水量、压缩系数、渗透系数、抗压强度、抗剪强度等；此外，还可进行注水试验、水质简分析等。

在初步调查阶段可进行颗粒级配分析。专门勘察应在主要的松散物形成区和泥石流堆积区取代表性样品进行流体试验或岩土试验，形成区土样采集数量不应少于3组，对堆积区控制性土层的物性试验每层不应小于6组。防治工程勘察宜针对拦挡坝、排导工程进行现场原位测试或室内试验，主要岩（土）体物理性质试验组数不少于6组；防治工程勘察还应对泥石流沟水及地下水应进行水质分析，试验组数不应少于3组，并针对拦挡工程进行现场水文地质试验。

第三节　泥石流形成条件勘察

一、地形地貌勘察

流域的地形地貌为泥石流启动和运动提供能量条件。泥石流流域沟坡是暴雨、山洪、泥石流汇集的区域，其特征既影响泥石流流体的性质、类别、规模、危害程度，也影响着防治工程设计、施工与管理。地形地貌勘察主要是对泥石流沟的地貌类型、流域面积、沟谷形态、沟道堵塞情况等要素进行勘察，以查清泥石流的地形地貌条件。

（一）地貌调查

地貌调查的任务在于确定流域内最大地形起伏高差（可以相对说明位能大小），上、中、下游各沟段沟床与山脊的平均高差，山坡最大、最小及平均坡度，各种坡度级别所占的面积比率，并编制地貌图、坡度图、沟谷密度图、切割深度图，同时研究它们与泥石流、活动之间的内在联系。在此基础上，可进一步分析地貌发育演变历史及泥石流活动所处的发育阶段。

（二）流域面积调查

分水脊线和泥石流活动范围线内的面积为泥石流流域面积。泥石流流域面积是清水汇流面积和泥石流堆积扇（在大河峡谷区缺失）面积之和。流域面积在地形图（不小于1：10万）上算得。当泥石流调查比较清楚之后，还可进一步计算形成区、形成流通区、流通堆积区和堆积区的面积。一沟流域内主沟长度与流域面积之间存在如下关系：

$$L_W = 1.27 A_b^{0.6} \tag{4-1}$$

式中：L_w为主沟长度，km；A_b为流域面积，km^2

在无地形图的情况下，可用该式估算。

（三）沟谷形态调查

（1）沟谷横剖面形态。泥石流沟谷的横剖面形态通常有 V 形和 U 形。通常 U 形谷与冰川侵蚀有关，主要分布在海拔高的山区；而 V 形谷为河流侵蚀性河谷，分布广泛。

（2）沟床比降。沟床比降是泥石流势能转化为动能的基础，影响着泥石流形成和运动，其平均比降计算示意图如4-4所示。一般来说，沟床比降越大，越有利于泥石流的形成和运动；沟床比降越小，沟床中的松散堆积物越难以启动。但如果沟床比降太大，则不利于松散固体物质积累，发生泥石流的可能性也减小。根据统计，我国西南山区泥石流沟的平均沟床比降可分为如下几类：比降小于50%。的小沟床，该类沟床不易发生泥石流；比降50%。～100%。的中小沟床，此类沟床发生泥石流可能性较小；比降100%。～300%。的较大沟床，此类沟床发生泥石流可能性较大；比降300%。～500%。的大沟床，此类沟床发生泥石流可能性大。泥石流沟的沟床比降在整个流域的不同区段变化较大。以主沟比降的变化为指标，可以将泥石流流域划分为不同沟段，即形成沟段、流通沟段和堆积沟段。

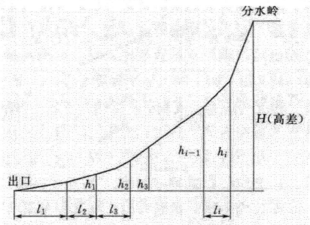

图 3-4　泥石流平均比降计算示意图

泥石流主沟平均比降是泥石流形成和运动的重要影响因素，其数值可通过在地形图上量算获得。具体做法为：首先量出自出口断面沿主河道至分

水岭的河流长度，包括主河槽及其上游沟形较明显部分和沿流程的坡面直至分水岭的全长 L 和河道各转折点的高度和间距，见图3-1。通过量算各段距离和高差，用下列公式进行计算沟床比降：

$$J = \frac{(H_0 + H_1)\iota_1 + (H_1 + H_2)\iota_2 + (H_2 + H_3)\iota_3 + ... + (H_{i-1} + H_i)\iota_n - 2H_0\sum\iota_i}{(\sum\iota_i)^2}$$

$$= \frac{\sum(H_{i-1} + H_i)\iota_i - 2H_0L}{L^2} \tag{4-2}$$

如令出口断面处高程 $H_0 = 0$，其余各转折点的相对高度 $h_i = H_i - H_0$，各点间距 ι_i

不变，式（2-2）变为

$$J = \frac{(h_0 + h_1)\iota_1 + (h_1 + h_2)\iota_2 + (h_2 + h_3)\iota_3 + ... + (h_{i-1} + h_i)\iota_n}{(\sum \iota_i)^2}$$

$$= \frac{\sum (h_{i-1} + h_i)\iota_i}{L^2} \tag{4-3}$$

式中：H_i、h_i 以 m 计；L、ι_i 以 km 计；J 值以千分率‰计。

式（2-3）中纵断面转折点一般不宜少于 8 个。流域有两条以上较大支流时，用一个流域比降不准确，应选出影响较大的数个小流域用面积加权平均。一般地，一条大支沟的面积不超过 40%.或两条支沟的面积各超过 25% 时，需使用此方法确定平均比降。

（3）沟长调查。泥石流沟长既可以从野外测量和实地填图来获得，也可以在3S技术成果图上获得。

（4）泥石流流域坡度类型。依据坡度值的大小，泥石流流域坡地可分为平地、缓坡地、斜坡地、陡坡地和崖坡地（表3-1）。

表3-1 坡地与平地分级值

坡地级别	平地	坡 地			
		缓坡	斜坡	陡坡	崖坡
坡度临界值/（°）	<2	2~15	15~25	25~55	≥55

在我国山区泥石流流域中，小于2°的区域往往为主河区；2°~15°缓坡为泥石流流通和堆积地段；15°~25°斜坡段为泥石流流通沟段；25°~55°为重力侵蚀陡坡，是泥石流主要物质补给地。

（四）沟道堵塞与沟床粗糙程度调查

泥石流流动时常因种种原因发生堵塞现象，致使泥石流流量增大，影响泥石流勘察成果，故必须详细调查、观察分析形成原因及其可能增强的限度，以便正确选择泥石流的堵塞系数。泥石流堵塞程度调查主要包括以下几方面的内容：①沟道弯曲情况调查.在沟道弯曲地段.颗粒直径特别粗大时，流动不畅，易堵塞而形成阵流；②沟床断面调查.沟床断面时宽时窄时，河床坡度忽陡忽缓.流速忽高忽低，冲淤变化剧烈，易发生堵塞而形成阵流；③泥石流主、支沟汇流交角调查，交角越大，坡陡势猛.泥石流容重差异性大，固体物质下沉而导致堵塞；④历史上流域内是否有崩塌滑坡活动，崩塌滑坡发生的时间、地点、规模，是否堵塞主沟，堵塞主沟时间，是否形成堰塞湖，堰塞湖的面积深度，堰塞湖是否溃决，溃决的原因和时间等。

泥石流沟床的粗糙程度影响着泥石流的运动，根据其特征可以分为极粗糙、粗糙、中等粗糙和光滑等4级（表3-2）。

表 3-2　沟床粗糙程度特征表

沟床粗糙程度	沟床粗大颗粒	沟床树木植被	河段弯曲形态	沟床形态
极粗糙	粗大颗粒很多（直径大于1m）	生长树木被砍倒的多	河段弯曲	凹凸不平
粗糙	河道有部分粗大颗粒（直径大于1m）	生长部分树木或草被	河段较弯曲	局部凹凸
中等粗糙	河段以中小颗粒为主，罕见粗大颗粒	河道基本没有树木植被	河段较顺直	沟床平整
光滑	基岩沟床或混凝土沟床	无树木植被	河段顺直	河床平整

二、物源条件勘察

沟谷分布有大量松散物源是泥石流形成的基本条件之一，泥石流沟物源的多少，与区域的地质构造、地层岩性、地震活动强度、不良地质现象发育程度以及人类工程活动强度、等有直接关系。泥石流物源根据其稳定条件可分为稳定物源、潜在不稳定物源及不稳定物源3类（表3-3）。稳定物源系指沟谷流域内早期堆积的冰水（源）堆积、泥石流堆积块碎石土及部分崩塌堆积扇，冰水（源）及泥石流堆积物表现为固结好、密实程度高、具有一定的弱胶结性，现状条件下稳定性好，在流水冲刷作用下，其整体仍保持稳定；而崩塌堆积是指那些形成时代早、堆积部位高、块石间及整体稳定、不受沟水冲刷影响的部分块石崩积扇。潜在不稳定物源系指沟谷流域内堆积的崩坡积、坡残积块碎石土，这些堆积物现状条件下稳定性较好，但在暴雨和沟水冲刷下，其稳定性变差，局部会失稳，是泥石流的主要补给物源。不稳定物源系指沟谷流域内堆积的崩坡积、坡残积块碎石土.这些堆积物现状条件下已表现出失稳下滑的变形迹象，在暴雨和沟水冲刷下.其稳定性更差，直接失稳堆积于沟谷中是泥石流的最主要补给物源。

表 3-3　泥石流物源分类表

稳定性分类	物源稳定性特征
稳定物源	沟谷流域内早期堆积的冰川（水）堆积、阶地堆积、崩积、坡残积块碎石土，这些堆积物一般表现为密实程度高、具有一定的弱胶结性，同时堆积部位远高于沟床.不易受沟谷水流冲刷影响现状条件下稳定性好，即便在暴雨及沟谷流水冲刷作用下，其整体仍保持稳定
潜在不稳定物源	沟谷内堆积的崩积、现状基本稳定的滑坡堆积物，坡残积块碎石土以及早期洪流或泥石流堆积的块碎石土.现状条件下整体稳定性较好，在暴雨和沟水冲刷下，其稳定性变差，局部会失稳，是泥石流主要补给物源

稳定性分类	物源稳定性特征
不稳定物源	沟谷流域内新近堆积的风积、崩积、坡残积、近期泥石流堆积、地滑堆积的块碎石土,这些堆积现状条件下因结构松散已出现变形破坏迹象,在暴雨和沟水冲刷.其稳定性更差,可局部或整体失稳堆积于沟谷中,是泥石流的最主要补给物源

查清松散物源分布特征、规模、稳定性等是泥石流勘察的重要内容。物源条件勘察主要包括沟谷地形地貌、地层岩性、物理地质现象、水文地质条件、植被条件、人类工程活动影响等内容。

（一）地形地貌调查

物源条件勘察中的地形地貌调查主要是对沟底及沟谷两岸物源点进行调查,以了解泥石流沟沟底及两岸松散物源的地形地貌条件,包括物源的位置、高程、坡度等。

（二）地层岩性勘察

某沟流域或一个地区的地层形成时代及分布与泥石流活动关系密切。形成时代古老的地层经历很长地质历史时期的成岩及构造变动作用,一般质地都很坚硬。但正因为形成时代古老,经历构造变动期次多,部分岩石相当破碎。泥石流流体固体颗粒粒径大小和级配与所在沟谷地层的软硬特点、破碎程度和风化难易密切联系。

某沟流域的岩石性质,尤其是所占比例最高的那一种或几种岩石成分的性质,对泥石流流体性质起着控制作用。例如,我国北方黄土区出现泥流.西南地区多为泥石流.秦岭北坡多为水石流-这些都是岩性控制的结果。在泥石流流域考察和调查中,岩性可从前人工作成果中分析判知一部分,更需从实地观测记录、岩性填图、沟道卵砾石、岩块统计分析和采样分析中得知,应重点关注软弱地层、易风化地层和易塌地层。

（三）地质构造勘察

分析某沟流域或一个地区的地质构造,首先要仔细查阅前人论著和各种公开出版的地质构造图件,查清工作地点或者地区在地质构造图上所处的位置;其次是分析1:20万或更大比例尺的区域地质测量报告、图件,或矿区、矿点勘测报告及图件;第三是做进一步的勘测填图工作,查清一沟流域或一个地区、地段的构造系统,并分析它与泥石流活动的关系。

6级以上强地震与泥石流活动关系最为密切。山区强地震导致地表土石松动、危岩崩落、崩塌连片、滑坡丛生、泉水涌流或断流、土体震动液化、堵河成湖、湖库溃决成灾等。地震对泥石流有触发和诱发作用,但不论是旱季发生的强地震还是雨季发生的大地震,触发作用均占主导地位,勘察过程中需收集区域内地震资料。

（四）水文地质条件

水文地质条件调查主要是研究分析其与物源活动的关系，沟内常见的滑坡、崩塌等物源与水的活动密切相关，在野外调查过程中，对地下水活动情况、泉水出露位置、流量等开展重点调查，分析地下水对物源稳定情况的影响。

（五）物理地质现象勘察

在崩塌、滑坡、雪崩、冰崩等一系列自然地质作用过程中，固结坚硬的岩块被破碎或粉碎，为泥石流提供大量松散固体物质，而且其中许多在发生过程中就直接转变成了泥石流，如崩塌泥石流、滑坡泥石流、融雪雪崩泥石流等。因此，在泥石流流域调查中，查明各种自然地质作用类型及过程特点、阐明它们与泥石流活动的关系十分重要，工作开展可以和第四纪地质历史调查结合进行。

（六）植被条件调查

流域的植被类型和覆盖率等特征往往影响泥石流的形成。在实地勘察中一般将植被类型分为乔木、灌木和草被三大类。泥石流流域植被覆盖率是指植被覆盖区域面积占流域总面积的百分比.并可以分为裸地、低覆盖率、中覆盖率和高覆盖率4类（表3-4）。泥石流形成区的植被勘查需要确定不同类型植被的覆盖率与分布，可做出植被分布图，泥石流源区植被覆盖率变化也是勘查的重要内容，影响植被变化的事件主要有大规模砍伐和森林火灾。目前植被覆盖率及其变化的调查主要借助3S手段进行。

表3-4 植被覆盖率分级

植被覆盖率/%	<5	5~30	30~50	>50
分级	裸地	低覆盖率	中覆盖率	高覆盖率

（七）人类工程活动调查

人类活动调查的任务在于通过座谈访问、查阅文献资料、查看有关工程建设情况等，查清坡地上各种弃渣的分布，弃置场地是否合理，工程建设项目有无为泥石流发生设下隐患的可能和痕迹；分析当地自然环境、生态系统是向良性循环方向发展，还是向恶化方向演进。根据这些问题对泥石流发展趋势是增强还是减弱做出预测.并提出相应对策，反映、到泥石流防治规划中。具体做到以下几点：

（1）调查因人为活动而增加的松散固体物质和水源的情况，如筑路、修渠、开矿、采砂石等工程不恰当的弃渣；山坡滚石、溜木，陡坡不合理开垦、耕种和牧放，导致植被破、坏、水土流失；水库水渠崩溃和渗漏而增加的水量等。

（2）调查泥石流沟既有建筑物情况。调查泥石流沟上既有建筑物使用情况，这是复核、验证泥石流计算成果和拟定防治方案设计的重要参考。

（3）人类活动引发斜坡失稳形成的物源。调查筑路、修渠、开矿等人类活动引起的沟内斜坡变形失稳以及不恰当弃渣形成的不稳定物源。

（八）泥石流松散物源估算

参与泥石流活动的松散固体物质是泥石流发生的基本条件之一，也是估计单沟泥石流发展趋势的主要依据之一。松散固体物质一般分为不稳定、潜在不稳定和稳定的三种，即使是不稳定的物质，也不是一次全都能参与泥石流发生的，而是随泥石流发生年际间的波动变化多少不等地逐渐加入到泥石流中去的。某一沟流域内松散固体物质储量估算包括流域中上游坡地、沟床和下游扇形地三个部分。

1.流域中上游坡地松散固体物质储量估算

坡地上的松散固体物质大多来源于崩塌、滑坡、坡积或残坡积。在野外填图中，这些自然地质作用类型在大比例尺地形图上圈定其平面形状；在室内也可用3S技术成果转绘到地形图上。难于确定的是松散固体物质的平均厚度，许多矩形或近于矩形堆积体的平均厚度在野外填图中可用简易的手持水准仪测高（厚）法、气压高度计快速测高差（厚）法求得，也可在分析物源成因的基础上，根据其类型、范围估算厚度和体积。除此之外，还可以用以下两种方法求平均厚度。

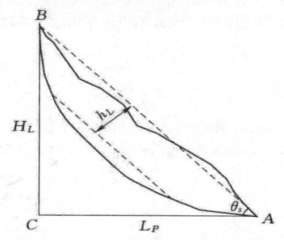

图3-5　求滑坡平均厚度的弓形均高示意图

（1）弓形均高法。此法见图3-2，坡地上的滑坡其底部大多数是一个比较规则的弧形滑动面，A为坡脚滑动面剪出口，B为滑坡后壁顶点，C为B在地形图上的投影并与A等高。

$$h_L = \frac{L_P}{4\sin\Theta_s}\left(\frac{0.0175\Theta_s}{\sin\Theta_s\cos\Theta_s} - 1\right) \qquad (4\text{-}4)$$

式中：如为滑坡的最大高差，m；L_P为滑坡前喊与后壁间的水平距离，m；Θ_s矿为坡度角（°）。

（2）三棱柱体法。除滑坡外，坡地上的松散固体物质主要为残坡积物、坡积物、崩塌撒落物等。一般说来，坡地上的松散固体物质自分水脊向沟床边缘逐渐变厚，其剖面为三角形。求坡地上松散固体物质储量时，只要能求得这个斜坡三角形面积，再与这种坡形沿沟谷方向的长度相乘即可。

2.沟床松散固体物质储量估算

沟床上、中、下游松散固体物质的断面具有不同形状，上游可能为 V 形，中游可能为梯形，下游可能为矩形。根据勘测资料或剖面量测数据确定了断面形状和尺寸之后，应分别乘以沟段长度予以估算。有时沟床被清水下切，两岸出现砂砾石台地，这时台地物质储量也应仔细估算。当沟床局部地段出露基岩时，沟床松散沉积物厚度就更容易确定，当坡面支沟切穿主沟堆积台地时，应量测堆积层厚度。

3.流域下游泥石流扇形地固体物质堆积量估算

在沟谷泥石流扇形地发育充分或比

较完整的情况下，有以下两种方法估算扇形地上固体物质堆积量。

（1）剖面法。如图3-6（a）所示，在大比例尺泥石流扇形地地形图上，作等距离直线 F_0F_0'，F_1F_1'，…斜切扇形地，直线两端为泥石流堆积前的冲积扇（锥）地面。然后作出每条剖面线上的地形起伏线，这条线与原地线之间的面积便是泥石流堆积层剖面［图3-6（b）］。两相邻剖面面积的平均值乘以间距 l 便得到两剖面间泥石流固体物质的堆积量 V_s，最后累计便得全扇形地上的泥石流物质堆积量 V_s。

$$V_{si} = \frac{A_{si} + A_{si+1}}{2} L \qquad (4-5)$$

$$V_s = \sum_{i=1}^{n} V_{si} \qquad (4-6)$$

式中：V_s 为等间距剖面间扇形地上泥石流固体物质堆积量，m³；A_{si} 和 A_{si+1} 为相邻两个断面上泥石流堆积物断面面积，m³；L 为等间距，m，V_s 为全扇形地泥石流固体物质堆积量，m³

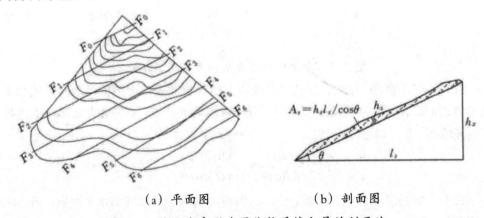

（a）平面图　　　　（b）剖面图

图 3-6　泥石流扇形地固体物质堆积量的剖面法

（2）纵切圆锥体法。如图3-7所示，△OAA′为一泥石流扇形地，a 为扇形地在平面上的投影角，也是地形图上的扇顶张角，R_s 为扇形地半径，m；h_s 为扇顶泥石流淤积厚度，m；h_x 为原冲积扇扇顶高度，m；H 为扇形地全高，m。泥石流扇形地上固体物质堆积量为

$$V_s = \frac{1}{3}\Pi R_s^2(H-h_x)a_f = \frac{1}{3}\Pi R_s^2 h_s a_f \qquad (4\text{-}7)$$

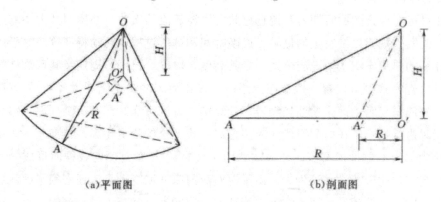

（a）平面图　　　　　　　　（b）剖面图

图3-7　泥石流扇形地固体物质堆积量的纵切圆锥体法

其中

$$a_f = \frac{a}{360°}$$

式中：a_f为角度系数；h_s可从1：2000-1：10000地形图上判读出或经过调查后实测确定。

三、水文气象勘察

水体条件是泥石流发生的外部条件，泥石流的水体主要由大气降水提供，降雨、冰川积雪融水能为泥石流形成提供足够水体，地下水、泉水、冰湖和堵塞湖溃决也能造成泥石流.调查泥石流沟谷水文气象条件是泥石流勘察的重要内容之一。

（一）降雨资料收集与调查

泥石流的发生与降雨密切相关。降雨量主要包括年降雨量、季节性降雨量、日降雨量、雨强。一般来说，年降雨量越大，泥石流活动越强，但不同地区的泥石流对年降雨量的要求差别很大，同一地区降雨的年际变化对泥石流的活动也具有很大影响，泥石流活动主要分布在雨季。日降雨量对泥石流的影响主要表现在一天之中的分配和量级对泥石流的作用方面，泥石流发生所需要的日降雨量大小取决于流域的自然环境条件。对于雨强，大多数学者一致认为，雨强是激发泥石流的一个不可忽略的因素，大量的泥石流发生与FL和Hz密切相关。

降雨条件调查应根据历史泥石流活动调查及当地水文气象资料，分析泥石流活动的水源类型。对降雨型应主要收集当地暴雨强度、前期降雨量、一次最大降雨量等，对冰川型主要调查收集冰雪可融化的体积、融化的时间和可产生的最大流量等。应收集工程区及附近区域的水文、气象资料以及当地中小流域水文手册等.有条件时还应收集已知泥石流活动时的降水资料。

（二）沟域历史洪水调查

1.泥石流洪痕调查

在尽可能调查到的时期内，调查总共发生泥石流的次数，并排列其大小顺序，归纳泥石流发生规律以及发生的最早、最晚时间和涨落过程、运动特征等。对于用作泥石流计算的典型年洪水情况应分别确定其高度、坡度、日期、周期及其可靠性等。泥石流洪（泥）痕调查位置，应选在流通区、多年河床冲淤变化不大之处.只有这样的洪痕，才能与现时的河床断面相吻合，计算结果方为可靠。泥石流洪（泥）痕最好在两岸同时进行调查，在弯曲河段尤应注意泥石流泥位的弯道超高，其高差一般都较洪水水流为大。对黏性泥石流，还应注意由于其黏稠性大-有侧向收缩而形成的水拱现象，其高差也比一般洪水流为大。由于泥石流河床冲淤变动大，还必须了解泥石流暴发时的流向，是否铺及全河。注意主流冲向一岸的泥位常高于另一岸的特点，由于泥石流河床变动大，泥位不够准确，可调查河宽、泥深的情况来加以佐证。泥石流洪（泥）痕调查，应尽可能在沟边村庄附近进行，询问居住久、记忆力强、概念清楚、亲眼看见、关心泥石流暴发和经受泥石流危害的老居民。

在无人烟或老居民所指认泥位不可靠的情况下，可根据泥石流固体物杂质多、杀伤破坏力强的特点，用所留下来的痕迹确定泥石流的高泥位时.现场痕迹有下列几种现象可借以判识：①沉积在石缝中、树皮上、杂草间的泥石流冲淤物；②滞留在树枝、岩石、杂草及河岸上的漂流物（如小枝、杂草、碎片、污泥、沙石等）；③在石质岸壁上的擦伤痕条带、泥浆涂迹等；④非岩质陡岸上被泥石流淘刷的痕迹；⑤河岸边坡处残留泥石流堆积物；⑥泥石流洪水对两岸引起的物理、化学及生物作用的标志；⑦植物生长分界线及其颜色变化的分界线等。

由洪（泥）痕确定的泥石流高泥位，对于泥石流发生的年代及其发生频率的大小，可结合访问老居民的年龄，分析不同年代的高泥位发生率，或者用附近特大暴雨降落资料来分析，抑或在上、下游较远处去了解分析水情，相互比较印证而求得泥石流洪水的大概年份和发生频率。

2.泥石流洪水历时过程情况调查

可调查走访当地老居民，对受灾时间长短、次数、危害程度等情况加以回忆。例如，何时开始降雨，泥石流暴发时间，何时最大，何时结束，有无阵性流现象，有无撞击声响，夜间有无火花，白天有无烟尘，每阵间隔时间，共约多少次阵流等，均可粗略调查到梗概，或者以近年代的情况去比较远年代的情景，也可大致类比。

3.降雨过程调查

降雨是发生泥石流的主动力条件，调查搜集降雨过程的特征值，如前期降雨、短历时降雨及其过程、强度与空间分布（平面与垂直分布），对分析研究泥石流洪水大小、涨落快慢、危害作用与周期分析均能起到校核与印证的比较作用。

4.汇口区主河道调查

主要调查泥石流沟汇入主河流洪水位的涨落幅度，河槽的演变势态，冲淤变化速度、侵蚀基面、高低水位时排泄泥石流基面幅度以及影响泥石流发展的周边地势，如出口河段的弯曲、顺直、浅滩、深槽和冲淤变异特征，对泥石流沟出口可能的影响等。

（三）泥石流沟洪水频率分析

1.调查泥石流沟洪水位分析。

（1）通过向居民所调查的泥石流高水位和发生过的特大泥石流频率，应与已有的记述的有关文献资料进行核对，并在上、下游相应广泛的老居民中得到佐证。

（2）凡在河岸两侧的台地、岩洞、树穴、石壁上留有接近于水平的层状淤积物，并在上、下游各处具有与河底坡降约略相同倾斜坡度时，可以判定为泥石流洪水淤积物。

（3）泥石流洪水泥位对两岸引起的物理化学及生物作用标志，通常是较为明显的，具有特殊的颜色和形态特征，如根据从淤积物中生长起来的树木、杂草的数量与树干年轮等推断其年代。

上述泥痕只有在沟床冲淤变化不大的条件下方为可靠，反之，则不能机械地套用，以免误判。

2.假设雨量与泥石流同频率。雨量与雨洪是否同频率，目前尚无定论。不过一般泥石流沟的流域面积都比较小，在小流域面积上雨量的大小与雨洪的大小有直接相应的关系，雨洪与泥石流又仅差泥石因素。因此，当沟内松散泥石物质储备充沛时（也是设计中最危险的情况），根据东川、成昆线等全国各地多年暴雨泥石流观测资料分析也表明，雨、大则泥石流大、雨小则泥石流小的关系是很明确的。在实际应用中，可假定雨量与泥石流频率相同。当然，如果泥石流储量不充沛，而汇水区又超过小流域全面积汇流的计算范围时，是不能这样假定的。假定降雨和泥石流流量同频率的资料，可根据该地区最近的气象站、雨量站所记录的资料来分析确定。

3.在计算分析泥石流洪水频率时，还应研究分析下列情况的影响和作用。

（1）泥石流洪水频率与该地区的地震强度和地震频率有关系。在一定地质和水文气象条件下，泥石流发生的大小和次数与地震的强度、频度密切相关。历史调查和现今观测资料均表明泥石流的发生与发展过程，都与大地震、大洪水年度有关。常常在大震之后，供给的松散固体物质特别丰富。因此，可以判定地震越强、频数越多之处，泥石流发生率越高。所以大震之后的丰水之年，必有大泥石流发生，而且将在一段时期内形成泥石流的活动高潮，如2008年汶川地震后，震中附近的岷江河段支流发生多次泥石流。

（2）泥石流洪水频率与泥石流暴发的间歇时间长短有关。一般是间歇时间越长，积蓄的储量越多，形成的泥石流量也越大、频率也越高。间歇期与年际、雨季、洪水年度、地震频度、泥石流的发育阶段有关。分析泥石流洪水频率要综合考虑，方为稳妥可靠。

四、泥石流分区调查

典型泥石流分为形成区、流通区、堆积区等3个区，沟谷也相应具备3种不同形态。形成区多处于沟谷上游，多三面环山、一面出口的漏斗状或树枝状，地势比较开阔，周围山高坡陡，植被生长不良，有利于水和碎屑固体物质聚集；流通区位于沟谷中部，地形多为狭窄陡深的狭谷，沟床纵坡降大，泥石流能够迅猛直泻；堆积区多位于沟谷下游，地形为开阔平坦的山前平原或较宽阔的河谷.碎屑固体物质有堆积场地。不同分区的泥石流勘察的内容与侧重点也有一定的区别。

（一）形成区勘察

形成区调查以水源汇集条件、物源条件调查为主，主要包括以下几个方面内容。

1.地形地貌调查。地形完整程度，切割程度，冲沟发育程度，坡度、地面冲刷、植被发育情况等。

2.地层岩性与构造调查。调查松散覆盖层组成特征、岩体节理、裂隙发育程度与岩体破碎情况；评价泥石流形成的地质背景，断层与沟谷的位置关系，断层活动性质及断层破碎带宽度，以及新构造运动特点、地震活动情况。

3.松散固体物质储量。查明流域内崩塌、滑坡、冲沟等不良地质体的位置、发展趋势及参与泥石流活动的过程和可能的数量；调查沟床内不同沟段堆积物形态，物质组成及厚度、分布范围、最大粒径和平均粒径，估算其可能搬运的距离和数量；调查沟坡上松散堆积物成因特征，物质组成，散布范围.评估其可能参与泥石流活动的数量；查明形成区物质组成成分，黏粒含量，并评估泥石流流体的性质；在主体工程附近，对泥石流影响较大的不良地质体.应分析其整治的可能性。查明地下水露头的分布与流量及其对岸坡稳定性的影响，预计形成潜在泥石流的范围和数量。查明人类活动可能引起坡面自然平衡的破坏，预计可能由此而引发的泥石流固体物质量。

（二）流通区勘察

流通区是泥石流搬运通过的区段，通常有较显著的河床与较稳定的山坡.沟槽较顺直、坡度较大，冲淤变化相对稳定，一般是通过线路与修筑拦渣坝的理想区段。有的流通区与形成区、堆积区相互穿插，呈串珠状河段。山坡型泥石流的流通区很短或不单独存在。流通区随着泥石流沟的发育阶段不同，可向上下游进退。因此，流通区勘察以沟道纵向、横向特征为主，水源、物源为辅。调查重点是河沟的纵、横剖面形态，应调查此区段的地形地貌特征以及与形成、堆积区段的可能互动范围的界线，选择泥石流计算断面位置，为泥石流计算提供依据。

（三）堆积区勘察

泥石流堆积区往往形成泥石流堆积扇，泥石流堆积扇常是水电工程施工场地或移民安置场地。因此，查明泥石流扇的形态特征和周边环境十分重要。泥石流堆积区的勘察包括：查明泥石流扇的地缘条件和周边环境、泥石流堆积物的形态特征、纵横坡度、散布范围与规模以及沟道的演化情况、堆积物质组成成分、粒径沿剖面的沉积特征，最大粒径及其散布特点；查明泥石流扇发育状况与主河的关系，以及扇缘被主河切割或泥石流扇堵江的可能性。

（1）堆积区特征调查。泥石流堆积物含有泥石流活动的丰富信息，对泥石流堆积物特征的观察、量测、记录、摄影、勘探和取样、试验等可以获得泥石流形成、运动、沉积过程的许多资料。泥石流堆积物特征调查主要通过现场剖面观察、测量，揭露泥石流的物质来源、形成原因及运动过程中的变化、堆积特征与运动力学间的关系。如有需要可进行试样，泥石流堆积物特征调查指标和方法见表3-5。

表3-5　泥石流堆积物特征调查指标和方法

项目	指标	方法
平面分布形态	扇形地和沟内两岸堆积物的长、宽、厚变化、堆积量	测绘，填图，计算、勘探
粒度	粒度曲线	采样，粒度分析
粒态	棱角、磨圆度	砾石测量
砾向组构	砾石排列玫瑰图或等密度图	砾石排列产状量测、统计
层和层理	剖面颜色、结构、形态、成分、厚度	观察.量测，采样，记录、勘探
矿物颜色	岩矿组合、成分、颜色	岩矿分析
砾石擦痕	形态，长、宽、深，排列方向	在漂砾上寻我、量测
年代学	剖面上各层位的生成年代	访问老人，查阅志书，考古.树木年轮法

（2）泥石流堆积量估算。泥石流堆积量是判断泥石流规模的重要参数.通常用堆积区的面积乘以平均堆积厚度得到。泥石流堆积扇面积可以通过测量的方法确定，将分布区域、填绘在大比例尺地形图上.在图上量算堆积扇面积。堆积物的平均厚度是最重要也是最难确定的参数，目前常采用估算法、勘探或物探的方法来获取。

第四节　泥石流评价与预测

一、泥石流危险性评价方法

（一）泥石流危险性评价三要素法

彭仕雄、陈卫东等利用已发生过泥石流的55条泥石流沟（表3-6）评判出易发程度分值，与泥石流沟的坡降、沟内不稳定物源量、降雨量等进行相关性分析，发现相关性不强，。事实上降雨量越大、坡降越大、沟内不稳定物源越多，发生泥石流的危险性就越大,已经成为大家的共识,因此有必要对泥石流发生的危险性大小提出新的评判方法。

表3-6 55条泥石流沟情况统计一览表

序号	泥石流沟编号	年降雨量/mm	历年单日最大降雨量/mm	$H_{1/6}$/mm	H_1/mm	H_6/mm	H_{24}/mm	面积/km²	坡降/%	沟长/km	不稳定物源量/万m³	单位长度不稳定物源量/(万m³/km)
1	1	1300	100	8	19	39	65	16-4	22.57	7.41	290	36-1
2	3	1300	100	8	19	39	65	26-94	6-17	8.96	230	28-7
3	4	1300	100	8	19	39	65	10.15	17.03	2-46	110	17.0
4	5	1300		11	25	43	56	6-61	30.26	7.99	16-5	2.4
5	6	792.5		11	25	43	56	28-2	22.79	6-5	24.3	2.6
6	7	642.9	100	7.5	17	30	51	52.76	24.45	14.42	55	3.8
7	8	593		7.5	12.5	24	40	100.9	14.23	17.92	150	8.4
8	10	1300	100	7.5	17	30	51	2.77	43.21	3.68	16	4.3
9	11	593		7.5	12.5	25	37	2.84	72.9	2.62	18.5	7.1
10	12	593		7.5	12.5	25	37	10.93	28-97	2-14	8-43	0.9
11	15	600.1	46-8	7.5	12.5	25	37	50.92	24.62	14.26	370.6	22-0
12	16	600.1	46-8	7.5	12.5	25	37	12-95	30.74	7.9	153.4	16-4
13	17	1000.4	138-7	12.5	27.5	56	71	170.1	6-71	22-12	658-1	28-1
14	18	1000.4	138-7	14	30	33.3	48-4	331.7	22.79	6-5	20.15	2.1
15	21	730.4	93.5	12.5	35	60	70	1.71	37.3	2.6	196-9	72-9
16	24	642.9	72.3	7.5	13	25	39	16-41	28-797	12.92	17.36	1.3
17	25	642.9	72.3	7.5	13	25	39	14.43	44.54	2-639	2-53	1.0
18	26	642.9	72.3	7.5	13	25	39	78.58	20.696	12-67	87.5	8-2
19	27	642.9	72.3	7.5	17.5	40	62	18-95	27.1	12.92	21.9	1.7
20	28	642.9	72.3	7.5	20	40	60	3.5	38	4	30	7.5
21	29	708-2		7.5	12.5	25	40	17.13	23.235	2-8	26	3.8
22	34	708-2		7.5	12.5	25	40	116-2	6-07	23.6	13	0.6
23	35	78-2		7.5	12.5	25	40	0.87	58-68	1.9	6-5	5
24	36	818-7	46-4	7.5	12.5	25	41	1.953	62.59	2.86	4.55	1.6
25	37	818-7	46-4	7.5	12.5	25	41	11.885	26-3	3.47	18	8-2
26	38	748.4	168.2	12.5	35	50	70	108.24	8.654	13.95	107	7.7

续表

序号	泥石流沟编号	年降雨量/mm	历年单日最大降雨量/mm	$H_{1/6}$/mm	H_1/mm	H_6/mm	H_{24}/mm	面积/km²	坡降/%	沟长/km	不稳定物源量/万m³	单位长度不稳定物源量/(万m³/km)
27	39	748.4	168.2	12.5	35	50	70	37.887	12.395	7.521	5	0.7
28	40	748.4	168.2	12.5	35	50	70	86-579	7.884	11.989	2-5	0.5
29	41	748.4	168.2	12.5	35	50	70	7.758	11.045	8-878	102	17.4
30	42	748.4	168.2	12.5	35	50	70	11.761	14.436	4.959	2.5	0.5
31	43	748.4	168.2	12.5	35	50	70	7.43	13.311	8-57	10	1.8
32	44	748.4	168.2	12.5	35	50	70	20.382	11.968	8.876	3.1	0.3
33	46	838-3		7.5	12.5	25	40	1.456	62	1.725	60	34.8
34	49	730.8	88-9	12.5	33	50	70	8-07	16-5	8-59	1	0.2
35	51	81.3	70.2	12.5	33	55	70		12.5	10	36-85	4.0
36	52	642.9	72.3	7.5	15	22-5	32-5		30.4	8.37	50.23	2-0
37	53	642.9	72.3	7.5	15	22-5	32-5	86-1	11.3	12-2	112-64	7.2
38	54	801.3	108.6	12.5	28	52	74	24.842	24.921	10.1	60.11	2-0
39	55	814.3	70.2	12.5	30	55	70	24.13	28.35	7.2	90.2	12.5
40	56	733.4	52-2	7.5	20	30	35	121.95	11.2	20.427	2.1	0.1
41	57	733.4	52-2	7.5	20	30	35	80.2	12.1	16-4	5	0.3
42	59	650		8.5	15	18.8	28.1	217.615	8.462	22.23	16-5	0.9
43	60	750		7.5	14	25	40	17.49	24.043	10.5	16-4	1.8
44	65	618		7.5	12.5	25	32.5		10.5	18-6	27.2	1.7
45	66	618		7.5	12.5	25	32.5	13.94	18.61	8.04	8.1	1.0
46	69	618		7.5	12.5	25	32.5	24.8	19	6-7	18-5	1.6
47	70	618		7.5	12.5	25	32.5	17.65	17.82	7.24		1.4
48	71	593.8	43.4	7.4	12.5	24	34	1.73	48.62	2.71	1.28	0.5
49	74	642.9	72.3	7.5	15	30	45	8-58	28.17	4.98	5	1.0
50	75	642.9	72.3	7.5	15	30	45	13.2	22-78	13.2	2.4	0.2
51	76	642.9	72.3	7.5	15	30	45	16-14	31.76-	11, 09	12.4	1.1
52	78	760.9	70.3	7.6	20	30	35	18-11	17.1	8-62	3	0.5
53	81	758-8	62.6	7.5	17	25	33	23.03	21.646	8.43	1	0.1
54	82	618.4		7.5	12, 5	25	32.5	11.36	17.2	2-7	3.6	0.5
55	84	900.6		11.2	22	45	55	4.4	43.64	3.85	126-6	33.7

近年来，中国电建成都院开展了上百条泥石流沟的研究，通过多年研究，泥石流发生的三个条件分别是要具备适当的地形条件、丰富的物源条件、充足的水（降雨）源条件等，三者缺一不可，早就已经成为共识。彭仕雄、陈卫东等认为可采用简化的评判方法评价泥石流发生的危险性大小，地形条件可以采用坡降来代表，因地貌类型、相对高差、山坡坡度等均是其表现形式之一；物源条件可以用单位长度不稳定物源量（万 m³/km）来代表，人类活动、植被条件、松散堆积物、地质构造等最终表现出来的就是不稳定物源量的多少；水源条件是触发因素，有大量研究成果证明，泥石流的发生与M大小关系最为密切，因此可以用Ph来表述水源条件。通过小时雨强、坡降、单位长度不稳定物源量等因素来评价泥石流发生的危险性大小评判方法，作者称为三要素法。为了客观得出各种因子的影响权重，分别对西南地区已经发生过泥石流的55条泥石流沟的三要素因素进行统计分析，假定泥石流发生的危险性大小与坡降大小、单位长度不稳定物源量多少、小时雨强大小等均成线性正相关关系，首先对单因素影响泥石流危险性大小进行分级，采用反分析的方法，调整各项因子权重，使之三要素评分总和分别与这三项因子成正比例关系.从而再确定各项因子的分值。

1.影响泥石流发生危险性大小三要素分级研究

从统计的已经发生过泥石流沟的Hi来看（图3-8），其发生区间为12.5~35mm。这与《泥石流灾害防治工程勘查规范》（DZ/T0220—2006）提出的可能发生泥石流的界限值基本相当.主要是低值要略低，在此基础上适当调整低值，提出FL的单因素分级标准见表3-7。从统计的已经发生过泥石流沟的年降雨量来看（图3-9），其发生区间为593~1300mm。这与《泥石流灾害防治工程勘查规范》（DZ/T0220—2006）提出的可能发生泥石流的界限值相比略有提高。

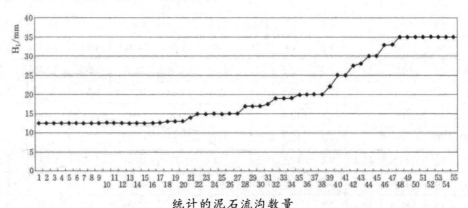

图3-8 各泥石流沟小时雨强关系图

表3-7 降雨量单因素分级标准表

分级	很大	大	中	小
年降雨量/mm	标准	>1200	1200—800	800~600
小时雨强/mm	标准	>40	40~20	20~12

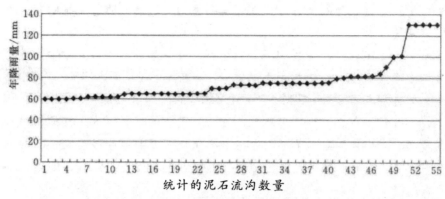

图3-9　各泥石流沟年降雨量关系图

2.坡降对泥石流发生大小影响分级研究

根据相关资料，我国西南山区泥石流沟的平均沟床比降可分为如下几类：小于5%的小沟床比降，该类沟床不易发生泥石流；5%~10%的中小沟床比降，此类沟床发生泥石流可能性较小；10%~30%的较大沟床比降，此类沟床发生泥石流可能性较大；30%~50%的大沟床比降，此类沟床发生泥石流可能性大。

从统计的已经发生过泥石流沟的坡降来看（图3-10），其发生区间为7.9%~72.9%，这与上述情况基本相同，纵坡坡降单因素分级标准见表3-8。

表3-8　纵坡坡降单因素分级标准表

分级	很大	大	中	小
纵坡坡降/%	标准	>50	50~30	30~10

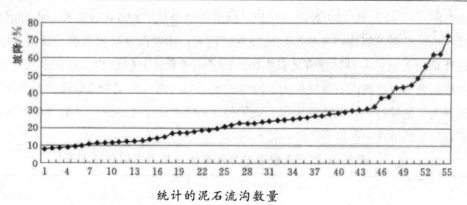

图3-10　各泥石流沟坡降关系图

3.单位长度不稳定物源对泥石流发生大小影响分级研究

从统计的已经发生过泥石流沟内堆积的单位长度不稳定物源来看（图3-11），其发生区间为0.1万~36-14万 m3/km，单位长度不稳定物源分级标准见表3-9。

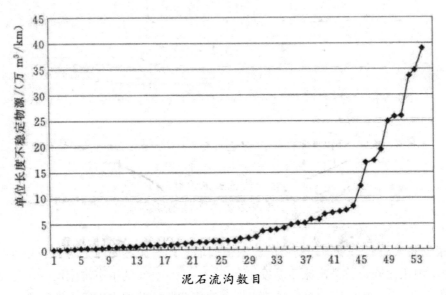

图3-11 各泥石流沟单位长度不稳定物源关系图

表3-9 单位长度不稳定物源分级标准表

分级	很大	大	中	小
不稳定物源量/ （万 m3/km）	标准	>25	25~10	10—1

4.泥石流考虑小时雨强的三要素评价方法（简称三要素XPD法）

在确定小时雨强、坡降、单位长度不稳定物源量单因素分级基础上，将其汇总成表3-10。对不同的分级进行权重赋值，赋值的原则是三要素评分总和与小时雨强、坡降、单位长度不稳定物源量等均成线性正相关，需要反复研究调整，结果见图3-12。在此基础上确定各界限分值见表3-10。按下式计算评分值总和，修正系数见表3-11，并根据表3-12评判泥石流发生的危险性大小，共将泥石流发生的危险性大小分为危险性很大、危险性大、危险性中等、危险性小4档。危险性小也可理解为该沟基本无泥石流发生的条件，可以不判定为泥石流沟。

表3-10泥石流发生的危险性大小单因素评分标准表

评价要素		标准与分值	危险性			
			很大	大	中	小
小时雨强 H_i/mm	年降雨量分区/mm	标准	>60	60~40	40~20	<20
	1200以上					
	800~1200		>40	40~30	30~20	<20
	小于800		>35	35~20	20~12	<12
	—	分值	40~28	28~15	15~10	10—0

评价要素	标准与分值		危险性			
			很大	大	中	小
不稳定物源量/（万m³/km）	—	标准	>25	25~10	10~1	<1
	—	分值	40-30	30-17.5	17.5~10	10~0
纵坡坡降	—	标准	>500	500-300	300-100	<100
	—	分值	40~30	30~20	20~10	10~0

表3-11　修正系数K取值表

堵塞程度	特征	修正系数K
严重	河槽弯曲，河段宽窄不均，卡口、陡坎多。大部分支沟交汇角度大，形成区集中，松散物源丰富	1.25-1.35
中等	河槽较平直.河段宽窄较均匀，陡坎、卡口不多。主支沟交角大多数小于60%形成区不太集中，松散物源较丰富	1.05~1.25
轻微	沟槽顺直均匀，主支沟交汇角小，基本无卡口、陡坎•形成区分散	1.0—1.05

注：当Y<30分时不修正，当Y>30分时需进行修正。

表3-12　泥石流发生的危险性大小三要素（XPD法）评价标准表

评价条件	不稳定物源量、坡降和雨强三个单因素都大于10分			三因素中任意一个单因素小于10分
总分	>85	85~55	55~30	
评价结果	危险性很大	危险性大	危险性中等	危险性小

$$Y = K\sum(P_1 + P_2 + P_3) \qquad (3-8)$$

式中：Y为泥石流危险性大小三要素评分总和；P_1为小时雨强评分值；P_2为纵坡坡降评分值；P_3为不稳定物源量评分值；K为修正系数，与泥石流沟道堵塞有关，取1.0~1.3。

当Y<30分时不修正，当Y>30分时需进行修正，详见表3-11。

笔者还对三要素评分总和与小时雨强、坡降、单位长度不稳定物源量之间建立了回归分析。

$$y = K(16.3406 + 0.6522X_1] + 0.5000X_2 + 0.8333X_3) \qquad (3-9)$$

式中：Y为危险性大小三要素评分总和；X_1为小时雨强，mm；X_2为纵坡坡降.%；X_3为不稳定物源量，万m3/km；K为修正系数，与泥石流沟道堵塞有关，当Y<30分时不修正，当Y>30分时需进行修正，详见表3-11。

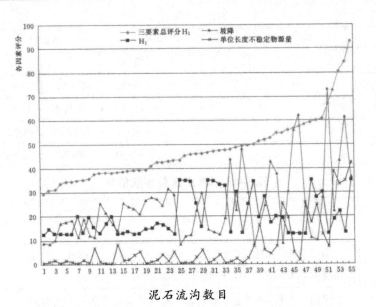

泥石流沟数目

图 3-12　泥石流三要素（XPD法）评分总和关系图（考虑小时雨强）

8-泥石流考虑年降雨量的三要素评价方法（简称三要素NPD法）

　　笔者还研究了年降雨量、坡降、单位长度不稳定物源量三要素评价方法，在单因素分级基础上，将其汇总成表3-13。对不同的分级进行权重赋值，赋值的原则是三要素评分总和与年降雨量、坡降、单位长度不稳定物源量等均成线性正相关，需要反复调整，结果见图3-13。在此基础上确定各界限分值（表3-13），并提出综合评分标准（表3-13），按式（2-10）

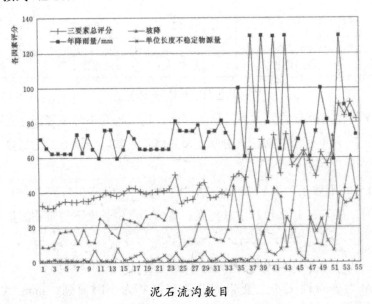

泥石流沟数目

图 3-13　泥石流三要素（NPD法）评分总和关系图（考虑年降雨量）

　　计算评分值总和.修正系数见表3-11，并根据表3-14评判泥石流发生的危险性大小，共将泥石流发生的危险性大小分为危险性很大、危险性大、危险性中等、危险性小4档。危险性小也可理解为该沟基本无泥石流发生的条件，可以不判定为泥石流沟。

表3-13 泥石流发生的危险性大小三要素（NPD法）评分标准表

评分		因素	很大	大	中
年降雨量/mm	标准	>1200	1200—800	800~600	<600
	分值	40~30	30~12-5	12-5~10	<10
不稳定物源量/（万 m3/km）	标准	>25	25~10	10~1	<1
	分值	40~30	30—17.5	17.5~10	10—0
纵坡坡降/%	标准	>500	500~300	300—100	<100
	分值	40~30	30~20	20~10	10~0

表3-14 泥石流发生的危险性大小三要素（NPD法）评价标准表

评价条件	当雨强、不稳定物源量、坡降均满足中等以上时会发生泥石流			发生泥石流的可能性小
总分	>85	85~55	55~30	<30
评价结果	危险性很大	危险性大	危险性中等	危险性小

$$Y = K\sum(P_1 + P_2 + P_3) \tag{3-10}$$

式中：Y为泥石流危险性大小三要素评分总和；P_1为年降雨量分值；P_2为纵坡坡降评分值；P_3为不稳定物源量评分值；K为修正系数，与泥石流沟道堵塞有关，取1.0~1.3。

当y<30分时不修正，当y>30分时需进行修正，详见表3-13。

6.三要素XPD法与三要素NPD法相关性分析

根据两种方法评分结果，进行相关性分析，见图3-14，两种方法评判结果成正相关性，表明两种评判方法的相关性较好。

7.关于降雨权重调整的讨论

在考虑泥石流的坡降、单位长度松散固体物源和小时雨强三个要素分值时，坡降、单位长度松散固体物源相对固定，但小时雨强可能存在变化。笔者研究了不同降雨权重下三要素评分与各影响因素的关系，绘制了不同降雨权重分值的相关关系曲线，小时雨强为12mm时，其界限分值按5~15分考虑，小时雨强为35mm时，其界限分值按20~40分、考虑，不同权重的相关关系见图3-15~图3-21。从分布来看，小时雨强为12mm时、界限分值为10分与小时雨强为35mm、界限分值为25分的关系图最为协调。

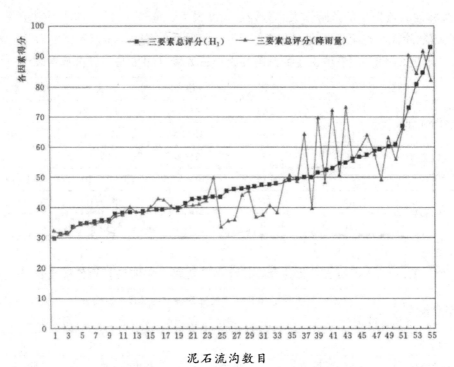

图 3-14 泥石流三要素两种评判方法相关性图

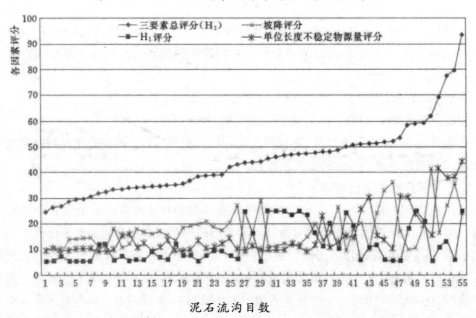

图 3-15 三要素总评分与 H_1 关系图（H_1 界限分值为 5 分、25 分）

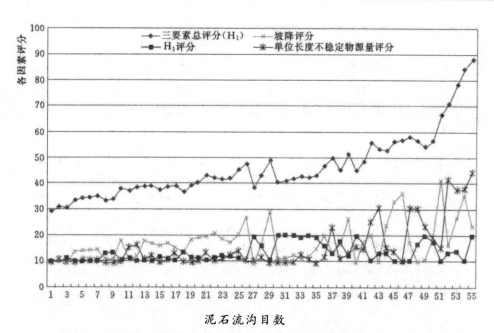

图 3-16　三要素总评分与 H_1 关系图（H_1 界限分值为 10 分、20 分）

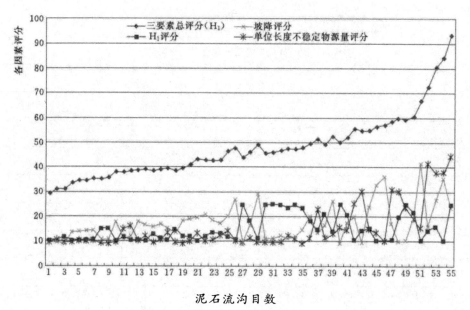

图 3-17　三要素总评分与 H_1 关系图（H_1 界限分值为 10 分、25 分）

（二）泥石流易发程度评价方法

由于受当前测试水平的限制，目前泥石流的形成和运动机理仍然没有完全揭开。直接、和间接参与泥石流形成或运动的各种自然因素众多，组合机制多样。中铁西南科学研究院有限公司谭炳炎等学者选择了 3 部分和 15 项因素对泥石流沟进行数量化综合评分，以研

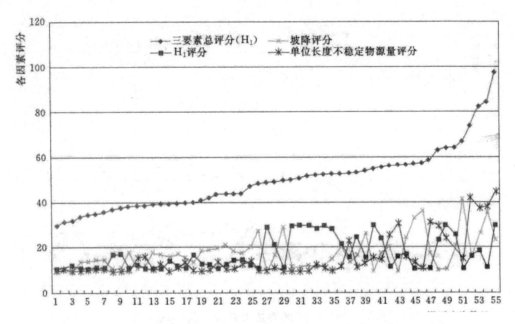

图 3-18　三要素总评分与关系图 H_1（H_1 界限分值为 10 分、30 分）

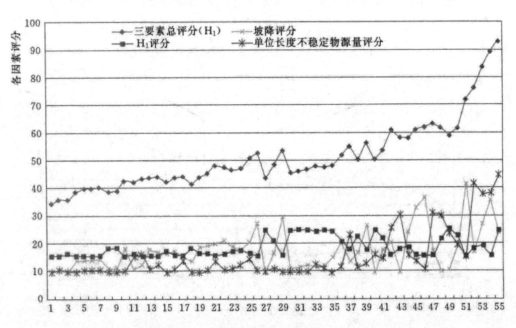

图 3-19　三要素总评分与关系图 H_1（H_1 界限分值为 15 分、25 分）

究泥石流运动的潜在易发程度。

（1）流域地表基本特征。泥石流活动使流域微地貌发生较显著的侵蚀、堆积、生态环境恶化，因此地貌变化程度的强弱，在一定程度上反映了流域内是否存在泥石流活动以及泥石流活动的规模和强度。沟口泥石流扇形地貌发展变化，是直观现象之一，在现场调查时往往凭沟口泥石流扇形地貌发展变化、新老扇的叠置关系、挤压大

河的程度、扇面堆积

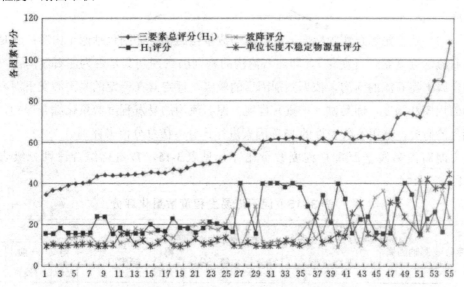

图3-20　三要素总评分与关系图 H_1（H_1 界限分值为15分、30分）

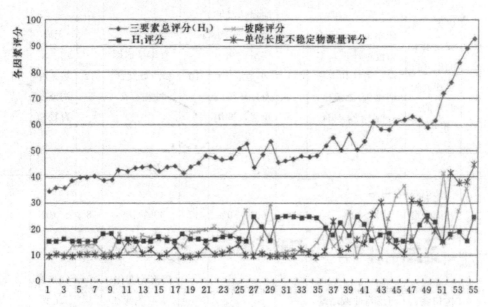

图3-21　三要素总评分与关系图 H_1（H_1 界限分值为15分、40分）

物组构特征等的详细调查分析，就能基本上确定泥石流活动的频率、规模。属于流域地表因素的还有流域植被覆盖率、河沟两岸山坡坡度、流域面积和相对高差。

（2）流域内松散固体物质的产生和存在状态。有无充分的松散物和存在状态是决定是、否为泥石流沟的重要条件，因此流域内崩塌、滑坡、水土流失（自然的和人为的）等现象的发育程度具有决定性的作用，其次是流域内及区域地质构造的影响、岩石类型、沿沟松散物储量及稳定性。

（3）泥石流运动的河槽条件。沟槽沿岸泥沙的补给河段长度比直接反映了泥沙的汇流特征，其次是河沟纵坡，河沟近期一次变形幅度，以及产沙区横断面特征和堵塞程度。

（4）数量化综合评判标准。泥石流沟数量化的综合评判包括两个内容：一是根据泥石流的客观条件（变量），即泥石流沟的判别因素判别其是否为泥石流沟；二是对判定属于泥石流的河沟，依据判别因素的量级，评定其在一定的暴雨激发下泥石流活动的规模和强度，即易发（严重）程度。泥石流沟的易发程度数量化综合评判，据谭炳炎的研究，选用有代表性的15项因素进行计分，按总分值来评判。

泥石流易发（严重）程度数量化评分见表3-15，数量化综合评判分级表见表3-16。

表3-15　泥石流易发程度数量化评分

序号	影响因素	量级划分							
		严重（A）	得分	中等（B）	得分	轻微（C）	得分	一般（D）	得分
1	崩塌、滑坡及水土流失（自然和人为的）的严重程度	崩塌、滑坡等重力侵蚀严重，多深层滑坡和大型崩塌.表土疏松，冲沟十分发育	21	崩塌、滑坡发育.多浅层滑坡和中小型崩塌·有零星植被覆盖，冲沟发育	16	有零星崩塌和滑坡发育，冲沟存在	12	无崩塌、滑坡、冲沟或发育轻微	1
2	泥沙沿程补给长度比	>60%	16	60%~30%	12	30%~10%	8	<10%	1
3	沟口泥石流堆积活动程度	河形弯曲或堵塞，大河主流受挤压偏移	14	河形无较大变化，仅大河主流受迫偏移	11	河形无变化，大河主流在高水位不偏移，低水位偏移	7	河形弯无变化，主流不偏移	1
4	河沟纵坡	>12°（21.3%）	12	12°~6°（21.3%~10.5%）	9	6"~3°（10.5%~8-2%）		<3°（8-2%）	1

续表

序号	影响因素	量级划分							
		严重（A）	得分	中等（B）	得分	轻微（C）	得分	一般（D）	得分
5	区域构造影响程度	强抬升区，6级以上地震区，断层破碎带	9	抬升区.4~6级地震区，有中小支断层或无断层	7	相对稳定区，4级以下地震区有小断层	5	沉降区，构造影响小或无影响	1
6	流域植被覆盖率	<10%	9	10%~30%	7	30%~60%	5	A60%	1
7	近期一次变幅	2m	8	2~1m	6	1~0.2m	4	0.2m	1
8	岩性影响	软岩、黄土	6	软硬相间	5	风化和节理发育的硬岩	4	硬岩	1
9	沿沟松散物储量	>10万 m³/km²	6	10万~5万 m³/km²	5	5万~1万 m³/km²	4	<1万 m³/km²	1
10	沟岸山坡坡度	>32°（>625‰）	6	32°~25°（625‰~466‰）	5	25°~15°（466‰~286‰）	4	<15°（<286‰）	1
11	产砂区沟槽横断面	V形谷、谷中谷、U形谷	5	拓宽U形谷	4	复式断面	3	平坦型	1
12	产砂区松散物平均厚度	>10m	5	5-10m	4	5~1m	3	＜1m	1
13	流域面积	0.2~5km²	5	5~10km²	4	0.2km²以下或10~100km²	3	>100km²	1
14	流域相对高差	>500m	4	500~300m	3	300~100m	2	<100m	1
15	河沟堵塞程度	严重	4	中等	3	轻微	2	无	1

表3-16 泥石流易发程度数量化综合评判分级

是与非的判别界限值		划分易发程度界限值	
等级	得分范围	等级	得分范围
是	44～130	极易发	116～130
		易发	87～115
		轻度易发	44～86
否	15～43	不发生	15～43

（三）三要素评价方法对比

根据上述三要素评价方法分别对前述55条泥石流沟进行了量化评分（表3-17），并与易发程度判别结果进行分析对比，分析结果如下：

（1）三要素法判别危险性很大沟1条（大沟），易发程度也判别该沟为极易发，两者相同。

（2）三要素法判别危险性大的沟共14条，易发程度对这14条沟判别有12条沟为易发，两者评判结果相同率88-7%。实地调查表明，这些沟在历史上均发生过大至较大规模泥石流，部分短暂堵河。

（3）其余40条泥石流沟三要素法判别危险性中等，易发程度对这40条沟判别结果有19条为易发，两者判别结果相同率为52.5%。

研究泥石流的样本中：大沟、上寨沟、张家沟、扯索沟、索龙沟、柳洪沟、大桥沟等7条沟危险性很大，实地调查表明，这些沟在历史上均发生过较大规模泥石流，且暴发泥石流的频率较高。样本中23条沟评价结果为危险性大，历史上亦发生过较大规模泥石流。样本中25条沟为危险性中等，历史上亦发生过一定规模泥石流。综上，三要素法有较强的适宜性和实用性。

（四）泥石流危险度评价方法

泥石流危险度是指泥石流对环境的威胁及危害程度，以刘希林等提出的单沟泥石流危险度评价方法目前应用最为广泛，共采用7个评价因子，除主要内在因子泥石流规模刀、和发生频率，外，其他次要环境因子已经进一步减少至5个，它们是流域面积》、主沟长度$2、流域相对高差方、流域切割密度阮、不稳定沟床比例59。这5个次要因子均可从流

表 6.17　泥石流沟危险性判别结果

序号	三要素评分	编号	沟名	位置	自然属性 流域特征 面积/km²	主沟长/km	平均纵比降/‰	易发程度评分	发育特征 发育史概况	降雨量 多年平均降水量/mm	历年最大单日降水量/mm	降雨强度 降雨时段	暴雨强度均值/mm	物源量 松散物源总量/万m³	稳定物源量/万m³	潜在不稳定物源量/万m³	不稳定量/万m³
1	93.07	21	大沟	溪布沟水电站库区（四川省汶川县）	1.71	2.6	373.0	121	1992 年大沟发生了泥石流。2003 年夏天，大沟发生泥石流，淤埋了由县城通往乌斯河的公路。2004 年夏天大沟暴发泥石流。2010 年 7 月 17 日和 24 日，大沟连续发生了 3 次泥石流	730.4	93.5	$H_{1/4}$ H_1 H_6 H_{24}	12.5 35 60 70	735.4	无	无	199.9
2	84.48	46	上寨沟	四川黑水县毛尔盖水电站	1.456	1.725	620.0		根据洪积物堆积体浅表层结构构造特征，近百年来上寨沟没有发生大规模泥石流或山洪灾害。洪积物自下游向上游逐次移动堆积的迹象。显示出上寨沟沟道堆积量逐渐减小，并自沟口於积略微堆高，使后期少量的继续积物形成堆积层次，向黑水河上游依次移动的特征	835.3	无	H_{24}	46	540	400	80	60
3	80.56	84	张家沟	雅砻江江边水电站	4.4	3.85	436.4	93	据调查，张家沟一般 10 年左右暴发一次较大的洪流，除 2003 年暴发大规模泥石流外，历史上曾发生过一次大规模泥石流。其中，2003 年泥石流发育规模较大，堵塞九龙河数分钟。1982 年，及 1999 年发生的规模较小，此外，在 1994 年亦发生一次规模较大的泥石流。堵塞河流数小时	900.6	无	$H_{1/24}$ H_1 H_4 H_{24}	11.2 22 45 55	490.85	无	无	129.60

续表

序号	三要素评分	编号	沟名	位置	面积/km²	主沟长/km	平均纵比降/‰	易发程度评分	发育史概况	多年平均降水量/mm	历年最大单日降水量/mm	降雨时段	暴雨强度均值/mm	松散物源总量/万m³	稳定物源量/万m³	潜在不稳定物源源量/万m³	不稳定物源量/万m³
4	72.63	1	拦索沟	硬梁包水电站库区	19.4	7.41	225.7	92	1957年、2005年暴发过较大规模泥石流。短暂堵塞大渡河，1961年暴发过一次规模相对较小的泥石流	1300	100	H₁/₆ H₁ H₆ H₂₄	8 19 39 65	2000	1620	90	290
5	66.83	11	索龙沟	猴子岩水电站库区（丹巴县）	2.84	2.62	729.0	96	1965年暴发过泥石流。初估冲出固体物质近2万m³	无	无	H₁/₆ H₁ H₆ H₂₄	7.5 12.5 25 37	280	无	无	18.5
6	64.52	55	柳洪沟	美姑河坪头水电站工程（美姑）	24.13	7.2	283.5		柳洪沟（水）石明在近期已暴发丁两次较大规模的泥（水）石流。分别是2004年6月13日和2005年7月18日泥石流。无其是后者规模最大	814.3	70.2	H₁/₂₆ H₁ H₆ H₂₄	12.5 30 55 70	2892.7	2707.5	95	90.2
7	60.04	17	大桥沟	官地水电站（西昌市）	170.1	26.12	97.1	112	1998年暴发近80年来最大大规模泥石流。2005年暴发中等规模泥石流	1000.4	135.7	H₁/₂₆ H₁ H₆ H₂₄	12.5 27.5 56.0 71.0	4934.65	2733.1	1546.19	655.36

续表

序号	三要素评分	编号	沟名	自然属性 位置	流域特征 面积/km²	主沟长/km	平均纵比降/‰	易发程度评分	发育特征 发育史概况	降雨量 多年平均降水量/mm	历年最大单日降雨量/mm	降雨强度 降雨时段	暴雨强度均值/mm	物源量 松散物源总量/万m³	稳定物源量/万m³	潜在不稳定物源量/万m³	不稳定量/万m³
8	59.15	41	老太庙沟		7.758	5.878	110.45	67	该沟在1957年以前，由于沟域内植被良好，在暴雨季节一般以洪水为主，基本无泥石流发生。而自1958年以来，由于大量砍伐树林，导致植被破坏严重。特别是在同年老太庙沟附近修建东大堰（堰）后，开始出现泥石流。一般情况下，只要下雨就有石头、树枝或树杈等从沟中冲出。其后在1974年挖堰等从沟中冲出（东大堰之前）。老太庙沟发生了迄今为止最大一次泥石流（1975年复修东大堰之后）			$H_{1/6}$ H_1 H_6 H_{24}	12.5 35 50 70	322	220	0	102
9	58.46	15	响水沟	长河坝水电站施工区（康定县）	50.92	14.26	245.2	89	2009年"7·23"泥石流导致大渡河堰塞，形成坝厚达300万m³的堰塞湖，造成人员伤亡	600.1	49.8	$H_{1/6}$ H_1 H_6 H_{24}	7.5 15 25 39	1337.77	无	967.13	370.64
10	57.11	36	红岩窝沟	瓦斯河龙头石水电站（康定县）	1.953	2.86	625.9	50	红岩窝沟在最近50多年以来没有发生过泥石流，自1966年以来。只发生过两次大规模洪水，即1968年和1995年夏天发生	815.7	49.4	$H_{1/6}$ H_1 H_6 H_{24}	7.5 12.5 25 41	769.55	765	4.55	无
11	56.5	35	瓦支沟眼前左支沟	瓦斯河口水电站牟药库前左支沟（雅江县）	0.87	1.9	556.8	102	取水口留左支沟为肉谷型混石流沟，在2010年与2011年汛期期均爆发过中小规模混泥石流	705.2	无	$H_{1/6}$ H_1 H_6 H_{24}	7.5 12.5 25 40	57	无	无	9.5

续表

序号	三要素评分	编号	沟名	自然属性	流域特征			易发程度评分	发育特征	降雨量		暴雨强度		物源量			
				位置	面积/km²	主沟长/km	平均纵比降/‰		发育史概况	多年平均降水量/mm	历年最大单日降水量/mm	降雨时段	暴雨强度均值/mm	松散物源总量/万m³	稳定物源量/万m³	潜在不稳定物源量/万m³	不稳定量/万m³
8	59.15	41	老太庙沟		7.758	5.878	110.45	67	该沟在1957年以前，由于沟内植被良好，在暴雨季节一般以洪水为主，基本无泥石流发生。而自1958年以来，由于大量砍伐树林，导致植被被破坏严重，特别是在同年志太庙沟渠附近修建东大坝，导致下游沟道产生泥石流。一般情况下，只要下雨就有石头、树枝或树疙瘩等从沟中冲出，其后在1974年左右（第）后，开始出现泥石流。老太庙沟发生了迄今为止最大一次泥石流流（1975年夏修东大坝之前）。			$H_{1/6}$ H_1 H_6 H_{24}	12.5 35 50 70	322	220	0	10^2
9	58.46	15	响水沟	长河坝水电站施工区（康定县）	50.92	14.26	246.2	89	2009年"7·23"泥石流导致大渡河容淤300万m³的堰塞。形成库容达300万m³的堰塞湖，造成人员伤亡	600.1	49.8	$H_{1/6}$ H_1 H_6 H_{24}	7.5 15 25 39	1337.77	无	967.13	370.64
10	57.11	35	红岩窝沟	瓦洞河龙洞水电站（康定县）	1.953	2.86	625.9	50	红岩窝沟在最近50多年以来没有发生过泥石流。自1966年以来，即1968年和1995年夏天发生	815.7	49.4	$H_{1/6}$ H_1 H_6 H_{24}	7.5 12.5 25 41	769.55	765	4.55	无
11	56.5	35	瓦支沟取水口前左支沟	两河口水电站牛药库（雅江县）	0.87	1.9	556.8	102	取水口前左支沟为沟谷型混石流溪沟。在2010年与2011年汛期均爆发过中小规模泥石流	705.2	无	$H_{1/6}$ H_1 H_6 H_{24}	7.5 12.5 25 40	57	无	无	9.5

续表

序号	三要素评分	编号	沟名	位置	自然属性 流域特征				发育特征 发育史概况	降雨量		降雨强度		物源量			
					面积/km²	主沟长/km	平均纵比降/‰	易发程度评分		多年平均降水量/mm	历年最大单日降水量/mm	降雨时段	暴雨强度均值/mm	松散物源总量/万m³	稳定物源量/万m³	潜在不稳定物源量/万m³	不稳定物源量/万m³
12	56.04	16	牛棚子沟	长河坝水电站施工区（康定县）	16.95	7.9	307.4	94	1988年泥石流堵塞智瑟鲁大渡河	600.1	49.8	$H_{1/4}$ H_1 H_6 H_{24}	7.5 15 25 39	397.67	无	无	153.37
13	54.71	3	醋子沟（右岸）	硬梁包水电站坝下游（泸定县）	29.94	8.96	193.1	90	1957年，2005年发过较大规模泥石流。均半堵塞大渡河；1982年和1998年暴发过规模相对较小的泥石流	1300	100	$H_{1/4}$ H_1 H_6 H_{24}	8 19 39 65	1700	无	无	230
14	54.63	28	磨房沟	泸定水电站（泸定县）	3.5	4	380	90	1911年7月、1944年4月特大暴雨泥石流（山洪），冲毁沟床两棚农田一两百亩。山洪（或泥石流）至大渡河边。1956年农历六月特大暴雨冲毁沟床两棚农田二十亩，泥石流未至大渡河。1981年8月21—23日的特大暴雨泥石流	642.9	72.3	$H_{1/4}$ H_1 H_6 H_{24}	7.5 20 40 60	230	120	80	30
15	52.66	10	磨房沟	硬梁包水电站营地（泸定县）	2.77	3.68	432.1	90	1975年暴发的泥石流初估冲出固体物质近3万m³；2011年泥石流初期冲出固体物质约2万m³	1300	100	$H_{1/16}$ H_1 H_6 H_{24}	7.5 17 30 51	62	无	无	16

泥石流勘查与防治

续表

序号	三要素评分	编号	沟名	位置	面积/km²	主沟长/km	平均纵比降/‰	易发程度评分	发育史概况	多年平均降水量/mm	历年最大单日降水量/mm	降雨时段	暴雨均度均值/mm	松散物源总量/万m³	稳定物源量/万m³	潜在不稳定物源源量/万m³	不稳定储量/万m³
16	52.02	54	海尔沟	大渡河龙头石水电站新民集镇迁建场址石场沟)	24.842	10.096	249.21	89	海尔沟过迄今为止最大的两次洪水在1960年和1992年夏天发生过，但均有少量石头冲出。前从未发生过大规模泥石流。随着1999年在海尔沟流域相继修建有6级水电站及庙子岩、双军、长安、红岩、挖1和2级等为修建水电站前修建的配套公路等，开挖所形成的大量弃渣和路堑边坡，对沟域内植被破坏严重明显，形成了大量松散物源，且稳定性差。	801.3	108.6	H₁/₆ / H₁ / H₆ / H₂₄	12.5 / 28 / 52 / 74	839.812	666.98	112.774	60.110
17	51.44	4	瓯子沟(左岸)	硬梁包水电站坝下游(泸定县)	10.15	6.46	170.3	74	1974年暴发过一次泥石流，持续20余分钟。亚沟床局部耕地被毁。	1300	100	H₁/₆ / H₁ / H₆ / H₂₄	8 / 19 / 39 / 65	3987	无	无	110
18	49.89	38	田螺河	大渡河灌木沟电站(汉源县)	108.24	13.95	86.54	71	田螺河在近30年以来，形成较大规模的泥石流有2次，即1982年雨季。发了了中等~大规模泥石流。1998年的泥石流形成规模明显小于1982年泥石流。	748.4	168.2	H₁/₆ / H₁ / H₆ / H₂₄	12.5 / 35 / 50 / 70	4143.9	3154.2	882.7	107
19	49.81	5	普斯罗沟	帕屏坝前(木里县)	9.61	7.99	302.6	64	1995年，1998年和2004年均发生泥石流，2004年规模最大，流冲出固体物质总量近3万m³	1300	无	H₁/₆ / H₁ / H₆ / H₂₄	11 / 25 / 43 / 56	356	无	无	19.5

续表

序号	三要素评分	编号	沟名	位置	面积/km²	主沟长/km	平均纵比降/‰	易发程度评分	发育史概况	多年平均年降水量/mm	历年最大单日降水量/mm	降雨时段	暴雨强度均值/mm	松散物源总量/万m³	稳定源量/万m³	潜在不稳定物源源量/万m³	不稳定源量/万m³
20	49.2	71	进水口沟	双江口电站（丹巴）	1.73	2.71	486.2	110	经现场调查访问，进水口沟仅在2009年8月发生过一次小规模的泥石流。由于2009年沟内恢复设伐木作业，在沟内堆积了一些丢弃的原木。暴雨后致使沟内水土流失和原木一起阻塞沟道形成了堰塞体。溃决后引发了泥石流	593.8	43.4	$H_{1/6}$	7.4	无	无	0.75	1.28
21	49.07	18	筑水河	官地水电站库内（西昌市）	331.79	9.5	227.9	75	2005年在少量施工弃渣参与下形成小规模泥石流。2012年"8·30"地质灾害"中，冲出近固体物质近3万m³	1000.4	135.7	$H_{1/6}$ H_1 H_6 H_{24}	14.0 30.0 33.3 45.4	6021.4	5912.6	88.65	20.15
22	47.91	25	孙家沟	黄金坪水电站坝址区（康定县）	14.43	6.639	445.4	115	近50年以来，孙家沟大规模暴发泥石流只有2次，即1960年农历6月间暴发、死亡数人，并冲毁孙家沟公路桥及民房数间。其危在1995年农历6月6日，孙家沟又曾暴发过泥石流	642.9	72.3	$H_{1/6}$ H_1 H_6 H_{24}	— 13 25 39	732.25	210.506	15.222	6.53
23	47.76	49	龙潭沟	汉源县城新址一萝卜岗场地	5.07	5.59	195	68	最近50多年以来，龙潭沟没有发生过泥石流	730.8	85.9	$H_{1/6}$ H_1 H_6 H_{24}	12.5 33 55 70	438.5	412	25.5	1.0

続表

序号	三要素评分	编号	沟名	位置	面积/km²	主沟长/km	平均纵比降/‰	易发程度评分	发育史概况	多年平均降水量/mm	历年最大单日降水量/mm	降雨时段	暴雨强度均值/mm	松散物源总量/万 m³	稳定物源量/万 m³	潜在不稳定物源源量/万 m³	不稳定量/万 m³
24	47.43	51	连渣依木支沟	美姑河牛牛坝水电站移民防护工程（美姑县）	54.25	10.072	125.0	110	近50年以来，连渣依木支沟形成较大规模的泥石流只有1次，即2005年7月15日下午16—18时暴发	814.3	70.2	$H_{1/6}$	12.5	1006	531.5	434.65	39.85
												H_1	33				
												H_6	55				
												H_{24}	70				
25	47.32	43	瓦厂沟		7.43	5.57	133.11	49	近100年以来，瓦厂沟形成较大规模泥石流只有1次，即1932年7月13日发生的泥石流，该次泥石流造成重大的人员伤亡和财产损失			$H_{1/6}$	12.5	2065.2	2050.2	5	10
												H_1	35				
												H_6	50				
												H_{24}	70				
26	46.81	42	马鞍沟		11.761	4.959	144.36	73	近50年以来，只发生过两次较大规模的泥石流，分别是1953年和1974年雨季发生。除1953年形成的泥石流与沟域自然成因外，1974年形成的泥石流与沟域有很大关系，内1958年评估修建东大坝关系，主要由于工程活动形成的松散物源所致			$H_{1/6}$	12.5	832.5	425	405	2.5
												H_1	35				
												H_6	50				
												H_{24}	70				
27	46.32	52	野坝沟	长河坝水电站（四川康定）	27.7	8.37	304	85	野坝沟沟内每年6—7月野坝沟都暴发过一次大规模的泥石流。这次泥石流携带出沟内的大量松散物源，导致大渡河被堵，形成堰塞坝后溃决	642.9	72.3	$H_{1/6}$	7.5	176.14	75.91	50	50.23
												H_1	15				
												H_6	26.5				
												H_{24}	36.5				

续表

序号	三要素评分	编号	沟名	位置	自然属性 流域特征 面积/km²	主沟长/km	平均纵降/‰	易发程度评分	发育特征 发育史概况	降雨量 多年平均降水量/mm	历年最大单日降水量/mm	降雨强度 降雨时段	暴雨强度均值/mm	物源量 松散物源总量/万m³	稳定物源量/万m³	潜在不稳定物源量/万m³	不稳定物源量/万m³
28	46.17	6	印把子沟	锦屏水电站工区（木里县）	25.2	9.5	227.9	75	2005 年在少量施工扰动参与下形成小规模泥石流。2012 年"锦屏 8.30 地质灾害"中，冲出近期固体物质近 3 万 m³	792.8	无	$H_{2.5}$ H_1 H_6 H_{24}	11 25 43 56	276	无		24.3
29	45.92	39	火烧寺沟		37.887	7.521	123.96	88	自 1958 年曾经发生过较大规模泥石流外，1978—1980 年只发生过洪水。一直到 2003 年农历 7 月，因人为因素暴发了自 1958 年以来唯一一次一定规模的泥石流			$H_{1/6}$ H_1 H_6 H_{24}	12.5 35 50 70	14672	14557	110	5
30	45.44	44	向阳河		20.382	8.876	119.68	46	向阳河仅 1932 年 7 月 13 日发生较大规模泥石流。据对堆积扇勘测量，此次泥石流应属中等以上规模。自从 1932 年后，再未发生过较大规模的泥石流			$H_{1/6}$ H_1 H_6 H_{24}	12.5 35 50 70	3135.6	3116	16.5	3.1

域地形图上准确获取。次要因子选取的原则和方法是：从与单沟泥石流危险度有关的14、个候选因子中，采用双系列关联度分析方法，即分别将14个候选因子与泥石流规模和发生频率进行关联度分析，再根据每个候选因子与泥石流规模和发生频率得出的两个关联度的平均值来确定是否与主要因子关系密切，从而决定其取舍。根据邓聚龙教授设定的判别条件：关联度大于0·85为相关关系好；关联度在0.85-0.5之间为相关关系中等；关联度小于0.5为相关关系差。选择相关关系好的环境因子作为泥石流危险度的次要评价因子，由此得到单沟泥石流危险度评价的以上5个次要因子（表3-18）o

表 3-18　14个候选环境因子与泥石流规模和发生频率的关联度

候选因子	符号	与规模M的关联 R_m	与发生频率F的关联度 R_f	平均关联度 $R = (R_m + R_f)/2$	相关程度
流域面积	S_1	0.89	0.86	0.88	好
主沟长度	S_2	0.88	0.85	0.86	好
流域相对高差	S_3	0.88	0.85	0.86	好
主沟床坡度	S_4	0.85	0.83	0.84	中等
形成区山坡平均密度	S_5	0.86	0.83	0.84	中等
流域切割密度	S_6	0.88	0.86	0.87	好
主沟床弯曲系数	S_7	0.86	0.83	0.84	中等
松散固体物质储量	S_8	0.84	0.82	0.83	中等
不稳定沟床比例	S_9	0.87	0.85	0.86	好
24h最大降雨量	S_{10}	0.86	0.83	0.84	中等
年平均降雨量	S_{11}	0.86	0.83	0.84	中等
植被覆盖率	S_{13}	0.93	0.82	0.82	中等
垦殖指数	S_{14}	0.85	0.83	0.84	中等
人口密度	S_{15}	0.85	0.83	0.84	中等

注样本数为37个，原始资料见《泥石流危险性评价》（作者刘希林、唐川，科学出版社1995年出版）一书。

现将单沟泥石流危险度评价中的主要因子和次要因子分述如下：

（1）泥石流规模刀。用一次泥石流冲出物堆积方量来表示，单位为103m\泥石流规模越大，遭到泥石流损害的可能性就越大。泥石流规模是影响泥石流危险度最直接的指标之一，属主要因子。

（2）泥石流发生频率用历史上泥石流发生次数除以统计年数来表示，单位为次/100年。对泥石流危害对象来说，当泥石流规模不大时，对其造成的损害可能较轻。但若泥石流发生频率很高.对其造成的累积损害仍然可能很大；当规模很大且发生频率很高时，那么遭到泥石流损害的可能性就很大。泥石流发生频率也是影响泥石流危险度最直接的指标之一，属主要因子。

（3）流域面积 S_1。流域面积指分水岭包围下的汇水面积，不包括泥石流堆积扇部分，单位为 Km^2。流域面积反映流域的产沙和汇流状况。一般来说，流域面积与流域的产沙量成正相关，产沙量的多少影响到流域内松散固体物质的储量，松散固体物质储量又影响到泥石流冲出物方量，因此它与泥石流规模和发生频率关系密切.对危险度评价有显著影响。

（4）主沟长度 S_2。主沟长度指主沟沟头到沟口的平面投影长度，单位为km，它决定着泥石流的流程和沿途接纳松散固体物质的能力。泥石流的流程越远，其动能和破坏力越大，因此它与泥石流规模和发生频率关系密切，对危险度评价有显著影响。

（5）流域相对高差 S_3。流域相对高差指流域内海拔最高点与最低点之差，单位为km，它反映流域的势能和泥石流的潜在动能。一般来说，流域相对高差越大，山坡稳定性越差，崩塌、滑坡等越发育，水流的汇流速度也越快，发生泥石流的动力条件就越充分，因此它与泥石流规模和发生频率关系密切，对危险度评价有显著影响。

（6）流域切割密度 S_4。用流域内切沟和冲沟的总长度除以流域面积来表示，单位为km，为减少工作量，纹沟和细沟不计在内。流域切割密度综合反映流域的地质构造、岩性、岩石风化程度以及产沙和汇流状况。一般来说，流域切割密度越大，沟道侵蚀越发育，固体和液体径流可能越大，泥石流潜在破坏力就越大，因此它与泥石流规模和发生频率关系密切，对危险度评价有显著影响。

（7）不稳定沟床比例 S_5。用不稳定沟床长度除以主沟长度来表示。不稳定沟床比例反映泥沙补给的范围和可能补给量的大小。比值越大，表明泥沙补给条件越有利于泥石流形成.因此它与泥石流规模和发生频率关系密切，对危险度评价有显著影响。

各评价因子的权重数和权重系数的确定方法与前期研究文献中的相同，结果见表3-19。

表3-19单沟泥石流危险度评价因子的权重系数

项目	m	f	S_1	S_2	S_3	S_4	S_5
权重数	10	10	5	3	2	4	1
权重系数	0.29	0.29	0.14	0.09	0.06	0.11	0.03

最新的单沟泥石流危险度计算公式如下：

$$H_单 = 0.29M + 0.29F + 0.14S_1 + 0.09S_2 + 0.06S_3 + 0.11S_6 + 0.03S_9 \quad (3-19)$$

式中：$MFS_1S_2S_3S_6S_9$ 分别为 $m,f,S_1S_2S_3S_6S_9$ 的转换表值 （3-20）

表 3-20　单沟泥石流危险度评价因子的转换值（1996 年）

规模 $m/10^3 m^3$	发生频率 f/%	流域面积S_1/ km	主沟长度 S_2/km	流域相对高差 S_3/km	流域切割密度 S_6/km-1	不稳定沟床比例 S_9	转换值
<1	<0.1	>50，<0.5	<0.5	<0.2	<0.2	<0.1	0
1—10	0.1~1	0.5~2	0.5~1	0.2~0.5	0.2~0.5	0.1~0.2	0.2
10—100	1~10	2~5	1~2	0.5~0.7	0.5~1	0.2~0.3	0.4
100—500	10~50	5~10	2~5	0.7~1	1~1.5	0.3~0.4	0.6
50—1000	50~100	10~30	5~10	1~1.5	1.5~2	0.4~0.6	0.8
>1000	>100	30~50	>10	>1.5	>2	>0.6	

对单沟泥石流危险度评价最新的改进是将表中评价因子的转换值由表格改为公式化．芟样能使每一项评价因子在其取值范围内的转换值连续变化于 0~1 之间，不至于像表中在评价因子分级临界点上出现转换值的跳跃式变化．见表 3-21。

表 3-21　单沟泥石流危险度评价因子的转换函数

转换值（0-1）	转换函数（$m,f,S_1 S_2 S_3 S_6 S_9$ 为实际值）
M	M=0，当 m<1 时；M=lgf/3，当 1<m≤1000 时；M=1，当 m>1000 时
F	F=0，当 f≤1 时；F=lgf/2，当 1<f<100 时；F=1，当 f>100 时
S_1	$S_1 = 0.2458 S_1^{0.3495}$，当 $0≤S_1≤50$ 时；$S_1=1$，当 $S_1>50$ 时
S_2	$S_2 = 0.2903 S_2^{0.5372}$ 当 $0≤S_2≤10$ 时；$S_2=1$. 当 $S_2>10$ 时
S_3	$S_3 = 2S_3/3$，当 $0≤S_3≤1.5$ 时；$S_3=1$，当 $S_3>1.5$ 时
S_6	$S_6 = 0.05S_6$，当 $0≤S_6≤20$ 时，$S_6=1$，当 $S_6>20$ 时
S_9	$S_9 = S_9/60$ 时，当 $0≤S_9≤20$ 时，$S_9=1$，当 $S_9>60$ 时

泥石流危险度分级目前还没有统一的标准，使用者可以根据自己的工作需要或繁或简地对危险度在 [0，1] 口闭区间范围内作任意等级的划分。数值分级目前也没有统一的方法，无论采用简单的等差分级或等比分级，还是采用略为复杂的指数分级-均存在着等级间的临界值问题。例如，0.36 和 0.6 仍处于一个等级内．而 0.6 和 0.61 则可能处于两个不同的等级。问题的关键是能否确定数值 0.6 即为从量变到质变的一个飞跃点，如果是发生质变的飞跃点，当然可以以此作为分级的临界值。但在对泥石流这一复杂现象的许多本质还不十分清楚的情况下，要找到这样一些质变点较为困难。因此．传统的布拉德福定律中的区域分析方法，即将一定范围内的数值作等分划分成若干区域的方法，仍是目前处理数值分级的简单而又常用的方法。为与单沟泥石流易损度和风险度分级接轨，本书以 0.2 为公差将单沟泥石流危险度在 [0，1] 范围内等分为五级。最新的单沟泥石流危险度分级标准及实际意义见表 3-22。

二、泥石流活动强度评估

（一）泥石流发展阶段的判别

就泥石流发育阶段而言，目前对其划分大致可归为以下几个阶段：形成期（青年期）、发展期（壮年期）、衰退期（老年期）和间歇或终止期。各阶段从沟道演变、与主沟道之间的相互交接关系等诸方面都有其典型特征，具体见表3-23。

表 3-22　单沟泥石流危险度和泥石流活动特点及其防治对策

单沟泥石流危险度	危险度分级	泥石流活动特点	灾情预测	防治原则	防治对策
0.0~0.2	极低危险	基本上无泥石流活动	基本上没有泥石流灾难	防为主，无须治	维持生态环境的良性循环
0.2~0.4	低度危险	各因于取值较小，组合欠佳，能够发生小规模低频率的泥石流或山洪	一般不会造成重大灾难和严重危害	防为治为辅	加强水土保持，保护生态环境．搞好群策群防；必要时辅以一定的工程治理
0.4~0.6	中度危险	个别因子取值较大，组合尚可，能够间歇性发生中等规模的泥石流，较易由工程治理所控制	较少造成重大灾难和严重危害		实施生物工程和土木工程综合治理即可抑制泥石流的发生发展；必要时可建立预警避难系统．避免不必要的灾害损失
0.6~0.8	高度危险	各因子取值较大，个别因子取值甚高，组合亦佳，处境严峻．潜在破坏力大，能够发生大规模和高频率的泥石流	可造成重大灾难和严重危害		加强预测预报和预警避难等软措施．同时施以生物工程和土木工程综合治理等硬措施；确保危害对象安全无恙

单沟泥石流危险度	危险度分级	泥石流活动特点	灾情预测	防治原则	防治对策
0.8-1.0	极高危险	各因子取值极大，组合极佳.一触即发，能够发生巨大规模和特高频率的泥石流	可造成重大灾难和严重危害		尽量绕避不能绕避的建立预警避难系统；必要时采取生物工程和土木工程综合治理.将可能的灾害损失减少到最低程度

表3-23　泥石流发展各阶段判别特征

识别标记		形成期（青年期）	发展期（壮年期）	衰退期（老年期）	间歇或终止期
主支流关系		主沟侵蚀速度不大于支沟侵蚀速度	主沟侵蚀速度大于支沟侵蚀速度	主沟侵蚀速度小于支沟侵蚀速度	主支沟侵蚀速度均等
主河	河型	堆积扇发育逐步挤压主河，河型间或发生变形，无较大变形	主河河型受堆积扇发展控制，河形受迫弯曲变形，或被暂时性堵塞	主河河型基本稳定	主河河型稳定
	主流	仅主流受迫偏移，对对岸尚未构成威胁	主流明显被挤偏移，冲刷对岸河堤、河滩	主流稳定或向恢复变形前的方向发展	主流稳定
沟口地段	堆积扇	沟口出现扇形堆积地形或扇形地处于发展中	沟口扇形堆积地形发育，扇缘及扇高在明显增长中	沟口扇形堆积在萎缩中	沟口扇形地貌稳定
	新老扇	新老扇叠置不明显或为外延式叠置.呈叠瓦状	新老扇叠置澄盖外延.新扇规模逐步增大	新老扇呈后退式覆盖.新扇规模逐步变小	无新堆积扇发生
	扇形变幅/m	0.2—0.5	>0.5	<±0.2	无或成负值

识别标记		形成期（青年期）	发展期（壮年期）	衰退期（老年期）	间歇或终止期
支沟变形	纵	中强切蚀.溯源冲刷，沟槽不稳	强切蚀、溯源冲刷发育，沟槽不稳	中弱切蚀、溯源冲刷不发育，沟槽趋稳	平衡稳定
	横	纵向切蚀为主	纵向切蚀为主，横向切蚀发育	横向切蚀为主	无变化
	沟坡	变陡	陡峻	变缓	缓
	沟形	裁弯取直、变窄	顺直束窄	弯曲展宽	自然弯曲、展宽、河槽固定
松散物状态	高度/m	H=10~30	H>30 高边坡堆积	H<30 边坡堆积	H<5
	坡度/（°）	32~25	>32	15~25	≤15
	塌方率	1~10	>10	10~1	<1
	泥沙补给	不良地质现象在扩展中	不良地质现象发育	不良地质现象在缩小控制中	不良地质现象逐步稳定
植被		覆盖率在下降，为30%~10%	以荒坡为主，覆盖率小于10%	覆盖率在增长，为30%~60%	覆盖率较高，为大于60%
触发雨量		逐步变小	较小	较大并逐步增大	

（二）区域泥石流活动性判别

根据区域内泥石流的评判要素，调查内容分综合雨情、所在地形地貌、构造活动影响、地震、岩性、松散物储量、植被覆盖率及人类不合理活动等9个方面的统计资料，按表3-24中的项目进行区域性泥石流活动综合评判量化分析，确定泥石流活动性分区。

表3-24 区域内泥石流活动性判别特征

地面条件类型	极易活动区	评分	易活动区	评分	轻微活动区	评分	不易活动区	评分
综合雨情	R>10	4	R~10	3	R=3.1-4.2	2	R<3.1	1
阶梯地形	两个阶梯的连接地带	4	阶梯内山区	3	阶梯内低山区	2	阶梯内丘陵区	1

地面条件类型	极易活动区	评分	易活动区	评分	轻微活动区	评分	不易活动区	评分
构造活动影响	大	4	中	3	小	2	无	1
地震	6级以上地震区	4	4~6级地震区	3	4级以下地震区	2	无	1
岩性	软岩、黄土	4	软、硬相间	3	风化和节理发育的硬岩	2	质地良好的硬岩	1
松散物储量/（万m³/km²）	很丰富（>1。）	4	丰富（10~5）	3	较少（5-1）	2	少（<1）	1
植被覆盖率/%	<10	4	10~30	3	30~60	2	>60	1
泥石流沟分布点密度	>0.15	4	0.15—0.10	3	0.10~0.05	2	<0.05	1
发生频率	高频	4	中频	3	低频	2	极低频	1

表3-25　泥石流活动强度判别表

活动强度	堆积扇规模	主河河型变化	主流偏移程度	泥沙补给	松散物贮量/（万m³/km²）	松散体	小时雨强/mm
很强	很大	破逼弯	弯曲	>60	>10	很大	>10
强	较大	微弯	偏移	60~30	10~5	较大	4.2—10
较强	较小	无变化	大水偏	30~10	5~1	较小	3.1~4.2
弱	小或无	无变化	不偏	<10	<1	小或无	<3.1

三、水电工程泥石流危害程度评价

根据水电工程自身特点及泥石流对主体建筑、施工建筑物和集中居住区的冲毁、水毁作用等次生作用的研究成果，泥石流可能导致工程失事、功能损伤和人员伤亡等灾情及潜在险情，以及泥石流危害对象及可能造成的危害后果进行水电工程泥石流危害程度划分.危害等级分为四级，见表3-26。

表3-26 水电工程泥石流危害程度表

危害等级	危害对象							
	主体建筑物	施工（临时）建筑物						集中居住区
	水工建筑物级别	渣场		临时生产作业区域人数人	仓库		临时导流	水工建筑物级别
		永久	临时		永久	临时		
I	1~3级	特大型		501—1000				201~600
II	4级	大型	特大型	100~500	大型		3级	<200
III	4级	中型	大型	<100	中型	大型	5级	
IV	5级	小型	中一小型			小型	中型	5级

四、泥石流危险区范围预测

泥石流是威胁山区集镇、城市、铁路及公路交通、水利水电工程安全的主要自然灾害之一，提高对山区泥石流的防灾减灾能力的关键是泥石流危险区范围的预测。对于泥石流危险范围预测，国外有的专家从统计学、水力学等不同角度进行研究，建立了泥石流危险范围预测数学模型；有的则强调感性认识，凭经验通过实地勘测，现场确定泥石流危险范围。中国较早的泥石流危险范围研究是配合泥石流地区公路选线开展的，随后提出流域面积单因子预测泥石流危险范围的简易方法。近年经过不断摸索，开展泥石流堆积的模型实验并探讨泥石流堆积过程中各因素间的相互关系，使得泥石流危险范围预测有了新的进展。李阔、唐川在前人研究基础上，结合泥石流危险范围模型实验数据，运用多元回归分析方法建立了泥石流危险范围预测模型.分析东川城区后山泥石流的危险范围。

（一）泥石流危险范围定义

泥石流危险范围是指有可能遭到泥石流损害的区域。泥石流危险范围有广义和狭义之分，广义的危险范围指泥石流全流域，包括泥石流形成区、流通区和堆积区。狭义的危险范围仅指泥石流堆积区，即堆积扇部分。由于堆积扇较为平坦开阔，多成为山区人类活动最频繁、工农业生产最集中和村寨城镇最密集的场所，同时也是我国山区扇形地开发利用的主要对象。泥石流堆积扇不仅是泥石流与人类社会生存发展相互斗争的焦点，也是泥石流具有最后"杀伤"作用的地带，泥石流堆积扇是山区人类社会最为关注的区域，因此通常泥石流危险范围主要指堆积扇部分。

狭义的泥石流危险范围即泥石流可能堆积的区域是一个明确的空间概念，它可以由若干线条图画出其周围界限，从而计算出该区域的面积。

与泥石流危险范围相对应的另一概念是泥石流危害范围。显然，前者是指有可能遭到界石流损害的区域，带有预测性质为潜在险情区；后者是指实际遭到泥石流损害的区域，宣有实测性质表现为实际险情区。

（二）泥石流危险范围研究现状

泥石流危险范围的预测即泥石流灾害的空间预测.是泥石流预测预报研究中的一项重要内容。泥石流危险范围的确定，对山区铁路公路选线、桥梁涵洞选址、水电水利工程定位、城镇村寨设置布局以及泥石流预警避难路线的选择和综合防治规划的制定等都具有极为重要的实际意义和科学价值。相对于泥石流灾害的时间预测来说，空间预测会容易一些，预测的准确率也高一些，但同样有个预测尺度问题，预测尺度越小，难度就越大，准确率就越低。泥石流危险范围的确定并非想象的那样简单和一目了然，对于泥石流这种突发性山地灾害来说，其复杂多变的流路、反复无常的特性，大大增加了确定其堆积泛滥区域的困难。可以说，泥石流危险范围的预测仍是目前泥石流研究中的薄弱环节和难点所在，特别是对于某一条泥石流沟和某一次泥石流这样小尺度的空间预测来说更是如此。自20世纪80年代以来，国内外研究泥石流的学者一直在这一领域努力探索，取得了一系列可喜的成果，但由于泥石流本身和堆积下界面的不确定性.这一领域的研究尚需继续深入，并在实践中臻于完善。

日本是国际上较早也较多地涉及泥石流危险范围预测的国家之一。1979年，池谷浩等就初步开展了这一工作，他根据流域面积推算泥石流冲出量，根据冲出量来推算泥石流堆积长度和堆积宽度，率先从统计学角度探讨了这一问题。1980年，高桥保和水山高久等开展了泥石流堆积过程和堆积范围的模型实验，开始从水力学角度探讨这一问题c1985年，水山高久等又通过改进的模型实验，在先进的计算机设备支持下。采用连续流基础方程式建立了泥石流（主要是水石流）危险范围预测的数学模型。1987年，高桥保等又对上述模型作了修正.他们将泥石流分为泥流型和石砾型两类，再运用连续流基础方程分别建立了两种不同类型的泥石流危险范围预测模型。该模型与水力学实验结果吻合较好，但与实际验证差距较大.且不适用于黏性泥石流。随着这一研究的进一步深入，石川芳治等用模型实验模拟堆积区具有沟槽和隆起等微地貌时，泥石流堆积范围应如何修正以及泥石流流体中细粒物质对泥石流堆积扩散的影响等。尽管这些探索刚刚起步，但意义深远.是今后努力的方向。与此同时，统计学在这一领域的应用仍在发展。山下佑一等提出用流域面积和堆积区坡度双因子预测泥石流危险范围的方法，得出了一些有益的结果。

欧美国家也比较重视泥石流危险范围的研究。奥地利很早就进行了泥石流危险范围的预测工作，并引用交通信号中红、黄、绿三色的特定含义.将泥石流危险区分为三类：红区——泥石流危险区；黄区-一泥石流潜在危险区；绿区-无泥石流危险区。欧洲许多国家，包括瑞士、德国和意大利等至今仍沿用这一方法，但该方法并未以某一理论作基础，区域界限的确定带有很大的人为性。加拿大O.Hungr等虽然认为泥石流危险范围的确定应以相应的理论作基础，但却认为目前尚未有这样合适的理论。因此，他们强调感性认识.即凭经验通过实地勘测，现场确定泥石流危险他围。但这项工作只有由经验丰富的泥石流专家才能完成，且工作量大，耗时长，费用高，不便于大规模作业。因此只有从感性认识上升到理性认识，在感性认识的基础上建立某种相关理论作依托，才是圆满解决这一问题的正确途径。

我国较早与泥石流危险范围研究有关的工作主要是配合泥石流地区的公路选线而开展的。当时为预测泥石流堆积扇发展趋势可能对公路营运带来的影响，也开展过有关泥石流堆积的模型实验。近年来，这一领域的研究有了进一步发展。刘希林等首先提出了用流域面积单因子预测泥石流危险范围的简易方法，并进行了初期的泥石流堆积模型实验，现已取得了一系列研究成果。例如通过泥石流流域背景因素的多因子统计分析，建立了泥石流危险范围预测的统计模型。采用泥石流新鲜泥样，进行现场堆积模型实验，探讨了影响泥石流堆积过程的各种因素及其相互关系，建立了泥石流危险范围预测的实验模型。随着研究的不断深入，又开展了泥石流危险范围内危险度的评价研究，进一步丰富了泥石流危险范围的研究内容。2006年，李阔、唐川结合泥石流危险范围模型实验数据，运用多元回归分析方法探讨了泥石流危险范围预测。2010年，张晨，王清，张文等通过对云南金沙江流域的各类泥石流进行深入调查分析，提取出对泥石流危险范围有主要影响的几种因素的指标值•利用改进BP神经网络的学习能力分析几种影响因素对泥石流危险范围的敏感程度，对传统预测模型进行修正。2011年，谢谟文、刘翔宇、王增福等结合三维遥感影像解译提出一种定量的泥石流土石量计算方法，以数字高程模型（DEM）与降雨所搬运土石总量作为影响范围模拟的基础，利用GIS空间分析功能分析泥石流汇水区的横截面面积及区域平面面积等地形参数，判别土石产出量与地形参数关系，实现泥石流影响范围的模拟•

（三）一次泥石流危险范围预测模型

目前这一研究主要着重于两个方面：①通过模型实验分析堆积扇范围与影响堆积扇发育各因素之间的关系，试图采用不同控制参数来模拟实验堆积扇的堆积范围和堆积特性，以建立适合我国山区泥石流危险范围的实验性预测模型。国外则强调在特定模型实验条件下，深入研究堆积扇的堆积机理和发展过程。②通过数理统计探讨现有堆积扇特征与形成这些特征的流域背景因素之间的关系，国外涉及这方面的研究相对较少，国内由于泥石流研究起步较晚，论述这方面的著作也不多见。下面介绍刘希林等提出的泥石流危险范围的流域背景预测法，是这项工作的阶段性成果之一。

（1）模型试验预测法（一），刘希林等通过量纲分析以及平均值法得到。

$$S = 38.41 V^{\frac{2}{3}} G^{\frac{2}{3}} R^{\frac{2}{3}} / (\ln R)^{\frac{2}{3}}$$

$$L = 8.7 V^{\frac{1}{3}} G^{\frac{1}{3}} R^{\frac{1}{3}} / (\ln R)^{\frac{1}{3}} \tag{3-12}$$

$$T = 0.017 V^{\frac{1}{3}} G^{\frac{1}{3}} R^{\frac{1}{3}} / (\ln R)^{\frac{1}{3}}$$

方程组式（2-12）可以简化为方程组式（2-13）：

$$S = 0.5063 L^2$$

$$L = 8.71(V - G - R/(\ln R)^{\frac{1}{3}}$$

$$T = 0.017[V \cdot R/(G^2 \ln R)]^{\frac{1}{3}} \quad\quad (3\text{-}13)$$

式中：S为预测的一次泥石流危险范围，m^2；L为预测的一次泥石流最大堆积长度，m；T为预测的一次泥石流最大堆积厚度，m；V为一次泥石流最大冲出量，m^3；G为泥石流、堆积区纵比降；R为泥石流最大容重，t/m^3，$R \neq 0$。

一次泥石流危险范围的平面形态用下列准则判定：黏性泥石流（R>1·8t/m^3），堆积多区坡度1°~5°时为圆形，堆积区坡度6°~10°时为椭圆形；稀性泥石流（RV1.8t/m3）始、终为长方形。由此可作出一次泥石流危险范围平面预测图。

（2）模型试验预测法（二），由李阔、唐川通过多元回归分析方法得到。

$$A = -7990.32 + 0.5384V + 1010.59G + 6534.20\gamma_c$$

$$L = 465.34 + 7.1658*10^{-3}V + 3 - 3707 - 221.26\gamma_c$$

$$B = 33.924 + 3.0463*10^{-3}V - 1.6403G + 9.2197\gamma_c \quad\quad (3\text{-}14)$$

式中：A为泥石流堆积面积；V为一次泥石流补给量；G为堆积区坡度；γ_c为泥石流密度。

（四）泥石流最大危险范围预测模型

1.泥石流堆积扇平面形态的概化模式

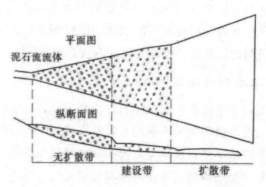

图3-22 典型泥石流堆积扇堆积模式

典型泥石流堆积扇通常划分出3个堆积带：①无扩散带，位于堆积扇顶部，外形呈狭窄带状，又称扇根，泥石流堆积物颗粒粗大及砾石含量高，巨大的漂砾多在此停积，且堆积厚度大、坡面陡；②建设带，堆积扇主体，通常范围广，是泥石流堆积的主要部位；③扩散带，位于堆积扇前部，宽度大，是泥石流细粒物质扩散沉积的区域（图3-22），堆积物为泥砂质细粒物质，以叠置、镶嵌构造为主。

刘希林、唐川对云南东川小江流域1：38000~1：42000航空相片和1：50000地形图的判读解译，整个小江流域107处沟谷泥石流中,有发育成熟、形态完整的堆积扇共计64处。通过对这些堆积扇的形态分析，根据典型堆积扇的堆积模式，概括出以下三种堆积扇的平面形态类型（图3-23）。

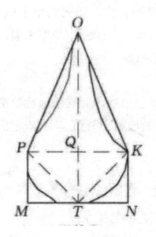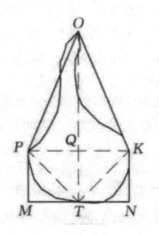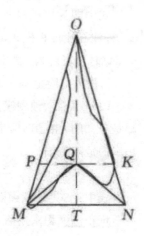

a型堆积　　　　　　　b型堆积　　　　　c型堆积

图3-23　泥石流堆积扇平面形态的三种概化模式

堆积扇的前缘很少为一标准的圆弧，当泥石流的堆积环境为山前平原和山间盆地，或虽为河床，但河流的输沙能力较小或堆积扇处于河流弯道的凸岸部位时，堆积扇能够充分发展，扇前缘向前凸出，超出"扇形"的弧度标准，此时堆积地形称为"舌形池"更为确切。

当堆积扇与主河直接相通，且主河的输沙能力较强或堆积扇处于河流弯道的凹岸部位时，河流的侵蚀作用使扇前缘不能充分发展而表现为与主河道不规则的平行.在河流强烈侵蚀时.甚至向内凹进而成为反弧状。

无论堆积扇形态怎样.总能以扇根为顶点，将堆积扇限制在一定的幅角内，然后将垂直于角平分线上的最大堆积宽度作为"建设带"的前端，这样构成一个等腰三角形。再以角平分线上的最大堆积长度减去"无扩散带"和"建设带"的长度作为"扩散带"的长度，同时将"建设带"的最大宽度作为"扩散带"的宽度，这样构成一个矩形，矩形和等腰三角形的结合基本上控制了堆积扇的整个范围。

根据堆积扇平面形态的概化模式可以推导出堆积扇面积的计算公式。由图3-23已知堆积幅角$\angle KOP=R$，最大堆积长度$OT=L$，最大堆积宽度$KP=B$，则有$\triangle KOP$的面积为$\triangle KOP$的面积为

$$S_{\triangle KOP} = \frac{B^2}{4} C0t\,(R/2) \tag{3-15}$$

$\Box KPMN$的面积　$$S_{\Box KPMN} = LB - \frac{B^2}{4} C0t\,(R/2) \tag{3-16}$$

大量统计结果表明，"扩散带"的面积小于$S_{\triangle KOP}$但大于$S_{\triangle KOP}$故取经验值（2/3）$S_{\Box KPMN}$作为"扩散带"的面积，取$S_{\triangle KOP}$作为"无扩散带"和"建设带"的面积，则整个堆积扇的面积计算可简化为：

$$S = 0.6667LB - 0.0833B^2 \sin R/(1 - \cos R) \tag{3-17}$$

式中即为堆积扇面积的计算公式，也是泥石流最大危险范围。该式通用于a、b、c三种泥石流堆积模式，当L>OQ时（OQ为等腰三角形的高），表现为a型堆积扇；当L=OQ时，表现为b型堆积扇；当L<OQ时，表现为c型堆积扇。

2.最大危险范围预测模型

（1）单因素预测模型预测危险范围。流域面积通常是已知的，而堆积扇危险范围却是未知的，由已知预测未知，由流域面积预测可能最大的堆积扇面积，从而确定出堆积扇的危险范围。

$$S = 0.0606A^{0.8327} 或 \lg S = 0.8327 \lg A - 1.2175 \tag{3-18}$$

式中：S为堆积扇面积，km²；A为流域扇面积，km²，。

堆积扇面积求出后，再确定最大堆积长度和流域面积之间的关系：

$$L = 253.3666A^{0.6411} 或 \lg L = 0.6411 \lg A + 2.4037 \tag{3-19}$$

式中：L为最大堆积长度，m；A为流域扇面积，km²。

堆积扇面积和最大堆积长度求出后，还需计算最大堆积宽度才能确定堆积扇的危险范围。最大堆积宽度与堆积扇形状有关，又分为以下两种情形：

①当堆积扇为扇形时：

$$B = 2L \sin \left(\frac{180S}{\pi R^2} \right) \tag{3-20}$$

6，4泥石流评价与预测式中：B为最大堆积宽度，m；L为最大堆积长度，m；S为堆积扇面积，km²；Π取3.14。

②当堆积扇为椭圆形时：

$$B = \frac{4S}{\Pi L} \tag{3-21}$$

式中：各项物理意义同上。

单因素预测模型预测危险范围主要适用于当资料缺少或条件有限、但又急需概略估算和圈出泥石流堆积扇危险范围时，式（3-18）~式（3-21）可作为一种快速而又简便的确定方法，具体步骤如下：

第一步：根据流域面积A由式（3-18）计算可能最大的堆积扇面积S，式（3-18）平均偏小2.23%，故需将计算值扩大2.23%后再行使用0

第二步：根据流域面积A由式（3-19）计算可能最大的堆积长度L，式（3-19）平均偏大7.24%，宜大不宜小更保险，故可直接应用这一计算值。

第三步：根据原始堆积坡度和地形条件判断可能的堆积形状（扇形或椭圆形等），再根据式（3-20）和式（3-21）计算可能最大的堆积宽度B，至此完成堆积扇危险范围的预测工作。当难以决定堆积扇的可能形状时，可将扇形和椭圆形两者可能覆盖的全部面积都划为危险范围之列。

该方法虽然快速简便，但误差较大，预测的危险范围有80%以上小于实际堆积范围，这恰恰又是此类风险预测所不能容许的，因此该模型没有得到很好的应用。

（2）多因素流域背景预测法——半理论半经验性的泥石流危险范围的预测模型。流域背景预测模型如下：

$$S = \frac{2}{3}LB - \frac{1}{12}B^2\cot(0.5R)$$
$$L = 0.7523 + 0.0060A + 0.1261H + 0.0607D - 0.0192G$$
$$B = 0.2331—0.0091A + 0.1960H + 0.0983D + 0.0048G$$
$$R = 47.8296 + 8.8876H—1.3085D \quad (3-22)$$
$$S = 0.6667LB—0.0833B^2\sin R/(1—\cos R)$$
$$L = 0.7523 + 0.0060A + 0.1261H + 0.0607D - 0.0192G$$
$$B = 0.2331—0.0091A + 0.1960H + 0.0983D + 0.0048G$$
$$R = 47.8296 + 8.8876H - 1.3085D \quad (3-23)$$

式中：S为预测的泥石流危险范围，km²；L为预测的最大堆积长度，m；B为预测的最大堆积宽度，m；R为预测的最大堆积幅角，（°）；A为泥石流沟流域面积，km²；H为流域相对高差，m；D为主沟长度，m；G为主沟平均坡度，（°）o

多因素流域背景预测法主要适用于我国南方暴雨泥石流地区，对北方部分暴雨泥石流地区的检验结果，此法同样有着广阔的应用前景，可进一步推广试用。多因素流域背景预测法明显优于单因素预测，有着更高的应用价值和实际意义，该方法已经写入《泥石流灾害防治工程勘察规范》（DZ/T0220—2006）。

五、泥石流防治工程勘察

泥石流防治工程勘察是在复核泥石流专门勘察成果的基础上，提出设计所需的泥石流特征参数，查明防治工程建筑物区和各建筑物的地形地貌、地层岩性、地质构造、物理地质现象、水文地质、岩土体物理力学性质等基本地质条件，提出岩（土）体物理力学参数，为防治工程布置、选址、选项提供依据并对防治工程场地和各建筑物进行工程地质评价。

六、小结

（1）考虑到水电水利行业泥石流勘察特点，并与水电水利工程勘测设计阶段工作内容基本匹配，将水电水利工程泥石流勘察阶段划分为初步调查、专门勘察和防治工程勘察三个阶段。

（2）不同阶段的泥石流勘察内容和方法有所不同，初步调查应对可能危害规划建设场地及建（构）筑物、人员安全的泥石流沟进行调查，通过调查与判别，区分是否是泥石流沟；初步确定泥石流发生的危险性大小，可能危害情况，并对是否需要加深泥石流研究提出初步意见。专门勘察应在泥石流初步调查的基础上，查明泥石流发育的自然地理、地质环境、泥石流的形成条件、泥石流的发育特征.分析计算泥石流特征参数，预测泥石流危害，阐明泥石流防治的必要性，为主体工程选定场地、选址、选线、枢纽布置进行地质评价，并提出泥石流防治措施建议，了解泥石流治理工程基本地质条件，对泥石流治理工程进行初步评价。治理工程勘察应对治理工程的建（构）筑物进行勘察，查明基本地质条件，提供设计所需的岩土体物理力学参数，进行工程地质分析评价。

（3）泥石流危险性评价方法有三要素法、易发程度评价方法和危险度评价法等，其中成都院提出的基于坡降大小、单位长度不稳定物源量多少、小时雨强大小等三个因素来评价泥石流危险性大小的三要素法，经打分评价和实地验证，与现场情况较为吻合.说明这个判别方法有较强的适宜性和实用性。

（4）泥石流危险性分区则是大区域概念，是根据区域泥石流危险度划分出各区域泥石流危险等级的方法，它比单个泥石流危险范围更广、范围更大。可以包含多条泥石流涉及的某个区域（如行政区域或自然地形地貌区域）。

（5）泥石流危险范围的定量预测有单沟泥石流最大危险区预测模型和不同频率泥石流危险分区模型。

第四章 泥石流监测与预警

泥石流是水电工程常见的地质灾害类型.分布地域广、发生频率高、对水电工程可能造成冲毁、淤埋、水毁等危害，除常规的工程防治措施外，泥石流监测预警作为一种经济、有效、先行的预防手段.越来越受到关注。近年来，泥石流监测手段、方法、内容等得到不断完善.预警技术得到不断提高.对防灾减灾起到了积极的作用。

第一节 泥石流监测内容

泥石流监测是泥石流研究的先行手段，而泥石流预警则是根据监测结果，对外发布警报.其需要解决的关键问题是在什么时间、什么地点、会发生多大规模的泥石流。这就涉及泥石流形成的必要条件（水源、物源和地形条件）在何种组合情况下才能暴发泥石流。因此，对于泥石流监测来说，主要内容可分为形成条件（物源、水源等）监测、流体特性（流动动态要素、动力要素和输移冲淤等）监测及防治工程建筑物监测等内容。

一、形成条件监测

1.气象水文（水源）条件监测

水源既是泥石流形成的必要条件，又是其主要的动力来源之一。泥石流源区水源主要以大气降水、地表径流、冰雪融水、溃决以及地下水等为主。对大气降水来说，主要监测其降雨量、降雨强度和降雨历时；对冰雪融水来说，主要监测其消融水量和历时；当泥石流源区分布有湖泊、水库等时，还应评估其渗漏、溃决的危险性。其中，大气降水引起的泥石流分布最广，因此，针对大气降水，主要监测内容包括流域点雨量监测（自动雨量计观测）、气象雨量监测和雷达雨量监测。

（1）点雨量监测。对于中小泥石流流域.在泥石流物源区设置一定数量的自动雨量计.实时监测降雨过程.并对历次泥石流发生情况的降雨资料进行统计分析，建立相关流域泥石流临界雨量预报图，进而对实时雨量与临界雨量线进行对比，发布预警信息。

（2）气象雨量监测。根据国家及当地气象台等发布的卫星云图来监视该区域各种天气系统.如锋面、高空槽、台风等的位置、移动和变化情况，根据气象云图上的云型特征预报、预警降水。

（3）雷达雨量监测。根据雷达发射电磁波的回波结构特征，探测带雨云团的分布及移动情况，提供未来24h及更长时间降雨发生、发展、分布及雨区移动和降水强度.结合区域沟道设定的临界降雨量标准进行综合判别后发布泥石流预警信息。

2.物源条件监测

泥石流固体物质来源是泥石流形成的物质基础，应对其地质环境、和固体物质性质、类型、空间分布、规模进行监测。泥石流物源区固体物质主要为堆积于沟道、坡面的崩塌、滑坡土体.其物质成分大多为宽级配土等。其中，形成泥石流的物源1L2泥石流监测布置原则一大部分来自崩塌、滑坡土体。因此-固体物质来源监测需着重关注泥石流流域内·尤其是物源区坡面、沟道内堆积体（不稳定斜坡）的空间分布、积聚速度以及位移情况，如地表变形监测、深部位移监测等；而对于流域表层松散固体物质（松散土体、建筑垃圾等人工弃渣），除监测其分布范围、储量、积聚速度、位移情况及可移动厚度外，还应监测其在降雨过程中、薄层径流条件下的物理性质变化情况，如松散土体含水量、孔隙水压力变化过程等内容。

二、流体特性监测

泥石流运动特征包括泥石流动态要素和泥石流动力要素。动态要素监测包括暴发时间、历时、过程、类型、流态和流速、流量、泥位、流面宽度、爬高、阵流次数、沟床纵横坡度变化、输移冲淤变化和堆积情况监测等，以及取样分析、测定输沙率、输沙量或泥石流流量、总径流量、固体总径流量等。泥石流动力要素监测内容包括泥石流流体动压力、龙头冲击力、石块冲击力和泥石流地声频谱、振幅等。泥石流流体特征监测内容包括固体物质组成（岩性或矿物成分）、块度、颗粒组成和流体稠度、重度（重力密度）、可溶盐等物理化学特性。

三、防治工程建筑物监测

一般情况下，泥石流防治工程建筑物监测以现场巡视为主，对较为重要的建筑物，可采取仪器监测，监测内容与常规水工建筑物监测内容相似，包括沉降、倾斜及应力监测等，以监测建（构）筑物的变形和应力为主，主要布置于应力集中或软弱地基区域。

第二节 泥石流监测布置原则

泥石流对水电工程的危害主要包括冲毁、淤埋、水毁等等危害-除治理工程外，对泥石流进行监测也是泥石流防治的重要内容，水电工程泥石流监测布置一般有以下原则：

（1）对水电工程建筑物有影响的泥石流，以避让为主，对不能避让的泥石流沟，可采取工程防治措施，但由于泥石流危险性大小不一.考虑到水电工程建筑物及相关居住场址的重要性，对泥石流危险性中等以上的沟谷，一般采取工程治理措施，对危险性小的沟谷，一般不考虑工程治理措施，以监测为主。同时，已采取工程治理措施的沟谷，如危害对象为较为重要的建筑物或集中安置点，可视需要开展监测。

对影响1级水工建筑物及大于600人的集中安置点，除治理工程外，通常还需要考虑工程监测，工程监测以形成条件监测及流体特征监测为主。

（2）水电工程施工周期较长，施工人员多，施工营地分散，部分营地可能布置于冲沟沟口一带，如产生泥石流，将会造成人员设备伤亡与损失.施工期间对沟谷应开展监测工作.监测以降雨监测为主，建立相关应急预案。

（3）泥石流形成条件监测包括气象水文条件、物源监测等。气象水文条件监测应布置于泥石流形成区及暴雨带.以降雨量及降雨历时监测为主；物源监测应布置于大型物源点、水土流失区域，以地表位移监测为主。

（4）泥石流流体特性监测包括泥位、地声、流速、流量、冲击力等。监测应在选定的若干断面上进行。小型泥石流沟或暴发频率低的泥石流沟，用水文观测方法进行观测；较大的或暴发频率较高的泥石流沟，应采用专门仪器进行监测。

第三节 泥石流监测布置

一、形成条件监测与布置

泥石流形成条件监测主要包括水源条件和物源条件监测两类。物源条件监测主要布置于大型物源点、水土流失区域，以地表位移监测为主，必要时可增加深部位移监测、地下水监测、土体含水率监测等内容，实质上与传统的边坡监测较为类似，物源条件监测布置可参考边坡监测进行布置。降雨是激发泥石流的直接条件，根据前人实测资料证明，泥石流暴发过程与相应的降雨过程相吻合。

1.水源条件监测

在泥石流形成条件影响因素中，最基本和最活跃的就是水文因素。其作用的结果直接影响着泥石流的发生与否和规模的大小。在我国，最为常见和暴发频率最高的是暴雨型泥石流，即泥石流的形成所需水量由暴雨提供和激发。所以降雨量、降雨强度及过程的测量，以及降雨与径流的关系的研究是泥石流形成条件观测中最重要的内容之一。

（1）降雨测量。对泥石流流域的降雨进行长期定点观测，首先应对影响该区域的天气系统进行分析，进而对流域的历史降雨资料进行研究，力求在布设降雨观测点之前，对该流域的降雨时空分布有一个全面的了解，降雨观测点的布设应能有效地控制全流域的降雨状况，并且易于日常的维护与资料的收集。在可能的情况下，最好能建立某一点或几点降雨与泥石流发生的关系，这样就可根据降雨资料，迅速分析出泥石流暴发的可能性。

（2）泥石流激发水量的测量。泥石流激发水量即激发泥石流发生并参与泥石流运动的水量。它主要由两部分组成，一是泥石流暴发前固体物质的含水量；二是泥石流暴发前本次降水量。本次降水量可以通过前述的降雨量测试方法直接测量.而固体物质含水量却很难在泥石流暴发前直接测定，在泥石流研究中，可用泥石流暴发前的前期降雨量来反映固体物质的前期含水量，可用下式计算：

$$P_{aD} = P_1K + P_2K^2 + P_3K^3 + P_4K^4 + \cdots + P_nK^n \tag{4-1}$$

式中：P_{aD} 为泥石流暴发前的前期降雨量；P_1、P_2、P_3、$\cdots P_n$ 分别为泥石流暴发前一天、前两天、……、前 n 天的降雨量；K 为递减系数，K 值根据纬度、日照、蒸发能力、固体物质的渗透能力来确定，一般宜取 0.8 左右。

一次降雨，一般在 20 天就基本耗尽，所以 n 取到 20 即可。

一次泥石流暴发所需的激发水量指标的确定还受到许多因素的影响，如雨强的大小，雨区是否同固体物质的主要补给区相吻合，雨区的覆盖区域大小以及固体物质本身性质等。激发水量大也不一定会暴发泥石流，需对具体情况做具体分析。

（3）径流量的观测。径流量的观测是指在未发生泥石流情况下，由于降雨而产生的清水径流量观测。降雨后，在不同的下垫面及环境因素作用下，其产流和汇流的条件和强度是不同的。径流量的大小综合反映了流域的产汇流能力。清水径流观测主要包括坡面径流和沟槽径流。

坡面径流可选择不同下垫面条件，如林地、草地、裸露地等建立封闭的径流试验场。为了对几种下垫的产汇流条件进行比较，应尽量选取同海拔和坡向相近的坡地，观测在同等雨量下，各类坡地的产汇流能力以及产沙能力。

沟槽径流量的观测可采用传统的水文断面观测法来测量。除雨后测量沟槽中洪水径流量外，还应测量沟槽的基本径流量，在泥石流暴发后其基本径流量值虽只在泥石流量中占极小部分，但基本径流量却反映了流域的地下水流动状况和流域的蓄水能力。应该注意的是，沟槽径流量的测量应该在主沟和支沟同时进行，以研究流域的汇流速度和汇流特性。

（4）自动雨量站布置（图 4-1）。降雨是激发泥石流的直接条件，雨量站是观测降雨量的重要方法，其收集到的降雨资料也是目前泥石流预警的主要直接指标，因此雨量站的布设位置相当关键。山区引起泥石流暴发的降雨，大多属于中、小系统天气过程，这类天气系统降雨的面积一般较小，同时降雨受地形的影响极大，泥石流沟内山高坡陡，降雨强度的时空分布差异十分明显，例如山顶下暴雨而山脚下小雨甚至不下雨。因此，雨量站布设一般按以下原则进行布置：①测点选在四周空旷、平坦且风力影响小的地段。一般情况下，四周障碍物与仪器的距离不得小于障碍物顶高与仪器口高差的2倍。②应在泥石流沟流域范围内，沿泥石流沟谷按照不同高程布设多个雨量站。③测点布设数量视泥石流沟或流域面积和测点代表性确定。测点宜网格状方式布设，流域面积较小时也可采用三角形布设。

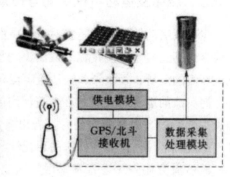

供电模块

GPS/北斗接收机

数据采集处理模块

图4-1 自动雨量站工作示意图

布置时还有几点需要注意的地方：①保证雨量计通信传输。首先、雨量计布设的位置通信信号应良好，目前自动化遥测雨量计一般通过GPRS、北斗卫星等方式进行数据传输，暴雨发生时常常信号不稳定，信号一旦中断将无法获得准确的及时的监测数据。其次宜布设2个及以上雨量计，这样有利于数据的互相校核。最后，在雨量计的现场采集装置中可以加入具有数据短期存储功能的模块，一旦由于信号不良降雨数据无法第一时间传输，该模块可以短期存储采集到的数据并记录下来，直到信号恢复可以传输回当时的准确数据，有效地避免数据丢失和数据错误。②做好避雷工作。雨量计的位置一般海拔较高，并且周围比较空旷，因此防雷设备是必须而且非常必要的。③收集到的降雨监测数据需要

进行数据的误差分析，当多个雨量计的监测数据出现差异非常大的情况要以多数雨量计的统计为准.或者通过其他监测仪器验证。

2.物源条件监测

充足的松散固体物质是泥石流形成的重要物质条件。流域内大量的松散固体物质的存在是错综复杂的地质条件所决定的.这些地质条件包括岩性、构造、新构造运动、地震、火山活动以及风化、各种物理地质作用、流水侵蚀搬运等。此外，一些非自然因素也可能产生大量的松散固体物质参与泥石流运动，如矿山的弃渣、不合理的耕作方式、山区的工程建设等。这些松散固体物质或以滑坡、崩塌的方式直接参与泥石流

运动，或以坡积物、沟床物质被水流携带参与泥石流运动。所以，松散固体物质的观测主要是对这几种形式存在的固体物质进行动态的观察与测量，滑坡、崩塌等物源点监测布置可参考《水电工程地质观测规程》（NB/T35039—2014）的相关要求开展，对水土流失区域，监测点密度可按表4-1控制。

表4-1　松散堆积物稳定性物源监测点密度控制表

侵蚀程度	测点密度/（个/km²）	侵蚀程度	测点密度/（个/km²）
极严重、严重侵蚀区域	20~30	轻微、无明显侵蚀区	0~10
中等侵蚀区域	10~20		

二、流体及运动特性监测与布置

泥石流运动特征观测是指对流动中的泥石流各种运动特征进行的观测研究，其主要内容包括直接观察测量泥石流的流动状态、流速、流深、流宽以及通过统计计算得到泥石流的流量、径流量、输沙量等运动特征指标。

泥石流的运动特征观测在泥石流沟的流通段进行。选择冲淤变化小、顺直的沟段布设观测断面。沟岸最好要有基岩出露，便于架设观测缆道及安装观测仪器和设备。在整个观测区域内，要有良好的通视性。

泥石流流体监测设备宜采用雷达测速仪、各种传感器和冲击力仪、超声波泥位计、地震式泥石流报警器以及重复水准测量、实时视频无线传输监测等，监测断面布设数量、距离应视沟道地形、地质条件确定，一般在流通区纵坡、横断面形态变化处和地质条件变化处以及弯道部位布置监测断面。监测布置应考虑下游保护对象（居民点、重要建筑物）撤离等防灾救灾所需的提前预警时间和泥石流运动速度，一般监测点距离保护对象的距离可按下式估算：

$$L \geqslant vt \qquad (4-2)$$

式中：L为断面距防护点的距离，m；t为需提前预警时间，s，按下游保护对象撤离或启动应急预案的最短时间考虑；v为泥石流运动速度，m/s。

1.泥石流的运动状态观察

泥石流由于其特殊的形成机制、运动规律及组成，表现出的运动状态千变万化。因此，在泥石流的原型观测中，准确地对泥石流运动状态进行描述与记录.对于分析泥石流的运动力学特征，采取合理有效的防治工程措施，是十分重要的。

泥石流的运动状态观察包括泥石流的运动形态和泥石流的流动状态。泥石流的运动形态是指泥石流的泥位过程形态。水流的水位过程线是连续的，而泥石流（主要是黏性泥石流）则可出现不连续的过程，即阵性流。而阵性流的运动形态有明显的头部、中部和尾部，俗称龙头、龙身和龙尾。龙头的流速越快、龙头越高其整个过程也越长。黏性泥石流连续流的过程线表现为，前部有一个高峰波，此后是一些小波·连续时间很长。稀性泥石流的泥位过程线为连续的过程线，类似于水流的过程线。

泥石流运动状态的观察主要依靠现场对正在流动的泥石流进行记录和准确描述，有条件时可对运动状态用录像、摄影的方法进行记录，然后再进行分析、研究。泥石流运动状态的准确定性，是确定泥石流防治措施和防治工程设计的重要依据·直接影响着工程建筑物的设计标准和结构型式。

2.泥石流的流速测量

由于泥石流流体的特殊的物质组成和完全不同于水流的运动状态.其流动速度的测量就不能沿用水文测量中水流的流速测量方法-必须根据泥石流的运动特点，采取切实有效的测试方法，才能完成流速测量的任务。遗憾的是，虽经多年的努力，泥石流流速测量仍未达到十分满意的效果，无论是原型观测还是实验观测，泥石流的流速分布测量都还处于探索阶段，这对于泥石流运动机理的深入研究，是一个极大的障碍。目前.在原型观测中，对泥石流表面流速的观测.通常采用浮标法、龙头跟踪法和非接触测量法。

（1）浮标法测速。浮标法测速是借用水文测量中传统的测速方法。在较为顺直的沟道中，利用架设跨沟的缆道设置浮标投放断面和测速断面：当泥石流流经观测沟段时，记录投放在流体表面的浮标通过上、下断面已知距离所需的时间，计算泥石流的表面流速。浮标必须保证能在流体表面同泥石流同步流动，并且要易于分辨，可采用实心泡沫球加系充气彩色气球制作，或用其他可满足测量要求的物体替代。在泥石流测量中不可能用测船来投放浮标，一般采用在沟岸人工投掷或特制浮标投放器来投放浮标。蒋家沟泥石流观测站的浮标投放就是通过安装在跨沟的浮标投放缆道上的投放器来完成的。通过手动滑轮，可将投放器运行到断面上的任意位置投放浮标，测量断面上任意一点的流速；并可同时安装三个浮标投放器，在泥石流到来时，同时测量断面上三个点的表面流速，从而得到泥石流的表面横向流速分布。在实际操作中，浮标法测流难度较大，对于紊动强烈的泥石流，浮标不是被损坏，就是被裹入流体致使浮标到达测速断面时不能被识别，再者泥石流暴发多为夜间且风雨交加，浮标难于准确到位和被识别，所以浮标法测流受到诸多条件的限制。在可视条件良好、且泥石流流态平稳的情况下，如黏性层流或连续流的流速测量，还是能够达到满意的效果。

（2）龙头跟踪法。泥石流的运动特征之一就是其不连续性，特别是黏性泥石流，有明显的阵性。其阵性流的前部，称之为龙头.龙头是一个明显的测流标志。记录龙头通过测流断面所用时间和断面间距离.即可得到龙头的平均流速。把整个泥石流的龙头当做一个整体来看待。流体流动速度的不均匀性在流动过程中被均匀化-因而将龙头流速当做泥石流的表面平均流速是可行的。把泥石流的龙头作为测速标记，基本不受环境等客观条件的影响，并能节省观测人员及物质，是一种切实可行的测量方法。在蒋家沟的泥石流观测中，因为80%以上的泥石流均以阵性流的方式出现，所以流速测量多采用龙头跟踪法。

（3）非接触测量法。非接触测量法是指用测速仪器在不同流体接触的情况下间接量测泥石流的流速。非接触测量的方法有许多，采用的两种比较有效的方法是录像判读法和雷达测速法。录像判读法是将泥石流通过观测断面的整个过程用摄像机录制下来，然后重放判读，根据泥石流中特别明显的标识，如龙头、大石块、泥球等通过已知距离所需的时间来量测流速。在可视条件较好的情况下，这种方法不失为一种行之有效的方法，但如泥石流发生在夜间，这种方法就难以达到满意的效果。

雷达测速仪是根据多普勒效应研制的测速仪器，具有结构简单、精度高、测速范围广、抗干扰性能好的特点，因而被广泛用来测定移动目标的速度。其工作原理根据如下公式：

$$f_{np} = \frac{1 + \dfrac{v}{c}\cos\alpha}{1 - \dfrac{v}{c}\cos\alpha} f_v \tag{4-3}$$

式中：f_v 为发射频率，H_2；f_{np} 为接收频率；c 为光速；v 为泥石流流速；α 为无线电波相对于泥石流流面的入射角。

泥石流流速可由下式求得：

$$v = \frac{(f_{np} - f_v)c}{2\cos\alpha} \tag{4-4}$$

将雷达测速仪的天线安置在泥石流沟道边用定向瞄准器对准测试目标位。当泥石流通过测试段时，测速仪自动测试泥石流的表面流速并记录下来。

根据对不同沟谷泥石流流速观测资料的分析，雷达测速仪所测流速均比前几种测速方法所测流速大，并且泥石流紊动越强烈，差别越大。这主要是因为紊动强烈的泥石流流体中飞溅的石块及浆体的速度远大于泥石流的整体速度。对于流态较平稳的泥石流，测试结果则相差较小。

（4）泥石流的泥深测量。泥石流的泥深是指泥石流通过测流断面时流体的实际厚度。它是计算泥石流过流断面面积进而计算泥石流流量以及分析泥石流运动和力学特征的重要参数。泥深测量由于受到泥石流流体物质组成及强烈冲淤特性的影响，进行动态测量非常困难。在水文观测的水深测量中，河床的河底断面形态变化较为缓慢，一般是以测量其水位的高低即可计算水深。但在泥石流的泥深测量中，除非有刚性床面（人工河床、排导槽），泥石流在过流过程中，不发生显著的冲刷或淤积，否则，泥石流表面的泥位高度均不能准确反映泥石流的流动深度。

超声波测深是利用回声测距的原理，声波在均匀介质中以一定的速度传播，当遇到不同介质界面时，由界面反射。发射和接收声波的时间间隔，已知，即可得到发射点到界面的距离 s；

$$s = \frac{1}{2}vt \tag{4-5}$$

式中：P 为超声波在介质中的传播速度。

用吊在泥石流上方的超声波换能器向泥石流表面发射超声波，碰到流体表面即产生反、射回波，根据从发射到收到回波的时间和超声波的传播速度.即可得到换能器到泥石流表面和沟床底距离，从而测得泥石流的泥深。超声波测距的采样频率可达每秒4次。因而可以测得泥石流的泥深变化过程。典型泥石流泥位过程线见图4-2。

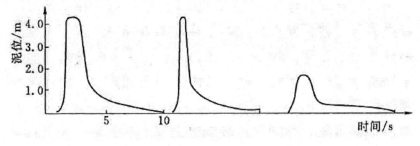

图4-2　典型泥石流泥位过程线

（5）泥石流运动要素观测资料的整编。对观测资料进行及时的分析、归纳和计算，以得到系统的、完整的泥石流运动要素，为深入研究泥石流提供可靠的依据，是泥石流原型观测研究中一个重要的组成部分。

三、泥石流动力特征观测

泥石流是一种固液两相组合十分复杂的流体，其中的浆体含有极细的黏粒成分。随着浆体中粗颗粒的增加，其结构更为紧密，它们与大大小小的石块混为一体，在陡峻的沟床中快速运动，具有很大的动能，表现出极其复杂的力学特征，如具有强大破坏能力的冲击力和地面震动（地声）。动力特征的测量具有极大的理论和实际意义。

1.泥石流冲击力的测量

泥石流沟道的冲淤特性和泥石流强大的冲击力给测试工作带来了极大的困难，自20世纪70年代以来，泥石流研究者以极大的努力进行这项工作，取得了一定的进展，主要采用以下两种方法进行泥石流冲击力的测试。

（1）电阻应变法。将两个荷重式电阻传感器对称地装入一只钢盒内，当钢盒受到冲击后，则有信号输出。钢盒的加工制造要有较高的工艺要求，钢盒不仅要能抗冲击（通常采用45号钢).还要防水，而且还需与传感器有同步响应，即卸载后能恢复到原来状态。这种测试方法需要在沟道中修建测力墩台，在墩台的迎水面上安置若干个装有荷重式电阻传感器的钢盒，将由钢盒中引出的导线连接到室内的应变记录仪上。可见，这种测试方法的传感器的设置与安装、准确的标定以及在具有大冲淤的泥石流沟道中安全的使用是比较困难的。

（2）压电晶体法。压电晶体法的测力原理是：晶体受力后，内部发生极化现象而产生电荷，当外力去掉后又恢复为不带电状态，其产生的电荷的多少与外力大小成正比。如中国科学院力学研究所合作研制的泥石流冲击力专用NCC-1型压电晶体传感器。在使用时，传感器被固定于一个钢座上，其受力面迎着泥石流冲击方向，钢座可以固定在泥石流必经沟段之合适部位，如崖壁上。装有传感器与遥测数传装置相结合的遥测数传冲击力仪之测站可安置在安全之处，连接传感器与放大器的引线即可进行测试，该装置不仅实现了远距离遥测、遥控，而且又实现了较高频率的采样，可在沟床的任意合适的地点安放传感器-省去了建造冲击力墩台的麻烦与高昂的代价，并可保证源源不断地取得测试数据。

在沟床稳定、设立墩台方便、距离较近时（传输导线50m左右），采用电阻应变法对泥石流冲击力测量是行之有效的。压电晶体法传感器的动态范围、灵敏度、稳定性均优于

电阻应变法，而且采用数传、遥控，不受沟床冲淤变形的影响，频率高，数据量大，可以直接用计算机进行数据处理，总体来说，压电晶体法优于电阻应变法。

2.泥石流地声测量

通过地壳传播的振动波称为地声。泥石流地声是把泥石流看成一个振动源，它一旦流动，摩擦、撞击和侵蚀沟床而产生的振动波沿着沟床的纵向方向传播。这种振动波会影响边坡的稳定性，甚至可能使沙土边坡产生液化现象.对沟岸及附近的工程建筑物均产生不利的影响。

选择合适的地声传感器是泥石流地声研究的关键。压电型传感器其灵敏度和精度都很高，频响宽且结构简单便于安装，将传感器安装于沟床侧的基岩内，与基岩有平整的结合，然后以土或其他隔音材料覆盖，测试信号经前置放大后用电缆线直接输入计算机，用计算机对数据进行采集、储存和分析，并打印绘图。在采集泥石流信号的同时，须对各种背景信号（如风、雷、雨以及各种人为干扰信号等）进行采集，以便在分析研究中加以区分。

四、防治工程建筑物监测布置

防治工程建筑物监测以监测治理效果为主。监测主要内容为在泥石流拦沙坝、排导槽顶等治理工程建筑物适当部位.设立地表位移、裂缝、沉降、泥石流（洪水）水位等有效监测点，并充分利用施工期已有监测点建立工程效果监测网，开展防治工程建筑物的变形、沉降、泥石流（洪水）过流泥位（水位）观测，简易降雨雨量观测。

第四节　常见泥石流监测预警手段

随着科学技术的日益进步，泥石流监测方法有了长足进步。不仅有传统的泥石流常规监测方法，还研究出了泥石流自动监测方法。自动监测方法的内容多种多样，常见的有自动雨量站、声波泥位计、视频监测系统等，现简述如下：

一、自动雨量站

汛期的暴雨是泥石流的主要水源。降雨是激发泥石流的直接条件，根据前人实测

资料证明，泥石流暴发过程与相应的降雨过程相吻合。在物质补给、沟床坡度和水源等泥石流形成的主要条件中，水不仅是泥石流流体的重要组成部分，而且也是泥石流激发的决定性因素。无论是泥石流暴发频繁的云南东川蒋家沟，还是多年才暴发一次的成昆线利子依达沟，均是由于不同强度的降雨所激发。在同一条泥石流沟中，流域内的物源条件、沟床条件在一定的时期内可认为是相对稳定的，而降雨条件在流域内的变化却极大，泥石流何时暴发，成灾大小，完全决定于流域内的降雨条件。可见降雨是泥石流激发时的最活跃的主导因素。因此，首先要分析出降雨条件在泥石流沟内的变化规律和发展趋势，可以利用降雨条件来做出泥石流预警预报。

二、泥石流泥位计

泥石流声波泥位监测。当沟床断面相对稳定时，测得通过经验公式可以计算出泥石流流速，进而得出泥石流流量，所以泥深能够直观地反映泥石流规模的大小，也能反映泥石流可能的危害程度。

声波泥位计可以监测泥石流的规模，进而反映泥石流的危险程度。其原本是用于水文监测，它的原理是在已知声波速度的前提下，用声波发射和接收的时间差计算声波发射处距离反射处的距离。泥位计的布置应该符合下面几点原则：①泥位计布设在泥石流沟谷的冲淤稳定沟道，如基岩出露的沟道；②多个泥位计在沟道内呈梯级布置，这样有利于监测数据的相互验证，便于计算泥石流的流量；③主要布置于崩滑堆积物型物源和潜在崩滑堆积物型物源下游沟道，或者老堆积物型物源非常丰富的地方；④可以布设在关键的格栅拦挡坝，便于监测治理工程的状态。

安装和使用泥位计应注意：①在泥石流事件发生后若有冲淤变化需要改变泥位计初始值；②泥位计监测数据时应该分为两种状态两种监测频率，即监测状态和空闲状态。设置一个泥深的阈值，在大于该阈值时泥位计进入监测状态，监测采样频率加密到每秒钟几次，或者泥位计与雨量计联动，一旦有降雨即进入监测状态；③泥位计测量泥深时，可能会由于声波反射折射等原因导致数据出现误差，需经过校核处理后使用。

三、视频监测

相对上面两种监测方式，视频监测无疑是最直观最清晰的，可以实时看到所监测位置的野外情况，这大大加强了监测以及预警的准确性和可靠性。视频监测系统运行环境恶劣、空气湿度大，安装的监测点又多处于不易于维护的地方，对设备的稳定性要求比较高。

视频监测主要布设在：①视野范围开阔的位置；②重点关心部位，如对重点物源分布点、沟谷典型断面等。视频监测布置应注意：①视频监测需求供电量大，一般的各类电池难以满足要求，需要采用专门的方案供电并且有备用方案，在关键时候一旦断电也可临时提供电源进行监测；②视频图像的数量比一般监测的数量大很多倍，传输的压力也会大很多.所以也要采用专门的方案进行处理；③视频数据非常关键和宝贵-尤其是暴发泥石流时的图像，因此要采用多种备份手段进行备份，避免关键数据丢失。

四、泥石流地声警报器

泥石流地声（振动）随着泥石流的流动面而产生，又随着泥石流的停止而终止。泥石流地声（振动）波与其他振动波一样，具有它独特的振动频率、波形，如能测出泥石流地声波的主频范围并与沟道环境背景产生的振动区别开来。根据蒋家沟等泥石流地声波的频率分析.泥石流地声主频范围在10~100Hz变化，多数集中在30~80Hz范围内摆动。一般较大阵性泥石流时间都在10~30s，因此，利用鉴频、鉴幅、延时三要素，泥石流地声警报器在蒋家沟报警监测实验中获得成功。泥石流地声监测研究为泥石流报警提供新的方法，也为泥石流研究开辟新的领域。选用的泥石流地声警报器主要功能及技术指标如下：①可放在泥石流域附近和沟口外，距离泥石流源地10~15km；②抗干扰能力更强，可靠性高；③有优良的频率响应特性；④具有报警信息的远程传输功能和数据离线分析功能，能够实现远程报警、远程监控和远程维护。

第五节　泥石流预警

泥石流属突发性自然灾害，具有暴发突然、破坏力巨大的特点，一旦发生，造成的灾害严重。监测预警是减少泥石流灾害对人类生命财产及生产生活的破坏程度的重要手段，也是最为经济有效的减灾手段之一.泥石流监测预警是在未能全面、可靠地控制泥石流发生之时，通过泥石流监测对尚未发生且有明显的灾害发生迹象或灾害发生后可能再发生而作出的灾害预警，使人们在泥石流灾害发生前可以提前准备避险和减灾工作，以避免或减轻人员伤亡及财产损失。因此，泥石流监测预警是一种可行且必不可少的防灾减灾措施。

一、泥石流监测预警技术发展历程

全世界有60多个国家和地区不同程度地遭受泥石流灾害。其中以中国、前苏联、美国、日本、意大利、奥地利、智利、秘鲁、瑞士、巴基斯坦、印度、尼泊尔、印度尼西亚等国较重。

对泥石流的调查研究国内外起步均较晚，我国对云南东川蒋家沟泥石流、新疆天山阿拉沟泥石流和南昆线段家河泥石流等进行了重点研究。通过对不同自然区域和地质地貌背景的泥石流研究，对泥石流的勘察、监测和防治得到了很多宝贵的经验。我国泥石流灾害量大面广，泥石流监测是经济适用的减灾方法，受到了政府和科技人员的重视，取得了长足的进步。我国从20世纪60年代就开始研究泥石流的监测技术，在广泛开展泥石流定点观测的同时，借鉴水文观测方法，发展了一系列泥石流断面观测技术，实测泥石流的泥位、流速、流量，采集流动过程中的样品进行物质组成和流变特性分析，调查推求泥石流的最大流速、峰值流量和弯道超高等运动参数。在此基础上，于80年代相继研发了泥石流自动采样、测速雷达仪、超声波泥位计和报警器、冲击力仪、地声传感器和警报器等一系列泥石流监测仪器。20世纪90年代到21世纪初，又研制出泥石流降雨监测系统、泥石流次声警报器以及泥石流运动观测系列仪器系统，实现了半自动化泥石流观测。并根据预报的时间尺度要求，确定泥石流发生的判别经验公式。同时还研究了一系列的仪器对泥石流的活动进行监测，对泥石流的减灾防灾工作发挥了巨大的作用。日本作为一个泥石流灾害频发的国家，一直重视泥石流的防治及监测预报工作。至今已取得许多有意义的研究成果，建立了较为完整的泥石流的监测预报系统，这些成果对我国的相关研究具有借鉴意义。而泥石流预报的时间尺度构成了泥石流监测预报的核心，从泥石流发生条件和成灾条件方面考虑，泥石流的监测预报可以分为长期监测预报、中期监测预报、短期监测预报和临灾监测警报（见表4-2）。

我国学者于2000年提出了综合考虑不同层次降雨条件、泥石流形成环境背景、危险区社会经济条件的泥石流预警预报模式。从2003年开始，国土资源部和中国气象局把泥石流形成的地面条件和气象降雨预报业务相结合，发展了中国泥石流气象预报系统，在每年汛期开展基于降雨为主要诱发因素的全国地质灾害气象预报预警工作，同时带动了地质灾害多发区的省市自治区及部分市县的地质灾害气象预报工作，起到了地质灾害防治知识的社会宣传和普及作用。中国科学院和国家气象局联合开发出空间和时间分辨率更高的地质灾害气象预报平台，在西南四省区省、市（地区）2级普及使用。

20世纪90年代，水利部门建立了由中心站、一级站、二级站、监测点组成的长江上游滑坡泥石流监测预警系统，实现了专业监测和群测群防相结合的灾害监测预警。随着科学技术水平的提高、经济社会的发展和新时期防灾减灾的需要，特别是信息技术、通讯技术、网络技术、遥测遥感技术以及监测仪器设备等新技术新设备的开发及广泛应用，2008—2010年，以现有预警系统为基础，进一步完善预警系统项目建设，对各级监测预警机构软硬件条件进行典型配置，开发配套泥石流调查GIS系统，提高预警系统的信息化和现代化水平。近年来，随着全国山洪灾害防治规划开始实施监测、通信和预警等非工程措施的建设和国土资源部门进一步在全国范围内开展群测群防工作，监测预警取得了较好的实效。

泥石流的监测包括泥石流的预测、监测、预报和警报等4个方面的内容。泥石流监测分区域宏观监测和现场监测两种。

表4-2 泥石流监测预警的时间尺度

监测预警 分类	预警类型	预警对象	监测预警的主要信息依据
长期监测预警	超长期（10a）	省、地、市、州	气候长期变化规律、地震活动规律、太阳活动规律
	长期（1~10a）	省、地、市、州	气候与环境演变趋势、地震活动长期趋势
	中长期（3~12m）	省、地、市、州	气候年报、环境演变过程趋势、地震活动中期趋势
中期监测预警	长中期（1~3m）	地、市、州、县	气候与气象季、月变化，降雨规律、地震活动中期趋势
	中期（10~30d）	地、市、州、县	气候与天气过程月、旬预警，地震活动短期预警
	短中期（3~10d）	地、市、州、县	气候与天气过程旬、周预警，天气自然周期、地震活动短期预警
短期监测预警	中短期（1~3d）	县、乡、镇、村	天气过程持续时间预警、地震临震前预警
	短期（12~24h）	县、乡、镇、村	每日定时天气预警和重要天气消息、重要预警、报警、地震临震警报
	超短期（6~12h）	县、乡、镇、村	每小时天气图和卫星云图、气象警报、水文情报、地震发震警报
临灾监测预警	短临报（3~6h）	机关、群众、村民	每小时雨量图、灾情、雨势监测情报
	临报（1~3h）	机关、群众、村民	雨量监测网、雨强临界状态、危险前兆判定信息
	警报（0~1h）	机关、群众、村民	警戒警报仪器监测信息、灾情判定信息

二、泥石流预测监测方法

经过大量、长期的科学研究，对泥石流活动的地面调查和监测工作主要从这几个方面考虑。通过地质调查工作，对区域地质条件进行分析，了解泥石流沟谷的松散物质堆积来源和补给方式等，并对泥石流沟谷的松散物质堆积速率、沟床比降和坡度变化等进行监测；监测对泥石流有激发作用的降雨条件，并通过地面监测设备来预报泥石流的活动。泥石流区域宏观监测除通常采用的每年汛前汛后两次巡查和区域性地面地质调查外，目前多采用卫星遥感监测技术。这一技术主要对同一地区不同时期的影像合成来了解泥石流的动态变化情况。目前对泥石流活动现场监测主要包括水源观测、土源观测、泥石流体观测。对泥石流的监测方法有泥石流常规方法监测和先进的泥石流自动监测预警系统监测，其中常规监测内容主要是泥石流运动要素观测、流域内的气候和雨量观测、泥石流的形成过程观测、沟道冲淤变化观测等。

（1）泥石流危险区预测。

它是对泥石流沟谷可能暴发泥石流的一种预先通报。首先对预报地区的泥石流进行广泛深入的调查研究，对各沟谷的流域特征值、地质、地貌、气候、水文、森林植被、泥石流活动状态及人类活动，特别是对形成泥石流的松散碎屑物质的累积和聚集程度全面收集和深入分析，然后判明各泥石流沟谷的类型、危险程度、暴发频率及发展趋势等，在此基础上，明确预报对象，并将上述资料编制数据库，存储于 GIS 系统，作为泥石流的预测基础。随着各泥石流沟谷松散碎屑物质的聚集程度等因素的发展变化，不断充实和更新数据库的内容，以保证泥石流预测的真实性和可靠性。

1）区域泥石流活动程度分区。

根据环境因子和泥石流分布、发生情况，对县级以上区域进行泥石流活动程度分区，为制定区域泥石流减灾对策、规划和开展泥石流预警工作提供科学依据。

① 现状法。根据泥石流分布、历史和近期发生情况，结合有关环境因子及其变化（自然、人为），给出一定的指标进行活动程度的划分，编制活动程度分区图。现状法适用于县级和交通沿线泥石流活动程度图的编制。

② 成因法。在分析与泥石流形成有关的环境因子（自然、人为）与泥石流活动关系的基础上，给出一定的环境因子，进行泥石流活动程度的划分，编制泥石流活动程度图。划分指标为有关环境因子的综合指标。成因法适用于地级以上大区域泥石流活动程度图的编制。

2）泥石流堆积扇危险区分区。

根据堆积扇不同部位受泥石流威胁和可能造成的危害程度，对泥石流沟口的堆积扇进行分区，为堆积扇的规划利用、泥石流预报预警和避灾抢险工作提供科学依据。泥石流堆积扇可分为以下 4 区。

① 极危险区：一般年份泥石流通过和发生堆积的区域（高频率泥石流沟特有）。

② 危险区：高频率泥石流沟大型、特大型泥石流和低频率泥石流沟泥石流可能通过和发生粗砾堆积（粒径大于 20cm），包括受泥石流改道影响的区域。

③ 次危险区：高频率泥石流沟大型、特大型泥石流和低频率泥石流沟粗砾物质沉积后，泥浆可能通过和发生堆积的区域，包括受泥石流改道影响的区域。

④ 安全区：基本无泥石流或泥浆通过和发生堆积的区域。

根据泥石流历史危害情况，实地调查微地貌和砾石分布状况，进行堆积扇危险区的划分。

（2）泥石流监测。

1）监测项目。

① 监测对象：对人民生命财产和基础设施造成威胁的泥石流沟谷。

② 监测目的：通过影响泥石流活动的环境因子和泥石流产生、运动、成灾过程的监测，掌握泥石流特征和运动趋势，为泥石流分析和预警工作提供科学依据。

③ 监测内容：包括水源、土源、泥石流体观测等。

④ 监测手段：常规监测方法与专业设备监测相结合，具体情况根据泥石流沟谷的危害性，选择常规监测或专业设备监测为主的监测系统。

2）监测方法及仪器。

对于泥石流监测方法，特别强调的是，对某一泥石流沟谷建立监测系统应包括降雨监测、源区监测、泥石流监测以及群测群防监测内容。通过上述监测系统的规范监测，可全面掌握泥石流形成、运动、成灾，并结合专业仪器设备监测预警进行综合分析，以增加临灾预警的可靠性。表4-3为常规泥石流监测的项目和内容。

表4-3 泥石流监测项目、内容和仪器

监测项目	监测内容	监测仪器
水源观测	雨量、土壤水、径流量	自记雨量计、自记土壤仪、三角堰
土源观测	长度、宽度、厚度、体积、变形情况等	常规地形测量仪器
泥石流体观测	容重、泥位、地声、断面、流速、流量、总淤积量、黏度、粒度	容重仪、超声波泥位计、遥测地声仪、水准仪、遥测流速仪、烘箱、黏度仪、黏度筛、黏度分析仪
冲淤观测	速度和堆积量	标桩

三、泥石流预报

我国泥石流研究以降雨泥石流监测预报为主，并根据预报的时间尺度，确定泥石流发生的判别依据，开展泥石流监测观测并建立泥石流发生的判别模式。泥石流预报就是在泥石流暴发前对受灾地区做出泥石流暴发时间和规模的通报。泥石流的预报时间是指对泥石流受灾地点提前做出泥石流预报的时间。临灾监测警报即零小时到数小时内的预报，是依据每小时的雨量图、雨势情报、危险前兆、监测仪器制定依据，对城镇、工矿和交通运输部门的泥石流临灾避难与救助有重要意义。按预报的地域大小可分为区域性与小流域泥石流预报，它是在泥石流预测的基础上，结合泥石流形成的激发因素的动态变化做出的。不同类型的泥石流有不同的激发因素，如冰川型泥石流的暴发是冰雪融化剧增所致，与冰雪融水剧增直接相关，因此气温升高成为冰川性泥石流暴发的激发因素。溃决型泥石流的暴发是堤坝溃决所致，堤坝溃决成为溃决型泥石流暴发的激发因素；雨水型泥石流的暴发是雨水径流所致，降水便成为雨水型泥石流的激发因素等。综上所述，凡是能够激发泥石流暴发的因素的动态信息，就是泥石流预报的依据。

在综合分析了各地区或各泥石流沟谷激发泥石流暴发因素的动态信息后，确定暴发泥石流的有关临界值，作为泥石流预报的标准。

泥石流监测预警可分为区域预报和定点预报。区域预报是对某一较大区域内泥石流灾害的发生可能性预报，宏观指导该区域内的泥石流减灾；定点预报则是给定的坡体或泥石流沟发生泥石流灾害可能性的预报，可以指导具体灾害点的减灾。

1.泥石流预报形式

泥石流预报同时包括空间和时间两种预报形式。空间预报是指推断可能发生泥石流的地区和位置；时间预报是指泥石流地区泥石流发生的趋势和时间。

（1）空间预报。

根据泥石流危害度区划图、中短期气象预报，结合泥石流形成条件变化，预测某一区域出现不同频率暴雨时，泥石流可能发生的地区和强度，详见《长江上游滑坡泥石流预警系统技术手册》的 A、B、C 判别法，该法对于主要以暴雨型泥石流的单沟比较实用，便于实施操作。

区域性泥石流由于发育区域分布上有显著的地区性和地段差异性，在活动时间系列上有明显的准周期性和阶段活跃性。泥石流发育形成的因素十分复杂，主要受特定的地质地貌与恶化的自然生态环境的控制，并受异常降雨量及其相互组合作用的影响。在研究和掌握这些因素相互作用的机理上进行组合分类，可对泥石流发育的区域分布和活动时间乃至规模进行科学的分类预测或预报。

（2）时间预报。

我国泥石流一般均由暴雨所激发，其研究也以降雨泥石流监测预报为主，参照和根据气象部门的长中期、中长期、短期预报、卫星云图分析、天气形势预报及测雨雷达资料进行预测，确定泥石流发生的判别依据，开展泥石流监测并建立泥石流发生的判别模式。

泥石流的预报时间是指对泥石流受灾地点提前做出泥石流预警的时间。泥石流预报的时间尺度构成了泥石流监测预警的核心。从泥石流发生条件方面考虑，把泥石流的监测预警时间尺度同水文、气象部门的天气预警尺度相联系，将泥石流监测预警分为长期监测预警、中期监测预警、短期监测预警和临警报 4 大类。长期监测预警是数月到数年的趋势预测，一般不易引起人们的注意。中短期预警是气象部门对天气的预警信息，中期预警又可分为季、月、旬、周几种尺度，属于险情监测预警和防灾

预警，可以在一定时间范围内提醒人们提前安排好减灾防灾工作。临灾监测警报即零小时到数小时内的预警，是依据每小时的雨量图、雨势情报、危险前兆、监测仪器制定依据。对城镇、工矿和交通运输部门的泥石流临灾避难与救助有重要意义。

2.泥石流预报方法

（1）监测降雨量预报法。

诱发泥石流发生的外界触发因素有降雨、融雪、溃坝、地震等。其中以降雨引起的泥石流分布最广、活动最频繁，因此是对泥石流预警研究的主要对象。

① 降雨量分析预报法。

对于某条沟或相邻几条沟的小规模地区范围泥石流临近预警均采用地面降雨数据方法。对降雨过程泥石流发生和不发生进行雨量资料绘图，建立预警图。画出一条对

应泥石流发生的最低雨强和最低实效雨量的下限外包络直线定为临界雨量线（CL）。该线与气候类型、沟的物质供给方式、发生频次周期都有密切关系，对各条沟不可能有统一的标准。在防灾体制中，为了保证生命财产，必须在临近发生之前做出警戒和避难的安排，为此在预警图中还需设定警戒雨量线（WL）和避难雨量线（EL）。泥石流预警的成功率和预警图中CL、WL、EL三条线的设定正确与否有很密切的关系。只有收集大量的雨量资料才能不断完善。随着网络技术、信息传输技术等新技术的应用，可以通过计算机直接接收遥测雨量计的降雨信息，按预先设定的泥石流流量计算程序，当出现警戒流量时，发出预警信号，当出现避难流量时，发出警报信号。

②泥石流预测预报模型。

中国学者非常重视资料的积累和原型观测，从1961年开始，先后在云南等省市进行泥石流及其降雨条件观测。在这些长系列观测资料数据的基础上，提出了一系列泥石流预警模型和泥石流激发因素判别指标，这些模型和判别指标均为统计模型，多为黑箱式经验型模式，没有包含泥石流背景条件及机理的信息，有一定的使用条件限制。

（2）降雨过程天气系统成因分析法。

本方法的基本原理是，基于激发泥石流的降雨过程是在一定的环境背景与天气系统影响下形成的。通过实例资料统计分析，找出它们之间的规律性，并建立成因判别模型。前苏联和日本学者在这方面作了研究，建立了相关因子的判别函数关系式作为泥石流发生的判别依据。这些分析方法把水文气象预报方法紧密结合，这在区域泥石流灾害预警有进一步开发研究的必要。

（3）传感器预报法。

将泥石流传感器，如地声传感器、超声波泥位计、接触式泥位计、泥位高度检知线、断线仪、冲击力检测仪等仪器安装在沟谷适当地点，当泥石流发生时，各传感器接收信息，进行报警。这些报警法亦同其他报警方法配合使用，特别是要对泥石流沟道断面监测的泥位选择，需对泥石流流量计算后选择确定泥位各级预警数值。

（4）多重报警法。

在泥石流沟谷的形成区设一个或多个雨量自动监测站，向综合控制中心自动发送雨量信息。综控中心根据雨量信息按设定的报警级别报警，子系统的各类参数值，如启动阈值和报警阈值等，都可由综控中心进行修改和设定；在流通区架设龙头高度检知线、断线式检测仪、安放震动传感器来检知泥石流的发生；在监测断面设泥位高度监测仪来检知危害性泥石流的发生；当综控中心收到上述多重预警信号后，立即发出警报信号。这种报警法是基于网络技术、信息传输技术、监测新技术的快速发展逐步走向集成化、自动化，是今后泥石流临灾监测预警大力推广的主要途径之一。

四、泥石流警报

泥石流警报是指泥石流流域内暴雨接近或达到可能引起泥石流发生的临界雨量时，或上游沟道洪水明显向泥石流转化或泥石流已形成时，发出警报。

（1）临界雨量。

泥石流流域中，暴雨往往导致坡面或沟道产生大量泥沙，沟道洪水含沙量增大，当洪水含沙量（容重）达到泥石流值时，泥石流发生。激发泥石流发生的暴雨量（总量、雨强），称为临界雨量。不同地区和不同类型的泥石流沟，由于泥石流形成条件的差异，发生的临界雨量的差别很大。

（2）降雨分析法。

根据流域历史泥石流发生的降雨情况的分析，结合形成条件的变化，确定某一泥石流沟的泥石流临界雨量。当上游降雨量达到临界雨量时，发出警报。前期降水较少时，可适当提高警报临界雨量值；反之，则适当降低。

高频率泥石流沟，泥石流基本上年年发生，临界雨量大致和流域所在区域的常年洪水暴雨量相当。暴雨量超过临界雨量后，泥石流的规模随着暴雨量的增加而加大。

低频率泥石流沟，泥石流的发生多和大暴雨、特大暴雨有关。泥石流发生的临界雨量，可根据历史泥石流的暴雨量，结合流域内环境条件的变化确定。由于历史泥石流暴雨情况不易查明，低频率泥石流沟的临界雨量的确定比较困难。

（3）人员观测法。

当流域上游出现暴雨时，观测人员应立即观测坡面垮塌和沟道洪水情况。一旦发现坡面大量垮塌，沟道洪水流量和含沙量急剧上升或沟道洪水突然断流时，立即发出预警报信号。

（4）仪器监测法。

根据泥石流沟流域情况，在形成区及上游地区，布设雨量计，即时传输降雨量，根据临界雨量（雨强）发出泥石流早期预警报。在上游沟道内布设仪器，监测洪水泥石流，一旦监测到洪水或泥石流发生，下游发出警报。在泥石流流通区布设接触式或非接触式的监测仪器如水位（泥位）计、断线仪、冲击力仪等，当沟道洪水水位或泥位达到观测断面一定高度时，仪器发生分级警报。利用泥石流带来的地声传播速度远大于泥石流运动速度的原理，可布设震动或次声仪，沟道发生较大洪水或泥石流时，发出警报。

泥石流警报是对预报的重要补充，是避免泥石流灾害造成重大人员伤亡的重要措施，在目前泥石流预报准确率还处于较低水平的情况下，灾害预警显得尤为重要。泥石流警报主要根据对泥石流的监测结果做出，泥石流的主要监测内容有降水、崩塌滑坡活动情况、地表径流变化、泥位（水位）、地声等，对于冰川泥石流还需监测气温变化、冰川消融等。一旦监测到有灾害发生的明显迹象或泥石流已经在活动，则及时发出警报，警报发出时间至泥石流危害到受灾对象的时间差是决定会否造成重大人员伤亡的关键因素。泥石流警报分为仪器监测警报和人工监测警报两类，两类监测警报方法各有优缺点，需相互补充，确保灾害监测报警的准确性，确保人民生命安全。

泥石流预警是泥石流预报和警报的统称。泥石流预警作为一项重要的非工程减灾措施.通过判断泥石流发生的时间、地点、规模、危害范围以及可能造成的损失，使危险区的居民及时得到预警信息，积极采取预防措施，达到保障人民生命财产安全、减轻灾害的目的。

五、泥石流预警技术

泥石流预警技术指分析判断泥石流暴发与否及确定泥石流暴发时间、危害范围及强度的技术方法。根据所采用仪器设备和分析方法可以分为专业预警技术和简易预警技术两类。

（一）泥石流简易预警技术

泥石流简易预警技术的信息通过巡视、人工观测或借助于简单仪器的人工观测手段得到，包括降水、径流、泥石流活动等信息。根据经验或使用简单工具判断降水量及降雨强度、沟内径流等情况，发现和判断泥石流暴发的前兆。泥石流暴发的前兆现象包括在暴雨或大雨条件下发生崩塌、滑坡堵断沟谷的现象，流域内发出强烈的泥腥味，雷鸣般的巨响，夜间发出闪电般的火花，长流水沟突然断流等现象。泥石流简易预警技术使用的工具和判断方法简单易行，容易掌握，在目前中国的泥石流减灾实践中起着重要作用。但简易预警技术的监测与判断多通过人的主观经验，预警的准确性较差，及时性不足。

（二）泥石流专业预警技术

苏联早在20世纪70年代就开始利用地震传感器进行泥石流警报；通过接触式探测器或检测设备测定泥石流泥位并进行警报的技术也在同一时代诞生，由苏联和日本最早开始使用；中国也在1980年开始陆续成功研制了超声波泥位警报器、泥石流地声警报器、泥石流次声警报器等多种泥石流警报仪器。使用泥位监测仪进行泥石流警报时，要在沟谷的流通区设置监测断面，选定距保护对象有一定距离且比较顺直的沟道作为监测断面，对选定的监测断面根据需要进行断面修整、沟床固化等工程处理后布置监测设备。因泥石流破坏性强，需要选择非接触式的监测仪器。目前泥石流泥位监测主要通过超声波、激光等非接触式测距仪器测量。泥石流泥位监测所用仪器应能监测到泥位和时刻，并能够在线实时传输，测量精度应不小于实际泥位的1/10。

用于监测泥石流的设备还有次声警报器、地声警报器等。这类仪器专为泥石流警报开发，针对性强，具有一定的实用性，但受研究水平和安装条件等的限制，准确性还有待于提高。泥石流警报的可靠性高，但能够提供的避灾时间短，另外各种警报仪器在使用上都有其限制条件，如泥位仪、地声探测仪等仪器多要靠近泥石流沟谷，易遭受泥石流损坏，次声探测仪又受研究水平所限，误报率较高。在仪器选择上一般综合考虑，组合使用，最大限度地提高预警准确度，减少漏报和误报。

（三）泥石流预警组织体系

预警信息事关重大，必须提高预警的准确性，降低误报和漏报。漏报会造成巨大的人员和财产损失，误报产生的后果也相当严重，特别是多次误报，可能造成社会恐慌和人力财力的浪费，而且会使民众对预警信息产生不信任，以至于发布的准确预警信息得不到重视，造成巨大损失。由于自然条件的差异和技术的局限，单一的预警技术难以满足减灾需求，为了提高预警的准确性，需要将多种技术组合起来使用。本书把多种预警技术的组合方式称为泥石流预警的组织体系。根据所使用的观测技术及分析判断方法的专业水平，将、泥石流预警的组织体系分为群测群防预警体系、群专结合预警体系和专业预警体系。

1.群测群防预警体系

群测群防预警体系主要用于小型险情的泥石流预警。其预警技术以简易方法为主，预警信息获取主要采用人工巡查和人工巡查与简易仪器相结合的监测方法，预警结论主要通过主观经验判断得出。

2.群专结合的预警体系

群专结合的预警体系主要用于中型或大型险情的泥石流预警，采用专业和人工简易监测预警相结合的方法，监测点一般布置1~3个，泥石流监测内容要包括雨量和泥位监测，预警信息主要通过专业仪器监测获取，也可辅以人工简易监测；监测数据的传输、处理及预警结论的判断以专业预警技术为主。

3.专业预警体系

专业预警体系主要用于大型、特大型险情的泥石流预警，数据应实时传输，使用专用模型进行计算和判断。监测点布置3个以上，泥石流的监测内容主要包括雨量和泥石流泥位监测。预警信息由专业仪器监测获取，监测数据通过网络在线实时传输，建立各监测点的预警判据进行实时计算判断，进行预报和警报，并实现分级预警。

（四）泥石流预警等级

泥石流的发生与临界降雨量、进入沟道的物源量和地形条件密切相关，在实际工作中，可通过对降雨量、不稳定物源进入沟道量、沟道内流量等三个因素进行监测，建立相关预警标准。在水电工程领域，一般可将预警标准分为黄色和红色预警两级，见表4-4。

表4-4 泥石流预警等级

等级	监测降雨量达到当地泥石流暴发的临界降水量		大量不稳定物源进入沟道	沟道流量突然变小
	80%	100%		
黄色	√	—	—	—
	—	—	√	—
	—	—	—	√
红色	—	√	√	—
	—	√	—	√

当监测数据满足以下三个条件之一时，可发布黄色预警：①监测降雨量达到当地泥石流暴发的临界降水量的80%；②大量不稳定物源进入沟道；③沟道流量突然变小或断流。当监测数据满足以下三个条件之中任意两项时，可发布红色预警：①监测降雨量达到当地泥石流暴发的临界降水量的100%；②大量不稳定物源进入沟道；③沟道流量突然变小或断流。

第六节 泥石流遥感监测技术

一、泥石流遥感监测技术现状和发展趋势

中国山地面积占全国土地面积的70%左右，主要分布在我国的西部地区。在山区，交通相对闭塞、经济落后，开展泥石流的常规调查手段比较困难；虽然传统的常规手段和方法也能获得与泥石流孕育、发生、发展相关的诸多信息，但由于耗时、工作量大和资金投入多，无法满足宏观调查和监测的需求。

与传统地面调查方法相比，遥感技术在泥石流调查监测领域的优势主要表现在遥感信息的及时获取与海量提取方面。依靠遥感技术（RS）、全球卫星定位系统（GPS）和地理信息系统（GIS）等技术来获得、提取与泥石流相关的信息，具有高效、快速、动态性、全天候、宏观性好等诸多优点。

国外的滑坡、泥石流遥感调查技术方法经过20~30年的发展，已基本上形成工程化技术，在滑坡、泥石流遥感识别、分类、编目及制作相应的图件方面都有较成熟的技术经验。如日本利用黑白航片解译滑坡、泥石流，编制了1：50000比例尺的全国滑坡地形分布图。该图较详细地表示了滑坡地形的位置、边界、滑坡各要素的平面特征及平面规模等，成为日本山区开发、灾害防治甚至地价评估的重要基础资料及基本依据之一。欧共体各国在大量滑坡、泥石流遥感调查的基础上，对遥感方法技术进行了系统总结，指出了识别不同规模、不同对比度（滑坡、泥石流与周围环境地物影像特征比较的差异程度）的滑坡、泥石流所需的遥感图像的空间分辨率，遥感结合地面调

查的分类方法，用GPS测量及雷达数据监测滑坡活动及利用目前的遥感方法进行滑坡、泥石流危险性分析可能达到的程度，现有的滑坡、泥石流遥感调查技术方法所包含的不确定性等。

我国的泥石流遥感调查技术，是在为山区大型工程（水电站、公路、铁路）建设服务中逐渐发展起来的。目的是为这些大型工程的可行性研究确定泥石流的类型和分布范围，评估潜在的危害程度，并提供地质环境基础资料。经过20多年的实践，国土资源部门已摸索出一套较为合理有效的滑坡、泥石流遥感调查方法，该套方法可以概括为：信息源采用以彩红外航片为主，以专题绘图仪（TM）、法国地球观测系统（SPOT）、法国高分辨率遥感卫星（IKONOS）、美国快鸟遥感卫星（QUICKBIRD）影像为辅，以目视解释为主，计算机图像处理为辅，并将重点区遥感解释结果与现场验证相结合，同时结合其他非遥感资料，综合分析，多方验证。主要调查成果为：识别滑坡、泥石流，制作区域滑坡、泥石流分布图；判别滑坡、泥石流的微地貌类型及活动性：评价滑坡、泥石流对大型工程施工及运行的影响等。

由于遥感技术具有其他方法不可比拟的优越性，目前遥感技术已成为识别区域滑坡、泥石流及宏观调查其发育环境的不可缺少的先进技术。遥感技术在识别泥石流沟谷流域、区划泥石流区域分布图、判别泥石流的微地貌类型，以及评价泥石流对大型工程施工和工程安全正常运行的影响等方面也发挥了巨大作用。

泥石流的遥感监测技术具备以下特点：①全天候；②实时、快速；③精度高；④周期性。

雷达影像最适合泥石流监测，其中尤以合成孔径雷达干涉测量技术（INSAR）为佳。成像雷达SAR遥感具有全天时、全天候工作能力，对植被及地表具有一定的穿透性，并通过调节最佳观测视角能非常有效地探测目标地物的空间形态及结构。其优势在于：全天候、实时、快速、精度高（毫米级）、费用相对低。但监测受控于卫星的过境时间。

目前遥感技术正向着高分辨率（地面和光谱）、多时相和多角度方向发展，遥感技术的应用也正经历由静态到动态、由定性到定量以及由局部区域到全球的发展过程，成像雷达尤其是INSAR更是遥感领域的崭新课题。

二、遥感监测技术的工作方法

利用遥感技术对泥石流进行调查研究，就是要通过建立适当的判释标志，利用遥感图像判释出与泥石流的形成和发展变化有关的因素，了解泥石流发育动态，进而对泥石流活动的可能性和危害性作出评价。遵循由宏观到微观、由概略到具体的原则。

工作方法是：遥感资料收集一室内判断一转绘成初步判识图一外业重点验证一室内重复判释和图件整饰一提交成果图。

（1）基础资料收集。包括研究区各种可利用的地形图、TM多光谱影像与全色影像资料、行政区划图、地质图、土地利用现状图等。

（2）地形图数字化处理。数字化内容包括等高线、高程控制点、水系、道路、特征线和居民点等。

（3）利用数字地形图建立研究区高程模型（DEM），然后生成研究坡度图和坡向图等。

（4）对TM（或其他遥感数据）进行预处理、几何校正、镶嵌和裁减。同时根据地形图数字化生成的DEM对遥感影像进行正射纠正，然后将多光谱数据与全色影像进行融合，以提高影像的分辨率和可解译性。

（5）野外调查建立影像解译判读标志。通过对研究区内不同地貌区和气候区进行野外调查，利用GPS进行精确定位，建立全面系统的泥石流物源区、汇流区和堆积区的影像解译标志，包括色彩、纹理、形状、结构等直接解译标志和水系、地貌、土壤岩石类型等间接解译标志。

（6）室内人机交互解译。根据野外建立的影像解译标志，对影响泥石流形成的各种自然因素进行遥感解译，并在计算机上直接生成各种专题矢量图层。

三、泥石流沟谷的解译

目前，泥石流的遥感解译主要根据泥石流的形态特征，在航空相片或卫星图像上以目视方法进行解译为主，计算机图像处理为辅，并将重点研究调查区遥感解译结果与现场验证相结合，同时结合其他非遥感资料，综合分析，多方验证；并通过研究影响泥石流发育的环境地质条件和气象因素来间接推断研究区域内泥石流活动发生的可能性，直接通过遥感图像发现并研究泥石流的发生和发展还存在很大的困难。

泥石流的遥感解译可以从几何形态和光谱特性两个方面来进行。几何形态是指泥石流的特殊地貌现象在遥感图像上的形态特征，可以作为泥石流的识别标志。应用光谱研究成果，可以了解不同物质成分、结构构造、含水量、植被状态等泥石流发育环境的光谱特性，从而逐步实现光谱特性的解释，这是近年来的重要研究方向。比如，通过对蒋家沟泥石流堆积物的光谱特性分析后，发现泥石流堆积物的光谱特性与水分含量有关，并在观测波段范围内泥石流堆积物的平均发射率随着水分含量增加呈减一增的关系。

直接判译法：利用遥感图像可以直观、真实记录泥石流地表现象的特点而进行判译。由于近期泥石流沟谷色调多呈白色线状，而早期泥石流沟谷多呈灰暗的粗糙条带状或沟口处有扇状堆积体，可以根据这些影像特点，判释出泥石流沟谷及流域边界、流通路径长度、堆积扇体大小与形状、固体松散物质补给源的范围和泥石流沟谷的背景条件。

对比法：不同时期的遥感图像可以记录各个时期的泥石流活动及变化状态，通过不同时期的图像资料分析对比，了解泥石流的发生时期、特点和规模，确定泥石流的活动周期和发展阶段；掌握泥石流暴发前后的沟谷变化，了解松散固体物质在泥石流暴发前的状态，并可对防治工程的效果进行评估；确定以往泥石流的危害范围，分析区域的危险程度，为防灾减灾提供指导和决策支持。

四、泥石流沟谷的判译

泥石流发生的三个条件为地形、松散固体物质和降水。降水可以利用气象数据获取，而其他两个条件都可以考虑利用遥感数据获得。

（1）地形地貌特征：泥石流在遥感图像上具有特殊几何形态，多成短小沟谷，与规模庞大的堆积扇不协调地组合在一起；堆积扇呈现单一或多层次浅色调的扇体影像，呈垄岗状或串珠状堆积体；泥石流角峰地貌、葫芦谷、沟谷比降可以利用数字高程计算判断泥石流沟流域的发育阶段。

（2）地质构造：活动断层和深大断裂等地质构造是泥石流发育的重要因素，它们在遥感图像上呈线性影像显示，常表现为色线、阴影线、不同地貌单元的分界线和水系的突变等。

（3）植被发育：植被发育状况可以反映松散固体物质的区域面积。对植被覆盖区，可以通过对不同时相的 NDVI（归一化植被指数）图合成，并计算 INDVI 来反映植被的覆盖度；对裸露区，可以根据影像颜色，结合实地资料来判断松散固体物质的种类。

（4）地层岩性：根据遥感图像上显示的形态、纹理、水系、地貌、色彩等影像特征，可以判读岩石的软硬和抗风化能力，比如，坚硬岩层分布区地形陡峻，发育树枝状水系，沟谷深而稀。

五、甘肃舟曲遥感泥石流调查监测实例

舟曲县位于甘肃省东南部的白龙江中上游，东、北与陇南地区的武都、宕昌县为邻，南与陇南地区的文县、四川省南坪县接壤，西与本州迭部县毗连。E103º51'～104º45'，N33º13'～34º01'，西秦岭、岷山山脉呈东南至西北走向贯穿全境，地势西北高、东南低。

境内多高山深谷，气候垂直变化十分明显，半山河川地带温暖湿润。海拔在 1173～4505m 之间，年均气温 12.7℃，年降水量 400~900mm。全县总面积 2983.7km²，其中 耕地面积 1.096 万 hm²。共辖 22 乡，总人口 13.47 多万人。

2010 年 8 月 7 日晚 11 时左右，舟曲县城东北部山区突降特大暴雨，降雨量达 97mm，持续 40 余 min，引发三眼峪、罗家峪等 4 条沟系特大山洪地质灾害，泥石流流经区域 被夷为平地。

如图 4-1 所示，根据地形情况，将三眼峪分为 3 段，其中 A-B 段沟道比降为 92.4‰，B-E 段沟道比降为 279‰，B-F 段沟道比降为 267‰；罗家峪分为 2 段，其中

A-C段沟 道比降67‰，C-G段沟道比降214.5‰。

　　舟曲一武都处在西秦岭造山带南部，迭部一武都逆冲推覆构造带，白龙江复式背斜 核部。主要出露中泥盆统碳酸盐岩建造及志留系黑色碎屑岩夹硅质岩。区内北西西向区 域断裂发育，沿断裂带零星分布有印支一燕山期中酸性小岩株或岩脉。

　　在大地构造位置上处于松潘一故孜地槽褶皱系和西秦岭地槽褶皱系两大构造单元的接壤部位，主要构造线呈北西西向。区内主要出露一套志留系至三叠系浅变质岩系。

　　地层岩性：下吾拉组（D_2xw）：深灰色薄一中层状灰岩、泥岩、泥灰岩夹钙质板岩； 岷河组（C_2m）：灰岩、硅质条带灰岩、少量砂岩、千枚岩（或页岩）。大关山组（P_1dg）： 灰一深灰、灰白色中厚层灰岩、结晶灰岩、師状灰岩、生物碎屑灰岩、含燧石结核或条 带灰岩夹碳质页岩。迭山组（P_2dg）：灰、深灰色師状灰岩，灰岩、角砾状灰岩。下部夹 钙质泥岩。底部为黑色含碳钙质页岩夹薄层灰岩。当多组（$P_{1-2}d$）：中上部深灰、灰绿、褐紫红色板岩、变石英砂岩夹灰岩、铁质岩；下部深灰色灰岩夹板岩、变粉砂岩；底部 变砂岩、板岩、含磷砂质灰岩益哇沟组（C_1ym）：以致密块状灰岩为主，其次为白云岩、泥质灰岩、燧石结核灰岩、白云质灰岩、角砾状灰岩。局部夹千枚岩。舟曲组、卓乌阔 组并层（$P_{2-3}z-zw$）：灰一灰黑色板岩、千枚岩、粉砂质板岩夹变砂岩、硅质岩、灰岩。 隆务河群（$T_{1-2}l$）：灰、深灰、灰绿色砂岩、粉砂岩、板岩夹薄层灰岩及砾状灰岩。自下 而上，灰岩逐渐减少、变薄。

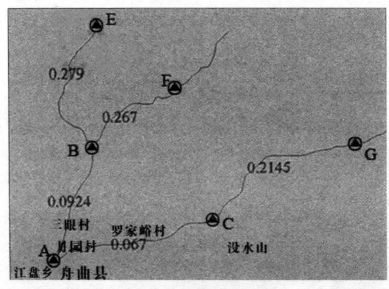

图4-1　地形比降示意图

　　陇南地区是甘肃省基岩滑坡最发育的地区，秦岭褶皱系伴随许多近东西向的深大断裂带，岩层受区域变质作用，经长期内外营力作用，最容易产生滑坡。根据滑坡的分布特征，将西秦岭陇南地区划分两个滑坡亚区带。

　　（1）礼县一成县嘉陵江上游滑坡带（Ⅱ1）滑坡主要分布在西汉水流域，主要以河流侵蚀作用形成的滑坡为主,次为降水作用形成的滑坡。该区滑坡较少,分布零散,不成群出现,规模较小,多以浅层的基岩滑坡和混合型滑坡为主。

(2)舟曲一武都白龙江滑坡带(Ⅱ2)。白龙江受断裂带的控制,新生代以来山地上升,地震强烈,故在沿江两岸的变质岩中,滑坡成群分布,滑坡规模较大,主要以基岩滑坡为主。

泥石流灾害遥感初步解译如下。

泥石流灾害发生在舟曲县北山的三眼峪沟和罗家峪沟,属黏性泥石流。如图4-2、图4-3所示,泥石流灾害分为流通区、掩埋堆积区、白龙江堆积区。

三眼峪流域面积26.6km²,罗家峪流域面积13.17km²。

三眼峪泥石流:流通区面积0.35km²,长度3.2+1.2km;掩埋堆积区0.41km²,长度2km,最宽350m,平均宽200m,碎屑堆积体积15万m³。

罗家峪泥石流:流通区面积0.09km²,长度6.2km;掩埋堆积区0.16km²,长度2.5km,最宽160m,平均宽70m,碎屑堆积体积4万m³。

白龙江泥石流:堆积面积0.16km2,长度2.2km,平均厚度7~10m,碎屑堆积体积150万m³。

两条泥石流掩埋堆积区总面积0.57km2,白龙江泥石流堆积面积0.16km²,碎屑堆积 总体积约为169万m³。

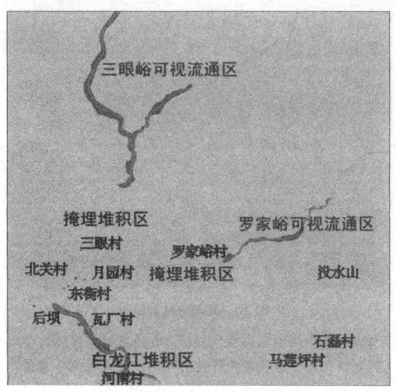

图4-2　泥石流灾害遥感初步解译图

图 4-3　泥石流灾害遥感图

六、泥石流遥感监测存在的问题

通过对泥石流的遥感监测技术分析，可以得到以下几点认识。

（1）泥石流活动的发生有特定的地质背景，可以通过发育影响因素确定泥石流的可能活动范围。

（2）遥感信息记录了地物（地形、地貌、构造、岩性、植被等）的地表物质特征，具备用于分析泥石流活动的信息基础。

（3）遥感信息源目前主要以陆地卫星 TM 数据和 SPOT 数据为主，可以通过影像处理后形成 DEM 数字高程模型。

（4）泥石流的遥感解译主要有从几何形态和光谱特性两个方面考虑，其中，根据几何形态可以寻找泥石流沟谷的特定地貌影像。

但是，泥石流的遥感监测技术中依然存在以下问题。

（1）图像分辨率较低。

（2）尚未充分利用泥石流遥感的光语信息。

（3）不能反映不同时相下地物的波谱特征变化，也难以识别地物的空间变化。

（4）只能反映地面表层静态信息，不能反映深部信息，也不能反映泥石流的动态变化规律。

因此，现有的泥石流遥感监测技术主要作用是提供区域性宏观、定性的解译结果，还缺乏比较精确、定量的泥石流活动信息，对泥石流灾害的预警预报作用仍有很大的不足。当前的泥石流遥感监测调查技术方法迫切需要进一步改进和提高，以满足对泥石流活动进行减灾防灾的工作需求。

七、泥石流监测预报预警系统技术展望

全国山洪灾害防治规划的防治措施立足于以防为主，防治结合；以非工程措施为主，非工程措施与工程措施相结合。其中，非工程措施规划以建立山洪灾害防治监测、通信及预警系统为重要技术系统，山洪灾害防治监测系统包括气象监测、水文监测、雨量监测、泥石流监测和滑坡监测。因此，我国泥石流监测预报预警就进入了以高新技术为核心的专业系统技术发展阶段。

根据预报制作及发布行业不同，山洪灾害预报分为气象预报、溪河洪水预报和泥石流及滑坡灾害预报。气象预报由各级气象预报职能机构在降雨预报、实测雨情资料、地形地貌特征和山地灾害成灾雨强的基础上制作发布；溪河洪水预报由各级水文部门在气象预报、实测水雨情资料和地形地貌特征分析的基础上制作发布；泥石流及滑坡灾害由各级专业灾害监测机构在气象预报、泥石流及滑坡监测数据分析的基础上制作发布。三类预报相辅相成，应加强相互配合，协调、制作发布预报预警。

20世纪50年代至今，我国气象部门先后建立了比较完善的大气探测系统、天气预报预警和气象信息制作发布系统。80年代以来，我国天气预报业务有了很大的发展，基本完成了从传统的天气预报制作方法向以数值预报产品的分析应用为基础，以人机交互气象信息加工处理系统为工作平台，综合利用各种气象信息和先进技术方法的现代气象预报制作方法的转变。重大灾害性、关键性天气、转折性天气过程的中、短期预报准确率有了较大的提高，暴雨预报水平和准确率与发达国家相差不大。建立了适合我国天气气候特点的数值预报模式，包括全球、有限区域、中尺度数值预报业务系统。数值预报技术、现代化探测技术（卫星、雷达、风轮廓线仪、GPS及自动气象站等）的广泛应用和计算条件的不断改善，加快了天气预报定时、定点、定量化进程。由于山洪灾害气象预报面向山丘区小流域，多为中小尺度、突发性天气，相对于大尺度、大范围天气过程预报难度要大得多，而且山洪灾害发生与水文地质条件、土壤植被状态有很大关系，需要其他部门的合作研究和信息共享。

我国大多数省份已经建立了各自的洪水灾害预报模型及系统，但这些模型与系统主要应用于较大的流域预报断面，对于山丘区小流域，除少数建立有预报模型外，多数山洪灾害频发地区还没有建立小流域溪河洪水预报方案。目前溪河洪水预报、预警

是我国山洪灾害防治中的薄弱环节，缺乏成熟的溪河洪水水文耦合预报方案，因此，目前小流域溪河洪水的预报预警仍主要依赖于气象暴雨预报。

我国泥石流和滑坡灾害预报薄弱，目前仅气象部门和国土部门依据现有气象预报条件和水平，以及泥石流和滑坡多发区调查及监测情况，联合开展山洪诱发的泥石流和滑坡灾害的预报尝试。

滑坡泥石流灾害的预报是一个复杂的系统工程，我国对山洪诱发的泥石流、滑坡灾害的形成机制虽然有较深入的认识，但降雨和山洪诱发的泥石流、滑坡之间的定量对应关系认识不够，没有建立起准确预报泥石流和滑坡灾害发生的完善预报方案。对以往发生的灾害资料收集不够完备，对致灾的天气系统、降雨过程、降雨量、临界雨量的研究不足，制约了灾害预报的精确度。目前只能根据天气变化的预报情况及泥石流、滑坡灾害监测情况作出初步预报。

根据我国西南地区的具体情况和各级政府对滑坡泥石流灾害减灾需求，中国科学院和中国气象局合作在西南地区（包括云南、贵州、四川和重庆）进行了滑坡和泥石流灾害预测预报研究，初步建立了不同时空尺度的灾害预报体系。该预报体系由大区域滑坡泥石流预报、中小区域的泥石流预报和给定灾害点的滑坡泥石流预报。大区域滑坡泥石流预报的时间尺度为12~24h，中小区域的滑坡泥石流预报的时间尺度为1~3h，给定灾害点的滑坡泥石流预报时间尺度为0.5~1h。大区域滑坡泥石流灾害预报的预报降水获取方法为多普勒天气雷达，给定灾害点的滑坡和泥石流预报的预报降水和监测降水的获取方法为降水实时监测和多普勒天气雷达。这三种不同空间尺度和时间尺度的滑坡泥石流灾害预报方法提供不同时空精度的灾害预报结果，满足不同尺度的滑坡泥石流减灾决策的需求。

基于以上技术现状和存在的问题，泥石流监测预报预警系统技术在以下几方面开展工作。

（一）气象预警系统

以现有气象预报业务体系为基础，开展灾害综合信息接收、处理以及中小尺度数值预报、短时天气预报和短期致灾天气预报、中期天气预报和长期气候预测业务等系统建设。

（1）灾害中小尺度数值天气预报业务系统。

灾害的发生多由局地强降雨和持续时间较长的降雨过程引起，建设国家、省级以及地市级气象部门、流域防汛部门高质量的中小尺度数值天气预报模型（预见期在48h以内，空间分辨率可达10km，时间分辨率可达1h），是做好降雨预报尤其是强降雨预报的关键。

在现有预报模式（T213L31全球谱模式）的基础上，进一步提高模式的分辨率，将模式的水平和垂直分辨率提高一倍以上，同时对模式的物理过程进一步完善，提高在高分辨率条件下模式对真实大气的预报能力，从而提高对山洪灾害的预警水平。

（2）灾害短时预报业务系统。

建立国家、省级、地市级气象部门、流域防汛部门灾害短时预报业务系统，具有面向灾害区域，实现短时（1~12h，每隔3h）强对流降雨预报的分析及制作，并提供和发布突发性灾害天气预报信息。该系统根据自动雨量站、自动气象站雨量、多普勒雷达探测信息、FY-2卫星遥感信息及其他气象监测手段获得的天气尺度背景资料的综合分析，当预报未来在灾害区可能出现强对流等中小尺度灾害性天气时，立即进行雷达连续跟踪监测并加密其他气象信息监测，结合中小尺度数值预报模式的输出产品，加强诊断分析，确定强对流天气发生的时间和落区，及时发布灾害天气预报和重要天气报告。

（3）灾害短、中期预报业务系统。

建立国家、省级、地市级气象部门、流域防汛部门灾害短、中期灾害群雨预报业务系统，基于中国气象局MICAPS气象作业平台，综合分析灾害防治区的气象监测信息、多种数值预报应用和再加工分析产品信息，制作并提供面向灾害区域短期（1~3d，每隔12h）和中期（4~7d，每隔24h）逐日灾害性天气分析和预报。

（4）其他业务系统。

在对当地灾害事件、气候、地理等信息进行分析研究的基础上，建立国家、省级、地市级气象部门、流域防汛部门灾害短期气候预测业务系统；实现面向灾害重点防治区域内月、季、年的气候趋势展望及灾害发生概率的预测。具体内容包括：每年底提供下一年度洪涝分布年度气候趋势展望，汛期每月提供下个月的气候趋势预测，为防御灾害提供参考信息。

（二）水文预警系统

（1）山丘区小流域洪水预报方法。

对于有水文资料的山丘区小流域，可以通过历史水文资料分析求取地面径流单位线，再应用于预报中。也可以通过历史洪水资料率定模型参数，运用模型进行洪水预报。但对于大部分山丘区小流域而言，水文站点稀少或缺乏，没有水文资料，因此适合采用综合瞬时单位线、地貌瞬时单位线法、水文模型移用的方法等。

（2）气象与水文预报的耦合。

发生灾害的小流域，由于流域面积小，河流源短流急，暴雨发生后，山洪发生的预见期极短，传统的水文预报方法很难有效提前做出准确的预报。因此，为了延长灾害预警的预见期，需要采用气象与水文相结合的耦合预报手段，该手段将是灾害预报预警的趋势。

（三）灾害预警内容

灾害预警内容主要包括：降雨是否达到临界雨量值、可能出现大的暴雨等气象预报信息；山洪水雨情信息及其预报信息；监测到可能发生泥石流的信息和发生泥石流预报信息；灾害警报、抢险救灾及居民迁移安置调度指令等。

　　灾害的预警信息根据不同阶段划分为三个级别，第一阶段是正常状态（非汛期）下的灾害预警；第二个阶段是警备状态下的预警，指每年进入汛期后，发生过或易发生灾害地区的预警状态；第三个阶段是指在汛期中已发生或将发生致灾天气，灾害处于临灾或正处于发生状态，此时为最高预警级别，即临灾状态。这三个阶段预警信息内容和对象的侧重点各具特色。

　　正常状态下的预警信息主要分为两类：第一类为外部发布的预警信息，主要是以社会公众为信息接收对象，预警信息的作用有两个，一是警示作用，使社会公众能够及时了解本区域内的灾害发生的基本信息，做好灾害防御的心理准备，同时还可以起到引导作用，避免或减少在人类活动中可能导致灾害的隐患。二是发布防灾避灾的科普教育信息：灾害发生前的气象、水文、地质等征兆及相关的科普知识；灾害发生前后应该采取何种简单实用的防灾避险措施，尽可能地使灾害造成的生命及财产损失降低到最小程度。第二类为内部发布的预警信息，例如灾害防治规划、年度防灾预案等，为政府及灾害防治的相关单位内部使用，为落实灾害的防治工作服务.

　　在进入汛期以后，警备状态下的预警信息主要有：各级行政管理部门按照指定的灾害防御预案负责落实，将预案的精神及时通过文件形式传达下属各有关单位，指导防御工作；建立警备状态下的应急措施，预警信息的处理及反馈机制；建立预警信息的快速处理机制，根据监测数据或研究成果，在综合研究分析的基础上，从灾害防御管理的角度提出结论性指导意见，按照预警信息发布有关规定中的审核处理程序，分别执行内部发布和外部发布等不同的处理。

　　临灾状态下的预警是根据气象、水文、泥石流信息预警报将要发生灾害的可能情况。气象预报提供的预警信息为灾害雨强等级预警信号及防御措施等信息；水文预报预警即山丘区小流域水文（水位）站监测信息和水位、流量的预报信息；泥石流预警根据监测站点提供的信息和气象预报信息提供泥石流预报警报信息。

　　根据气象预报的降雨量与临界雨强作比较，预测灾害发生的严重程度和紧急程度。灾害降雨强度与预警等级分为三级（in、u、I）。

　　第in级为黄色预警信号（预警等级为较重）。根据降雨预报，24h之内将有强降雨发生，降雨强度可能接近或达到临界雨强，而且降雨可能持续，预报将可能发生较严重灾害，此时各主管部门应当启动相应的应急程序，进入防灾状态。

　　第II级为橙色预警信号（预警等级为严重）。根据降雨预报，24h之内将有强降雨发生，降雨强度为临界雨强的1~2倍，且降雨可能持续。预报可能发生严重的灾害，此时各主管机构应当启动紧急应急程序，进入紧急防灾状态。野外作业人员停止作业，及时对受灾害威胁的人员及财产（可转移）进行撤离和转移。

　　第I级为红色预警信号（预警等级为特别严重）。根据降雨预报，24h之内将有强降雨发生，降雨强度超过临界雨强的2倍，且降雨可能在较长时间内持续。24h之内可能发生特别严重的灾害，此时各主管机构应当启动特别紧急应急程序，进入特别紧急防灾状态，相关部门要做好重大灾害的监测、预报、警报服务工作，及时启动抢险应急方案。保证受灾害威胁的人员（可转移）在规定时间内迅速撤离，转移至安全场所避灾，并实施相应的救灾措施。

（四）灾害预警信息发布

根据气象、水文、泥石流的各项监测数据、气象预报、卫星云图分析、天气形势预报等资料，制作灾害长期、中期、短期发展趋势预报。预警信息由县级以上主管部门发布，紧急情况下由监测人员直接发布预警信息。

预警信息的发布依托通讯系统网络，通信应畅通、安全、稳定。临灾情况下的预警信息根据气象预报、水文预报以及泥石流预报信息发布警报。采取有线、无线广播电视台、警报器、高音喇叭、敲锣、吹哨、信号弹、施放烟火等方式报警。

泥石流警报是对预报的重要补充，是避免泥石流灾害造成重大人员伤亡的重要措施，在目前泥石流预报准确率还处于较低水平的情况下，灾害预警显得尤为重要。泥石流警报主要根据对泥石流的监测结果做出，泥石流的主要监测内容有降水、崩塌滑坡活动情况、地表径流变化、泥位（水位）、地声等，对于冰川泥石流还需监测气温变化、冰川消融等。一旦监测到有灾害发生的明显迹象或泥石流已经在活动，则及时发出警报，警报发出时间至泥石流危害到受灾对象的时间差是决定会否造成重大人员伤亡的关键因素。泥石流警报分为仪器监测警报和人工监测警报两类，两类监测警报方法各有优缺点，相互补充，确保灾害监测报警的准确性，确保人民生命安全。

为了做好暴雨洪水与泥石流灾情预警工作，水利部门建立了雨水情监测系统。如卫星雨量速报系统、河流洪水位监测跟踪系统、大中型水库自动测报系统、防汛应急通信系统；气象部门先后建立了比较完善的大气探测系统、天气预报预警和气象信息制作发布系统；国土资源部门在泥石流多发地区，建立了部门专业监测设施，对于居住在地质灾害隐患点附近的群众发放了避险明白卡，同时与各级气象部门联合发布地质灾害气象预警。

第七节　水电工程泥石流勘察与防治实例

一、耿达水电站鹰嘴岩沟泥石流防治工程

（一）工程概况

鹰嘴岩沟位于四川省阿坝藏族羌族自治州汶川县境内，是渔子溪左岸的一条大型支沟，距渔子溪和岷江交汇口约12.03km。该沟主沟长约5.91km，沟口距其上游的耿达电站厂房210m，距下游的渔子溪电站闸坝320m左右。

鹰嘴岩沟上游的耿达水电站为岷江上游右岸支流渔子溪上的第二座引水式电站，厂房与渔子溪一级电站库尾衔接•主要水工建筑物包括拦河闸（高31.50m），引水隧洞

（长7.61km）及窑洞式地下厂房，引用水头259m，水库正常高水位为1501.00m，调节库容为65.7万总装机容量为160MW。

2008年地震后，鹰嘴岩沟周边地质环境受到严重破坏，山体震损严重，地震裂缝异常发育，沟内岸坡崩塌、滑坡严重.岩土体结构松动，诱发形成的滑坡、崩塌和泥石流地质灾害数量众多。沟内不稳定及潜在不稳定物源在余震、降雨等不利因素影响下极易转化成泥石流灾害，地质灾害隐患异常严重。

2009年汛期，鹰嘴岩沟曾暴发过一次小型泥石流，对渔子溪主河道形成局部堵塞，对河道行洪造成一定影响•但对正在进行震后修复施工的耿达电站厂区枢纽和渔子溪闸坝影响不大。2010年8月13日，该沟暴发中等规模的泥石流，沟内泥痕高达3m，断面宽7~8m，堆积方量8万~10万mL其中进入河道总方量为3万~4万m，，壅塞渔子溪河道，鹰嘴岩沟口上游河道内沙石淤积严重，抬高河水位至1202.60m左右，耿达电站地下厂房、尾水洞及其出口被淹，渔子溪电站闸坝上下也游淤积了大量泥石流冲出物质，使两座电站的震后修复工作被迫暂停。在四川省电力公司的大力支持下，映秀湾水力发电总厂在灾后迅速开展了抢险救灾工作，疏浚河道、修复电站结构设备，并恢复了震后修复工作，2011年4月，耿达水电站首台机组成功恢复发电。同时，在2011年汛期到来之前，映秀湾水力发电总厂还组织实施完成了鹰嘴岩沟汛前临时应急治理工程。然而-该沟于2011年7月3日再次暴发泥石流，沟口堆积体约4.8万m³，约有2万m³，泥石流固体物质壅塞了河道，河道水位最高达到1204.00m左右。河道内淤积的沙石抬高厂区河床5~6m，堵塞耿达电站尾水洞出口和渔子溪电站进水口，使两个电站被迫停机并于汛后清理枢纽区河道，造成了巨大经济损失。

为保证耿达和渔子溪两座电站在汛期的安全运行，减少河道淤积抢险费用和停电损失，保障电厂职工生命财产安全，需对鹰嘴岩沟进行治理，控制泥石流固体物质一次性冲出沟口量，尽量防止或减轻泥石流发生侵占河道、壅塞水位的危害。

（二）泥石流基本特征

鹰嘴岩沟主沟长约5.91km，呈V形沟谷，部分沟段呈U形谷，沟床宽一般40~50m，流域面积6.87km²。流域内最高海拔3701m，位于NW侧沟顶，沟口海拔1198m，相对高差2503m，平均沟床纵比降为445‰。沟谷两岸地形基本对称，坡度一般为40°~50°，沟口处两侧岩壁较陡峭-近于直立。"8•13"大规模泥石流扇体前缘宽度达到120m，扇体长度110m，平均厚度16m左右，泥石流扇体在沟口覆盖了原来的交通公路，淤高河床近3m0其后缘物源仍较多，方量约665万m³。

鹰嘴岩沟沟谷宽窄相间，V形与U形谷交替出现；两侧边坡中上部大多基岩出露，边坡下部多被崩坡积块碎砾石土和滑坡体所覆盖；沟谷两侧坡度较陡.坡角一般在60°以上，其中在沟两侧基岩出露段，近似直立，沟谷切割较深，在沟谷两侧，植被稀少，以灌木和草本植物为主；未见较大规模或常年流水的支沟。

根据鹰嘴岩沟泥石流的地质环境特征，结合泥石流的激发条件（丰富的松散固体物质和充足的水源条件）和鹰嘴岩沟流域的地形地貌特征，可将鹰嘴岩沟分为汇水-物源区、流通区、堆积区三个功能区，各功能区均以典型的地形地貌特征分界。具体划分为：①沟口以上约200m范围内为堆积区；②堆积区以上约1.8km范围为流通区（流通区内亦含丰富的启动物源）；③流通区以上至沟尾为汇水-物源区。各功能区的地形地貌差异较明显，沟床坡降差异较大，物源区与堆积区坡降较缓，流通区较陡。鹰嘴岩沟流域沟床坡降图见图4-3，各功能区特征见表4-5。

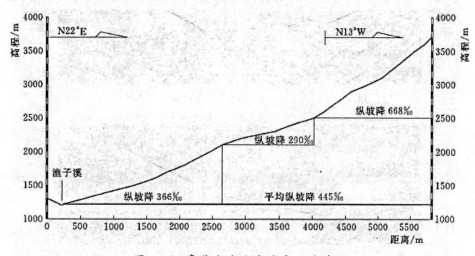

图4-3　鹰嘴岩沟流域沟床纵坡降图

表4-5　鹰嘴岩沟各功能区特征表

功能区	沟长/km	最高点/m	最低点/m	平均坡降/‰
汇水-物源区	3.35	3701	2000	507
流通区	2.05	2000	1244	369
堆积区	0.2	1244	1198	230

鹰嘴岩沟流域内总物源量665.29万m³，从物源分布看，绝大部分物源来自于主沟中的滑坡体和松散崩塌堆积体，共计623.23万m³、占总量的93.7%；支沟物源量42.06万m³，占总量的6.3%。从物源类型而言.不稳定物源量249.64万m³，占总量的37.5%；潜在不稳定物源量399.69万m³，占总量的60.1%；稳定物源量15.96万，占总量的2.4%。

鹰嘴岩沟物源区松散固体物质丰富，其不稳定物源主要分布在沟谷两侧及沟床，易被强降雨及较大洪水启动挟带；暴雨季节，区内地形条件下坡面径流时间短、汇流快、沟道水流集中迅速，坡面水流携带所侵蚀的坡面泥沙迅速下泄汇集于沟道，加之沟谷普遍较为狭窄，纵比降较大，形成洪峰对沟谷两侧冲刷淘蚀严重，易于启动大量固体松散物质从而形成泥石流。其流通区以V形谷为主，沟谷狭窄畅通、纵坡降大，谷坡无较大规模滑坡体发育，局部方量较大的崩塌体发生整体失稳的可能性较小，因此，不易造成沟谷大规模堵塞，难以形成溃决型泥石流，其泥石流基本属于降雨型沟谷泥石流。汶川地震后，该沟多次暴发泥石流，泥石流堆积体堵塞河道，造成渔子溪水电站进水口堵塞.损失巨大（图4-4和图4-5）。

图4-4　泥石流壅塞渔子溪河道

图4-5　渔子溪库内部分泥石流淤积

泥石流沟易发程度评价结果显示鹰嘴岩沟泥石流为极易发.危险性指数评价为危险性大，单沟危险度评价结果为危险性高，雨洪修正法计算结果将表明地质灾害危险性大。综合以上四种评价结果分析.鹰嘴岩沟目前是一条高频泥石流沟，极易发，危险度高。耿达电站GIS楼、尾水洞、地下厂房、进厂道路、采砂场等设施遭受鹰嘴岩沟泥石流地质灾害的危险性大。

鹰嘴岩沟泥石流运动特征和动力特征参数见表4-6~表4-7。

表4-5 不同计算方法所得泥石流峰值流量 单位：m³/s

沟别	计算公式	设计频率P				
		20%	10%	5%	3.333%	2%
鹰嘴岩沟	拉式公式	46.2	63.9	91.3	110.6	126.2
	东川公式	64.47	110.5	196.9	272.8	438.7

表4-6 鹰嘴岩沟设计洪水总量

流域面积/km²	6.87							
设计概率/%	20	10	5	3.333	2	1	0.5	0.2
暴雨历时/h	20.72（0.8635d）							
暴雨量/mm	176.20	230.90	286.10	318.50	359.50	415.20	47LOO	545.00
H₂₄设计暴雨/mm	167.60	220.30	273.80	305.40	345.50	400.20	455.40	529.10
径流深/mm	142.20	193.10	245.20	275.80	314.60	367.90	421.70	493.80
设计洪水总量万m³	97.72	132.60	168.50	189.50	216.10	252.70	289.70	339.30
最大流量（m³/s）	27.54		41.12	44.95	49.76	56.电	62.95	71.78
概化矩形历时/h	9.86	10.72	11.39	11.72	12.07	12.47	12.79	12.14

表4-7 鹰嘴岩沟一次泥石流冲出总量预测 单位：万m³

河沟	设计频率P							
	20%	10%	5%	3.33%	2%	1%	0.5%	0.2%,
鹰嘴岩沟	1.763	3.021	5.385	7.459	12.99			

表4-8 鹰嘴岩沟一次泥石流冲出固体总量预测 单位：万m³

河沟	设计频率P							
	20%	10%	5%	3.33%	2%	1%	0.5%	0.2%
鹰嘴岩沟	1.005	2.112	4.686	7.104				

表4-9 鹰嘴岩沟设计概率下的泥石流冲击力预测

河沟	计算断面	设计概率/%	20	10	5	3.333	2	1	0.5	0.2
鹰嘴岩沟	沟口拦沙坝部位断面	设计流速/（m/s）	5.08	5.28	5.50	5.70	5.88	6.07	6.26	6.45
		整体冲击力/（kN/m²）	12.5	14.0	16.5	18.2	19.1	20.2	21.2	21.9
		单块最大冲击力	1176	1221	1274	1319	1360	1405	1449.4	1492.5

（三）治理工程设计

1.设计依据、原则及标准

鹰嘴岩沟在2010年8月发生了一次规模较大的泥石流。根据地质专业鹰嘴岩沟泥石流危险性评价，鹰嘴岩沟是一条较典型的泥石流沟，沟内松散物源丰富，极易暴发中一大型泥石流，地质灾害危害程度等级大，现状地质灾害危险性等级大，建设用地适宜性差。

鹰嘴岩沟减灾治理工程防护对象主要包括耿达水电站厂区建筑物及进厂道路、渔子溪水电站闸首建筑物、S303改线公路通车前原省道S303、耿达电站右岸办公区。其中耿达水电站和渔子溪水电站均为中型水电工程.耿达水电站右岸办公区常年值班人员在100人以内。"8•13"泥石流和"7•3"泥石流造成的电站抗洪抢险投资、停电损失均大于1000万元。鹰嘴岩减灾治理工程投资大于1000万元。

经综合分析，根据前述泥石流防治设计标准.泥石流灾害防治工程等别为二等，对应降雨强度取50年一遇。

2.治理目标及思路

（1）治理目标。鹰嘴岩沟减灾治理工程的治理目标：通过对鹰嘴岩沟的工程治理.确保在设计标准的降雨强度下，控制泥石流固体物质冲出量不致发生侵占河道的危害，以保障耿达、渔子溪两座电站汛期正常安全运行。

（2）治理思路。由于泥石流形成的主要原因是沟内汇水、沟内大量松散物源和较大的纵坡降三个因素，因此泥石流沟的治理思路主要针对上述三个主因而拟定。

第一种思路：由于鹰嘴岩沟纵坡降大，也无法通过工程措施显著减小坡降.一旦暴发泥石流其势能很大，布置的拦挡建筑物设计要求高，为了以较小的投资达到避免受到泥石流威胁的效果，可以不对鹰嘴岩沟进行治理-而对被保护对象，即两座电站进行改造，来满足正常运行要求，该思路即"以避为主"。

第二种思路：从治理沟内汇水方面着手，若能控制鹰嘴岩沟内汇集的雨水能够直接排往河道而不沿沟冲刷启动松散物源，即能够有效的抑制泥石流的形成，该思路即为"水石分离"。

第三种思路：从治理沟内物源方面着手.若能针对沟中形成区内的松散物源进行固源治理，则可控制或减小泥石流的规模，同时，在地形地质条件合适地段布置拦挡坝，还可以具备抵挡一定规模泥石流的能力，也能达到治理目标，该思路即为"拦固结合七该思路根据拦挡措施和固源措施的侧重点不同，还可细分为"以固为主，拦蓄结合"和"以拦为主，固源结合

（3）治理思路比较分析。鹰嘴岩沟在2008年地震前属于老泥石流冲沟，并已处于衰退-停歇期，2008年地震在沟域内形成大量、丰富的崩塌松散物源，又具备了形成泥石流的物源条件。从鹰嘴岩沟主沟较长、支沟发育、平均纵坡降大、沟内堆积较多的松散物源等特点分析，该沟仍具有暴发中等一大规模泥石流的地形地质条件。

结合鹰嘴岩沟的地形地质条件和被保护对象的正常安全运行要求,以及鹰嘴岩沟泥石蘆治理思路,主要考虑以下几种方案。

①以避为主。由于鹰嘴岩沟沟道窄,纵坡降大,综合治理施工难度大,因此"以避为主"主要考虑通过采取一定措施来保证耿达渔子溪两座电站正常发电和303省道的安全通行。

耿达电站尾水距离渔子溪电站取水口仅400m左右,为避免两座电站再次遭受泥石流壅塞影响.可通过新增尾水洞和地下调节池,使得耿达水电站发电后机组尾水与渔子溪电站引水隧洞相接。在鹰嘴岩沟再次发生大规模泥石流时,关闭耿达电站原尾水洞出口闸门并开启新增尾水洞闸门,渔子溪电站可利用耿达电站尾水直接发电。

②水石分离。由于鹰嘴岩沟泥石流是由地表水在沟谷内浸润冲蚀沟床物质,随冲蚀强度加大,沟内某些薄弱段块石等固体物松动、失稳,被猛烈掀揭、铲刮,并与水流搅拌而形成的。因此,在暴雨天气下沟内的汇水是泥石流的最根本的成因,如果能够将沟内汇水通过排水洞直接排往下游而不冲刷掏蚀沟床内大量的不稳定物源,则该沟暴发的泥石流规模能够得到有效的控制。该思路即"水石分离。"

结合鹰嘴岩沟及周边地形情况,可考虑在冲沟中上部布置一条排导洞,将该部位以上沟内汇水通过排导洞排至下游香家沟,鹰嘴岩沟下游沟道内的汇水量将大大减小,沟口冲出的泥石流规模也能有所控制。通过在沟口修建一定规模的拦挡建筑物.即可防止泥石流进入河道造成危害。

③固源拦挡。针对泥石流由沟内地表汇水带动松散物源而形成的主要原因,为了从根源上对鹰嘴岩沟泥石流进行治理,在"水沙分离"的思路不可行的情况下,宜优先对沟内松散物源进行治理,结合以局部拦挡措施。

鹰嘴岩沟泥石流的减灾治理,可在沟道内地形地质条件适合处布置固床稳坡建筑和拦挡建筑物,减小沟内启动物源并减缓泥石流下冲能量,拦蓄沙石,使无害的挟沙水排入河道。

根据多次现场踏勘调查成果,鹰嘴岩沟"8-13"和"7-3"泥石流启动物源点大多为1~36号物源点中的不稳定物源和潜在不稳定物源,位于沟口-距沟口约1.9km的下游沟段内。且沟口和沟口以上约1km处沟床较开阔、坡降较缓、两岸基岩裸露,具备布置拦挡坝的地形地质条件。

为了达到治理目标,使鹰嘴岩沟暴发泥石流后泥石流物源能够完全拦蓄在拦挡库容之内.无害的高挟沙水或超标准的泥石流能够通过排导措施排入河道,可对泥石流启动物源的集中区局部布置固床稳坡建筑,以控制方量较大的不稳定物源,减小泥石流发生规模。同时,在鹰嘴岩沟沟口和沟口以上1km处布置拦挡坝,以拦截泥石流物源,避免下河造成淤积危害。在最下游的拦挡坝下游布置排导明渠-将高挟砂水顺利排入河道。

该思路下的布置方案,主体工程集中在距沟口较近的范围内,交通施工相对较方便.基本能够在下个汛期来临前完成主体工程施工,使耿达、渔子溪两座电站具备抵挡一定规模泥石流的能力。

④思路比较分析。上述三种治理思路的优缺点比较见表4-10。

表4-10 治理思路比较表

项目	以避为主	水石分离	固源拦挡
优点	治理投资相对较小,施工工期不受汛期影响	(1)从根源上有效控制泥石流的发生规模;(2)工程投资相对较大	(1)针对物源分布情况,有效控制泥石流的发生规模;(2)能够控制泥石流造成的危害
缺点	(1)厂区建筑物仍存在被壅高的河水淹没的风险;(2)为了正常发电.每次泥石流发生后还必须对枢纽区河道进行清理;(3)渔子溪电站丧失了日调节能力;(4)调节池存在被泥石流倒灌的风险,(5)主要进厂交通受泥石流中断影响	(1)排导洞排导泥石流时保证性差,极易被堵,风险较大;(2)施工道路布置难度极大,施工周期长;(3)排导泥石流的香家沟将产生更大规模的泥石流,对S303造成严重威胁	没有对鹰嘴岩沟内所有不稳定物源进行治理,无法完全避免产生泥石流的可能性

综合上述各方案,考虑到泥石流的复杂性和治理技术的不成熟性.要做到彻底治理较为困难。根据鹰嘴岩沟实际地形地质条件、物源分布情况,以及"8·13"和"7·3"泥石流形成机制.采用固源拦挡的思路,即对鹰嘴岩沟的治理集中在沟口以上1.9km范围内,依靠拦挡坝抵御设计标准下的泥石流,同时依据物源分布情况采取适当的固源措施。

依据该思路,提出固拦结合的方案一和以拦为主的方案二进行比较。

(4)治理方案比较。方案一是将拦挡坝布置于沟口位置,只考虑设置一道拦挡坝,将河床内沟口至已建拦渣坝间的河床堆积物做适当的清理,以保证遭遇50年一遇泥石流时能完全容纳一次性冲出的泥石流量12.7万 m³;并在河床内布置两座谷坊坝,在距离沟口1km范围内每10m设置一防冲肋板以固沟床,在沟内不稳定物源坡脚做浆砌石挡墙固脚处理。

方案二是在"以拦为主"的思路下进行工程的总体布置,该方案主要考虑在鹰嘴岩沟距沟口约1.9km范围内进行以拦为主、以固为辅的布置。

综合方案一、方案二的工程投资、施工工期、治理效果和运行期维护方式进行比较,见表4-11。从施工工期、运行期维护方式等多方面考虑,推荐方案一(固拦结合)。

表4-11 治理方案比较表

项目	方案一（固拦结合）	方案二（以拦为主）
施工工期	7个月，2011—2012年枯期可完成施工	11个月，需在两个枯期内完成施工
治理效果	在鹰嘴岩沟沟床内沿沟布置防冲肋板，并在局部不稳定堆积体处布置挡墙固脚固源.对大部分位于河床的不稳定物源起到有效固源作用。沟口布置的拦挡坝能够拦挡50年一遇泥石流冲出的固体物源。能够减小泥石流对耿达、渔子溪两座电站的危害	在鹰嘴岩沟内地形相对较缓的部位共布置两道拦挡坝，其库容能够拦挡50年一遇泥石流冲出的固体物源.能够减小泥石流对耿达、渔子溪两座电站的危害
运行期维护方式	汛期发生泥石流后.需对沟口拦挡坝的库区进行清理，但清理最较方案二较小	汛期发生泥石流后，需在恢复沟内施工道路后，对两道拦挡坝的库区进行清理.清理量较方案一大

在"固拦结合"的方案下进行工程的总体布置（图4-6），该方案主要考虑在鹰嘴岩沟距沟口约1.9km范围内进行固源建筑物和拦建筑物的布置。

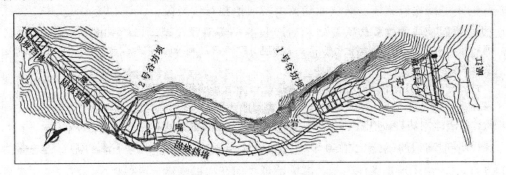

图4-6 鹰嘴岩沟泥石流防治工程布置示意图

（5）拦挡坝设计。拦挡坝距离鹰嘴岩沟沟口约40m，所在位置的地形为V形沟谷，谷底宽约80m，沟床纵坡降约250‰。谷底在"8•13"前有常年流水，"8•13"泥石流后水流以地下水的形式向沟口方向流动。两岸山体雄厚，边坡较陡，坡度50°~60°。两岸边坡均为基岩，基岩岩性为晋宁-澄江期变余花岗闪长岩、变余闪长岩及长英岩等。岩体弱风化，局部强风化.强卸荷。节理裂隙较发育，岩体完整性差一较完整，多呈次块状-镶嵌结构。主要结构面为一组大致平行岸坡的陡倾角裂隙，延伸长度大于10m，裂面锈染，裂隙大多卸荷张开2~10cm，充填碎屑及粉质土；其次为中倾角裂隙，延伸长度大于5m，裂面多锈染，裂隙局部卸荷张开，倾向坡外，在右岸最为发育。以上两组主要结构面不利组合，将岸坡岩体切割成不稳定块体，2008大地震使得沟两岸山体大多沿上述结构面不利组合产生崩塌。沟床多为泥石流堆积物，铅直厚度为26~31m，堆积物为孤块碎砾石土，结构不一，较松散，局部架空。其下基岩为花岗闪长岩，岩体较完整。

两岸坝肩边坡整体稳定，但局部存在不稳定块体，为防止边坡局部崩塌，应进行适当的工程处理；坝基泥石流堆积体为主要持力层，厚度较大，结构较松散，变形较大；结构不均一，颗粒大小悬殊，有随机分布的含砾石粉土（砂）透镜体分布，其物理力学性质较差，加上沟床坡度的影响，坝基存在不均一沉降、变形及滑移问题，地基承载力和抗滑稳定性均不能满足要求，需采取相应的工程措施。

①拦挡坝坝址选择。鹰嘴岩沟主沟长约5.91km，沟谷两岸地形基本对称，坡度一般为40°~50°，沟口处两侧岩壁较陡峭，近于直立。鹰嘴岩沟主要分为3个区，分别为汇水-物源区（高程3701.00~2000.00m）、流通区（高程2000.00~1244.00m）和堆积区（高程1244.00~1198.00m）。

鹰嘴岩沟下游1.9km河段的高程约1650.00~1198.00m，主要为流通区和堆积区。该段河道沿沟底均为不稳定物源，两岸沿线分布较大的滑坡体、崩坡积体等物源点36处，该段沟平均比降为238‰，总体说河道较陡，建拦挡坝的条件较差。从已发生的"8·13"和"7·3"泥石流和地质的调查分析结果表明，泥石流中含大的漂、块石较多，块体较大，泥石流发生后，河床中多处存在大的孤块石阻塞河道而形成局部较陡的小型跌坎或陡坡，跌坎或陡坡上游河道相对较平缓。在该1.9km河段中，因跌坎或陡坡而形成的规模较大一点相对较长的平缓河段在距沟口约70m和500m处，该两处两岸基岩出露，两岸台地或岸坡受已发生的"8·13"和"7·3"泥石流影响相对较小，沟底为泥石流不稳定物源区，同时其上游河道相对较开阔，是该1.9km河段中建拦挡坝位置相对较好的地方，因此，本次减灾整治设计时考虑在沟口修建一拦挡坝.上游修建固坊坝，在物源较集中地段设置防冲肋板。

②坝顶高程的确定。在50年一遇的设计暴雨情况下，该沟下泄的泥石流总量为11.5万m³；由于地形条件限制，减灾治理考虑在沟口修建一道拦挡坝，对坝址上游到已建拦挡坝间的河床堆积物进行清理，清理范围以现场清理的边界为基准，由坝轴线向上游河床水平清理70.2m，清理底部高程为1215.00m，之后以1：2坡比清理河槽，在已建的拦挡坝处结束。两岸清理至山体岩石。清理后的河床部位采用C15堆石混凝土防冲保护.厚度1.2m，1：2坡度段的保护共分3段，每段高约12m，由上到下的堆石混凝土厚度分别为1.2m、1.5m、1.8m。经过对河床淤积物进行清理后，其总库容能容纳一次50年一遇的设计暴雨形成的泥石流总量11.5万拦挡坝的溢流顶高程应为1229.50m，坝高为22m。

③坝型的选择。拦挡坝距离鹰嘴岩沟沟口约40m，所在位置的地形为V形沟谷，谷底宽约80m，沟床纵坡降约250‰。谷底在"8·13"前有常年流水，"8·13"泥

石流后水流以地下水的形式向沟口方向流动。两岸山体雄厚，均为基岩出露，边坡较陡，坡度50°~60°。沟床多为泥石流堆积物，铅直厚度为26~31m，堆积物为孤块碎砾石土，结构不一，较松散，局部架空。其下基岩为花岗闪长岩，岩体较完整。

根据上述拦挡坝的现场地形、地质条件，拦挡坝宜采用重力式混凝土坝。

现场调查，沟床普遍堆积含孤块碎砾石土，块碎石粒径以10~80cm为主，孤块石以1~3m为主，孤石最大粒径达5m，经计算，50年一遇暴雨的单块最大冲击力达138.8t；溢流部分采用格栅时，格栅容易破坏，而且对格栅的设计要求也高、造价也大，遭大块石的冲击损坏后不易修复；采用渗水孔，结构整体性好，遭大块石的冲击能力强，局部撞坏后也容易修复。所以，拦挡坝推荐采用渗水孔形式进行水沙分离。

④坝体工程设计。

a.坝型及坝工布置。

与主流关系。根据沟道条件，所设拦挡坝工程布置区沟道情况，拦挡坝与主沟道下游近于垂直向相交，有利于泥石流物质的顺利排导。

主坝坝高确定。拦挡坝的溢流顶高程应为1229.50m，坝高为22m。非溢流坝段最大坝高22.0m，坝轴线长度104m。

坝体断面和结构设计。拦挡坝因地基承载力较低，不能满足承载力要求，因此采用桩基承台混凝土重力坝。坝体采用C15埋石混凝土；因建坝位置覆盖层厚度较大，无法将坝基置于岩基上，因此大坝基础置于覆盖层上。上游坝体迎水坡坡比从上到下分别为1：0.6和1：2.5，背坡坡比1：0.3；溢流口为梯形断面，边坡坡比为1：L坝顶宽3nu

溢流坝段：坝顶高程1229.50m，坝顶宽3.0m，坝底桩基平台宽33.65m，坝高22.0m，溢流坝段长20m；为达到泥石流在大坝处形成水沙分离，溢流坝段设置断面尺寸为们.2m的圆形排水孔，梅花形布置，间距4.0m，排距3.0mo溢流坝段下游与消力塘底、板连接。

非溢流坝段：坝顶高程为1232.50m，坝顶宽3.0m，坝底桩基平台宽26.6~33.65m，最大坝高为22.0m。

b.坝基设计。因地基承载力不能满足设计要求，因此采用桩基方案。

沟床为松散堆积物，铅直堆积厚度为17~21m，主要有地震产生的崩塌堆积物以及泥石流堆积的含块碎砾石土。崩塌堆积物在右岸坡脚以倒石锥出现，为碎砾石土，厚度平均为20m。沟床堆积物结构不均一，较松散，局部架空。其下基岩为花岗闪长岩，岩体较完整。由于泥石流区冲刷深度较大，基底主要为碎砾石土，拦挡坝基础采用桩基承台结构形式，设计承台厚度为1.5m，桩为圆桩，直径为800mm，桩间距为4.0m；桩基承台为钢筋混凝土结构，混凝土强度设计为C25。经布置设计桩基进尺为924m，桩基混凝土量为464m3o

c.坝肩边坡防护设计。根据勘查资料，两岸坝肩边坡均为基岩，岩体呈弱风化，局部强风化，强卸荷；节理裂隙较发育，岩体完整性差一较完整，多呈次块状一镶嵌结构。两岸边坡整体稳定，但局部存在不稳定块体，为防止局部崩塌，治理前采用人工清除不稳定块体，杜绝施工过程中的安全隐患，待清除完后，采用压浆处理坝肩节理裂隙较发育部位。

d.坝下防冲设计。根据坝下冲刷计算，拦挡坝下游需设置消能防护，拟在主坝与二道坝之间设置消能防护措施，消减泥石流和水流势能。护底宽46.0m，厚度2.0m；护坦底至相应下游二道坝溢流顶部范围内铺设干砌块石，护底采用C20钢筋混凝土结构。

二道坝为重力式坝，坝体分为溢流和非溢流坝段组成。

经计算，二道坝坝体总长93.0m，其中溢流坝段长40.Om，右岸非溢流坝段长31.6m，左岸非溢流坝长20.4mo溢流段坝顶高程为1210.50m，坝顶宽为2.0m，坝高为12.0m，坝底宽为12.0m。

非溢流坝段坝顶高程为1213.50m，坝顶宽2.Om，最大坝高为15.Om。

e.主要设计计算。

溢流坝顶过流能力计算。按照布置位置和泄流方向、过流宽度、水深、流速、安全超高的要求，设计溢流宽度和高度，要求溢流口过流能力大于过坝泥石流流量。

坝基渗流稳定分析。坝基渗透稳定按照直线比例法《水力计算手册》2006年第二版进行计算。

坝体稳定及应力分析。1号拦挡坝设计工况按满库过流、半库过流、空库过流3种工况结合地震因素进行计算（考虑地震和不考虑地震），不同工况下的抗滑移和抗倾稳定验算成果见表4-12，地基应力计算成果见表4-13。

表4-12 抗滑移和抗倾覆稳定验算成果表

名称	抗滑移稳定性系数					抗倾覆稳定性系数				
	满库过流		半库过流		空库过流	满库过流		半库过流		空库过流
	工况1	工况2	工况3	工况4	工况5	工况1	工况2	工况3	工况4	工况5
拦挡坝	1.8	1.3	1.6	1.2	1.3	2.7	2.1	2.2	2.0	1.8

表4-13 地基应力计算成果表

序号	垂直方向作用力的总和/kN	全部荷载的力矩之和	基底坝踵处应力/kPa	基底坝趾处应力/kPa	备注
1	11910.0	14970.0	433.3	274.6	工况1
2	11910.0	19810.0	458.9	249.0	工况2
3	12500.0	36050.0	562，5	180.4	工况3
4	12500.0	40880.0	588.1	154.9	工况4
5	12600.0	35280.0	561.4	187.5	工况5

由上述计算成果表中可知，拦挡坝在各种工况下的抗滑、抗倾覆稳定性系数是满足规范要求的，但地基应力不能满足地基承载力要求，需采取一定的工程措施使其满足承载力要求，本次设计采用$\varphi800$的灌注桩，桩间排距均为4m，桩深为15m，在河床中部的溢流坝段靠下游侧布置桩基4排共56根，以满足承载力要求。

（6）谷坊坝设计。1号谷坊坝位于距沟口约750m的V形沟谷内，谷底宽约60~70m，沟床纵坡降约370‰。两岸边坡较陡，坡角一般为50°~60°，左岸下部坡壁近于直立。左岸边坡为基岩；右岸边坡上部为基岩，下部为崩坡积块碎砾石、块碎石土及少量泥石流堆积物。边坡基岩岩体弱风化、强卸荷，存在不稳定块体，右岸边坡上部基岩较破碎。沟床物质主要为泥石流堆积物，为含块碎砾石土，厚度约25~30m，结构不均一，较松散，有架空现象，其下伏基岩为花岗闪长岩。坝肩边坡均有崩坡积堆积物及不稳定基岩块体，应进行适当的工程处理。坝基皆为松散堆积物，厚度较大，物理力学性质较差，且有一定的坡度，易产生变形、不均匀沉降及滑移问题，其地基承载力参数建议值为250~350kPa。

2号谷坊坝位于距沟口约750m的V形沟谷内，谷底宽约70~80m，沟床纵坡降约370‰。两岸边坡较陡，坡角一般为50°~60°，右岸下部坡壁近于直立。左岸边坡以崩坡积块碎砾石土为主，局部出露基岩；右岸边坡上部为基岩，下部为崩塌产生的含块碎砾石土。边坡基岩岩体弱风化、强卸荷，因结构面切割而存在不稳定块体。沟床物质主要为崩塌堆积物，主要成分为块碎砾石土，局部含泥石流堆积物，结构不均一，较松散，有架空现象。沟床堆积物厚度约为18~25m，堆积物下伏基岩为花岗闪长岩。地基承载力参数建议值：泥石流堆积层为250~350kPa，基岩为6000~8000kPa。

在距沟口1.9km的河段范围内，除去两座拦挡坝能有效控制的物源外，其余河段沟谷及两岸均分布有规模不等的不稳定物源和潜在不稳定物源，当50年一遇的设计暴雨发生时，可能随着汇集的地面径流形成泥石流，所以有必要在该部分河段设置谷坊坝。

在该1.9km河段中，"8·13"和"7·3"泥石流使河床中多处存在大的孤块石阻塞河道而形成局部较陡的小型跌坎或陡坡，有效控制了跌坎或陡坡上游侧及两岸物源点。这两处谷坊坝的设置，能有效控制其上游及沟床等处的不稳定物源共约6.17万m³和潜在不稳定物源共约3.1万该两处谷坊坝的设置不仅加强了大孤块石固床和控制物源的作用，同时360m处谷坊坝对2号拦挡坝的下游冲刷安全提供了一定程度的保障。

根据上述两处谷坊坝处的地形、地质条件，两处谷坊坝均宜采用重力式混凝土或浆砌石结构。

a.坝型及坝体布置。

布置方案。根据鹰嘴岩沟泥石流的不稳定物源分布情况及拦挡工程总体布置要求，1号谷坊坝平面上布置在1号拦挡坝上游约200m的沟谷，设计方案考虑采用谷坊坝主要目的是"固源稳床"，针对该处上游沟谷及两侧山坡存在大面积不稳定物源的情况，在滑坡体下缘修建谷坊坝可以有效地阻止物源启动、削峰减势、稳定河床，防止泥石流活动对下游沟底形成冲刷下切，控制泥石流发生时诱发沟道不稳定物源的大规模滑移，从而减小进入到下游1号拦挡坝的泥石流规模，有利于大坝的安全稳定。

坝型。综合地形地质情况分析，拟建1号谷坊坝的坝基位于泥石流堆积层上，坝型采用重力坝。

坝体断面和结构设计。1号谷坊坝溢流坝段长24.4m，非溢流坝段长27.6m；坝体上游坝面坡比为1：0.1，下游坝面坡比为1：0.8。溢流坝段两端采用坡比为1：1的斜肩与非溢流坝段连接；大坝建基面高程为1270.00m，基础埋深为2~3m，坝前压脚宽度为Im，同时为了加强大坝稳定性以及防止泥石流对坝脚的冲刷淘蚀，坝趾采用齿槽嵌入地基，齿槽深度为2m，宽度为2m，与坝底用1：1的斜坡连接。为了方便施工及就地取材，大坝整体采用C15埋石混凝土浇筑而成，基坑按1：1临时边坡开挖，基础置于稍密卵砾石层上，齿槽后面采用M5水泥砂浆灌片石回填防冲。

溢流坝段布置在大坝中部，溢流口采用梯形断面过流，溢流宽度20m，坝顶高程为1276.00m，坝顶宽3.26m，坝底宽9.46m，上游坝面坡比为1：0.1，下游坝面坡比为1：0.8，最大坝高6m；为降低泥石流对坝体的水压力，并且有利于水沙分离，坝体腹部设置一排断面尺寸为φ1.2m的圆形排水孔，间距3.0m，排距2.0m，共布置6个排水孔。

非溢流坝段：根据地形左右岸非溢流坝对称布置，各长13.8m，坝顶高程为1278.20m，坝顶宽1.5m，上游坝面坡比为1：0.1下游坝面坡比为1：0.8，最大坝高为8.2m。为了使非溢流坝段与岸坡之间连接更紧固，坝基采用台阶式开挖，分为3级台阶，台阶宽度均为2m，从上往下按1：1的坡比开挖成斜面。因此左右岸非溢流坝都分为三段，坝体断面形式一致，坝高逐渐变化。非溢流坝两坝端嵌入坝肩山体深度不低于2m，坝端置于两岸基岩弱风化层上，为了使坝体与基底岩体结合更加稳固，避免沿基底斜面产生滑动，可考虑增设锚杆将坝体下部与岩体锚固在一起。

b.下游防冲设计。为了让通过溢流坝下泄的泥石流流体安全进入下游沟谷，避免对坝脚及下游河床造成冲刷破坏，紧接坝后要修建消能防冲设施。本次设计根据有关资料，考虑工程的实际地形地质情况，综合分析后采用泥石流排导槽中侧墙加防冲拦挡坎的结构形式作为下游防冲设施，通过在下游沟谷较长范围内设置多道拦挡坎，不仅能够有效地阻挡泥石流下泄搬运的固体物质，逐步消除泥石流流体运动产生的能量，减缓其发展趋势；同时还能起到固定沟床、稳定物源的作用，防止泥石流运动中进一步下切沟槽、冲蚀沟岸，减少原沟床堆积物参与泥石流活动，从而减轻泥石流的危害。

大坝下游排导槽正对溢流口沿沟床顺坡布置，为避免从溢流口下泄的泥石流流体冲刷岸坡，排导槽出口应尽量正对原沟心，平面上布置成直线形式。排导槽结构采用分离式，主要由两侧导墙及四道拦挡坎组成，导墙与拦挡坎浇筑成为一个整体，均采用C20钢筋混凝土结构，各道拦挡坎之间的槽内填筑干砌块石防冲层。排导槽及各道拦挡坎沿地形坡度依次布置，槽净宽24.4m，总长40m；拦挡坎间距均为10m，长度与槽宽相同，拦挡坎采用矩形肋板结构，坎宽0.8m，净高2m，下部基础埋深不低于Im，开挖后采用M5水泥砂浆灌片石回填以加强其抗冲稳定性。排导槽两侧导墙为重力式挡土墙结构，墙高4m，顶宽1.5m，底宽2.85m，内侧面铅直，外侧面坡比为1：0.45，导墙上游端紧贴大坝下游坝面并沿沟床向下游布置，基础埋深不得低于1m。

坝肩边坡防护设计。根据勘查资料，两岸坝肩边坡均为基岩，岩体呈弱风化，局部强风化，强卸荷；节理裂隙较发育，岩体完整性差—较完整，多呈次块状-镶嵌结构。两岸边坡整体稳定，但局部存在不稳定块体，为防止局部崩塌，治理前采用人工清除不稳定块体，待清除完后，采用压浆处理坝肩节理裂隙较发育部位。两岸陡峻的山体开挖时为了保证施工安全，可将扰动的坡面临时采用挂网喷锚进行支护，锚杆采用妃5砂浆锚杆.单根长度为3.5m，间距为2m，梅花形布置，挂φ6@200钢筋网，喷混凝土厚度为10cm。

（7）泥石流监测预警。为了随时监控汛期鹰嘴岩沟内水流及物源运动情况并及时应对，在沟道流域应建立健全泥石流预警报系统，开展泥石流监测和预警工作，如在流域上游设立雨量监测点，开展石流防治工程玄泥石流预报工作：在泥石流流通区布设监测点，采用目前公认的泥石流次声警报器，开展泥、石流警报工作等；制定泥石流灾害应急预案.建立和完善灾害管理体制，以应对可能发生的低频率大规模泥石流灾害。

①拦挡坝外部变形监测：沿坝轴线共布置4个外部变形观测墩，水平位移测点与垂直位移测点同墩布置，各观测墩间距25m，对1号拦挡坝进行水平位移和垂直位移监测，防治工程监测量见表4-14。

表4-14　防治工程监测量清单

序号	仪器名称	单位	数量	备注
1	全站仪	套	1	承包人自备
2	数字水准仪	套	1	承包人自备
3	变形观测墩	个	4	钢筋混凝土
4	水平位移工作基点	个	1	
5	垂直位移工作基点	个	1	
6	强制对中基座	个	5	
7	水准标志	个	5	不锈钢标点

②在边坡稳定位置现场选取1组水平位移工作基点和垂直位移工作基点，作为拦挡坝外部变形监测的工作基准。

③变形监测点平面位移观测采用极坐标法按二等边角观测精度要求执行，观测周期为每月观测1~3次，特殊情况加密观测。

④垂直位移观测采用精密水准法（或采用三角高程代替精密水准），按三等观测精度要求执行，观测周期为每月观测1~3次.特殊情况加密观测。

（8）治理工程有效性分析。鹰嘴岩沟64处主要物源点，其中启动物源点大多为1~36号物源点中的不稳定物源和潜在不稳定物源，位于沟口至距沟口约1.9km的最下游沟段内。距沟口1.9km以上的物源点虽多数不稳定，但由于物源距沟口远.沟道拐点多，物源物质成分以大粒径的块石为主，不易搬运，易搬运的细颗粒已在"8-13"泥石流中被大量冲走，当前含量较小，加上距沟口1.9km以上的沟心多处被大块石、巨石堵塞.在很大程度上阻碍了泥石流的通过。故在研究未来泥石流的启动物源时，一般只需考虑沟口一距沟口1.9km范围内1~36号物源点里的启动物源。

根据现场实际地形地质情况，通过上游稳坡、固床工程后，在700~1200m范围内能达到对上游小冲沟沟口21~22号主要启动物源（含块碎石土）的有效防护，对1200m以上的较为密实的泥石流堆积体24号物源点进行坡脚挡护，工程稳坡、固底物源总量将达到约37.8万m、能够有效地减少其上泥石流启动时的固体（含土体）物质来源，并使沟内水流能快速通过治理范围，降低泥石流的触发概率。

通过对700m沟口段治理后，工程稳坡、固底物源总量将达到约75.64万m³。

上述治理量约占主要启动物源点1-36号中不稳定物源量198.26万m3的57%，鹰嘴岩沟"8·13"和"7·3"泥石流暴发时的固体物质来源，基本为沟内900m范围内堆积于沟道内物源和岸坡局部的崩滑堆积体。对比现有的沟道条件及物源分布，在1.3~1.9km内剩余不稳定物源量约为84.82万m3，基本为山体垮塌形成的块碎砾石堆积体，在一定降雨条件下，启动的可能性较小。通过沿其坡脚采用一定高度的浆砌块石挡墙护坡护脚，能对其进行较为有效的稳固，进一步降低其参与泥石流的可能性。

经过上、中游的稳坡、固床，减少了一次可参与泥石流活动的固体物源量，阻挡沟内的大块体启动，减小了泥石流峰值流量；通过排导调节工程后，下游沟口附近100多米范围还存在约12万m3停淤场拦挡库容量，治理工程实施后的可行性和可靠性是值得肯定的（图4-7）。

图 4-7　鹰嘴岩沟泥石流防治工程竣工

通过对鹰嘴岩沟泥石流沟综合治理，有效减少、减轻了泥石流固体物质冲出量发生堵塞岷江河道的危害，增大汛期耿达和渔子溪电站正常发电的可靠性，至今运行良好。

二、长河坝水电站野坝沟泥石流防治工程

（一）工程概况

我国四川乃至西南高山峡谷区，水电站建设中场地局限，施工布置困难，为减少移民和占地，通常采用沟内弃渣、沟口布置施工临建设施、生活区及移民安置的方案，但水电建设中泥石流沟的利用在此之前尚无先例。泥石流沟防护措施的研究既满足工程施工布置需要，同时还要保证人民生命与财产安全和节约工程投资，且为其他工程提供经验。

长河坝水电站位于四川省甘孜藏族自治州康定县境内，为大渡河干流水电梯级开发的、第10级电站，下游为黄金坪梯级电站。工程为一等大（1）型工程，是以单一发电为主的大型水库电站.电站装机容量为4×650MW，多年平均年发电量为107.9亿kW·h。枢纽建筑物由拦河大坝、泄洪消能建筑物、地下引水发电建筑物等组成。

野坝沟在长河坝坝址下游6~8km右岸与大渡河交汇，沟口大渡河滩地为一级台地，面积约8万m²，现为舍联乡野坝村驻地，211省道从其间通过。根据长河坝水电站施工总布置规划，前期加高至黄金坪正常蓄水位1476m以上2m，作为施工临建设施及生活区（居住不少于5000人），完工后作为移民安置点，形成宅地面积65500m²，耕地面积274000m²。

（二）泥石流基本特性

野坝沟是大渡河右岸的一级支流，主沟全长8.37km，汇水面积27.7km²，沟源海拔4000m，沟口处最低海拔1460m，总体纵坡降304‰，支沟不发育，3个功能区在地形地貌上较明显，地层岩性为裂隙发育易风化的石英闪长岩，易形成松散物源，属于较典型的泥石流沟。1945年曾发生过一次大规模泥石流，输砂量不少于15万m³，造成大渡河堵江，之后只发生过水石流和小规模稀性泥石流。通过对沟发育特征、泥石流发育历史以及理论计算分析，推测其暴发大规模泥石流周期为100年，属于低频泥石流。

通过野外调查分析，沟内物源总量为176.59 m³，潜在不稳定物源方量50万m³，占总数的28.3%，不稳定物源方量50.68万m³，占总数28.7%，所占比例较高，70%的不稳定和潜在不稳定物源均分布在流通区和堆积区后缘沟床两侧，容易被挟带，即存在形成泥石流的可能。目前处在活跃期中的一个相对稳定期（对于大规模泥石流），在一般暴雨条件下会发生水流或小规模稀性泥石流，但当遇到100年一遇或以上规模的洪水，存在发生大规模泥石流的可能。最近几年，沟内增加了1.8万m³松散物源（增加的松散物源主要为采矿矿渣），人类活动频繁也会使泥石流暴发规模和趋势增加。

综合评价，野坝沟是一条典型的泥石流沟，中等易发，危险性中等偏大。

（三）防护对象及标准

1.防护对象

根据长河坝水电站施工总布置规划，野坝沟沟口大渡河滩地在施工期为泄洪放空系统和引水发电系统施工场地。沟口沿大渡河滩地上下游约200m外均布置有施工生活区、办公区，施工期生活区内至少有5000余人，后期为移民安置点，居住约156Ao沟口现有211省道通过，施工期连接场内交通，枢纽运行期为永久上坝交通道路；改线后的211省道在现有沟水经过处采用桥梁通过，正对沟口位置为S211线明线填方设计。

根据上述资料，野坝沟沟水处理及泥石流防护的永久保护对象为沟口下游侧的移民、复耕地及改线后211省道，施工期的保护对象为施工场地、上下游施工生活区及现有211省道。

2.泥石流灾害防治工程安全等级及设计标准

防护对象上基本满足泥石流灾害防治工程安全等级中三级的要求，考虑其泥石流低频、小规模、稀性的特点，再结合工程造价规模，综合分析确定其泥石流灾害防治工程等级为三级，泥石流防治设计标准采用30年一遇，对应降雨强度取30年一遇。30年重现期下泥石流峰值流量为93.01 m³/s，相应泥石流输砂量为3.71万m³。

（四）防护方案

1.设计思路

根据本沟流域的水文气象、地形地质条件及工程区施工布置规划，针对沟内泥石流防治遵循以防、避为主，以治为辅，防、避、治相结合的原则。

首先，根据泥石流形成条件、流体性质以及堆积范围，结合工程施工布置和永久移民安置点等重要性分析，对场地进行了相应的分区布置。施工临时生活区、施工设施布置及永久移民安置点布置尽量避开泥石流危险区及其高频影响范围。

其次，针对泥石流采取相应的工程防治措施。因沟内上中游段狭窄陡峻，且无相应的交通道路，人烟稀少，难以实施工程防治措施.而沟口下游布置有施工临建设施、生活区及永久移民安置点等，且具备布置工程措施的条件，即下游拦蓄、排导洪水及泥石流。工程措施充分发挥泥石流拦、蓄、排、淤等综合防治技术，因势利导，就地论治，因害设防。

另外，应建立健全整个沟域的泥石流监测预警预报体系。

2.推荐方案

依据设计思路，结合地形地质条件、泥石流特点及工程利用情况等因素，因地制宜确定多个防护方案进行比较。通过对比分析排导槽的布置、拦挡坝与停淤场等各方案的主要工程量、优缺点及建筑工程直接投资、尤其是结合现场已形成的交通需要、施工布置规划的场地及永久移民的安全等因素，确定防护工程为三座拦挡坝+排导槽：利用三座拦挡坝的库容拦蓄泥石流固体物质、削减泥石流峰值、稳固坡脚、减缓槽身磨损；利用排导槽将洪水和其余的泥石流排泄至大渡河；泥石流防护工程布置见图4-8。

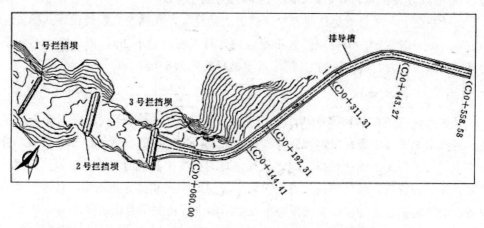

图4-8　野坝沟泥石流防护工程布置示意图

3.防护建筑物

防护建筑物由拦挡坝和排导槽组成。

（1）拦挡坝。根据沟口现场施工布置及211省道通过下游沟段地形相对平缓地段，在沟口向上 500m 起向下游依次修建三座混凝土重力式拦挡坝。结合沟内地形地质条件、坝 体稳定、工程投资等因素，确定坝高及顶宽以及基础埋深，并在拦挡坝顶设置溢流口使泥石流翻过坝体排向下游。为减少坝前的水压力，调节输送泥沙的功能，延长拦挡坝的使用时限，减少运行中的排水难度，在溢流坝身布置一排或两排孔洞用于排水、石，其布置高程既要方便过水又要减少淤堵，断面大小则根据沟内物源的固体粒径大小确定。

经计算确定 1 号、2 号拦挡坝下游水平距离 20 的范围内，铺设 1.0m 厚的钢筋混凝土板防冲，3 号拦挡坝下游即连接全衬砌的排导槽，满足其防冲要求。

对坝体稳定采用刚体极限平衡方法计算分析，对坝体的溢流坝段和非溢流坝段分别进行三种工况下抗滑、抗倾和地基承载力验算，结果均满足规范要求。

（2）排导槽。3 号拦挡坝的溢流坝段与排导槽衔接，以便从溢流口和坝身孔内通过的洪水和泥石流到排导槽内。

在平面上，充分考虑堆积扇地形、沟水流向、施工布置以及 211 省道的路线，为避免破坏施工场地整体性，减少对 211 省道的干扰，且利于沟水和泥石流的排泄，确保永久移民安置点的安全，沿现有沟水流经处布置排导槽轴线，即进口由沟口延伸一段后转弯折向上游沿靠山侧边缘-通过已完成的改线 211 省道桥墩之间，横穿现有 211 省道至大渡河。进口段的喇叭口布设成上游宽、下游窄（与排导槽一致）并呈收缩渐变的喇叭口形。

纵坡设计上除考虑现场的工程布置（现有 211 省道跨槽桥梁高程衔接）、便于泥石流排泄（纵坡越大越好）、工程量最小（避免开挖和衬砌工程量过多，沿现有地形坡度走向）外，还要考虑出口施工条件等因素，进口约 192m 段纵坡设计为 17.5%，中间约 197m 段纵坡设计为 13.0%，末端约 170m 段纵坡为 4.0%。

在横断面上，结合成昆铁路上 V 形槽的成功经验，在槽身底板处设计其横坡度均为 25%。按一般规定，沟内流通区不稳定物体最大粒径约 1~2m，拟定槽宽不小于泥石流流、体的最大石块粒径的 2.5 倍，选定槽身底宽为 8.0m。

（五）预警及建议

野坝沟泥石流防护涉及长河坝水电站施工期（8 年），与永久移民点安全息息相关，且该沟泥石流中等易发，加强其预警预报及防护工程的日常维护非常必要。首先雨季应进行泥石流监测和预报，制定灾害预防的制度；其次应将泥石流防护工程纳入电站主体工程管理，每年汛前及每次洪水后应清理库区和排导建筑物，且每年汛后应检查、维修防护建筑物。预警预报将由业主组织进行相关的专题研究。

（六）建设及运行情况

野坝沟泥石流防护工程在 2011 年汛前完成三座拦挡坝的建设。2011 年汛期，三座拦挡坝已经发挥作用，之后又完成了排导槽的施工。

拦挡坝和排导槽为泥石流的防护处理组合枢纽布置，拦挡坝具有拦挡推移质和泥石流固体物质的作用，下游衔接排导槽则起到拦蓄、排导洪水及泥石流的作用，但由于工程受地形条件的限制和下游黄金坪水电站蓄水的影响，出口受大渡河水顶托作用较强对排泄有所制约。工程措施充分发挥泥石流拦、蓄、排、淤等综合防治技术，因势利导，就地论治，因害设防，建成以来发挥了应有的作用。

第五章 泥石流灾害的岩土工程防治措施

泥石流灾害的防治包括预防与治理2个方面。从总体上讲，可分为工程措施与非工程措施。其中，非工程措施包括泥石流的监测预警、泥石流危险性评估与风险分析、泥石流灾害风险管理等措施，它不具有约束或抑制泥石流的功能；而工程措施根据泥石流成因，按照规律，采取人为措施，对泥石流的形成与活动加以限制，从而达到减轻泥石流危害的目的。具体又可以分为岩土工程措施与生物工程措施。

第一节 泥石流防治原则与标准

一、泥石流灾害防治原则

泥石流的发生和发展与所在工程区特定的地质、地貌、水文气象条件相关，受自然条件和人类活动的影响，往往同一区域内有稀性、黏性不同类型的泥石流，其危害程度更取决于人类在其影响范围的活动程度，包括可能导致工程失事产生次生灾害的影响大小，因此危害程度差异性较大，每个泥石流的灾害治理范围、采取的方案和措施是互不相同的，在以往的工程实践中基本上是非标准设计。实践中，首先需要对水电工程区进行全面勘察和泥石流危害评估，根据工程区内泥石流发生条件、基本性质、发展趋势并结合对工程区内各建筑物的影响程度进行布置上的统筹规划，泥石流规模大且可能危害严重区域应主动避让，对需要防治的区域应抓住关键影响因素，针对性研究防护方案，在不同部位采取不同的措施-根据现场情况可分期、分步实施，总体上讲应遵循以下原则：

（一）全面勘察、综合评估

泥石流防治需对流域的上、中、下游进行全面的勘察，了解流域内泥石流暴发的特点、规律，结合工程区的施工总布置和枢纽布置条件全面评估工程场地的泥石流危害程度、防治难度和估算成本，具体需要综合考虑工程等级、建（构）筑物重要性、

186

生命周期和区域内泥石流的特征、发展趋势等因素，以及对泥石流形成三要素中的一个或几个要素加以控制、改变或影响的可行性，为工程场地选择提供基本资料。

（二）避让优先、合理布局

在工程布置中优先避让泥石流危险性区，这是减少风险和投资的最佳措施。如进行枢纽布置时，凡影响到主体工程安全运行的建筑物宜主动避让，以防泥石流直接破坏或产生次生灾害（例如堵塞导流建筑物），导致工程出险；在工程区内的业主、承包商营地或移民安置点等人口密集区也应主动避开泥石流影响区。

泥石流危害程度不高或采取一定的工程措施可控的区域，可布置次要建筑物或临时生产设施。

（三）因地制宜，针对防治

影响泥石流暴发及活动的因素较多，在同一个泥石流流域内，不同支沟发生的泥石流其类型及性质也不尽相同。不同地域具有不同的环境条件，而且随着被保护对象的不同，其防治的标准和要求也有较大的差别。因此泥石流防治对策及技术方案只能根据工程区域的地形、地质及水文气象条件因地制宜，针对泥石流的不同类型、规模、发展趋势及防护对象的重要性进行研究制定，泥石流防治对策及措施见表5-1。

表5-1　泥石流防治对策及措施

区域	形成区	流通区	堆积区
防治对策	以防治产砂为主，最大限度减少和控制入沟固体物源；有条件的地区截断集中水流进行引排	以排砂为主，稳定流路，消能和控制卜泄沙量和输沙粒径	控制泛滥范围，以排导和防护为主，在有条件的地区实施停淤
防治方法及常用工程措施	集排水系统，坡面治理工程，沟谷稳坡稳谷治理工程	疏通沟道，采用排导工程，护底、护岸工程、辅以拦挡工程控制输沙量	采用排导工程、拦挡集流归槽、停淤场等

实践中将泥石流形成三要素中的其中一个或几个要素设法加以控制、改变或影响，就可以预防或大大降低泥石流的危害；宜在不同的地段采取针对性的防治措施，才能消除或降低泥石流的危害。

按防治的轻重缓急要求，结合危害对象的保护需求，因地制宜，尽量减少防治工程投资。在水电工程泥石流防治中，对重要的主体建筑物、永久营地或移民安置点，有条件时宜采取综合防治措施，从泥石流沟的上游至沟口分别采取保持水土、岸坡防护、拦挡排导及监控预警综合防治方案。例如，四川省汉源县的万工集镇泥石流治理工程通过综合治理，在物源区固底护坡、建设格拦坝、引排上游沟水、排导槽等工程，实现水石分流，流通区对边坡护坡整治，排导归槽，实际运行良好。

但有的设施级别不高或使用期较短，在危害可控的前提下，对主要的设施采取适当的防护、对其他辅助设施采取导排和预警就可大大降低灾害程度，满足保护对象的防护需求，并节省了投资，如保护对象仅是工厂、临时仓库、施工区内公路等已建设施，防护重点放在对工厂的防护上，对临时仓库、公路地段则采取简单排导、辅以预警措施，不进行专门的流域综合治理，可以达到投入少，见效快的效果。

其次，从流域单元来讲，中上游流域属生态环境治理区，下游堆积扇危害区属人类活动社会灾害治理区。泥石流形成区是防治泥石流的关键部位，是实施主动治理和使用硬性防治措施的集中区域；堆积扇危害区是减轻泥石流灾害损失的重点，是部署被动防护设施和采取软性防治措施的主要区域。在泥石流形成区内，抑制发育中的形成基本要素以限制泥石流发育，或使正在形成中的泥石流停止活动，或限制已经形成了的泥石流规膜等，都可取得防治泥石流危害的效果，以达到减轻灾害的目的。泥石流防治的实用性原则包括以下几点。①抑制泥石流发生原则泥石流形成所需的是地形、松散物质和水3个要素，其中地形和松散物质是受地球内外营力制约、演变过程极其缓慢的缓变因素；水分条件属于急变因素，但受气象条件和其他环境因素的制约。人为措施对它们的直接影响极为有限。因此，只宜从改变局部地貌、增加流域上游植被覆盖和调节流域水文汇流过程入手，通过减弱水动力要素，抑制泥石流的形成。②减弱泥石流活动原则在泥石流形成的过程中，采取工程措施减弱或抑制水与松散固体物质的融合过程（即水土融合），即可削减泥石流起动量与活动规模；若进一步采取措施促使泥石流中的水分与土体分离（即水土分离），已经发生了的泥石流将减弱活动，降低密度，变成高含沙洪水。

采取人为措施引走形成区上部水源，疏干形成区崩塌滑坡体中的孔隙水，引走暴雨径流或排走沟床内的潜水，均可阻止水土融合，从而大大削减形成泥石流的规模，这就是水土分治原理。此外，修建谷坊和拦沙坝促使泥石流停淤并改变形成区局部地貌，或修建透过式拦沙坝实现泥石流中的水分与土体的分离，均能减弱泥石流活动、削减泥石流规模，达到减轻泥石流灾害的目的。

（四）布设监测、加强预警

只有遵循优先避让、以防为主的原则，并做好预警措施，才能在源头上降低风险。泥石流的发生往往具有突发性，从形成到具备一定危害规模需要经过一段时间。因此-建立监测和预警机制十分重要，特别是对减少人员伤亡十分有效。

二、泥石流防治标准

泥石流和洪水相比，虽然动力特性有较大差别.但总体上讲，也是一种因洪水而起的灾害，可以当作含推移质的水石流或泥流，现行泥石流规模预测普遍采用频率洪水结合沟谷特征进行分析计算所得，故采取的泥石流防护标准与洪水防治标准类似，都是以其工程设计保证率来表达的，即保证防治工程在遭遇相应频率下的泥石流时不致造成危害。

　　从泥石流灾害而言,泥石流防护标准除决定于被保护对象的安全要求外,同时还受到泥石流的类型、活动规模、危害程度及发展趋势的影响。一般来说,泥石流的规模愈大,破坏作用亦大,造成的危害就更加严重。但受害对象的重要性不同,造成危害程度也就不一样,泥石流若危害重要性高的保护对象.就会造成更大的损失。正处于发展期的泥石流,其规模与危害都将会有进一步增大的可能。但处于衰退期的泥石流,虽然在短期内仍有一定的危害,而随着所处环境逐步转入良性循环,泥石流的活动规模与危害可能减小。通过以上分析.防治标准应按照保护对象的重要性、潜在危险性大小、经济性三者相协调的原则确定,因此.泥石流防治工程标准与建筑物的级别、泥石流危害后果、危险性大小有关。

(一)防治标准体系思路

　　防治标准体系构建思路的方式有两种:第一种是先确定防护工程级别,再直接对应具体设计保证率标准;第二种是先根据保护对象建筑物级别、失事后果确定防护工程安全等级,再给出具体设计保证率标准和防护工程级别,相比前者多一个层次;两种方式在实践中都有具体应用。

　　防护工程标准不仅与保护对象建筑物级别有关,还与泥石流危害后果、危险性大小相关,因此,先确定保护对象的安全度(危害等级),再结合泥石流危险性大小来确定防护标准、防护工程建筑级别是比较合适的。其中保护对象的安全度(危害等级)和自身建筑物的级别、危害后果相关,泥石流危险性大小则与泥石流三要素相关。建筑物级别可沿用水电行业现行建筑物级别划分,其他危害后果、危险性大小等因素可通过勘察和评估所得。采用这种方式便于衔接相关水电行业设计规范,故推荐防治标准思路采用类似第二种方式。

(二)危害等级分级指标研究

　　水电工程中的保护对象的危害等级与其规模、级别、失事后果相关。近年来,有关地灾防治法规、行业规范和科研成果中有关危险性等级和危害等级标准如下。

　　1.国家相关法规规定

　　(1)《地质灾害防治条例》(2003年国务院令第394号,自2004年3月1日起施行)。

　　(2)《国家突发地质灾害应急预案》规定,地质灾害按危害程度和规模大小分为特大型、大型、中型、小型地质灾害险情和地质灾害灾情四级。

　　根据上述两个法规归纳的相关内容见表5-2和表5-3。

表5-2　泥石流灾害危害性等级分类

危害性灾度等级	特大型	大型	中型	小型
死亡人数/人	>30	30~10	10~3	<3
直接经济损失/万元	>1000	1000~500	500~100	<100

注：灾害的两项指标不在一个级次时，按从高原则确定灾度等级。

表5-3 泥石流灾害潜在危害性等级分类

危害性灾度等级	特大型	大型	中型	小型
需搬迁人数/人	>1000	500~1000	100~500	<100
潜在经济损失/万元	>10000	10000—5000	5000~500	<500

注：灾害的两项指标不在一个级次时，按从高原则确定灾度等级。

2 行业相关规范规定

（1）《城市防洪工程设计规范》（GB50805—2012）中泥石流的影响采用泥石流的作用强度来表达，根据形成条件、作用性质和对建筑物破坏程度把泥石流作用强度分为3个等级，对应的规模和破坏作用也分为3级（表5-4）。

表5-4 泥石流灾害规模和作用强度等级分类

泥石流的作用强度	规模	破坏作用	破坏程度
1	大型	以冲击和淤埋为主，淤埋整个村镇和区域，治理困难	严重
2	中型	有冲有淤以淤为主，冲淤部分平房和桥涵，治理比较容易	中等
3	小型	冲刷和淹没为主，破坏作用较小，治理容易	轻微

（2）《泥石流灾害防治工程勘查规范》（DZ/T0220—2006）中单沟泥石流灾害危险性等级划分和潜在危险性分级表则引用《地质灾害防治条例》内容。

（3）《滑坡崩塌泥石流灾害调查规范（1：50000）》（DZ/T0261—2014）中地质灾害灾情与国家法规相同，危害对象等级划分标准见表5-5。

表5-5 危害对象等级划分

危害等级	一级	二级		三级
危害对象	城镇	威胁人数大于100人，直接经济损失大于500万元	威胁人数10～100人，直接经济损失100万~500万元	威胁人数小于10人，直接经济损失小于100万元
	交通干线	一级、二级铁路，高速公路及省级以上公路	三级铁路，县级公路	铁路支线，乡村公路
	大江大河	大型以上水库，重大水利水电工程	中型水库，省级重要水利水电工程	小型水库，县级水利水电工程
	矿山	大型矿山	中型矿山	小型矿山

（4）中国水电工程顾问集团颁发文件《电力工程建设项目地质灾害防治指导书》（〔2013〕437号）。该文件根据承载对象的经济属性、人员伤亡及生态环境破坏程度等危害后果，按危害性将地质灾害划分为危害性大（a）、危害性中等（b）、危害性小（c）三个等级，见表5-6。

表5-6　地质灾害危害性分级表

危害性分级	确定要素	损失大小	
		威胁人数/人	潜在经济损失/万元
危害性大（a）	地质灾害具有较大规模，严重影响主体工程施工、运行，对人身安全存在重大隐患.或者对生态环境造成极大破坏。主要发生于枢纽区范围内	>500	>5000
危害性中等（b）	地质灾害具有一定规模，对主体工程建设有一定影响，或者严重影响附属工程建设，破坏局部生态环境.或造成工程机械设备及建筑材料的较大损失、较长时间中断交通等。主要发生于工程区内	100~500	500~5000
危害性小（c）	一般规模较小.对工程建设局部造成较小影响.或短暂中断交通等。主要发生于工程区外围或者场内公路边坡	<100	<500

注：1.损失大小判定的因素中.由高到低有一个因素达到标准时，损失大小级别即为该等级。

2.地质灾害发生后可能造成的经济损失和受威胁人数.应是地质灾害涉及范围内可能造成的经济损失和受威胁人数。

3.有关防治工程等级的科研成果

成都院结合中国水电工程顾问集团科研项目"水电工程泥石流勘察与防治关键技术研究"，从保护对象、工程总投资等方面对泥石流防治工程等级进行划分，将防治工程等级分为特大型、大型、中型和小型四级，具体见表5-7。

4.水电工程泥石流危害等级分级

（1）分级考虑因素。泥石流灾害后果是危害等级直接相关的因素，其量化指标主要反映受威胁伤亡人数和经济损失，其中受威胁人数基本都根据国家相关法规《国家突发地质灾害应急预案》（国办函〔2005〕37号）中泥石流灾害潜在危害性等级分类确定，而潜在经济损失指标量化差异较大，一方面，主要是由于各行业关注重点和建筑物造价存在较大差异，随着社会经济的发展，不同时期编制的经济损失的分级成果也各不相同，说明潜在经济损失量化指标受经济发展变化影响较大，不容易准确把握分级尺度；另一方面，水电工程中的保护对象使用年限有永久和临时等类型，有水工建筑物，如大坝、泄洪设施、电站厂房等；有满足施工需要的各种建筑物，例如临时渣场、施工工厂设施等；其中泄洪设施一旦损毁，将直接威胁大坝度汛安全，渣场损毁也会带来严重的次生灾害，直接损失不大，但间接损失无法量化，因此潜在经济损失难以采用准确的量化指标反映。

表5-7　泥石流防治工程等级划分

工程等级	划分条件（符合一个条件即可）			
	受保护的人数/人	受直接保护的财产/万元	工程总投资/万元	受保护的对象
特大型	>1000	>20000	>2000	大城市，国家级厂、矿、工程建设、水陆交通枢纽和干线、地质遗迹和旅游区，以及国家级国土开发和社会-经济发展项目
大型	101~1000	10001~20000	501~2000	中等城市，省级厂、矿、工程建设、水陆交通枢纽和干线、地质遗迹和旅游区，以及省级国土开发和社会-经济发展项目
中型	10~100	1000—10000	100—500	小城镇和居民点，县级厂、矿、工程建筑、水陆交通枢纽和干线等
小型	<10	<1000	<100	农田、村庄，村、乡级企业

　　基于上述原因，对于营地、安置人员居住地的危害等级采用受威胁的人员数量分级是合适的，而对于其他保护对象则不宜直接采用潜在经济损失量化指标。考虑到保护对象对应的建筑物级别分级中已考虑了保护对象的规模、使用年限、重要性等指标，危害等级取现有水电工程规程规范中已明确的建筑物级别和相应失事后果进行组合来分级更合适和全面一些，其失事后果以相对模糊尺度代替，如损失严重、一般、轻微等，虽有一定的主观因素，但由于保护对象的级别明确，失事后果认可的偏差较小。

　　（2）危害等级分级。基于以上因素，根据泥石流危害对象及其重要程度，笔者将水电工程泥石流危害程度划分为四级，具体见表5-8。

表5-8　水电工程泥石流危害程度分级表

危害程度	危害对象							主体建筑物	集中居住区
	施工（临时）建筑物							水工建筑物级别	安置人数/人
	渣场		临时生产作业区域人数/人	仓库		临时导流建筑物级别			
	永久	临时		永久	临时				
Ⅰ	特大型		501~1000					2、3级	201~600
Ⅱ	大型	特大型	100~500	大型		3级		4级	<200
Ⅲ	中型	大型	<100	中型	大型	4级		5级	
Ⅳ	小型	中-小型		小型	中型			5级	

注 1.水工建筑物级别应符合《水电枢纽工程等级划分》(DL5180—2003)的有关规定。

2.施工建筑物级别应符合《水电工程施工组织设计规范》(DL/T53972007)的有关规定。

3.集中居住区包括业主、承包商营地及移民安置点等。

(三)泥石流防治工程设计标准

1.其他行业泥石流防护标准

(1)国土行业。近年来,国家对地质灾害防治工作的高度重视,对泥石流等地质灾害投入大量资金进行治理,特别是四川、云南等地质灾害高发地带,在泥石流防治设计实践过程中,积累了大量工程经验,国土行业泥石流灾害防治工程安全等级标准见表5-9和表5-10。

表5-9　泥石流灾害防治主体工程设计标准(国土行业)

防治工程安全等级	降雨强度	拦挡坝抗滑安全系数		拦挡坝抗倾覆安全系数	
		基本荷载组合	特殊荷载组合	基本荷载组合	特殊荷载组合
一级	100年一遇	1.25	1.08	1.60	1.15
二级	50年一遇	1.20	1.07	1.50	1.14
三级	3°年一遇	1.15	1.06	1.4Q	1.12
四级	10年一遇	1.10	1.05	1.30	1.10

表5-10　单沟泥石流危险度和设计标准

危险度分级	泥石流活动特点	灾情预测	防治原则	工程设计标准
极低危险	基本上无泥石流活动	基本上没有泥石流灾难	防为主,无需治	无需措施
低度危险	各因子取值较小,组合欠佳,能够发生小规模低频率的泥石流或山洪	一般不会造成重大灾难和严重危害	防为主,治为辅	10年一遇
中度危险	个别因子取值较大,组合尚可,能够间歇性发生中等规模的泥石流.较易由工程治理所控制	较少造成重大灾难和严重危害		20年一遇
高度危险	各因子取值较大,个别因子取值甚高,组合亦佳,处境严峻,潜在破坏力大,能够发生大规模和高频率的泥石流	可造成重大灾难和严重危害		50年一遇
极高危险	各因子取值极大,组合极佳,一触即发,能够发生巨大规模和特高频率的泥石流	可造成重大灾难和严重		100年一遇

（2）城镇、市政行业。城镇、市政行业泥石流防治多以《城市防洪设计规范》（GB50805—2012）为基础，防治设计重点在大中型泥石流，该规范提出设计标准根据泥石流的作用强度确定，但主要通过勘察分析确定具体泥石流规模，不进行具体频率量化的设计标准选择。

（3）科研成果推荐的防治标准。中国电建成都院联合西南交通大学在《水电工程泥石流勘察与防治关键技术研究》科研项目中，根据泥石流的危险程度和防治工程等级确定泥石流防治工程设计标准或泥石流频率，设计标准见表5-11。

表5-11　泥石流防治工程设计标准

工程等级	危险程度等级				活动规模			
	极高	很高	中等	很小	巨型	大型	中型	小型
特大型	100	50	25	10	100	50	25	10
大型	50	25	10	5	50	25	10	5
中型	25	10	5	3	25	10	5	3
小型	10	5	3	3	10	5	3	3

注 表中数值为泥石流设防的概率水准，100即为100年一遇，余同。

2.水电工程泥石流防治工程等别

根据保护对象建筑物级别、失事后果确定防护工程安全等别。水电工程泥石流防治工程等别的确定，主要是根据泥石流危害程度和危险性等级综合确定，其中危害程度确定见表5-8，危险性等级主要是根据三要素评价方法综合确定，最终确定的泥石流防治工程等别见表5-12。

表5-12　水电工程泥石流防治工程等别

泥石流治理工程等别	泥石流危害程度	三要素等级
1	I	极危险
2	I	危险
	II	极危险
3	I	中等危险
	II	危险
	III	极危险
4	II	中等危险
	III	危险
	IV	极危险
5	III	中等危险
	IV	危险
	IV	中等危险

3.水电工程泥石流防治工程设计标准

由于水电工程可能遭遇的泥石流的永久临时建筑物类型较多，影响各异，结合上述成果共同分析，防护标准需考虑危害分级、结合泥石流特点等因素，才能较为全面客观。故防护标准的拟定应考虑以下四方面要求：

（1）防护标准需根据防护工程级别、危害分级确定。

（2）考虑泥石流特点（危险度、活动性），包括泥石流危险性的评价结果。泥石流发生受自然条件影响，具有一定随机性，暴发条件和规模不同，有的泥石流目前危害程度、低，经勘察表明今后可能会变高，有的反之；有的直接危害不大但带来的次生灾害影响较大。

（3）遵守现行要求。涉及水电工程专项复建的城镇、公路、铁路等项目的泥石流设计其准，应满足其行业规范要求。

（4）参考已实施工程安全运行的标准。根据上述原则，永久或临时工程在防护工程级别上已经体现，不分开制定。

对受保护对象为水电工程的临时工程而言，考虑到泥石流灾害和洪灾对工程的影响有一定类似，但泥石流灾害一般比洪灾失事后果严重，故可类比参照《水电工程施工组织设计规范》（DL/T5397—2007）中相关标准并适当提高。

部分已实施的水电工程中永久防治工程级别为 Ⅰ 级，危险性大，重现期在100年；临时工程防治工程级别 Ⅱ 级、危险性大一中等，重现期在30~50年；临时工程防治工程级别为 Ⅲ 级或以下，危险性大一中等，重现期在10年，也符合上述特征。

综合确定标准见表5-13，需要说明的是，对影响1级主体建筑物、大于600人的工程业主、承包商营地或移民集中安置点应主动避让泥石流影响区，如需防治，其泥石流设防标准应专门论证。

表5-13　防治工程泥石流设防标准表

防治工程等别	1	2	3	4	5
泥石流设防概率水准/年	100	50	30	20	10

同时，在确定泥石流防治工程的设防标准后，对防治工程涉及的主要建筑物，其建筑物级别考虑与相关水工建筑物级别对应，具体见表5-14。对于泥石流治理工程建筑物，使用年限、基本要求、安全标准宜等同相关水工建筑物有关标准。

表5-14　治理工程建筑物级别表

治理工程等别	泥石流治理工程建筑物级别	治理工程等别	泥石流治理工程建筑物级别
1	3	4	5
2	4	5	5
3	4		

注 治理工程建筑物级别是根据《水电枢纽工程等级划分及设计安全标准》（DL5180—2003）确定。

（四）水电工程泥石流工程实例统计

近年来，通过对多个水电工程10余条泥石流沟治理工程所采用防治标准的统计（表5-15），结果表明：主体工程标准在30~100年左右，施工临时建筑物标准在10~30年。

部分水电工程泥石流工程实例见表5-15。

表5-15　水电工程泥石流防治工程设计标准实例统计表

项目名称		泥石流特征	保护对象	危害性	防治标准
GB水电站某泥石流沟		轻等易发稀性泥石流	超大型渣场、下游右岸导流洞进口	危害超大型渣场、临时建筑物，堵塞导流洞进口	100年一遇
HZY水电站	坝区右侧某泥石流沟	现今发生大规模泥石流的可能性小，但可能会在汛期特大暴雨条件下发生小规模的稀性泥石流	大坝基坑	小规模的稀性泥石流，危及基坑施工安全	20年一遇（同沟水处理标准）
	色古沟	高山区、沟谷型、低频率、过渡型偏稀性泥石流，现状条件下属中等易发	超大型渣场	中等易发偏稀性泥石流危及渣场安全	泥石流采用30年一遇
JP水电站	南沟	稀性泥石流	3号营地（约1万人）临时防护（2年）	一次稀性泥石流总量2.82万m³	10年一遇（同沟水处理标准）
	北沟	稀性泥石流	3号营地（约1万人）临时防护（3年）	一次稀性泥石流总量8.13万m³	10年一遇（同沟水处理标准）
	棉纱沟	稀性泥石流	4号转载站及5号场内公路（应急+永久防护）	轻度易发	10年一遇
	印把子沟	稀性泥石流	印把子沟特大型渣场（应急+永久防护）	轻度易发	100年一遇
	道班沟	稀性泥石流	5号场内公路（应急+永久防护）	轻度易发	10年一遇

项目名称		泥石流特征	保护对象	危害性	防治标准
CHB 水电站	磨子沟	稀性泥石流	磨子沟容量为 630 万 m³ 永久性特大型弃渣场，施工道路，砂石加工系统标施工工厂，沟口永久移民场址和复耕土地，规划该居民点安置 42 户 206 人，复垦耕地 241.72 亩	中等易发，危险性为中等	泥石流灾害防治工程安全等级取三级，对应降雨强度取 30 年一遇
	野坝沟	稀性泥石流	永久防护对象为沟口下游侧的移民复耕地及改线后 211 省道，以及现有 211 省道改建后为上坝公路"施工期的保护对象为施工场地 G、L 以及上下游施工生活区和现有 211 省道	中等易发，危险性为中等偏大	安全等级拟取三级，对应降雨强度取 30 年一遇
CHB 水电站	响水沟	黏性泥石流	响水沟渣场（沟内规划堆渣容量为 730 万 m：\弃渣场布置成两个平台，渣场堆渣最大高度 160m，为工程永久性特大型库内弃渣场）和电站导流工程 3 级建筑物，防护时段为电站蓄水前的施工期 5 年	低频泥石流沟，中度易发，危险性中等	泥石流灾害防治工程安全等级取三级，对应降雨强度取 30 年一遇

项目名称		泥石流特征	保护对象	危害性	防治标准
LHK水电站	瓦支沟	支沟为黏性泥石流，主沟为稀性泥石流	直接影响瓦支沟沟水处理工程和2号渣场、施工工厂，电站施工期间的八年时间内前两项防护对象失事之后间接影响到下游的庆大河沟水处理工程、庆大河1号渣场和施工主基坑等	主沟轻度易发，危险性指数为危险性中等，左支沟泥石流易发程度为易发，危险性指数为危险性中等偏大	泥石流灾害防治工程安全等级取三级，对应降雨强度取30年一遇

第二节 泥石流防治的基本程序与体系

一、泥石流灾害防治的基本程序

为保证获得防治效果，泥石流灾害防治工程原则上应遵循勘察、设计、施工到竣工验收、运行维护管理的先后次序。对于应急抢险防治工程可根据现场勘察成果进行施工详图设计。

（一）工程勘察

泥石流工程勘察分为初步调查、专门勘察和防治工程勘察三个阶段，与水电工程勘察设计阶段相适应，并基本满足各阶段勘察深度的要求。

（1）水电工程规划阶段和预可行性研究阶段。宜以泥石流调查为主，当泥石流对工程设计方案选择构成较大影响时，应进行泥石流专门勘察。

（2）水电工程可行性研究阶段。当工程区存在泥石流灾害问题时，应进行泥石流专门勘察或泥石流防治工程勘察。

（3）水电工程招标设计和施工详图设计阶段。如发现有新的泥石流问题，可进行泥石流专门勘察或泥石流防治工程勘察。

（二）防治工程设计

泥石流防治工程设计一般可分为预可行性研究设计、可行性研究设计和施工详图设计三个阶段。

（1）预可行性研究设计。根据防治对象安全要求，结合勘察成果，初拟两种或两种以上可行的设计方案进行技术经济比较，提出推荐方案。宜在水电工程预可行性研究阶段或可行性研究阶段进行，与泥石流专门勘察阶段相对应，适用于主体工程、移民安置点选址和辅助、临时工程选址及建筑物布置。

（2）可行性研究设计。在推荐方案的基础上，经技术经济比选，选定防治工程位置、轴线与建筑物布置形式、参数等，并确定施工组织设计方案及编制工程概算等。宜在工程可行性研究阶段或以后进行，与泥石流防治工程勘察阶段相对应。

（3）施工详图设计.这是在可研设计成果的基础上，结合现场条件，进行动态设计满足现场施工的需要。宜在工程施工详图设计阶段进行。

（4）防治工程施工和竣工验收。按设计文件要求完成施工并通过验收和管理移交。

（5）防治工程运行维护管理。包括在工程的设计使用期按设计文件要求进行监测预警值班、日常维护等。

二、防治体系

泥石流防治技术体系就是根据泥石流的发生条件、基本性质、活动规律、发展趋势、危害程度及其相应的地貌、地质、水文和气象条件等，按照客观需要和可能，从全局的视角对泥石流流域或者区域进行统一的规划防治，在相应地段采取一系列切实可行、相互关联和不同功能的工程措施、监测预警措施和行政管理措施等，从而使该区域内泥石流的发生、发展逐步得到控制，危害得到减轻或者消除，区域的生态环境得到改善和恢复，并逐步建立起新的良性生态平衡环境。

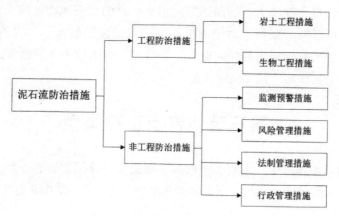

图 5-1　泥石流防治措施体系

根据泥石流形成过程与模式，按照泥石流防治的实用性原理，先初步分析泥石流形成过程分段与泥石流防治功能分析的对应关系。

泥石流形成段是水土融合区，又是汇流水源强侵蚀段，属治理重点，需实施节流、分流、防冲和稳沟固坡，以抑制或阻止水土融合，实现水土分治。

流通段是泥石流形成后，流体性质、规模、流态和动力作用达到暂时稳定，向造成社会灾害并逐渐衰亡的过渡段。

泥石流堆积段是流体动力减弱、阻力增大、动力作用向社会灾害转化，以淤积和淹埋为主的灾害危险区。

根据上述分析，在不同的泥石流区段，结合泥石流防治原则，可以建立以下3类泥石流防治体系：

（一）防止泥石流发生体系

在泥石流的形成区域，采取有效的固源工程来治坡、治沟和治水，并实施严格的行政管理措施和法制管理措施，对本区域进行全面的综合治理，使生态环境得到改善和恢复，水土流失得到有效的控制，沟坡土体趋于稳定，达到防止泥石流形成的目的。

（二）控制泥石流运动体系

在泥石流的流通区和堆积区，采取相应的拦挡工程、排导工程及停淤工程，使泥石流发生后的规模被逐渐削减；泥石流体内的固体物质和水分分离，固体物质含量减少，并能够顺畅而安全地向下游排泄，或堆积到预定的区域，对保护区域内的生命财产不构成威胁和危害。

（三）预防泥石流危害体系

在泥石流发生之前，采取一系列预防措施，其中包括对泥石流发生的中长期预测、临灾预报和监测预警措施；对已有防治工程进行维护和加固、人员疏散、抢险、救灾准备措施及实施组织与管理等，从而使泥石流在活动过程中不产生严重危害。

一般来说，对于规模大、活动频繁、危害严重的泥石流沟，应全流域综合治理，上述3种体系可以同时采用。对于规模不大、暴发频率较低、危害不严重的泥石流沟，可根据防护的实际需求和投入资金，采取单一的防治体系及措施，或某2种体系的组合，亦能达到预期的防灾减灾效果。

第三节 岩土工程类型

在不同的防治体系中，用到了不同的工程类型，总结起来有4类：固源工程、拦挡工程、排导工程和停淤工程。下面将具体介绍4类工程类型中常见的岩土工程措施。

一、固源工程

谷坊原为小流域治理水土保持工程的专用名，在我国西北黄土沟壑地区，也称"淤地坝"。谷坊专指构筑于主沟和支治泥石流形成区沟道中具有固床稳坡和拦沙节流作用的高度较低的小型拦沙坝，坝高一般不大于5m，通常布置多级谷坊坝组成谷坊群，逐级消能以起到更好的效果（图5-2）。

图5-2　云南东川石羊沟上游谷坊群

1. 谷坊选址

（1）从拦沙坝回淤末端上溯，至形成区上游第一处崩塌、滑坡体下游（缘）附近，或沟床质集中堆积段下游附近，属于梯级谷坊系布设的区间地段；

（2）拦沙坝无法控制的泥石流支沟，自下而上，沿重力侵蚀一物源供应段均属于支沟谷坊群，即支沟梯级谷坊系布设地段。

（3）谷坊坝轴选在口狭肚阔的地形颈口，或上窄下宽的喇叭形入口处；选在两肩对称、岸高足够、地基均匀坚固且河谷稳定的部位。

（4）选在距离崩塌、滑坡和沟床堆积龙头下缘30~50m处，既避开突发性灾害冲击，又可对它们实施有效控制。

（5）选在顺直稳定沟段，呈矩形或V形沟槽，过流稳定、宽度适中，不因修建谷坊而强烈演变的沟段。

（6）谷坊下游存在冲刷或侧蚀隐患的，需加设潜槛或其他导流、消能措施来保护。

2. 谷坊坝高拟定

（1）单个谷坊应按上游掩埋限制高程，并以设计回淤纵坡推算谷坊坝高。

（2）按单位坝高最大效益和投资增长率最佳组合确定谷坊坝高。

（3）通常，溢流段净坝高宜定在5~8m，称为合理坝高。

（4）针对梯级谷坊或谷坊群，应对不同平面布置及相应坝高方案进行比较，选定其中优化组合的方案作为单个谷坊坝高的参用坝高。

（5）谷坊、梯级谷坊和谷坊群之间无法控制的危险沟段，可增设一定数量的潜槛来补充。

3.谷坊的荷载与受力分析

（1）根据谷坊高度、库容规模和使用中的淤积及毁损事故进行分析，简明实用的结构受力分析包括基本荷载为自重、淤积土重（满蓄和1/2满蓄）；附加荷载为流体侧压力、扬压力；特殊荷载为冲击力（空库）。

（2）鉴于多数谷坊投入运用后1~2年便已淤满，可按正常设计荷载组合及风险设计荷载组合2种受力状态，确定相应的安全度与结构外形尺寸，包括按挡土墙设计（淤积1/2和满库）；基本荷载+附加荷载的组合时，K_e=1.05~1.15；抗冲击墩台设计（空库）；结构自重+特殊荷载的组合时，K_s=1.00~1.05。

（3）采用相应结构措施满足受力分析条件的限制，如加强排水-泄流，降低流体（动）扬压力，扩大基础或加深基础使地基承载力满足设计要求。

二、拦挡工程

（一）实体重力拦沙坝

拦挡坝是通常建在泥石流形成区或形成区一流通区沟谷内的一种横断沟床的坝式建筑物。其目的在于控制泥石流发育，也是泥石流防治工程中十分重要的一种工程措施。舟曲特大泥石流整治工程修建了9座混凝土拦挡坝，近年来水电工程泥石流沟防护工程几乎都设置了拦挡坝，多数在1~3座拦挡坝之间，效果较好。拦沙坝主要适用流域来沙量大，沟内崩塌、滑坡体等不稳定物源较多，上游有一定的筑坝地形（较大的库容和狭窄的坝址）的沟谷。

1.主要功能

（1）全部或部分拦截上游来水来沙，降低泥石流的浓度，改变输水、输沙条件，控制下泄输沙粒径；逐级减少下泄固体物质量，减小拦挡工程下游泥石流的规模。

（2）减缓河床坡降，降低泥石流运动速度，并减少沟床纵向侵蚀和两岸或横向的重力侵蚀。

（3）由于回淤效益，可以控制或提高局部沟床的侵蚀基准面，起到稳坡稳谷的作用。

（4）调整泥石流输移流路和方向，可使流体主流线控制在沟道中间，减轻山洪泥石流对岸坡坡脚的侵蚀速度。

2.主要类型

拦挡坝常采用重力式，按建筑材料分，常用的有浆砌石坝、混凝土（含钢筋混凝土）坝、钢筋石笼坝等。

（1）混凝土或浆砌石重力坝。这是我国泥石流防治中最常用的一种坝型，适用于各种类型及规模的泥石流防治，坝高不受限制；在石料充足的地区，可就地取材，施工技术条件简单，工程投资较少（图5-3）。

图 5-3　钢筋混凝土实体拦沙坝

（2）钢筋石笼拦挡坝。近年来在水电工程应用较为广泛，适用于各种类型及规模的泥石流防治临时工程，坝高一般在8m以下，寿命2~4年，突出的优点是能很好地适应地形地质条件，可就地取材，钢筋石笼自然透水，施工技术条件简单，施工周期短，工程投资较少。缺点主要是抗冲击能力低，局部破坏容易导致整体溃决，使用期较短，基本用在临时防护工程上。为增强整体性和提高抗冲耐磨能力，通常在溢流表面浇筑20cm的混凝土保护。

3.拦挡坝的平面布置

拦挡坝的平面布置坝址选择主要考虑以下因素：

（1）建坝后是否有足够的库容。施工条件允许情况下，一般设置两道或多道坝所形成的梯级坝系库容。

（2）坝址是否具有减势的地形条件，如河床坡降较平缓、坝址上游具有弯道等，若将坝址设在弯道的下游侧，就能够利用弯道消能、落淤作用，避开泥石流的直接冲击。

（3）坝址处是否有建坝的地质条件与施工条件。具体而言，最好满足以下条件：布置在泥石流形成区的下部，或置于泥石流形成区一流通区的衔接部位。从地形上讲，拦挡坝应设置在沟床的颈部（即峡谷入口处）。坝址处两岸坡体稳定，无危岩、崩滑体存在，沟床及岸坡基岩出露、坚固完整，地基有一定的承载能力。在基岩窄口或跌坎处建坝，可节省工程投资，对排泄和消能都十分有利。拦挡坝应设置在能较好控制主、支沟泥石流活动的沟谷地段，拦挡坝应设置在靠近沟岸崩塌、滑坡活动的下游地段，应能使拦挡坝在崩滑体坡脚的回淤厚度满足稳定崩塌、滑坡的要求。多级拦挡坝应从沟床冲刷下切段下游开始，逐级向上游设置拦挡坝。使坝上游沟床被淤积抬高及展宽，从而达到防止沟床继续被冲剧，阻止沟岸崩带活动的发展。拦挡坝在平面布置上，坝轴线尽可能按直线布置，并与流体主流线方向垂直，滋流口宜居于沟道中间位置，坝下游消能工程可采用潜橘或消力池构成的软基消能。

4.拦挡坝的坝高

拦挡坝的高度除受控于坝址段的地形、地质条件外，还与拦沙效益、施工期限、坝下消能等多种因素有关。一般来说，坝体越高，拦沙库容就越大，固床护坡的效果也就越明显，但工程量及投资则随之急增，因此应有一个较为合理的选择，可按以下要求确定坝高：①拦挡坝的功能主要为拦淤时，通常按工程设计标准一次淤积固体物源量库容对应的坝高，再加安全超高确定设计坝高。当泥石流规模大，防护区段较长，单个坝库不能满足防治泥石流的要求时，或因地质地形条件所限，难于修建单个高拦沙坝时，可采用梯级坝系（图5-4）。在布置中，各单个坝体之间应相互协调配合，使梯级坝系能构成有机的整体。梯级坝系拦淤总量应不小于工程设计标准一次淤积固体物源量。

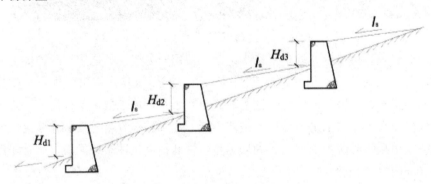

图5-4　梯级谷坊坝系示意图

H_{d1}为第一级拦沙坝在地面上的高度；H_{d2}为第二级拦沙坝在地面上的高度；H_{d3}为第三级拦沙坝在地面上的高度；l_s为回淤纵坡。

泥石流拦挡坝的坝下消能防冲及坝面抗磨损等技术问题，一直未能得到很好解决。故从维护坝体安全及工程失效后可能引发的后果考虑，在泥石流沟内的松散层上修建的单个拦挡坝高，最好小于30m，对于梯级坝系的单个溢流坝，应低于10m。对于强地震区及具备潜在危险（如冰湖溃决、大型滑坡）的泥石流沟，更应限制坝的高度。②当拦挡坝的主要功能是使泥石流归槽便于排导、减势、降低冲击和固床作用时，常布置于排导槽进口段，其坝高按需设置，坝高一般大于泥石流最大颗粒粒径的1.5~2倍，埋置深度一般为冲刷深度的1.2~1.5倍。③对于以稳定沟岸崩塌、滑坡体为主的拦挡坝（例如谷坊坝），可按回淤长度、回淤纵坡及需压埋崩、滑体坡脚的泥沙厚度确定坝高。泥沙淤积厚度应满足：淤积厚度下的泥沙所具有的抗滑力不小于崩滑体的下滑力。相应计算泥沙厚度的公式为：

$$H_s^2 = \frac{2Wf}{\gamma_s \tan^2(45° + 0.5\varphi)}$$ (5-1)

式中，W 为高出崩滑动面延长线的淤积物单宽重量（t/m）；/为淤积物内摩擦系数；γ_s 为淤积物的容重（KN/m³）；φ为淤积物内摩擦角，（°）。

拦挡坝的高度可按下式计算：

$$H = H_s + H_1 + L(i_0 - i)$$ (5-2)

式中，H_s 为崩滑坡体临空面距沟底的平均高度（m）；L 为回淤长度（m）；i_s 为原沟床纵坡；i 为淤积后的沟床纵坡；H_s 为泥沙淤积厚度（m）。

（5）拦挡坝的坝间距

在一段沟道中能够连续衔接布置的多级拦挡坝，坝间距由坝高及回淤坡度确定。也可先选定坝高，再计算坝间距离：

$$L = \frac{H - \triangle H}{i_0 - i}$$ (5-3)

式中，L 为坝间距（m）；$\triangle H$ 为坝基埋深（m）；其余符号意义同前。

拦挡坝建成后，沟床泥沙的回淤坡度（i）与泥石流活动的强度有关。比法，对已建拦挡坝的实际淤积坡度与原沟床坡度 i_s 进行比较确定，即：

$$i = ci_0$$ (5-4)

式中，c 为比例系数，一般为 0.5~0.9 之间，或按表 5-1 采用，若泥石流为衰减期，坝高又较大时，则用表内的下限值。反之，选用上限值。

表5-1　比例系数c值表

泥石流活动程度	特别严重	严重	一般	轻微
C	0.8~0.9	0.7~0.8	0.6~0.7	0.5~0.6

实际工程中，往往由于地形条件限制，各坝间坝间距较大，不能满足回淤保护上一级坝体的基础淘刷，需在上一级坝下单独设置防淘措施。

（6）拦挡坝的结构

拦挡坝的断面型式

对于重力拦挡坝，从抗滑、抗倾覆稳定及结构应力等方面考虑，比较有利、合理的断面是三角形或梯形。在实际工程中，坝的横断面的基本型式见图5-5，下游面近乎直立。

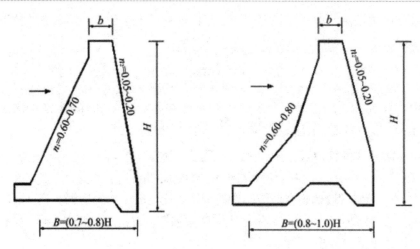

图 5-5　重力拦挡坝横断面示意图

底宽以及上下游面边坡可按以下方法确定：

①当坝高 H＜10m 时，底宽 B＝O.7H；上游面边坡 n_1＝0.5~0.6；下游面边坡 n_2＝0.05~0.20。

②当 10m＜H＜30m 时，底宽 B＝（0.7~0.8）H·，上游面边坡 n_1＝0.60~0.70；下游面边坡 n_2＝0.05~0.20。

③当坝高 H＞30m 时，底宽 B＝（0.8~1.0）H；上游面边坡 n_1＝0.60~0.80；下游面边坡 n_2＝0.05~0.20。

底板的厚度 8＝（0.05-0.1）H。为了增加坝体的稳定，坝基底板可适当增长，坝顶上、下游面均以直面相连接。

坝体剖面设计应根据实际情况进行稳定性、应力计算最终确定。

7.坝体其他尺寸控制

（1）非溢流坝坝顶高度 H。H 等于溢流坝高 H_d 与设计过流泥深 H_c，及相应标准的安全超高 $H_{\triangle c}$ 三者之和。即：

$$H = H_d + H_c + H_{\triangle c} \tag{5-5}$$

（2）坝顶宽度上 b 值应根据运行管理、交通、防灾抢险及坝体再次加高的需要综合确定。对于低坝，b 的最小值应在 1.2~1.5m，高坝的 b 值则应在 3.0~4.5m 之间。

（3）坝身排水孔。对于仅设置为单体坝的情况，排水孔孔径随着高程增加而减小；对于多级坝，上游至下游，排水孔孔径逐渐减少。排水孔孔径选择与设计淤积粗颗粒粒径密切相关，孔径多不大于 1.5 倍粗粒粒径，多数排水孔的尺寸选择区间为 0.5~2.0m。孔洞的横向间距，一般为 3~5 倍的孔径；纵向上的间距则可为 2~4 倍的孔径，上下层之间可按品字形排布，断面多为矩形。坝下应设置消能、防磨蚀设施。

（4）坝的溢流坝段布置。

①坝顶溢流口宽度，可按相应的设计流量或限制单宽流量仅计算。该宽度应大于稳定沟槽的宽度并小于同频率洪水的水面宽，为了减少过坝泥石流对坝下游的冲刷及

对坝面的严重磨损，应尽量扩大溢流宽度，使过坝的单宽流量减小。

当 H＜10m，q_c＜30in/（m•s）；

当 H＞30m，q_c＜15m/（m•s）。

当 H＞30m，q_c＜15m/（m•s）。

对于坚硬基岩单宽流量可取上限值，风化岩和密实的沟床物质取中值，松散的沟床物质取下限值。

②宜使溢流坝段中线与排导槽中心线重合。

③可将溢流坝段划作一个独立的结构计算单元，用沉降缝或伸缩缝分隔开，进出口应布置相应的导流和出流设施，如排流坎、耐磨蚀铺砌面等。

④若采用坝顶溢流方案，宜选用不设中墩和无胸墙的开敞式入流口，避免撞击、阳塞导致漫顶事故，进口应作圆滑渐变的导流墙，出口不宜过大的收缩。

（5）坝下齿墙坝下齿墙起着增大抗滑、截止渗流及防止坝下冲刷等作用。齿墙的深度视地基条件而定，最大可达3~5m。齿墙为下窄上宽的梯形断面，下齿宽度多为0.10~0.15倍的坝底宽度。上齿宽度可采用下齿宽度的2.0~3.0倍。

8.拦挡坝的结构计算

拦挡坝结构计算主要包括坝体稳定性计算、坝体抗倾覆计算、坝基础应力计算、坝体强度计算和下游冲刷稳定性计算等。

（1）拦挡坝荷载分析。

①作用于拦挡坝上的基本荷载有：坝体自重、泥石流压力、堆积物的土压力、水压力、扬压力、冲击力等。

坝体自重 W_d，取决于单宽坝体体积外和筑坝材料容重 γ_b，即

$$W_d = V_b \gamma_b \tag{5-6}$$

一般浆砌块石坝的容重 γ_b 可取 2.4t/m³。

②土体重 W_s 和溢流重 W_f；W_s 是指拦沙坝益流面以下垂直作用于坝体斜面上的泥石流体重量或堆积物重量，容重有差别的互层堆积物的 W_s，则应作分层计算。

有是泥石流过坝时作用于坝体上的重量，若已知设计容重和设计溢流深度，则必便可求得。

③侧压力作用于拦沙坝迎水面上的水平压力有稀性泥石流体水平压力 F_{d1}、黏性泥石流流体水平压力居 F_{d2}，以及水平水压力 F_{wi}。

F_{d1} 即是稀性泥石流流体的浮沙压力，可借用朝肯（Rankine）公式来求得：

$$F_{d1} = \frac{1}{2} \gamma_{ys} H_s^2 \tan^2 \left(45° - \frac{\varphi_{yc}}{2}\right) \tag{5-7}$$

式中，$\gamma_{ys} = \gamma_{ds} - (1-n) \gamma_w$，$\gamma_{ds}$ 为干沙容重（KN/m³）；n 为水体容重（KN/m³）；n 为孔隙率；h_s 为稀性泥石流泥石堆积厚度（m）；φ_{yc} 为浮沙内摩擦角（°）。

F_{wl} 亦用土力学原理计算而得：

$$F_{vl} = \frac{1}{2} \gamma_w H_W^2 \tan^2 \left(45° - \frac{\varphi_c}{2} \right) \qquad (5-8)$$

式中，γ_C 为黏性泥石流体容重（KN/m³）；H_c 为黏性泥石流体泥深；φ_c 为黏性泥石流体内摩擦角，可取 4°~10°，野外实测值可达 8°（流体黏稠，并含有大量粒径为 5~10cm 的块石）。

如堆积物已固结，则 F_{tl} 为堆积物的水平土压力．用上式作计算时，γ_C 应取固结后的堆积物容重，φ_c 取堆积物的内摩擦角。

F_{wl}（水平水压力）用水力学原理计算而得，即

$$F_{wl} = \frac{1}{2} \gamma_w H_W^2 \qquad (5-9)$$

式中，γ_w 为水体容重（KN/m³）；H_w 为水深（m）。

稀性泥石流体所含水体的 F_{wl} 为二相流中的水体压力（另一项为浮沙压力 F_{dl}），堆积物固结后，水体厚度与拦沙坝迎水面地下水位有关（通常可设地下水水位处于某层排水孔以下）；黏性泥石流堆积物不透水，故一般不考虑及 F_{wl}。

④扬压力 F_y，当拦沙坝下游无水时，坝下扬压力取决于迎水面的水深 H_w，迎水面坝处的扬压力可用溢流口高度乘上折减系数 K 来求得，K 可取 0.5~0.7（它与库内堆积物特性、级配以及排水孔高度有关）。

⑤冲击力冗泥石流直接撞击拦沙坝会产生巨大的冲击力，按 2-6 节的方法计算。作用于拦沙坝的附加荷载和特殊荷载有：地震力、温度应力、冰的冻胀压力等，其计算方法可参照有关规范。

⑥荷载组合根据泥石流类型、库内堆积物特性，以及泥石流拦沙坝过流方式，主要有的 10 种设计荷载组合，如（图5-6）所示。

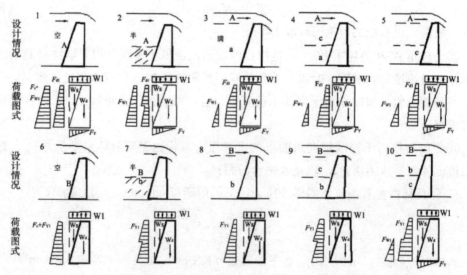

图 5-6 作用与拦沙坝的泥石流荷载组合

A：稀性泥石流；a：稀性泥石流堆积物；B：黏性泥石流；b：黏性泥石流堆积

物；c：非泥石流堆积物；1、6空库；2、7未满库；3、4、5、8、9、10：满库；W_d 坝体自重；F_y扬压力；F_{dl}：稀性泥石流流体压力；F_{vl}：黏性泥石流流体压力；F_c：冲击力；W_s：坝前堆积体重；W_l：坝顶溢流体重。

（2）抗滑稳定性计算抗滑稳定计算，对拟定坝的横断面型式及尺寸起着决定性的作用。坝体沿坝基面用的计算公式为：

$$K_0 = \frac{f\sum W}{\sum F} \geqslant [K_c] \tag{5-10}$$

式中，$\sum W$为作用于单宽坝体计算断面上各垂直力的总和（如坝体重、水重、泥石流流体重、淤积物重、基底浮托力及渗透压力等）；$\sum F$为作用于计算断面上各水平力（含水压力、流体压力、冲击力、淤积物侧压力等）；f为坝体同坝基之间的摩擦系数，可查表或现场实验确定；$[K_c]$抗滑稳定安全系数，一般取1.05~1.15。当坝体沿切开坝踵和齿墙的水平断面滑动，或坝基为基岩时，应计入坝基摩擦力与黏结力，

$$K_0 = \frac{f\sum W + CA}{\sum F} \geqslant [K_c] \tag{5-11}$$

式中：C为单位面积上的黏结力；A为剪切断面面积，其他符号意义同上。

③抗倾覆性稳定验算

$$K_0 = \frac{\sum M_y}{\sum M_0} \geqslant [K_y] \tag{5-12}$$

式中：$\sum M_y$均为坝体的抗倾覆力矩，是各垂直作用荷载对坝脚下游端的力矩之和；

为使坝体倾覆的力矩，是各水平作用力对坝脚下游端的力矩之和；$[K_y]$为抗倾覆安全系数，一般取值1.30~1.60。

（4）坝基应力计算由于拦挡坝的高度一般都不很高，故多采用简便的材料力学方法计算。

$$\sigma = \frac{\sum w}{A} + \frac{\sum MX}{J}$$
$$\sigma = \frac{\sum W}{b}(1 + \frac{6e}{b}) \tag{5-13}$$

式中：$\sum w$为截面上所有荷载对截面重心的合力矩；X为各荷载作用点至断面重心的距离（m）；b为断面宽度（m）；e为合力作用点与断面重心的距离（m）；J为断面的惯性矩；W为各荷载的垂直分量。

为了满足合力作用点应在截面的1/2内（e≤b/6）满库时在上游坝脚或空库时在下游坝脚的最小压应力σ_{max}不为负值，则需满足：

$$\sigma_{max} = \frac{\sum w}{b} (1 + \frac{6e}{b}) \geqslant 0 \qquad (5\text{-}14)$$

坝体内或地基的最大压应力 σ_{max} 不得超过相应的允许值，即：

$$\sigma_{max} = \frac{\sum w}{b} (1 + \frac{6e}{b}) \leqslant [\sigma] \qquad (5\text{-}15)$$

9.拦挡坝消能防冲

泥石流过坝后，因落差增大，过坝流体由于重力作用，下落的速度和动能大大增加，对坝下沟床及坝脚产生严重的局部冲刷，这也是造成坝体失事的重要原因。尤其是建筑在砂砾石基础上的坝体，更易因坝下冲刷而引起底部被不均匀掏空，造成坝体发生倾覆破坏。冲刷坑的范围和深度既与沟床基准面的变化、堆积物组成及性质有关，也与泥石流性质、坝高以及单宽流量的大小密切相关。

泥石流坝下的消能防冲，首先应该按其冲刷形成的原因，采取相应的措施，防止沟床基准面下降，使坝下冲刷坑的发展得以控制。其次是按以柔克刚的原理，在坝下游形成一定厚度的柔性垫层，使过坝流体减速、消能，并增强沟床提高对流体及大石块冲砸的抵抗能力，从而达到降低冲刷下切的目的。坝下游消能主要有以下结构型式。

（1）护坦工程当过坝泥石流含沙粒径不大、坝高不高（VlOm）时，可在坝下游设置护坦工程防止或减轻冲刷下切。护坦的厚度可按弹性地基梁或板计算确定，应能抵挡流体的冲击力，一般厚度为LO~3.0m。若考虑护坦下游的冲刷，则护坦的长度越长就越安全。护坦通常按水平布设，并与下游沟床一致。当沟床坡度较陡时，亦可降坡，但应加大主坝的基础埋深。护坦尾部多会出现不同程度的冲刷，故需在尾部设置齿墙。在齿墙下游面应紧贴沟床布设一定长度的石笼或用大石块铺砌的海漫等。此外也还可以采取与水利工程类似的其他固床工程，使坝下游沟床的冲刷下切得到有效控制。结合近两年四川省地震灾区大型泥石流沟的治理工程实践，为了进一步减缓主坝水流对护坦的冲刷，在护坦表部又增设一层起消能作用的大漂石（粒径要求大于1m），工程实践表明效果良好。

（2）二道坝消能工程，在主坝下游另建一座低于主坝的拦挡坝（称为二道坝），使主坝、二道坝之间形成消力池，从而达到减弱过坝流体的冲、砸破坏力，控制冲刷坑的动态变形及纵深发展。主坝、二道坝之间的间距、主坝下游的泥深以及坝脚被埋泥沙的厚度，是控制主坝下游消能的关键因素，也与二道坝高度的选择直接相关。主坝高度大、过流量大，坝下游沟床坡度也大，则二道坝的高度就要相对增大。坝下冲刷深度与形态和主坝、二道坝之间的距离有关：当距离较小时，冲刷坑将向坝基方向伸展，这将直接威胁坝基的稳定性，应注意避免；主坝、二道坝之间的重复高度，多采用经验公式计算，一般取主坝高的1/4~1/6，最小高度应大于1.5m。主坝、二道坝之间的距离，应大于主坝高与坝顶泥深之和，或者借用水力学原理进行计算。

河道落差较大，为保护第一道拦挡坝坝址不被冲刷破坏，设置了潜坝和二道坝

（第二道坝），第三道坝相当于第二道坝的二道坝，利用回淤后较护坦效果更好。

（3）拱基或桥式拱形基础工程若将拦挡坝建成拱基坝或桥式拱形基础重力坝，则会使坝体自身具有较好的受力条件和自保能力。当坝基部分被冲刷淘空时，也不会对坝体安全构成威胁。

在上述型式中，护坦（散水坡型）和潜坝型适用于主坝高度小于10m的低坝或流量和泥深均较小的稀性泥石流，而二道坝型与拱基型或桥式拱形则适用于中高坝和各种类型的泥石流。

阶梯消能工程当下游河床覆盖层致密、抗冲流速达到3m/s左右时，主坝高度小于15m的低坝或流量和泥深均较小的泥石流，为减小坝脚防护工程量，溢流面可以采用阶梯消能布置，施工方便，便于检修。下游溢流面坡降宜缓于1：3，阶梯宽度约为1.2~2倍过流时的泥深时，消能效果较好，坡脚设置1~2m厚或0.3~0.5倍坝高长度的防冲护坦，可以将流速降低至3m/s左右。

（二）透水型拦沙坝

透水型拦沙坝是指以混凝土、钢筋混凝土、浆砌石、型钢等为材料，将坝体做成横向或竖向格栅，或做成平面、立体网格，或做成整体格架结构的拦挡坝，具体包括梁式格栅坝、切口坝、筛子坝和格子坝等多种型式，通常也被称为格栅坝。与实体重力拦沙坝相比，透水型拦挡坝的主要功能有：

（1）具有部分拦挡、拦排结合功能，有利于浆体排泄并留下巨砾、漂石。改变孔隙大小和格栅间距即可调整拦蓄量与排泄量，是一种可调节拦排数量比例的结构物。

（2）按选择孔径拦蓄固体物质，拦粗排细起筛分作用，可调节下泄泥石流流体的物质组成与结构，保持冲淤平衡，使沟床稳定。

（3）减轻格栅和坝体所承受的水压力和冲击力，减少坝基渗透压力，提高坝的稳定性；有利于坝体向轻型化、定型化和装配式方向发展，降低造价，便利施工，缩短工期。

（4）通过栅孔调节泥石流输移比可提高库容利用系数；利用后期水流冲沙可延长坝库使用寿命。

透水型拦沙坝主要适用于水及沙石易于分离的水石流、稀性泥石流，以及黏性泥石流与洪水交错出现的沟谷。对含粗颗粒较多的频发性黏性泥石流及拦稳滑坡体的效果较差，但当沟谷较宽时，由于透水型拦沙坝所具有的透水功能，拦沙库内的地下水位被降低，可具备较好的效果。

透水型拦沙坝的种类很多，按照格结构与构造可分为2大类：一类为在实体重力坝体上开过流切口或布设过流格栅而形成的梳齿坝、梁式格栅坝、耙式坝及筛子坝等；另一类为由相应杆件材料（钢管、型钢、锚索）组成的格子坝、网格坝及桩林等（图5-7）。

3.切口坝在横断面为三角形或梯形的实体重力坝的顶部，开连续多个矩形、梯形或三角形溢流口；或在坝体中部溢流段设多道竖向、条形梳齿缝过流，切口、槽形缝或齿对过坝洪水和泥石流起控制作用：拦阻泥石流龙头，拦截巨砾，削减过坝能量，降低泥石流运动的冲击力；调整流体运动，降低流速，减小单宽流量和坝下冲刷；排水输沙，降低渗透压力；泥石流龙头通过时，因颗粒粗、浓度高而发生闭塞，淤积物相互咬合而难以侵蚀，其后续流具有分选作用，坝前堆积物表层细而底部粗，故上层易被侵蚀，平时的挟砂洪水和常流水通过时有冲刷、清库的作用；必要时再辅以人工清淤或机械清淤，可使坝库的拦蓄能力部分得到恢复。因此，相较与实体重力坝，切口坝是一种拦蓄效率较高，使用年限更长的坝型。

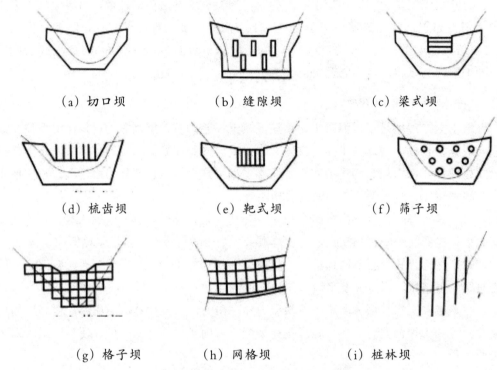

（a）切口坝　　　　　（b）缝隙坝　　　　　（c）梁式坝

（d）梳齿坝　　　　　（e）靶式坝　　　　　（f）筛子坝

（g）格子坝　　　　　（h）网格坝　　　　　（i）桩林坝

图5-7　各种透水型拦沙坝示意图

（1）切口断面的形状和布置。

①齿状溢流口布置在坝的顶部，采用窄深或梯形断面、矩形断面或三角形断面。②切口宽度。切口一旦堵塞，就不再起节流输沙作用，根据试验研究得出切口坝的闭塞条件为：

$$b/D_m > 2.0 \text{ 不闭塞}$$

$$b/D_m \leqslant 1.5 \text{ 闭塞} \tag{5-16}$$

式中：b为切口宽度（m）；D_m小为泥石流中所含固体物的最大粒径，可由泥石流形成区或堆积区现场调查而得。因此，切口宽度建议取值b=5~2.0D_m加，此时，切口对不同流量，不同含沙量的流体有抑制作用。

切口坝上游淤积坡度决定于流量、泥沙浓度和平均粒径，与非切口坝的淤积坡度相平行。当考虑不同规模洪水的侵蚀作用时，若满足下列条件，切口坝可以充分地发挥拦砂、节流和调整坝库淤积库容的效果：

$$b/D_{m1} > 2.0\sim3.0$$
$$b/D_{m2} \leqslant 1.5 \tag{5-17}$$

式中，D_{m1} 和 D_{m2} 分别为中小洪水和大洪水可挟带的最大粒径。

③切口深度。切口底部为侵蚀基准，通常取力 $h/b=1\sim2$，h 为切口深度，若 b 愈大，h 愈小，则坝库上游停淤区可输沙距离（即溯源冲刷的范围）愈近，反之则愈远。

④切口密度。根据试验结果，切口密度取值如下：

$$0.2 < \frac{\sum b}{B} < 0.6 \tag{5-18}$$

式中 B 为坝的溢流口宽度，当 $\frac{\sum b}{B}=0.4$ 时，调节泥沙量为非切口坝的 1.2 倍左右，效果最佳。当 $\frac{\sum b}{B}<0.2$ 或 $\frac{\sum b}{B}>0.7$ 时，切口坝与非切口坝调节泥砂的效果一样。连续切口坝系的调节量也只是单座切口坝的 1.2 倍。

（2）受力分析。

①坝顶上部开切口或坝体中部留缝隙，是节流拦沙的需要，应不得过分削弱坝的整体性，故切口不宜太深，过宽；缝隙亦不得太宽，通常为：

$$L \geqslant 1.5b \tag{5-19}$$

式中，L 为坝体沿流向的长度；b 为切口平均宽度。

②仍按重力坝的要求进行结构稳定分析和应力计算。

③基本荷载中，水压力和泥沙压力从切口底部算起，经常清淤的区段可采用 1.4 倍水压力计算。

④按悬臂梁验算切口齿槛的抗冲击稳定性和槛基危险断面的剪应力，决定是否加大断面或增加局部配筋。

（3）注意事项。

①过流面需进行防冲击和抗磨蚀处理，例如迎水坝坡加防护垫层，采用高强度、耐磨蚀材料衬砌溢流面。

②设计坝高时，应使拦蓄库容能容纳一次泥石流过程的总堆积量，为调节留有余地，避免没顶溃坝灾害的发生。

③切口以下多设排水孔，经常清理，以及时排除积水。

23 梁式坝

在实体重力坝的溢流段或泄流孔洞布置以支墩为支承的梁式格栅，形成横向宽缝梁式坝或竖向深槽耙式坝。格栅梁用预应力钢筋混凝土或型钢（重型钢轨、H 型槽型钢等）制作，是目前泥石流防治中应用较多的主要坝型之一（图5-8）。

图 5-8　梁式格栅坝

这类坝的优点是梁的间距可根据拦沙效率大小进行调整，既能将大颗粒砾石等拦蓄起来，而又使小于某一粒径的泥沙块石排到下游，不致使下游沟床大幅度降低。堆积泥沙后，如将梁卸下来，中小水流便能将库内泥沙冲刷带入下游，或可用机械进行清淤。

（1）梁的断面形式，对于钢筋混凝土梁，断面形式为矩形。型钢梁则多为工字钢、H型钢及槽型钢，用型钢组成的架梁等。当格梁为矩形断面时，可采用

$$h/b = 1.5{\sim}2.0 \tag{5-20}$$

式中：h为梁高；b为梁的宽度。

（2）梁的间隔，对于颗粒较小的泥石流，梁的间隔不宜过大，可用梁间的空隙净高（h_1）与梁高h的关系控制，即：

$$h_1 = (1.0{\sim}1.5)h \tag{5-21}$$

对于颗粒较大（大块石、漂砾等）的泥石流，将会因大块石的阻塞，使本可流走的小颗粒也被淤积在库内，从而加速了库内的淤积。根据游勇等实验研究表明：当梁间距从与泥石流体中最大颗粒粒径 D_{max} 之比 $b_1/D_{max}{\leqslant}1.0$ 时，格栅坝基本闭塞；从 $b_1/D_{max}{\geqslant}1.5$ 时，格栅坝未闭塞；$1.0<b_1/D_{max}<1.5$ 时，格栅坝半闭塞或临时闭塞。据此，建议采用下式确定梁间距：

$$b_1 = (1.5{\sim}2.0)D_M \tag{5-22}$$

式中：D_M 为泥石流流体及堆积物中所含固体颗粒的最大粒径。

（3）筛分效率（e）

$$e = V_1/V_2 \tag{5-23}$$

式中：V 为一次泥石流在库内的泥沙滞留量；乙为过坝下泄的泥沙量。

筛分效率和堵塞效率成反比，梁的间隔越小，筛分效果越差。实验研究表明：

对梁式格栅坝而言，当格栅间距为L5~2.0倍排导粒径时，仍有少部分排导粒径颗粒滞留库内，滞留部分不少于20%。当间隔相同时，水平梁格栅比竖梁的筛分效果好，可提高30%。梁式格栅坝闭塞与沟道纵坡有较大关系，结构尺寸相同的格栅坝在通过相同泥石流时，在不同沟道纵坡条件下有不同的闭塞效果。考虑到受力条件，梁的净跨最好不要大于4m，布设时，梁的高度应与流体方向一致，梁的宽度及长度则应与流体方向垂直。

（4）受力分析，①格栅梁承受的主要荷载格栅梁承受的水平荷载主要为泥石流流体的冲击力及静压力（含堆积物的压力），还有泥石流流体中大石块对横梁的撞击力等。垂直荷载包括梁的自重及作用在梁上的泥石流流体重量（含堆积物重量）。

在各荷载作用下，根据横梁实际布设情况，可按简支梁或悬臂梁（竖向耙式坝）计算内力，然后按钢筋混凝土结构构件或钢结构构件的有关方法进行计算。②梁端支墩承受的主要荷载，支撑墩承受的荷载包括泥石流作用在支墩上的水平荷载（泥石流流体的动压力及静压力、大石块的冲撞力）和垂直作用力（支墩的重力、基础重力、泥石流流体与堆积物压在支墩及基础面上的重力等）。其次，还包括横梁作用在支墩上的荷载，如横梁承受外荷载后传递到两端支墩上的所有水平力、弯矩及垂直力等。

支墩受力条件确定后，就可按水闸闸墩的计算方法，对支墩进行抗滑、抗倾覆稳定校核计算，及对相应的结构应力进行校核计算，应达到安全、稳定要求。另外还应验算支撑端抗剪强度和局部应力是否在材料的允许范围内。

在设计中，应采取措施提高横梁的抗磨蚀能力及横梁对大石块的抗冲撞能力。当横梁的跨度较大时，还应验算横梁承载泥石流及堆积物垂直重力的能力。必要时可在梁的中间加支撑墩，减小梁的跨度。对于梁式坝下游冲刷的防治，则与重力实体拦挡坝的措施类似。

5.梳齿坝

梳齿坝是在实体重力坝的过流顶部连续开多个条形（矩形、梯形或三角形）的切口（图5-9），当一般流体过坝时，流体中的泥沙能较自由地从梳齿口通过。而在山洪泥石流暴发期间，大量泥沙石块则被拦蓄在库区内。

（1）梳齿的开口宽度，梳齿坝的切口一旦被堵塞，就会与一般的实体重力拦挡坝无任何差别。实验证明：堵塞条件与粒径的分布无关，而与最大粒径（D_m）和切口宽度（b）的比值有关。发生堵塞的条件为：

$$\frac{b}{D_m} \leqslant 1.5 \tag{5-24}$$

当b/D_{m1}>2.0时，则切口部位不会发生堵塞。对于不同性质和规模泥石流而言，当中小洪水时b/D_{m1}>2.0~3.0、大洪水时b/D_{m1}>2.0时，切口坝可以充分发挥拦沙、节流与调整淤积库容的作用。D_{m1}、D_{m1}就分别为中小洪水和大洪水时可挟带的最大颗粒的粒径。

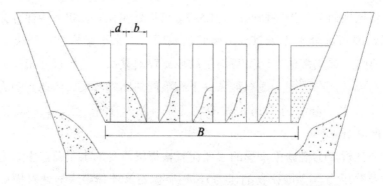

（a）泥石流梳齿坝剖面图

（b）泥石流梳齿坝实物图

图4-9泥石流梳齿坝：（a）剖面图；（b）实物图

（2）梳齿的深度。

①过流能力要求。梳齿坝的切口深度（h）与切口宽度（b）组成的过流断面应满足过流能力要求，即梳齿坝的坝顶高程应高于坝轴线处设计频率的泥深。②结构稳定要求。切口深度（h）按闸墩受力条件进行验算，应满足满库土压力及单块冲击力的稳定要求。切口深度通常取值为：

$$H = (1\sim3)b \tag{5-25}$$

（3）梳齿的密度，梳齿坝密度（$\sum b/B$）的大小，对梳齿坝调节泥沙效果影响很大。实验研究表明，当$\sum b/B=0.4$时，梳齿坝的泥沙调节量是非梳齿坝的1.2倍，当$\sum b/B>0.7$或$\sum b/B>0.2$时，则梳齿坝与非梳齿坝的调节效果是一样的，因此梳齿密度可按下式选择：

$$\sum b/B = 0.4\sim0.6 \tag{5-26}$$

（4）梳齿坝设计计算，①按实体重力坝的要求进行稳定性和应力验算。②梳齿坝的基本荷载中，水压力、泥沙压力可由切口的底部开始计算，对经常清淤的区间，可按1.4倍水压力计算，应计入大石块对齿槛的冲击力。③按悬臂梁验算切口齿槛的抗冲击强度和稳定性，验算齿槛与基础交接断面的剪应力，若不满足要求，应加大断面尺寸或增加局部配筋量。④对迎水面及过流面应加强防冲击、抗磨损处理。

4.刚性格子坝

刚性格子坝包括型钢制作的平面格子坝和用钢管、组合钢构件制作的立体格子坝，以及预制钢筋混凝土构件制作的立体格子坝。下面以钢管格子坝为例说明其设计要点。

所谓钢管格子坝，是指在泥石流沟道内用钢管制作成某一尺度的装配式立体格子骨架，其顶部为自由端，下部固定在一定厚度的混凝土基础上，钢架节点及其与基础的连接均用钢制法兰和螺丝固定，从而构成一立体格子型坝体，作为泥石流拦挡坝的溢流段。副坝（非溢流段）采用重力式坝型，格子坝与副坝间互不连接，各自成一独立的整体（图5-10）。

图5-10　钢管格子坝

钢管格子坝的特点是具有相当的强度，能抵御泥石流的冲击，同时拦截泥石流体的粗大石块，而让泥沙水流排向下游，因此减少了泥石流的动能及规模，起到稳定沟床的作用。

（1）钢管格子坝立体格子尺寸确定根据实验，单个立体格子尺寸的大小与所拦阻的泥石流体中大石块粒径等有关，故在溢流段仍可按式（5-27）计算

$$1.5 \leqslant \frac{b}{D_m} \leqslant 2.0 \qquad (5-27)$$

式中，b为单个立体格子的宽度（m）D_m加为泥石流搬运的最大颗粒粒径。但为促使水流集中，在非溢流段的格子间隔尺寸（b`）应比溢流段为小，可取：

$$b` = (0.8\sim1.0)D_m \qquad (5-28)$$

（2）设计外力（荷载）计算，①泥石流的流动压力，沿泥石流流动方向作用于管

柱垂直投影面上的水平流动压力f_{cm}，按均布荷载作用考虑，算式如下：

$$f_{cm} = \frac{k\gamma_c U_c^2 B}{g} \qquad (5-29)$$

式中，k是取决于立柱形态的系数，对于管柱，k=0.04；B为沿流体流动方向支柱的垂直投影面宽度（m）；γ_c、U_c为泥石流体容重及流速。

②巨石的冲击力按集中荷载以泥石流龙头高的三分点为其力的作用点，作用于枪子体上游的第一排格子上，冲击力的计算式如下：

$$F_s = \frac{\gamma_c U_c^2 A}{g} \qquad (5-30)$$

式中，A为投影面积，其他参数同前。

③泥沙压力假定坝下游泥沙厚度为上游泥沙厚度的1/3，并连接上游坝面顶点与下游面之泥沙淤积面的交点，通过支柱在两点之间的高度比分配土压强度。泥沙压力对一根支柱的作用范围为3倍管径，泥沙压力片按下式计算：

$$F_s = C_c [\gamma_S - (1.0 - a)\gamma_W] H_d \qquad (5-31)$$

式中，C_c为上压系数（=0.5）；γ_S，a为泥沙堆积体的单位体积重量及孔隙比；γ_W为水的容重。

④静水压力，静水压力作用的基本图式与泥沙压力相似，作用于一根支柱上的静水压力的作用范围等于管柱直径。静水压强打，为：

$$F_{W1} = \gamma_W H_d \qquad (5-32)$$

（3）荷载组合与安全系数的考虑，一般荷载组合为：①格体自重+流体动压力+冲击力；②格体自重+流体动压力+冲击力+泥沙压力+静水压力；③格体自重+泥沙压力+静水压力+温度应力等，安全系数均取1.5，以②及③两组常用。泥石流与地震、泥石流与支柱温度应力的最大值及地震同时发生的频率极低，故可不必同时考虑。

（4）钢管立体格子部件设计，当采用计算机或用一般的结构力学方法计算出各个部件的受力值后，就可根据钢管材料表查出所需的基本管径基及管壁厚度，但考虑到泥石流对钢管构件表面塞损及锈蚀，故在所选用的基本管径础上另外再加磨损厚度（一般为5mm）和锈蚀厚度（3mm）。其他金属部件和副坝均可按有关方法设计。

（5）钢构件立体格子坝铁道部铁道科学研究院西南研究所设计了2种系列，可供铁路沿线泥石流防治工程选用。

①钢轨立体格子坝（用43kg/m型号钢轨）泥石流设计荷载为10t/m，坝基为软质岩，坝体为三角形组成的格子结构。各杆件之间用节点板和1栓拼接，坝体支座与混凝土基础板之间以预埋锚杆连接，用种类不多的杆件和节点板可组成不同坝高和坝长的格子坝。

②钢轨桁式立体格子坝（用43kg/m型号钢轨）泥石流设计荷载为10t/m，地基为

砂邹石层.坝体为钢轨杆组合多层平面架所构成,杆件用节点板和螺栓拼接,基本坝高为3m,架的层高为2m,节间长为4m,坝高可按2m的层高任意增加层次,坝长则在8~20m之间变化,格子间距可以调节,坝中部不设支墩。

以上2种系列的钢轨杆件由工厂制造,运至工地,现场浇筑基础拼装坝体。

5.柔性格网坝

泥石流柔性格网坝是在用于落石拦截的被动防护系统（常称拦石网）基础上改进发展起来的,除早期的部分试验工程采用了钢丝绳网外,主要采用的是自身柔性或抗冲击能力较强的环形网。根据其结构形式,柔性格网坝可以分为2种类型,即VX型（图5-lla）和UX型（图5-llb）,其主要区别在于结构的中部是否有钢柱,并适用于不同宽度的泥石流沟。当泥石流沟较窄时（通常b<12m）,一般采用VX型结构,系统中部不设置钢柱;当泥石流沟较宽时,一般采用中部设有钢柱的UX型结构。

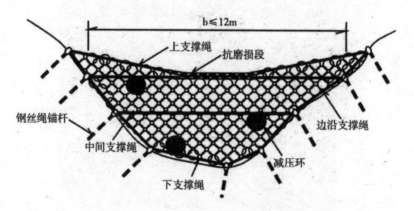

（a）VX型泥石流柔性格网坝结构示意图

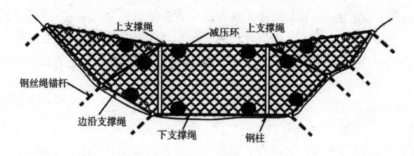

（b）UX型泥石流柔性格网坝结构示意图

图5-11泥石流柔性格网坝结构示意图

泥石流柔性格网坝在防护功能上类似于格栅坝,所不同的是它具有了高抗冲击能力的柔性特征。柔性网为可渗透结构形式,水和较小颗粒的泥沙被排走,较大的岩块被拦截并沉积下来形成天然的防护屏障。泥石流冲击所具有的动能主要是被柔性网吸收,并将所承受的载荷通过支撑绳、锚杆传递到地层。柔性网有一个很显著的特性就是抵抗点状冲击,这种特性对于稀性泥石流防护是非常理想的,因为稀性泥石流中大部分大块物质主要集中于泥石流的前端。

泥石流柔性格网坝具有明显的柔性特征和开放的结构形式，能够承受更大的冲击载荷，对于泥石流沟地形条件具有极好的适应性，且不构成环境景观的破坏，具有布置灵活、结构美观、安装快捷方便、投资少、便于维护等技术经济优势。国内最早采用泥石流柔性格网坝的试验性工程实例是 1997 年在四川西昌东河，东河泥石流柔性格网坝宽 70m，高 5m。支撑采用是刚性结构，拦截系统为柔性的菱形钢丝绳网，是一种刚柔结合的特殊结构。但是，在运行一年后，发现该工程刚性支撑结构发生破坏，柔性钢丝绳网仍然完好。现场调查分析发现，其主要原因正是由于刚性支撑结构的抗变形能力较差所致，即在该拦挡坝拦截堆存了大量泥石流固体物质后，后续泥石流翻坝的强烈冲刷使结构基础裸露悬空，且有部分发生了移位，致使上部钢支架发生扭曲变形破坏。

图 5-12   泥石流柔性格网坝

自 2003 年以来，南昆铁路柳州局管段内对多条泥石流沟采用了柔性格网坝，沟宽多在 10~20m 间，UX 和 VX 型系统均有采用，系统高度在 2~5m，且在部分泥石流沟内采用了分开布置的多道防护网。这些柔性防护网的采用，给该铁路沿线的泥石流整治带来了非常好的效果，迄今一直运行良好。

但是，由于对泥石流柔性防护系统的研究还不够系统和深入，缺乏相关工程实践的长期经验，因此，目前多将泥石流柔性防护系统的适用范围限制在流域宽度小于30m 的中小型泥石流沟内使用，且泥石流固体物质最大体积小于 1000m³，最大流速不超过 5~6m/s。

6. 桩林

在暴发频率较低的泥石流沟道的中下游，或含有巨大漂砾、危害性又较大的泥石流沟口，利用型钢、钢管桩、钢筋混凝土桩林等横断沟道，拦阻泥石流中粗大固体物质和漂木等，使之逐渐减速停积，从而达到减少泥石流危害的目的（图 5-13）。泥石流活动停止后，将淤积物清除，使库内容量恢复，等待拦阻下一次泥石流物质。舟曲特大泥石流沟就采用了多个钢筋混凝土桩林拦阻泥石流中粗大固体物质。

桩体沿垂直流向布置成两排或多排桩，纵向交错成三角形或梅花形。桩间距的设置参考梳齿坝：

$$1.5 < b/D_m \leq 2.0 \quad （5\text{-}33）$$

式中：b为桩的排距和行距（m）；D_m加为泥石流流体中的最大石块粒径。

图5-13 "V"型排布桩林

桩高（露出地面部分），一般限制在3~8m的范围内。经验计算公式为：

$$h = (2\text{~}4)b \quad\quad\quad （5\text{-}34）$$

式中：h为桩高（m）；b为桩的排距和行距（m）。

桩体采用钢轨、槽钢、钢管或组合构件（人字形、三角形组合框架），或用钢筋混凝土柱体组成。

桩基应埋在冲刷线以下，可用混凝土改浆砌石做成整体式重力为工基础。若采用挖孔或钻孔施工，直接将管、柱埋入地下亦可，但埋置深度应不小于总长度的1/3。

桩体的受力分析与结构设计可按悬臂梁或组合悬臂梁进行计算。

7.鱼脊型水石分离结构

上述介绍的各种透水型拦沙坝在泥石流防治过程中能起到一定的拦粗排细、控制泥石流流量、削减泥石流规模等作用。然而，从这些结构的实际应用效果来看，均存在一个普遍问题，即由于结构设计的局限性，使其结构开口易被分离出的固体颗粒淤积和堵塞，从而导致结构的水石分离功能不能持续发挥。为解决这一问题，韦方强等提出了一种新型的鱼脊型水石分离结构。

鱼脊型水石分离结构是由引流坝、水石分离格栅、泄流槽、停积场等各部分组成（图5-14）。该结构的工作原理为：当泥石流通过引流坝流到水石分离格栅上后，粒径小于格栅开口宽度的固体颗粒和泥石流浆体透过格栅落入泄流槽，继续沿着沟道运动，而粒径大于格栅开口宽度的固体颗粒被分离出来，并沿着格栅表面滑落到两侧的停积场，不堵塞格栅开口，使结构能够持续的实现水石分离功能，分粗排细，减少泥石流中砾石含量，减小泥石流破坏力，降低泥石流密度，从而达到减灾目的。该结构能分离的粗颗粒并使分离的粗颗粒在重力作用下自主脱离格栅，不堵塞格栅开口，从而解决了现有结构水石分离功能不能持续发挥的问题。

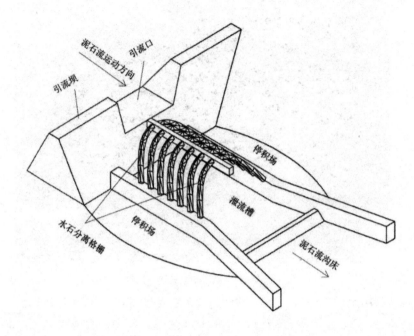

图 5-14   鱼脊型水石分离结构示意图

（1）适用范围，试验研究表明，在不同密度下，结构对粒径大于设计分离粒径的固体颗粒均有良好的分离能力，但是当泥石流密度大于等于 1900kg/m³ 后，被结构分离到停积场的小于设计分离粒径的固体颗粒明显增多，而且调节泥石流密度的能力也显著降低。因此，鱼脊型水石分离结构的最佳适用范围为密度小于 1900kg/m³ 的泥石流，超过此范围后，其功能的发挥将显著降低。

（2）关键参数的确定①水石分离格栅坡度，水石分离格栅坡度影响格栅的倾斜程度，如果格栅坡度太小，固体颗粒直接停留在格栅表面，影响结构水石分离功能的持续发挥。通过实验表明，为了使固体颗粒不停留在格栅表面，同时结构具有良好的水石分离效果，即结构有分选地分离粒径大于设计分离粒径的固体颗粒，试验中水石分离格栅坡度的合理取值为 35°~38.7°。同时，由土力学的知识可知，一般砾石或卵石的天然休止角为 35°~40°。因此实际应用中，只需使水石分离格栅坡度等于固体颗粒的天然休止角，泥石流便不会停留在格栅表面，同时也不会由于泥石流在格栅上的流速过大造成水石分离不充分。②水石分离格栅肋梁倾角，水石分离格栅肋梁倾角即肋梁与脊梁的夹角，，其决定了格栅开口的倾斜方向。试验研究表明，为了使结构具有良好的水石分离效果，即结构有分选地分离粒径大于设计分离粒径的粗颗粒，肋梁倾角的取值可取为70°~80°。③水石分离格栅跨度，为了使结构具有最佳的使用效果，水石分离格栅应具有一定的跨度，使泥石流在格栅上充分完成水石分离，即让泥石流中粒径大于设计分离粒径的固体颗粒尽量分离到停积场，同时让粒径小于设计分离粒径的固体颗粒和泥石流浆体尽量透过格栅，流入泄流槽，继续沿着沟道运动。

假设泥石流从引流口流出后，首先经过抛物线运动下落到格栅表面，然后沿格栅表面运动并进行水石分离.在流到格栅上的泥石流流体中，从引流口左右两侧流出的泥石流流体下落高度Z最大，其下落到格栅时的流速也就最大，同时，该部分泥石流流体下落到格栅的位置与停积场之间的距离S最小，其在格栅上的运动时间最短.所以，如果从引流口左右两侧流出的泥石流流体能在格栅上充分完成水石分离，则所有泥石流流体在格栅上均能充分完成水石分离。也即：当格栅跨度为最佳值时，粒径大于设计分离粒径的固体颗粒在格栅上的运动时间正好等于粒径小于设计分离粒径的固体颗粒和泥石流流体透过格栅的时间。

根据以上分析和假设，通过理论计算最终可得水石分离格栅跨度的计算公式如下：

$$B = h\sin2\theta + b \tag{5-35}$$

式中：h为泥石流从引流坝流出时的流深；θ为格栅坡度；b为引流口宽度。

（3）水石分离格栅长度，水石分离格栅纵向上的需要足够的长度以保证从引流口流出的流体全部经过水石分离格栅的分离作用。根据理论分析可知，其最小长度应等于泥石流在格栅上运动的最长的水平距离，其计算公式如下：

$$L = \frac{Q_c}{(b + mh)h} \sqrt{\frac{B}{g\sin\theta\cos\theta}}$$

式中：Q_c为泥石流流量；b为引流口宽度；h为泥石流从引流坝流出时的流深；m为引流口坡度系数；B为格栅宽度；θ为格栅坡度。

（4）水石分离格栅肋梁开口间距，肋梁间距D值的确定与泥石流中携带的颗粒物质粒径以及减灾目标有关。本文作者提出了基于物质与能量调控标准的鱼脊型水石分离结构肋梁开口间距的确定方法，具体步骤如下：

①确定泥石流物源颗粒级配、物源总量、沟道宽度、沟道坡度等基础资料；

②根据颗粒粒径确定肋梁间距初始值D_0，计算泥石流初始泥沙浓度C_b（式5-37）：

$$C_b = \frac{\rho_w \tan\theta}{(\rho_s - \rho_w)_{(\tan}\varphi - \tan\theta)}$$

式中，ρ_w、ρ_s分别为水的密度和砂石的密度（g/cm³）；θ为沟道坡度（°）；φ为砂石的内摩擦角（°）。

③根据已确定的其他结构参数，计算水石分离格栅设计库容分。

$$V_m = L * H_1 * (B_w - B) \tag{5-44}$$

④综上所述，肋梁开口间距取满足要求的最小值。

（三）强度计算

1.荷载种类与计算

由于引流坝引流口与水石分离格栅肋梁之间存在一定高差，泥石流从引流坝引流口流出下落到格栅肋梁时，泥石流在竖直方向具有一定流速，所以肋梁将受到泥石流的冲击作用。因此，格栅肋梁将主要受到泥石流流体重力、泥石流中大石块冲击力及泥石流流体动压力3种竖向荷载作用。

（1）泥石流流体重力。假设泥石流从引流口流出后，沿脊梁长度方向均匀分布，且流深仍为泥石流流经引流口时的溢流深。由于泥石流在格栅上运动时，将迅速透过或滑离格栅，所以可忽略沿格栅表面运动的泥石流流体，即肋梁受到的泥石流流体重力可简化为分布荷载，其荷载集度可由式（5-45）计算：

$$q_1 = \frac{1}{n} \gamma_c g h l \tag{5-45}$$

$$n = [l/(D + b_r)] + 1 \tag{5-46}$$

$$l = 0.285v + 0.032\gamma_c - 0.2 \tag{5-47}$$

式中：q_1即为由泥石流流体重力引起的分布荷载集度，n为泥石流均匀流深范围内的肋梁个数，γ_c为泥石流容重，g为重力加速度，l为泥石流均匀流深的长度，h为泥石流流经引流口时的溢流深；D为水石分离格栅肋梁间距，b_r为水石分离格栅肋梁截面宽度。

（2）泥石流中大石块的冲击力

由于引流口与格栅肋梁之间具有一定高差，因此肋梁将受到泥石流中大石块的冲击作用，根据能量守恒定律，大石块的冲击能量将转化为大石块与肋梁接触面的弹塑性应变能和肋梁的弯曲变形能，即：

$$\frac{1}{2} m v_s^2 = \int_o^{\delta_{max}} c\delta^n d\delta + \int_L \frac{(M_x)_F^2}{2EI} ds \tag{5-48}$$

式中，m为大石块质量，v_s为大石块落到肋梁上时垂直于肋梁的流速，c、n为材料特性参数，δ为大石块冲击过程中肋梁的法向变形量，$(M_x)_F$为大石块冲击力尸作用下肋梁任意截面的弯矩，E为肋梁弹性模量，l为肋梁截面惯性矩。

$$v_s = v_y \cos\alpha = \sqrt{2g(H - y)} \cos\alpha \tag{5-49}$$

式中，Vy为大石块落到肋梁时的竖向流速，α为大石块与肋梁接触处肋梁切线与水平线所成的锐角（当肋梁为"V"形时，$\alpha=\Theta$），h为格栅肋梁竖直高度，y为大石块冲击位置处（x = x_1）的坐标y轴取值。

同时，肋梁受到的大石块冲击力为：

$$F = c\delta_{max}^n \tag{5-50}$$

式中，F为肋梁受到大石块的冲击力，5max为大石块冲击下肋梁接触面上的最大法向变形量，其余符号意义同前。联立上面3式即可计算出肋梁受到的大石块冲击力。

（3）泥石流流体的动压力

肋梁承受的泥石流流体动压力荷载集度与肋梁形状有关。当肋梁为"V"形和拱形时，泥石流流体动压力分别为对称三角形和曲线型分布荷载，最大荷载集度表达式为：

$$q_2 = 2Kb_r\rho_f g(H - y\,|_{\chi=(B+b)/2})\tag{5-51}$$

式中：q_2为泥石流流体动压力引起的最大荷载集度；K为经验参数，可取0.5；ρ_f为泥石流浆体容重；其他参数同前。

2.内力计算

根据水石分离格栅肋梁的受力特点，肋梁的强度验算主要包括抗弯强度和抗剪强度2部分。

（1）抗弯验算

$$\frac{F_N}{A} \pm \frac{M}{\gamma W} \leqslant f\tag{5-52}$$

式中，F_N为危险截面处轴力，A为截面面积，M为危险截面处弯矩，γ为截面塑性发展系数，W为截面模量，f为钢材的抗拉、抗压和抗弯强度设计值。

（2）抗剪验算

$$\frac{F_s S}{\text{I}b} \leqslant f_v\tag{5-53}$$

式中，FS为危险截面处的剪力，S为截面面积矩，I为截面惯性矩，b为肋梁截面宽度，f_v为钢材的抗剪强度设计值。

在实际应用中，可事先假定截面的型式与尺寸，根据结构静力学理论分别计算上述肋梁荷载引起的截面弯矩、剪力与轴力。然后将3种荷载引起的截面内力相叠加，便可得出肋梁任意截面的内力。然后根据上述强度验算方法进行试算，最终得到满足强度条件合理的肋梁截面型式尺寸。

三、排导工程

泥石流排导工程是最常用的泥石流防灾减灾工程措施之一，是利用已有的自然沟道或由人工开挖及填筑形成的开敞式槽形或隧洞过流建筑物，将泥石流顺畅地导排至下游非危害区，控制泥石流对流通区或堆积区的危害。

排导工程包括排导槽、导流防护堤、渡槽或隧洞等，一般布设于泥石流沟的流通段及堆积区。当地形等条件对排泄泥石流有利时，宜优先考虑采用。修建排导工程应具备以下地形条件：

（1）具有一定宽度的长条形沟段，满足排导工程过流断面的需要，使泥石流在流动过程中不产生漫溢。

（2）排导工程布设区应有足够的地形坡度，或人工创造足够的纵坡，使泥石流在运行过程中不产生危害建筑物安全的淤积或冲刷破坏。

（3）排导工程布设场地基本顺直，或通过截弯取直后能达到比较顺直，以利于泥石流的排泄。

（4）排导工程的尾部应有充足的停淤场所，或被排泄的泥沙、石块能较快地由大河等水流所挟带至下游。在排导槽的尾部与大河交接处形成一定的落差，以防止大河河床抬高及河水位大涨大落导致排导槽等内的严重淤积、堵塞，从而使排泄能力减弱或失效。

（5）当泥石流特性为稀型、频率低频、水流挟沙粒径小于3m、沟道狭长弯曲、山体地质条件较好、地形上具备截弯取直且距离较短时，可考虑采用隧洞导排泥石流。为防止较大粒径的漂石或树枝堵塞洞口，在洞口上游需布设拦挡设施。

（一）排导槽

1.排导槽布置基本原则

排导槽的总体布置应力求线路顺直、长度较短、纵坡较大，以有利于排泄。在布置时应遵循以下原则：①排导槽应因地制宜布置，尽可能利用现有的天然沟道加以整治利用，不宜大改大动，尽量保持原有沟道的水力条件，必要时可采取走堆积扇脊、扇间凹地、沿扇一侧的布置方式。同时，排导槽总体布置应与沟道的防治总规划或现有工程相适应。②排导槽的纵坡应根据地形、地质、护砌条件、冲淤情况和天然沟道纵坡等情况综合考虑确定，应尽量利用自然地形坡度，力求纵坡大、距离短，以节省工程造价。③排导槽进口段应选在地形和地质条件良好的地段，并使其与上游沟道有良好衔接，使流动顺畅，有较好的水力条件。出口段也应选在地形良好地段，并设置消能、加固措施。④排导槽应尽量布置在城镇、厂区、村庄的一侧，在穿越铁路、公路时，要有相应连接措施；同时排导槽在穿越建筑物时，应尽量避免采用暗沟。⑤槽内严禁设障碍物影响泥石流流动。泥石流排导槽自上而下由进口段、急流槽和出口段3部分组成，由于各部分的功能和作用不同，它们对平面布置的要求也不同。首先应考虑控制断面和过渡段的布置，以利于流动和衔接。

2.排导槽的平面布置

排导槽的平面布置按位置可分为进口段、急流段和出口段（图5-15）；形态上主要有4种：直线形、曲线形、喇叭收缩形和喇叭扩散形（图5-16）。这4种平面布置形态单独使用的情况不多，大多是几种类型的组合。各地域因泥石流性质、地形地质和修建日期的的不同，排导槽平面布置各具特色。

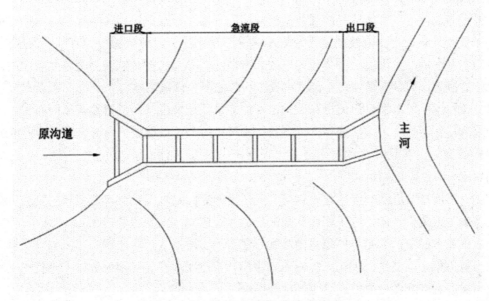

图 5-15　泥石流排导槽平面布置

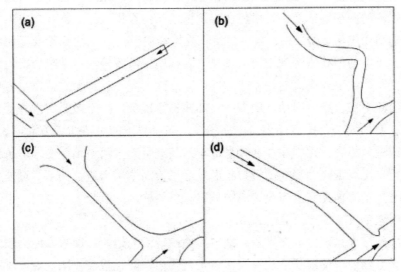

图 5-16　泥石流排导槽平面形态示意图

a：直线形 b：曲线形 c：喇叭收缩形 d：喇叭扩散形

（1）进口段布置。①利用上游控流设施布置进口段：当上游有拦沙坝、溢流堰、低槛等控流设施，布置进口段时应加以利用，使流体经过节流、导向、控制含沙量等调节作用后能平稳无阻地进入带内，应使排导槽进口段的入流方向与经控流设施后泥石流流体的出流方向一致，并具有上宽、下游窄、呈收缩渐变的倒喇叭外形，喇叭口与山沟槽平顺连接。黏性泥石流或含大量石块的水石流的收缩角一般为 α≤8°~15°，高含沙水流和稀性泥石流的收缩角一般为 α≤15°~25°。同时过渡段长度 L=（5~10）B_{cp}（B_{cp} 为设计条件下的平均泥面宽，单位为 m），横断面沿纵轴线尽可能对称布置。②上游无控流设施进口段布置：如果上游无控流设施，拦沙库进口段应选在地形和地质条件很好的地段，尽可能选择沟道两岸流向较为稳定、顺直的颈口和狭窄段，或在沟道凹岸一侧具有稳定主流线的坚土或岩岸沟段布置入坝口，使入流口具有可靠的依托。否则，可在进溢流段口上游修建相应的具有节流、导向、排沙或防冲等辅助功能的入流防护措施，如导向潜坝、主沟引流导流堤、低槛和分流墩等。

（2）急流段布置。急流槽在全长范围内力求采用宽度一致的直线形平面布置，当受地形条件限制必须排导槽转折时，以缓弧相接的大钝角相交折线形布置，转折角 $\alpha \geq$ 135°~150°，并采用较大的弯道连接半径（R_s），对黏性泥石流，$R_s \geq$（15-20）B_{cp}，对稀性泥石流 $R_s \geq$（8~10）B_{cp}。

当急流槽与道路、堤填建筑物交叉或在槽的纵向底坡变化处，急流槽的宽度不得突然放宽或突然收缩，应采用渐宽或渐窄的连接方式，渐变段长度上 L≥（5~10）B_{cp}，扩散角或收缩角 $\alpha \geq$5°~10°%急流槽沿程有泥石流支沟汇入口，支槽与急流槽宜顺流向以小锐角相交，交角 $\alpha \geq$230。，在汇入口下游按深度不变扩宽过流断面，或维持槽宽不变增加过流深度以加大排泄能力。

（3）出口段布置。为顺畅排泄泥石流，排导槽的出口段宜布置在靠近大河主流或者有较为宽阔的堆积场地处，且避免在堆积场地产生次生灾害。排导槽出口主要有自由出流和非自由出流2种方式：自由出流不受堆积扇变迁、主河摆动及汇流组合的影响，泥石流可顺畅地被输送到主河，排往下游或就地散流停淤；非自由出流因排导槽槽尾出流受阻，被迫改变流向，流速降低，输沙能力减小，部分固体物质在出口处落淤，以致出流不畅，产生回堵，倒灌或局部冲刷等现象，排泄效果大大降低，甚至危及排导槽自身的安全。排导槽出口主流轴线走向应与下游大河主流方向以锐角斜交，避免垂直或钝角相交，否则泥沙会大量落淤，甚至引起大河淤堵。在地形条件允许的情况下，可采用渐变收缩形式的出口断面或适当抬高槽尾出流标高，尽可能保证自由出流，以避免主河顶托回水淹没造成的危害。槽尾标高一般应大于主河二十年一遇的洪水位，以避免主河顶托而致溯源淤积。

出口段的尾部尽可能选在堆积扇被主河冲刷切割的地段，即输沙能力较强处，山坡泥石流排导槽的延伸段长度应控制在30m范围内，防止散流漫淤。对冲刷强烈的出口尾部，特别是自由出流方式，泥石流会产生强烈的冲刷，冲刷使槽的基础悬空，会危及排导槽出口尾部的安全，必须设置相应防冲措施，但防冲消能措施不得设置在槽尾出口附近，以免产生顶托回淤，阻碍排泄。

3.肋槛软基消能排导槽

我国从20世纪60年代中期起，在云南东川泥石流的防治工作中，逐步将传统排泄沟向泥石流排导槽过渡，创建并完善了肋槛软基消能排导槽，也称为"东川型泥石流排导槽"。

图 5-17 肋槛软基消能排导槽

肋槛软基消能排导槽通过饱含碎屑物的泥石流与沟床质激烈搅拌，耗掉运动余能，以维持均匀流动。肋槛保持消力塘中的碎屑物体积浓度，使冲淤达到平衡，基础不被淘空。通过槛后落差消失，自动调整泥位纵坡和流速，使沿程阻力和局部阻力协调，保持泥石流重度和输移力的恒定。

（1）槽身结构形式与受力分析

肋槛软基消能排导槽为规则的棱柱形槽体，排导槽进口、急流槽和出口部分结构形式基本相同，沿流向槽的几何形状、尺寸及受力无显著变化，可按平面问题处理，其结构形式如（图5-18）所示，有分离式挡土墙-肋槛组合结构和分离式护坡·肋槛组合结构等。

图 5-18 肋槛软基消能排导槽断面形式

在肋槛软基消能排导槽的运行过程中，为使结构安全，总体和组合单元的强度和稳定性、耐久性等均应满足使用要求。①挡土墙：设计荷载下，其抗滑、抗倾和地基承载力验算均应满足要求。②倾斜护坡：验算厚度和刚度，避免由于不均匀沉陷变形和局部应力而折断、开裂，验算砌体和下卧层之间的抗滑稳定性是否满足要求。要求松散下卧层的安息角大于护坡倾斜角，对堆积层或坚土，其坡度m=l：0.5~1：1；同时，不得因护砌拖曳在下卧层中产生剪切破坏。③肋槛：验算最大冲刷深度，槛基不得悬空外露，槽底坝基达冲刷平衡纵坡时，槛基深应为槛高的1/2~1/3。槛顶耐磨层的耐久性应符合使用年限的要求。

（2）排导槽纵断面设计。

排导槽的纵坡原则上应沿槽长保持不变，选择的纵坡应与泥石流沟流通段的沟床纵坡基本保持一致，并根据泥石流的不同规模验算排导槽内产生的流速，该值应不大于排导槽所能允许的防冲刷流速。在特定的地形地质条件下，其纵坡只能由小逐渐增大。若纵坡由大突然减小，则将因流体功能消失过大，而造成槽内严重停淤和堵塞。根据泥石流多年研究结果及对已建大量泥石流排导槽的调查分析，建议合理纵坡的取值见（表5-3）。

表5-3　泥石流排导槽合理纵坡表

泥石流性质	稀性		黏性		
容重/t/m	1.3~1.5	1.5~1.6	1.6~1.8	1.8~2.0	2.0~2.2
纵坡%	3~5	3~7	5~10	5~15	10~18

（3）排导槽横断面设计。

①横断面形式、形状：排导槽多位于泥石流堆积区，由于受纵坡限制，常为淤积问题所困，如何减小阻力、提高输沙效率，使排导槽具有最佳水力特性的断面形状和尺寸，是横断面设计的关键。不同形状的过流横断面具有不同的阻力特性，当纵坡和糙率一定时，在各种人工槽横断面中，梯形断面、矩形断面、V形或弧形底部复式断面具有较大的水力半径，输移力较大，应予优先采用。

一般情况，梯形或矩形断面适用于一切类型和规模的泥石流和洪水的排泄，宽度不限，对纵坡有限的半填半挖土堤槽身，梯形断面更为有利。三角形断面适用于频繁发生、规模较小的黏性泥石流和水石流的排泄，宽度一般不超过5m。复式断面用于间歇发生、规模相差悬殊的泥石流和洪水的排泄，其宽度可调范围较大（图5-19）。

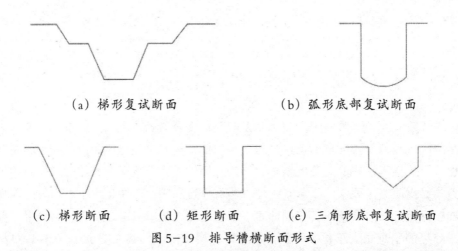

（a）梯形复试断面　　　　（b）弧形底部复试断面

（c）梯形断面　　　（d）矩形断面　　　（e）三角形底部复试断面

图5-19　排导槽横断面形式

横断面形状和尺寸的设计还应结合排导槽的纵坡进行综合考虑：选择纵坡与断面的优化组合。一般情况下，若排导槽纵坡较陡，宜选用矩形、U形等宽浅断面或、复式断面，利用加糙和减小水力半径来消除运动余能，避免泥石流对槽体的冲刷，如果排导槽设计纵坡与泥石流起动的临界纵坡接近，则槽身横断面应选择梯形或三角形窄深断面，以减小阻力，降低运动消耗，避免槽内固体物质的淤积，顺畅排泄。

②断面面积计算：按排导槽通过设计的流量和允许流速计算横断面面积：

$$A = \frac{Q}{U} \qquad\qquad (5\text{-}54)$$

式中，A为横断面面积（m）；Q为设计流量（m³/s）；U为通过设计流量的平均流速（m/s）。

③横断面尺寸拟定：根据断面形状，初定宽深比的范围。梯形或矩形断面宽深比为2~6；复式断面宽深比为3~10；三角形断面为1.5~4。

$$B_f = (\frac{l_b}{l_f})^2 B_b \qquad\qquad (5\text{-}55)$$

式中，B为排导槽设计宽度（m）；l_f为排导槽设计纵坡（‰）；B_b为流通段沟道宽度（m）；l_b为流通段沟床纵坡（‰）。

为充分利用较小规模的洪水冲洗内残留层和淤沙，应现场调查枯水期沟道的稳定平均底宽，作为排导槽底宽的设计依据，且底宽应满足B22.0~2.5Dm，Dm为沟床质最大粒径。

（4）排导槽深的确定。

直线排导槽深为最大设计泥深函H_c）、常年槽内淤积总厚（h_s）及安全超高（$h_{\Delta S}$）三者之和，即：

$$H = H_c + h_s + h_{\Delta S} \qquad\qquad (5\text{-}56)$$

$$H_c \geq 1.2 D_m \qquad\qquad (5\text{-}57)$$

式中：H_c为设计最大泥深；h_s为常年淤积厚度；$h_{\Delta S}$为安全超高，一般取0.5~1m，规模较小、重要性低的月工结构取下限；规模较大、重要的结构或土堤取上限。弯道段需加入弯道超高。

急流槽的宽深比不应太小，宜采用1：1~1：1.5。排导槽横断面有不同的形式，一般采用梯形、矩形和三角形底部复式断面；矩形和梯形复式断面适用于各种类型和规模的山洪泥石流，槽底宽度不受限制。三角形断面更适用于排泄规模不大的黏性泥石流。设计时需拟定几组断面尺寸，比较其水力条件和造价等，择优选用。具体可参见铁道部第二勘测设计院归纳的计算公式。一般多选用可冲洗底宽，以利用枯期水流或稀性泥石流来冲淤，枯水期沟道的稳定平均底宽B由现场调查确定，应满足下式：

$$B \geq (2.0\sim2.5)D_m \qquad\qquad (5\text{-}58)$$

式中：D_m为沟床质的最大粒径；也可用沟床质中值粒径为d_{50}的淹没态可冲刷流速确定。

（5）结构设计①直墙和护坡的稳定分析与强度设计：对于直墙，其受力荷载主要有直墙的自重、泥石流体重、泥石流静压力、泥石流整体冲击力、泥石流中大石块碰撞力、直墙背后土压力以及渗透压力和地震力。直墙的强度设计主要满足抗滑、抗倾覆和地基承载力的要求。

对于护坡排导槽，其受力荷载与直墙受力荷载基本相同，其强度设计主要验算护坡的厚度和刚度，以避免开裂和折断，同时验算护坡和下卧层之间的抗滑稳定性。②

肋槛和地基抗冲稳定性验算：排导槽的作用是防淤排泄，然而排导槽本身又需防冲刷破坏。即使局部冲刷也会给排导槽带来严重的后果。影响泥石流冲刷深度的因素很多，通常可用实际观测、调查访问的资料结合冲刷计算结果，综合分析以确定冲刷深度。为防止冲刷破坏，避免因冲刷而造成排导槽失效，对分离式的排导槽主要采取加深墙（堤）的基础，泄床铺砌、泄床加防冲肋槛等措施。对于纵坡陡、流量大、沟道宽、冲刷大、加深基础有困难或基础埋置大深不经济，护底铺砌造价太高和维修有困难的，在沟床加防冲助槛是行之有效的方法。

验算最大冲刷深度要求：肋槛不得悬空外露；槽底软基冲刷平衡纵坡时，槛基埋深应为槛高的1/2~1/3，肋板厚度一般为1.0m，防冲肋槛与墙（堤）基砌成整体，肋槛顶一般与沟床底平，边墙基础深度按冲刷计算确定，一般为1.0~1.5，肋槛沿沟床的间距可按下式计算：

$$L = \frac{H - \triangle H}{l_0 - l'} \tag{5-59}$$

式中，L为防冲肋槛间距（m）；H为防冲肋槛埋置深度（m），一般取H=1.5~2.0m；

△H为防冲助槛安全超高（m），一般取△H=0.5m；l_0为排导槽设计纵坡（%）；l'为助板冲刷后的排导槽内沟槽纵坡（%），一般取l'=（0.25~0.5）l_0。

肋槛是软基消能排导槽的关键部件，除上述方法确定肋槛间距外，也可根据纵坡的大小在10~25m按表5-5选用。肋槛高度一般以1.50~2.50m为宜，并按潜没式布设。

表5-5　排导槽肋槛布置间距

纵坡/%c	>100	100-50	50~30
间距/m	10	10~15	15~25
槛高/m	>2.50	2.50~2.00	2.00-1.60

我国从1966年以来，在云南东川等地泥石流防治中修建了10多处肋槛软基消能排导槽，20世纪80年代以后又在四川和云南泥石流综合防治工程中推广应用，从单一矩形槽发展到多种槽形。目前矩形断面、梯形断面、三角形断面和复式断面等形式均得到普遍使用，长期使用排泄泥石流，运用效果较好。

4.全衬砌V形排导槽

成都铁路局昆明科学技术研究所于1980年立项开展全衬砌V形泥石流排导槽（简称V形槽）研究，并在成昆铁路南段泥石流工程治理中进行试验和观测，成果于1988年通过鉴定，此后被广泛推广使用，目前成为常用的泥石流排导工程之一。

图 5-20　全村砌 V 形排导槽

（1）V 形槽的排导原理

V 形槽根据束水冲沙的原理，构建了窄、深、尖的 V 形结构。V 形槽具有明显的固定输移中心和良好的固体物质运动条件，可以有效地在堆积区改变泥石流的冲淤环境，有效排泄各种不同量级的泥石流固体物质，V 形槽多适用于山前区纵坡较陡的小流域泥石流排导。

V 形槽在横断面结构上构成一个固定的最低点，也是泥石流的最大水深和最大流速所在点以及固体物质的集中点，从而成为一个固定的动力来源，集中冲沙的中心。V 形槽底能架空大石块，使大石块凌空呈梁式点接触状态，以滚动摩擦和线摩擦形式运动，阻力小，易滚动，沟心实底部位充满泥石流浆体，起润湿浮托作用，因而阻力减小，速度加大，这是 V 形槽排泄泥石流的关键。V 形槽底是由纵、横向 2 个斜面构成，松散固体物质在斜坡上始终处于不稳定状态，泥石流在斜面上运动时，具有重力沿斜坡合力方向挤向沟心最低点的集流中心，呈立体束流现象，从而形成 V 形槽的三维空间重力束流作用，使泥石流输移能力更加定强劲，流通效应更加显著。

（2）V 形槽槽身结构与受力分析

V 形槽沿流向的几何形状、尺寸和受力无显著变化，取其横断面按平面问题对待，其结构形式如（图 5-21）所示。

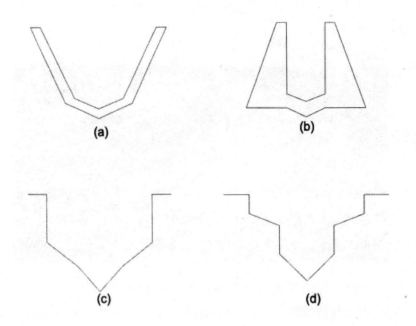

图 5-21　V 形槽横断面图

（a）斜边墙；（b）直边墙；（c）复式 V 形；（d）复式 V 形

V 形槽以浆砌石、混凝土和钢筋混凝土进行全面护砌，构成整体式结构。为了使结构安全，必须满足有足够的刚度（整体性），其设计荷载主要有泥石流重力、槽自身重力、地下水作用力、温度应力、冻胀压力以及其他作用力。在设计荷载作用下，除槽身有足够的刚度外，地基承载力应满足要求，同时，槽身不得产生局部或整体滑移、变形、开裂和折断等破坏形式；过流部分的抗磨耐久性应符合使用年限的要求，其最小厚度应满足施工要求；与流向顶冲的弯道及突出部位受泥石流冲击力的作用，冲击力可按本章的方法计算，并据实际情况分析确定。

（3）V 形槽槽体纵断面设计

纵断面设计应由上而下设计成上缓下陡或一坡到底的理想坡度，以利于泥石流的排泄，若受地形坡度条件限制，需设计成上陡下缓时，必须按输沙平衡原理，从平面上配套设计成槽宽逐渐向下收缩的倒喇叭形，使过流断面宽度随纵坡的变缓而相应减小，以增大泥深，加大流速，保持缓坡段和陡坡段具有相同的输沙能力和流通效应，确保 V 形槽的排淤效果。

V 形槽纵坡度设计与肋槛软基消能排导槽方法相同，通常采用类比法、实验法和经验法 3 种方法确定。对运行多年的已建 V 形槽经调查统计分析，可得到 V 形纵坡作为设计参考。纵坡一般可略缓于泥石流扇纵坡，V 形槽纵坡值通常用 30‰~300‰，阈值为 10‰~350‰，最佳组合范围是：$l_{束}$=200‰，$l_{纵}$=15‰~350‰，$l_{横}$=100‰。~300‰。

自上而下 V 形槽的纵坡不宜突变，当相邻段纵坡设计的坡度值≥50‰，纵坡设计在转折处用竖曲线连接，竖曲线半径尽量大，使泥石流流体有较好的流势，奔减轻泥石流固体物质在变坡点对槽底的局部冲击作用。

（4）Ｖ形槽槽体横断面设计①横断面的类型形状：尖底槽主要用于泥石流堆积区，有改善流态、引导流向、排泄固体物质和防止泥石流淤积的独特功能，尖底槽主要有Ｖ底形、圆底形、弓底形。Ｖ形槽横断面形式有斜槽式、直墙式、复式Ｖ形和复式Ｖ形4种类型形状。

②横断面面积计算：Ｖ形槽横断面面积主要由设计流量和泥石流设计流速来确定，横断面面积由下式确定：

$$A = \frac{Q}{U} \tag{5-60}$$

式中，A为横断面面积（m）；Q为设计流量（m³/s）；U为通过设计流量的平均流速（m/s）。

③Ｖ形槽横断面尺寸拟定：初步选定断面形状，根据泥石流性质、规模、地形条件等从上述4种Ｖ形断面形状中选定设计断面形状。

根据泥石流沟道地形条件，确定Ｖ形槽纵剖面。Ｖ形槽底部呈Ｖ形，横坡与泥石流颗粒粗度呈正相关，与养护维修、加固范围有关，横坡越陡，固体物质越集中，磨蚀、加固、养护范围越小。Ｖ形槽横坡通常用200~250，限值为100~300，在纵坡不足时加大横坡输沙效果更显著。

Ｖ形槽底部由含纵、横坡度的2个斜面组成重力束流坡，其关系式如下：

$$l_{束} = \sqrt{l^2_{纵} + l^2_{横}} \tag{5-61}$$

式中，$l_{束}$为重力束流坡度（‰）；$l_{纵}$为Ｖ形槽纵坡坡度（‰）；$l_{横}$为Ｖ形槽底横向坡度（‰）。

根据铁路和地方使用Ｖ形槽的经验和研究成果，l值参数一般在下列范围：200‰≤$l_{束}$≤350‰，10‰≤$l_{纵}$≤350‰，100‰≤$l_{横}$≤350‰。在$l_{纵}$值不变的情况下，改变$l_{束}$值（即由平底变为尖底），$l_{束}$值增大，排泄防淤效果显著提高。对较平缓的泥石流堆积区上的排导槽，由于$l_{纵}$值较小且难以用人工改变增大$l_{纵}$，此时增大Ｖ形槽的$l_{横}$值，弥补$l_{纵}$值小的不足，对排泄有较大作用。

Ｖ形槽宽度设计最小不得小于2.5倍泥石流体中最大石块直径。Ｖ形槽槽深设计时，泥深H计算要根据流速U_c≥泥石流流通区流速U_f的选定条件，求算Ｖ形槽的最小泥深，进而拟定槽深。Ｖ形槽设计泥深H_c，必须大于1.2倍泥石流流体中最大石块直径，以防止最大石块在槽内停淤，影响输沙效果。Ｖ形槽设计流速U_c必须大于泥石流流体内最大石块的起动流速。安全超高一般取0.5~1.0m。并且要控制适度的宽度－深度比，一般取1：1—1：3为宜。

（二）泥石流排导隧洞

一般情况下，排导隧洞平时要考虑排泄沟水，设计参见相应的水工隧洞规范，衬砌底板按过推移质考虑抗磨抗冲设计。

1.排导泥石流隧洞的适用条件

排导泥石流隧洞仅适用于稀性泥石流或山洪与泥石流交替的水石流，洞线布置与开敞式导流槽布置要求一致，地形上进口与上游河道顺接，洞线具备截弯取直且距离较短时（500m以内），出口可以临空，便于泥石流顺畅排泄。隧洞轴线应为直线，不允许拐弯；水流挟最大漂砾粒径小于3m，经经济技术论证比较后可考虑采用隧洞导排泥石流。

对于沟道急剧变化，泥石流规模、容重及含巨砾很大的黏性泥石流沟和含巨砾很多的水石流沟，则不直接用隧洞排泄。为防止巨砾进洞，排导泥石流隧洞均需和上游拦挡设施联合防护，不单独使用。

2.纵横断面

排导隧洞的纵坡原则上应沿隧洞保持不变，选择的纵坡应不小于上游泥石流沟流通段的沟床纵坡，坡度可参考导流槽或渡槽的纵坡选择要求，不宜小于10%。

排导隧洞横断面一般采用城门洞、马蹄形，洞底板通常采用三角形复式断面；衬砌底板按过推移质考虑抗磨抗冲设计，一般采用混凝土衬砌。为确保安全畅通，泥石流液面上净空为安全超高，按设计最大流量计算的横断面面积是隧洞的有效过流面积，有效过流高度宜控制不超过边墙高度，顶拱高度作为安全超高（＞2m）。

为防止较大粒径的漂石或树枝堵塞洞口，在洞口上游需布设拦挡设施，隧洞断面宽度和高度宜不小于过洞泥石流最大漂砾直径的3倍左右。

洞内的泥石流流速很高，对槽底、槽壁均会产生较大的磨损，应选择耐磨材料，并相应增大构件的厚度，故需增加10cm厚的耐磨保护层。

（三）泥石流渡槽

渡槽通常建于泥石流沟的流通段或流通一堆积段，与山区铁路、公路、水渠、管道及其他设施形成立体交叉（图5-22）。泥石流以急流的形式在被保护设施上空的渡槽内通过，其流速较大，输移能力较强，是防护小型泥石流危害的一种常用排导措施。

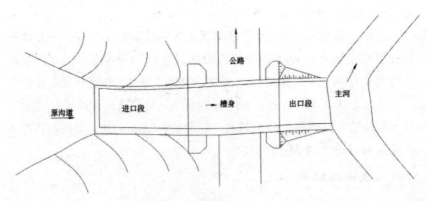

图5-22　泥石流渡槽平面布置图

1.渡槽的适用条件

（1）在地形上要求有足够的高差，沟道的出口应高于线路标高，满足渡槽实施立体交叉的净空要求。渡槽的进出口位置能布设顺畅，地基有足够的承载力及抗冲刷能力。渡槽出口能临空，便于泥石流顺畅排泄。

（2）比较适用于坡度很陡的坡面型稀性泥石流沟，一般适用于泥石流的最大流量不超过200m2/s、固体物粒径最大不超过1.5m的中小型泥石流或具备山洪与泥石流交替出现的泥石流沟。对于沟道急剧变化，泥石流规模、容重及含巨砾很大的黏性泥石流沟和含巨砾很多的水石流沟，则应慎用渡槽排泄。

2.渡槽的特点

为了满足泥石流顺畅排泄等条件，泥石流渡槽具有以下特点：

（1）长度较短，槽底纵坡一般都比较大。通常跨度只需略大于线路宽度即可，但为了使泥石流能顺畅排泄，减少槽内淤积厚度，原则上应尽量使渡槽底的纵坡大于或等于原沟床的纵坡，其值均在100%~150%以上。

（2）渡槽的过流宽度一般都大于3.0m，为开敞式断面，为避免泥石流流体中所含巨砾及漂浮物的撞击，一般不在槽壁上部设置横向拉杆。

（3）渡槽受荷很大，槽壁要承受三角形分布的泥石流流体的水平荷载，以及泥石流流体中巨大块石之间在运动过程中产生的横向挤压推力和流体的冲击力等荷载作用。槽底主要承受泥石流流体的垂直重力及拖曳力等。

（4）渡槽内的泥石流流速很高，对槽底、槽壁均会产生较大的磨损，应选择耐磨材料，并相应地增大构件的厚度。对坡面型泥石流沟而言，泥石流活动规模较小，而且具有明显的间歇性。一般在泥石流停止流动后，即可行人，因此不需另行设置人行检查通道。

3.泥石流渡槽的平面布置

泥石流渡槽由进口段、槽身、出口段等部分组成，各部分各有其特点和要求，分述如下：

（1）渡槽与泥石流沟应顺直、平滑地连接。渡槽进口连接段，不宜布设在原沟道的急弯或束窄段。若条件允许，连接段应布设成直线。若上游自然沟道与渡槽同宽，则连接段不需太长，只要紧密顺接即可。当渡槽宽度小于沟床宽度时，则连接段长度应大于槽宽的10~15倍。连接段首先应布设为上宽下窄的喇叭形或圆弧形，逐渐收缩到与槽身宽度一致的渐变段，然后再以与渡槽过流断面形状一致的、长度为1~2倍渡槽长的直线形过渡连接段与渡槽（槽身）入口衔接。

（2）槽身部分应为等断面直线段，其长度应包括跨越建筑物的横向宽度及相应的延伸长度（约为1~1.5倍槽宽）。

（3）渡槽出口段应与槽身连接成直线，要避免在槽尾附近就地散流停淤成新的堆积扇。最好能将泥石流直接泄入大河（凹岸一侧）或荒废凹地。

（4）渡槽的出流口最好能与地面或大河水面之间有一定的高差，以防止出流口以下淤积或洪水位阻碍渡槽的正常排泄。

4. 渡槽的纵横断面

（1）为了减少渡槽内淤积，要求渡槽的纵坡一般均应不小于原沟床的坡度，并用竖曲线与原沟平顺连接，或者不小于泥石流运动的最小坡度。在己建的渡槽中，纵坡已达150‰左右，也可按以下公式计算纵坡（l_f）：对于稀性泥石流：

$$l_f = 0.59 \frac{D_a^{2/3}}{H_c} \tag{5-62}$$

式中：D_a为石块的平均粒径，m；H_c为平均泥深，m。

对于黏性泥石流：

$$l_b < l_f \leqslant 150‰ \tag{5-63}$$

式中：l_b为相应地段的自然沟床纵坡（‰）。

（2）渡槽下净空不够，需提高渡槽底部标高时，应采取对应措施提高上游沟床，不渡槽附近形成突变。如下游近处原沟有跌水，可提高渡槽入口标高，增大渡槽纵坡。

（3）在堆积扇上修建渡槽时，可以适当地提高沟床底部标高。这样虽然增大了一些程量，但可满足槽下的净空要求及渡槽出口标高的提高，对排泄有利。

（4）按设计最大流量计算的横断面面积是渡槽的有效过流面积，加上安全超高及相的扩大宽度，才为设计的横断面尺寸。

（5）渡槽的横断面形式多为直墙式矩形断面或边坡较大的梯形断面。为了提高渡槽输沙能力，槽底可做成圆弧形或钝角三角形。

（6）渡槽的深度应按阵性泥石流的龙头高度加上平均淤积厚度（或残留层厚度）及全超高（≥1.0m），也可类比确定。

（7）渡槽的宽深比（梯形槽）可按下式计算：

$$\beta = \frac{B_c}{H_c} = 2(\sqrt{1 + m^2} - m) \tag{5-64}$$

式中：β为断面宽深比；及为渡槽宽度（m）；B_c为渡槽过流深度（m）；H_c为梯形槽的坡系数。

渡槽宽度还应大于泥石流流体中最大漂砾直径的1.5~2.0倍。

5. 渡槽的结构

（1）结构型式

泥石流渡槽为一空间结构，最常用的结构型式为拱形及槽形梁式渡2种；渡槽的上部构造应根据槽下的净空高度、当地建筑材料及实际地形等不同条件，用不同的结构型式。

拱式结构渡槽的优点是可充分利用当地材料，用钢材少、超负荷能力较强，易于加宽加深；在路堑两侧地质条件较差处，能更好地发挥支挡防护作用；施工较简单，实际采较多。但拱式结构渡槽因要求建筑空间高度及墩台尺寸较大而受到限制。按使用材料，拱式结构又可分为石拱、混凝土拱及钢筋混凝土双拱；根据起拱线的不同，还可分坦拱、半圆拱及卵形拱等。

梁式结构渡槽适用于通过的泥石流流量较小、槽宽不大、槽底板与侧壁构成整体结的渡槽；或在良好的岩石路堑两侧边坡较陡及半路堑外侧地形悬空等条件下选用梁式结渡槽。梁式结构渡槽可分为以底板为承重结构、两侧槽壁只承受侧压力的板式渡槽以及槽壁为承重结构、槽底板支承在槽壁下面的壁梁式渡槽，槽宽小于4~6m，优点是节省材料。当渡槽宽度较大时，多采用肋板梁、T形梁或其他梁式结构。

渡槽下部构造承载着上部全部重力及水平推力（含土体推力），故受力较大，因此墩台多采用重力式。在挡土一侧，构造如U形桥台，在不挡土一侧，则与桥墩类似。外侧墩台高度小，则可主要承载推力。当外侧地形受到限制时，亦可采用柱式或排架式墩台，此时渡槽的推力，将由内侧墩台承载，排架上用滚动支座，并在排架与内侧墩台间设置拉杆。

（2）细部结构

①基础。一般应采用整体连续式条形基础，或支承墩、柱及排架等支承形式。基础应对称布设，埋设深度应满足抗冲刷、抗冻融要求，应置于新鲜基岩或密实的碎石土层上，否则应另作加固处理。

②渡槽进出口段与槽身之间应设置沉降缝和伸缩缝，并对缝隙做防渗处理（如灌注沥青麻丝等）。

③渡槽进出口段的边跨支墩，承受很大的推力，故应采用重力式结构，并设置槽底止推装置。

④泥石流对渡槽的过流面产生很大的冲击和磨损作用，故需增加5~10cm厚的耐磨保护层。

四、停淤工程

泥石流停淤场工程，主要是指在一定时间内，通过采取相应的措施，将流动的泥石流流体引入预定的平坦开阔洼地或邻近流域内的低洼地，促使泥石流固体物质自然减速停淤，从而大大削减下泄流体中的固体物质总量及洪峰流量，减少下游排导工程及沟槽内的淤积量，特别是对黏性泥石流的停淤作用更为显著，也具有对泥石流流量较大的泥石流削峰作用。

停淤场可按一次或多次拦截泥石流固体物质总量作为设计的控制指标，通常采用逐段或逐级加高的方式分期实施。停淤场一般设置在泥石流沟流通区或下游的堆积区，可以是大型堆积扇两侧及扇面的低洼地，或是沟内开阔、平缓的泥石流沟谷滩地等。

实践表明：只要有足够的停淤面积，停淤代价比较小，特别在水电工程上易于与沟内渣场结合布置，无需占用大量土地，近年来停淤场工程应用较多。

（一） 停淤场的类型与布置

1.停淤场的类型

停淤场的类型按其所处的平面位置，可划分为以下4种：

（1）沟道停淤场。利用宽阔、平缓的泥石流沟道漫滩及一部分河流阶地，停淤大量的泥石流固体物质。此类停淤场一般均与沟道平行，呈条带状，优点是附加工程量较小，缺点是压缩了流水沟床宽度，对排泄规模大的泥石流不利。

（2）跨流域停淤场。利用邻近流域内荒废的低洼地作为泥石流流体固体物质的停淤场地。此类停淤场不仅需要具备适宜的地形地质条件，能够通过相应的拦挡排导工程，将泥石流流体顺畅地引入邻近流域内被指定的低洼地，而且应经过多方案比选。

（3）围堤式停淤场。在泥石流沟下游，将已废弃的低洼老沟道或干涸湖沼洼地的低矮缺口（含出水口）等地段，采用围堤等工程封闭起来，使泥石流引入后停淤其中。

（4）结合渣场布置的停淤场。大中型水电工程渣场多采用截断河道方式布置，形成的库容多在几十万立方米至数百万立方米，可以利用库容形成停淤场。

2.停淤场的布置

停淤场的布置随泥石流沟及保护建筑物布置条件而异，应遵循以下原则：

（1）沟道停淤场应布置在有足够停淤面积宽缓的坡地，每隔一段距离设置拦淤堤，堤高0.5~2m，拦淤堤间距按下一级停淤高度能覆盖上一级堤脚不小于0.5m为宜，在拦淤堤上错开布置分流口。在停淤场使用期间，泥石流流体应能保持自流方式，逐渐在场面上停淤。

（2）在布设跨流域停淤场时，首先应在泥石流沟内选好适宜的拦挡坝及跨流域的排导工程位置，提供泥石流跨流域流动的条件，使其能顺畅地流入预定的停淤场地；然后再按停淤场的有关要求布置停淤场地。

（3）围堤式停淤场宜布置在低洼地段或沟道出口的堆积扇区域，引流口宜选择在沟道跌水坎的上游两岸岩体坚硬完整狭窄的地段或布置在弯道凹岸一侧。应严格控制进入停淤场的泥石流规模、流速及流向，使泥石流在停淤场内以漫流形式沿一定方向减速停淤。堤下土体的透水性不宜太强，土体的密实性和强度要求达到围堤基础的要求，否则应做加固处理，从而保证围堤的稳定与安全。

（4）结合水电工程渣场布置的停淤场，拦蓄库容应不小于设计标准一次泥石流固体物质总体积要求，渣顶高度还应满足排水设施下泄泥石流及沟水设计标准洪水流量的要求，并留有超高。如排水设施采用隧洞排水，兼顾日常沟水排泄，多采用高低进水口（龙抬头）方式，也可仅在进口处设置分层进水塔。如渣场高度较低，可只在渣顶设置排导槽。另外，需在排水设施上游合适位置沟内设置拦挡坝，使泥石流固体物质沿一定方向减速停淤，防止直接堵塞或损坏排水设施进口。

（二）停淤场停淤总量估算

对沟道式停淤场的淤积总量：

$$\overline{V_s} = B_c h_s L_s \tag{5-65}$$

对堆积扇形停淤场的淤积总量：

$$\overline{V_s} = \frac{\Pi \alpha}{360} R_s^2 h_s \tag{5-66}$$

式中：V_s 为停淤总量；B_c 为淤积场地平均宽度（m）；h_s 为平均淤积厚度（m）；L_s 为沿流动方向的淤积长度（m）；α 为停淤场对应的圆心角；R_s 为停淤场以沟口为圆心的半径。

对于渣场布置的停淤场；拦蓄库容应不小于设计标准一次泥石流固体物质总体积要求。

（三）停淤场工程建筑物

泥石流停淤场内的工程建筑物因停淤场类型而异，主要的结构物包括拦挡坝、引流口、围堤（拦淤堤）、分流口、集流建筑物等。

1.拦挡坝

位于停淤场引水口一侧的泥石流沟道上，主要起拦截主沟部分或全部泥石流，减小冲击力，拦截大粒径的固体物质。该项工程多属于使用期长的永久性工程，故常用月工或混凝土重力式结构，应按过流拦挡坝工程要求设计。

2.引流口

引流口位于拦挡坝的一侧或两侧，控制泥石流的流量与流向，使其顺畅地进入停淤场内。引流口根据所处位置的高低，可分为固定式或临时性的引流口2种。固定式引流口所处位置较高，在停淤场整个使用期间，都能将泥石流引入场内，因此不需更换或重建。临时引流口将会随着停淤场内淤积量的增大而改变其位置。通过调整引流口方向及长度，使泥石流在不同位置流动或停淤。引流口既可与拦挡坝连接一体，也可采用与坝体分离的形式。对于固定引流口可用坊工开敞式溢流堰或切口式溢流堰。

3.围堤（拦淤堤）

围堤分布在整个停淤场内，沿途拦截泥石流，控制其流动范围，防止流出规定的区间。围堤在使用期间，主要承受泥石流流体的动静压力及堆积物的土压力。土堤应严格夯实，使其具有一定的防渗及抗湿陷能力。围堤一般按临时工程设计，如下游有重要保护对象时，则可按永久性工程设计。堆积扇上的围堤的长度方向应与扇面等高线平行，或呈不大的交角，这样才能拦截泥石流流体。

4.集流建筑物

集流建筑物布置在围堤的末端或其他部位，主要有集流沟或高程排水洞、泄流槽等，主要作用是将已停积的泥石流流体水石分离后的泥水排入下游河道。可做成梯形、矩形等过流断面，针对水电工程渣场，集流建筑物进口多采用高位排水渠（洞）

或分层进水塔等型式，断面大小应根据排泄流量确定。

分层泄流塔适用于稀性泥石流、采用渣场或围堤拦断沟谷的停淤场，渣场或围堤拦断沟谷后形成满足设计标准的停淤库容，紧邻布置在拦断型沟谷渣场上游，保护渣场及其他附属建筑物。分层泄流塔一般布置在沟水处理的排水洞进口，主要原理是在设计停淤高程以下布置多层排水孔，平时排水孔排泄沟水，泥石流暴发时，只有含较小颗粒的水石流进洞排走，避免堵塞排水洞，由于泥石流携带有大量的树枝或较大颗粒，可能会逐步堵塞下层排水孔，随着水位上升，逐层排水并停淤；分层泄流塔顶部敞口，排泄停淤过程中水石分离的水流，其泄流能力应能满足设计标准下的不包含固体物质的流量，顶部敞口高程应高于设计标准所需要的停淤高程。最下层排水孔应能满足沟水处理设计标准的流量，孔口宽度主要考虑泥石流最大粒径和排水洞洞径对排泄含沙水流的影响，一般不大于最大粒径和排水洞洞径的1/3，高度不大于2倍宽度。由于流态复杂，宜采用对称布置。

两河口瓦支沟保护渣场的泥石流防护工程就结合沟水处理排水洞，采用了分层泄流塔，最大塔高为20m，设置4排16个排水孔，顶部敞口最大排泄流量148m/s。设计最大停淤高度为15m，可将50年一遇的泥石流固体物质停淤在库内。

第四节　防治方案

根据泥石流危害对象，结合地形地貌、地质条件等可采取固、拦、排全面控制布置方案、以固源排导为主布置方案、以拦挡停淤为主、以导排为主拦排结合布置等不同的防治模式。

一、固、拦、排全面控制

该方案在上游区以固坡为主、中游以拦挡为主、下游以排导为主进行相应的布置，包括工程措施和生物措施，是一种较为全面的全流域综合防治布置方案，适用于流域面积较大、物源主要源于中上游形成区且形成区堆积了大量弃土弃渣的流域。根据实际情况，在流域上中游坡面容易失稳的区域修建部分挡墙和谷坊，同时进行退耕还林、封山育林和林种改造。中下游地区根据地形、地质条件及拦沙坝的不同作用，在沟内共设置了各型拦沙坝，其目的在于稳定沟床内固体物质及拦蓄、削减部分泥石流洪峰流能及规模。下游修建排导槽，将泥石流从规定的路线排导出防护对象之外。如"5-12"地震灾区绵竹文家沟泥石流采用全面的控制方案，取得良好效果。

二、排固源、排导为主

该方案选取合适的沟段布置排导建筑物，将上游流体排入其他流域或本流域保护对象的下游区域，分为以下2种情况。

（1）有些沟主要物源较为集中，其上游地形条件具体筑坝截断水流并可布置排导建筑物将水流导排至物源下游或其他流域，消除了泥石流暴发的水动力条件，另外还采取了坡面防护和排水等辅助措施。

四川汉源县万工镇坡面泥石流主要受物源以上暴雨汇流影响而产生，整治工程采用综合措施，包括排导槽+拦挡桩群+分流槽+部分固源+部分清挖+截排水，利用应急阶段的1号排导槽修建混凝土排导槽；利用应急阶段的2号导向槽作为分流槽；对物源集中、位置高、失稳后影响大的大沟后缘古堆积进行固源处理；对部分堆积物进行清除；采取截排水措施及生物防护措施对分散的坡面泥石流进行防治；对大沟上部右岸玄武岩边坡进行浅层防护；其他措施，如监测措施、水土保持措施及行政措施等。

（2）有些沟在受保护对象上游的地形条件十分有利于布置泥石流排导建筑物，可以考虑筑坝将泥石流截断并导排至受保护对象的下游或其他流域。主要要求地形存在坡口或弯道，或距离其他流域长度较短，可以截弯取直布置排导建筑物。①若存在歧口或弯道，可布置排导明渠，通过截弯取直排导黏性或稀性泥石流。②若距离其他流域长度较短，且为稀性泥石流，经论证可考虑隧洞排导。产生稀性泥石流的河道曲折多弯，河道坡降大，可拦挡库容较小，地形上布置较短隧洞可以截弯取直，经论证可采用隧洞排导稀性泥石流。为防止淤堵，隧洞断面宽度宜不小于过洞泥石流最大颗粒粒径的3倍，坡度不小于10%。

三、以截留停淤为主的排导方案

该方案地形上沟道坡降缓，泥石流不易排导，但具有足够开阔、平缓的沟谷滩地，可考虑设置停淤场和辅助排导设施，比较适用于规模不大的黏性泥石流的停淤，在停淤场上游有引导建筑物，使泥石流引入后停淤其中，停淤场出口有导排设施。保护对象处于停淤场下游，需要经常清淤。

停淤场的类型按其所处的平面位置，可划分为以下2种。

（1）堆积区停淤场。利用泥石流沟堆积区的大部分低凹地带或围护后的区域作为泥石流流体固体物质的堆积地，停淤场出口有排导设施。

（2）围堰式停淤场。在泥石流沟较宽、沟内坡度较缓的下游且具有平缓的沟谷滩地，可堆筑拦挡围堰将沟道截断形成较大库容，使泥石流停淤其中，一般适用于设计标准下泥石流一次暴发规模较小而库容很大的情况。由于保护对象处于停淤场下游，需要经常清淤。另外需配套排导设施，在保护对象旁布设排导槽或排导设施等。

对于规模不大的稀性泥石流，可采用拦挡坝拦截泥石流停淤排水的布置方式，停淤库容至少能满足停放设计标准的一次泥石流固体物质总量，排导设施有隧道和渣顶排导明渠等，考虑到低高程进口易被推移质和树枝堵塞，排水隧洞进口一般设置高低进水口，或分层排导泄流塔。其次，有些泥石流沟坡降不大，为危险性小的稀性泥石流，沟口两侧布置有一些临时工厂，其顶部敞口设施的防护可以考虑使用该布置方案。修筑一道或多道多孔坛工坝或格栅坝，同时建设监测、预警预报系统。多孔坊工坝或格栅坝主要拦挡稀性泥石流（水石流）中挟带的较大块石，砾石和沙可通过排水孔或格栅导排至下游，泥石流底层排水孔排水洞过后及时清理库内拦挡的块石。

四、以排导为主、拦排结合布置方案

拦排结合布置通常采用中游拦挡与下游排导相结合的模式。当沟内有保护对象。沟道地形坡度较陡，相对顺直，有足够的宽度在保护对象另一侧设置排导槽排导泥石流，同时布置在上游设置格栅坝或重力坝拦挡沟道内上游分布的松散弃土弃渣，防止沟道下切，保护沟岸，避免新启动的滑坡固体物质进入沟床形成新的泥石流物源。依据实际情况，拦挡工程可以采用格栅坝或重力坝，其拦挡方式可以采用梯级坝或单一坝体。

（1）临沟型渣场的防护布置。当渣场所在沟床相对较宽，河道基本顺直、长度较短纵坡经计算分析能满足该沟泥石流顺畅流动要求时，过流时一般为急流，可采取邻沟型渣场结合开敞式排导工程布置方式；开敞式排导工程的主体排导槽通常采用紧贴河道一侧的基岩布置，渣场与排导槽之间用顺流向的月工导流堤隔离，排导槽一般与岸边公路或导流堤顶平台组合成复式断面，以加大过流能力；槽体应具备较好的抗冲和耐磨蚀能力，需对排导槽底部进行护底。

开敞式排导工程的布置方式对黏性泥石流和稀性泥石流均适用，特别是当地形条件对排泄有利时，可一次性地将泥石流排至预定地区而免除灾害，可单独使用或与拦蓄工程结合使用，往往根据地形和泥石流特性在渣场上游布设小规模的拦挡工程，拦挡工程可以采用格栅坝、重力坝，也可以采用拦沙坝与部分谷坊相结合的方式。

（2）泥石流沟道狭窄、陡峻，影响区内场内公路、中小型临时工厂、仓库等设施的防护布置。该类建筑物一侧临山另一侧靠河，泥石流沟道狭窄、陡峻，泥石流规模和影响区不大，建筑物级别不高，多为临时建筑物，工程完工后弃用或使用率较低，对该类建筑物的防护布置常以简单导排设施及预警预报系统建设为主，重点是采取导排，保护措施让泥石流顺畅地通过线路地段和布设的预警设施，如场内公路在泥石流沟口架桥通过，对场内公路、中小型临时工厂、仓库旁靠山侧规模不大的坡面泥石流可采用架设混凝土导流槽（渡槽）跨过建筑物，排导槽一般呈喇叭形，坡度较大，便于收集和推导泥石流至另一侧的河道或山崖下，排导槽尽量使用窄深槽，防止淤积。在成昆铁路和施工区沿线公路架设混凝土导流槽的相应案例较多。

（3）低危险性的干沟、沟口两侧有低等级设施的防护布置。沟口两侧有低等级设施，常以简单的挡护工程措施（如格栅坝、桩林）及监测、预警预报系统建设为主。该防护布置重点：一是沟口正面不允许布置建筑物；二是采取监测和预警措施。

五、防治工程方案比选

泥石流治理方案的比选应以保护对象的安全程度为出发点，遵循泥石流的活动和成灾规律，综合考虑拦沙、固源、排导、停淤、预警等措施组合多个方案，从保护效率、费用成本、施工难易、工期上综合比较，推荐最佳治理方案。

（一）固拦排全面控制组合方案的比较

当保护对象重要性较高，具备采用固、拦、排全面控制的条件时，则根据需要控制的泥石流物源总量和地形地质条件，拟定2~3个不同布置方案（固、拦、排工程可按位置不同、数量不同、构筑物型式不同等进行优化组合）进行技术经济比较，各方案应具有对等的灾害控制治理效果，采用的固、拦、排工程各自控制的水沙一定要协调。

（1）各方案固源工程比较。固源工程重点分析泥石流沟内集中性物源类型、分布位置、启动参与泥石流的方式（塌滑冲刷、揭底冲刷等），确定需要稳定的物源量，比较各方案在治理部位、治理长度及采用了程构筑物型式的优缺点。

（2）各方案拦沙工程比较。拦沙工程根据需要的拦蓄调节总库容（按设计基准期），分析建坝处地质地形条件、施工可行性，拟定不同布置方案的库容和坝高。重点比较不同方案可拦蓄的泥沙量及施工难易、经济成本等。

（3）各方案排导工程比较。重点比较不同方案排导工程的泄流条件及施工难易、维护成本、经济成本等。

（二）停、排组合方案的比较

对于上游沟道纵坡陡，固源、拦蓄泥沙工程施工困难或工程效益差，而下游山口有停淤地形、也有一定排导条件的泥石流沟，可采用停、排组合方案。

该方案要充分论证设计基准期内泥石流冲出的固体物质总量、一次泥石流冲出量，据此确定停淤场库容、围限范围、占地面积和泥沙围限、水沙分离、导流的工程结构型式。

重点比较不同方案停淤库容、排导的泄流能力及施工难易、维护成本、经济成本等，注意评估停淤场淤满后果对不同方案的影响。

该组合方案往往需要和以导排为主的方案进行比较，主要区别在于停淤库容可以调节排导流量，能够降低排导建筑物规模，但增加了后期清理维护成本；当导排为主的方案需要的排导规模较大时，经常需要与停、排组合方案进行综合比较。

（三）以排导为主的方案或简易拦、排结合布置方案的比较

重点比较不同方案拦排、排导工程的工程地质条件、泄流条件及施工难易、维护成本、经济成本等。

（四）防护工程分期建设与防护工程一次建设完成方案比较

工程实践中，部分保护对象规模较大、工期较长，或前期作为临建工程，后期另行建设级别较高的保护对象，因此提出了防护工程随着保护对象规模和级别变化而分期建设的布置方案，往往与防护工程一次建设完成方案在拦挡、排导设施布置上存在差异，需要从经济技术方面比较上述两种方案，必要时还需要结合保护对象布置的优缺点共同进行综合比较，择优选取。

第五节　岩土工程防治措施存在的问题及发展方向

从20世纪50年代以来，我国泥石流治理工程中修建了大量的拦挡坝、排导槽等岩土工程，取得了较好的防治效益，但是在还存在以下问题。

一、存在的问题

（一）泥石流运动特征参数的计算问题

泥石流流速、流量、冲击力等是设计拦挡坝时需要确定的基本参数。在确定泥石流流速时，目前常使用的是以曼宁公式为基本形式的经验公式，即利用某些地区的泥石流观测资料为基础，对曼宁公式中的各个系数加以率定，最终得到泥石流流速的计算方法。因此这些公式具有明显的地区性，适用范围有限。同时，这些公式得到的多为泥石流平均流速，然而泥石流流速通常在横向和垂向上的分布是不均匀的，平均流速已不能满足日益提高的泥石流防治工程设计要求，因此有必要研究考虑横向和垂向分布不均匀的泥石流流速计算方法。

配方法是目前常用的泥石流流量计算方法。该方法假定泥石流与流域暴雨洪水同频率且同步发生，在利用水文方法得到不同频率洪水流量的基础上，考虑固相物质体积浓度和沟道堵塞条件，最终得到泥石流流量。利用配方法可以得到不同频率下的泥石流流量，从而为拦挡坝的设计提供依据。但是针对由地震引发的次生泥石流时，利用该方法计算的泥石流流量远小于实际值，因此针对山区地震使得泥石流流域内松散固体物质总量急增的情形，还有必要建立更精确的泥石流流量计算方法。

在计算泥石流冲击力时，通常将泥石流看作固液两相流体，冲击力分为浆体动压力和大石块冲击力2部分。该方法分别考虑了泥石流固液两相物质对拦挡坝的冲击特性，具有一定合理性。但是在计算大石块冲击力时，目前仅考虑了固相物质中粒径最大的砾石对拦挡坝的冲击作用，而泥石流固相物质粒径范围通常较大，因此该计算方法显然与实际不相符，有必要研究考虑固相物质粒径组成的冲击力计算方法。

（二）拦挡坝修建级数与设计库容的选取问题

拦挡坝最直接的作用是拦蓄泥石流固相物质，但是由于泥石流流域内的松散固体物质总量多，特别是由山区地震诱发的大量崩滑体作为泥石流物源的情形，拦挡坝的拦蓄库容往往远小于泥石流松散固体物质总量。如2008年汶川"5·12"地震在四川绵竹清平乡文家沟诱发了巨型滑坡，总体积约8-9x107m³，据估算，即使在沟口修建50m高的拦挡坝，也仅能提供2.0x106m³的库容。因此拦蓄了固相物质的拦挡坝，特别是位于流域上游的谷坊群除了起到拦截作用外，往往还需起到稳定沟坡、控制沟床侵蚀的作用，从而减少流域内参与泥石流活动的物源总量。但是由于目前针对拦挡坝的上述作用还缺乏定量的评估方法，导致工程设计人员常常仅根据工程经验选择拦挡坝的修建级数，以及拦挡坝的拦蓄库容，因此拦挡坝的设计缺乏相应理论指导，针对上述问题还有待进一步研究。

（三）拦挡坝的结构型式与坝体材料选取问题

为了节约建设成本，我国已建成的拦挡坝多为浆砌石重力坝，在泥石流冲击作用下坝体变形小，且浆砌石强度较低，导致拦挡坝易被冲毁。如2010年甘肃舟曲"8·8"特大泥石流将三眼峪沟内已修建的7座拦沙坝不同程度的损毁。因此需研究坝体变形较大、材料强度高，抵抗泥石流冲击性能好的新型拦挡坝。且在防治过程中，还需要考虑漂木带来的危害，设计同时能控制漂木危害的措施。

（四）拦挡坝的清淤问题

受到地形条件限制，大部分泥石流流域的交通条件极其简陋，一旦拦挡坝被固体物质淤满后，机械设备很难到达拦挡坝库区进行清淤工作，从而导致拦挡坝对后续泥石流失去调节作用，影响其防治效益。

（五）格栅坝的优化设计与可持续作用问题

格栅坝的种类很多，但在设计上多以经验为主。相关规范格栅坝的设计方法仅做了简要介绍（主要对其开口间距作了相应规定）。因此还需进一步研究各种格栅坝的优化设计方法。从工程实践效果看，现有格栅坝在运行初期能有分选地将泥石流中的粗颗粒拦截在坝内，而危害较小的细颗粒可以流向下游，但是由于拦截的颗粒直接停积在格栅开口处，易造成开口堵塞，最终使格栅坝失去"拦粗排细"功能，影响其防治效果。

二、发展方向

（一）基于水土分离的泥石流防治理念

针对松散固体物质总量特别多的泥石流流域，现有拦挡坝的防治效果甚微。如能通过工程措施在泥石流中上游实行水土分离，抑制泥石流的发生或降低泥石流的规模，将有效提高下游拦挡坝的防治效果。

（二）基于物质和能量调控的泥石流减灾技术

泥石流体中大量存在的粗大颗粒是其具有强大冲击破坏力的主要原因之一，如能将泥石流运动过程中的粗大颗粒分离出来，对泥石流的物质和能量进行调控，便能有效减轻泥石流的危害。由于现有分离手段一格栅坝拦截的粗颗粒直接停留在坝内，导致不能持续分离粗大颗粒。

（三）拦挡坝设计方法的发展

目前，我国已建的拦挡坝多为重力拦挡坝，且每级拦挡坝泄流孔的尺寸变化不大，泥石流固相物质被整体拦截在坝内，降低了拦挡坝的库容，减少其使用年限。为了增大拦挡坝的拦截能力，陈晓清等提出通过不同开孔的拦挡坝群沿程分级拦截泥石流中的固体颗粒，最大限度地发挥拦挡坝的拦蓄功能。同时针对依据工程经验确定拦挡坝修建级数与设计库容的问题，陈晓清提出了主河输移型泥石流防治规划设计原理，即最大限度利用主河的输移能力，合理地将泥石流峰值流量分配给拦挡坝削减流量、通过排导工程向主河排泄的流量、以及停淤工程接受的流量，从而确定拦挡坝级数和修建高度。

第六章 泥石流灾害的生物工程防治措施

生物措施防治泥石流灾害的基本原理，是利用植被所具有的保水固土、涵养水源、改善流域气候水文状况、调节洪峰流量等功能，在一定程度上削弱泥石流形成所必须具备的某些基本条件，如削弱形成泥石流的水动力条件和减少松散碎屑物质补给量等，从而使泥石流不能形成或形成的规模减小，不至于造成较大危害。因此，生物措施是治理泥石流的重要措施和主要技术方法之一，其与工程措施和前面提到的"软措施"相结合，就构成了完整的防治泥石流的综合工程体系。生物措施不仅具有防灾减灾作用，而且还能够美化环境，并且在林、农、牧业等诸多方面产生经济效益，由此可以大大地调动当地群众参与防治泥石流的积极性。通过生物措施的实施，把泥石流沟（坡）建设成为环境优美、山清水秀的区域，也为全面建设小康社会与美丽乡村提供支撑和保障。

运用生物措施防治泥石流，应当遵循以下原则：①注重生态效益，兼顾经济效益；②在泥石流沟的不同部位明确生物措施的不同目标；③因地制宜，合理规划土地的使用，以林为主，林农牧统筹安排。

第一节 林业措施

林业措施是泥石流生物防治措施的主体。在生物措施防治泥石流中所产生的效果，以对削弱泥石流形成条件和抑制泥石流的活动范围作用最为显著，其中尤其是森林生态系统，在陆地生态系统中具有最高的生产力、最大的和最有效的生态平衡调节作用，是保护生态安全的绿色d然屏障。因此，林业建设和管护在山区具有举足轻重的地位，是山区建设和发展的基本保障，防治泥石流的林业措施应该和山区的林业建设与管护紧密结合，最好能够做到统一规划，尽可能协调一致。这项工作做好了，不仅可以产生巨大的防灾减灾效益，而且可以产生巨大的生态效益、社会效益及经济效益。

林业措施的具体任务，就是植树造林、扩大流域的森林覆盖率和管护好林地，

使其不受破坏。因此，保护现有森林和大力开展荒山荒坡植树造林，是实施林业措施防治泥石流的基本要求。

一、保护现有森林

实施林业措施的重要步骤，是要加强对现有林地的保护，防止一边造林、一边毁林的现象发生。事实证明，森林封禁和扶持造林与植被盖度变化的关系十分显著，对植被保护发挥着主导作用。

（一）禁伐现有森林

天然林是在自然条件下植被经过长期发展而形成的稳定群落或顶极群落，其在维护生物物种的遗传、更新和生态平衡等方面，具有较人工林更为完备和强大的生态功能；在抑制泥石流形成和保持水土、防病虫害、防森林火灾、土壤养分和水分利用等方面的作用，均优于人工林。因此，在泥石流沟内应加强对现有天然林（包括灌木林）的保护，采取有力的措施保持已有森林的稳定，坚决禁止乱砍滥伐、盗伐林木等破坏森林现象的发生，使其充分发挥涵养水源、保护生态环境和防灾减灾的作用。

（二）护林防火及防治病虫害

林业措施的另一项重要内容，是对林地的管护，即保护林木能正常生长。这项工作除了防止人为破坏，如乱砍滥伐、盗伐等外，还要防止牲畜的啃食、践踏，还必须十分重视对危害森林安全的大敌——森林火灾和林木病虫害的防治，因为森林火灾和病虫害一旦发生和蔓延，往往会在很短的时间里就毁灭掉大片森林。

（三）推广使用多种生活能源

长期以来，山区农村的生活能源主要以烧柴为主，在中国北方山区由于冬季严寒和漫长，还要烧炕取暖等，每年都要耗费大量薪柴，这对于保护森林是十分不利的。因此，应推广使用多种能源，尽可能的改变农村长期单一使用烧柴草作为能源的状况，减少对薪柴等生物能源的使用。在条件适宜的山区，可大力推广使用沼气作为燃料，其不仅可以解决生活能源问题，而且还有利于保护林草资源，产生的沼液、沼渣作为良好的肥料，可返回林地、果园、草地等，提高土地的生产力，进而促进泥石流流域的生态环境改善，减少水土流失，抑制泥石流的活动与危害。

近些年来，国家大力推动新农村建设，得到了农村居民的积极响应。新农村建设蓬勃发展，山区小水电站的建设也方兴未艾，相应的农村电气化建设日益普及，生活用电逐渐增多。这些为改变山区农村使用的生活能源类型，减少对柴草等生物能源的依赖提供了条件。

随着山区建设的不断发展，对外交流不断增多，交通条件不断改善，也为广泛推广使用液化气、煤等作为生活能源提供了条件。液化气和煤的使用，丰富了山

区的生活能源类型,可以大大减少甚至逐步替代对生物能源的使用。

还应特别指出的一点是,中国广大山区日光充足,太阳能资源丰富,有推广普及使用太阳能的条件。在山区推广使用太阳能,用太阳能替代一部分生物能源,也可以减少对生物能源的依赖和植被消耗。

通过采取上述措施,可以有效地保护现有林木不被破坏和加快荒山荒坡森林植被的恢复,对抑制和减少泥石流的发生起到积极作用。

(四) 封山育林育草和人工造林

封山育林育草,既是保护现有森林植被的有效措施,也是林业建设的一项重要措施。根据山区的实际情况,对宜林、宜草的荒山荒坡采用封山的方法育林、育草,即借助自然的力量(依靠植被的自然修复能力)进行生态恢复建设、提高山坡的植被覆盖率,这是经实践证明,既经济又有效的方法。

四川省凉山彝族自治州的大凉山地区,过去由于刀耕火种、毁林开荒和乱砍滥伐等原因,导致森林植被毁坏严重、山坡植被稀疏、满目荒山秃岭、森林资源极度匮乏、土壤侵蚀强烈、水土流失严重、生态环境十分脆弱、泥石流等山地灾害的危害极为严重。20世纪50年代,国家林业部门在当地开展人工造林,主要是在大范围实施了飞播造林,以提高植被覆盖率和改善当地恶化的生态环境。飞播的云南松种子发芽后,得到了有效的管护,保证了造林成功。经过几十年的努力,飞播林生长良好,已形成茂密的森林,其涵养水源、保持水土、防风固沙、净化空气、改善生态环境、抑制泥石流等山地灾害的效益也逐渐发挥出来,对减少泥石流对当地的危害起到了不可忽视的作用。

二、造林的林型配置与树种选择

林业措施防治泥石流对林型的配置和树种选择与水土保持具有相似性,但在造林部位上的要求则有所不同。

(一) 泥石流流域林型配置的原则

对绝大多数泥石流沟而言,其流域面积都较小,如四川境内成昆铁路沿线可量算出流域面积的366条泥石流沟,流域面积在0.04~161.47km²之间,其中流域面积大于55km²的仅有10条,只占总数的2.3%,即使是其中流域面积达到161.47km²的大泥石流沟,和大江大河相比,也只能算小流域。因此,从总体而言,泥石流沟通常都属小流域,就这一点来说,泥石流的防治实际上就是针对小流域特种灾害开展的防治。

采用林业措施防治泥石流,是借鉴水土保持学防治小流域水土流失的原理和方法,对暴发泥石流的小流域进行的防治,因此,所采用的林业措施的林型配置与水土保持的林型配置基本一致。但是,因为针对的对象是泥石流,所以在流域内的林型配置的实施部位上会有差别。

根据泥石流沟内不同部位在泥石流的形成与活动中的特征,一般可将其分为4个区：位于流域上游的清水汇集区和泥石流形成区，中游或中下游的泥石流流通区，下游或沟口部位的泥石流堆积区。因此，在流域的不同部位，其对泥石流的形成和发展所起的作用不一样，林业措施的对象和实施目的也不一样，林木的立地条件也有差异，在实施林业措施时，这些都必须考虑。一般来讲，不同的区域都有各自最适宜的植物种，只有在当地生长旺盛的植物种才能形成有效防治泥石流的植被类型，也才能产生最好的生物治理效应、生态效应和经济收益。因此，应当遵循的造林原则是：因地制宜，在流域不同的部位针对不同的要求和立地条件，有针对性的分别营造不同的林型并选用不同的适生树种。

此外，防治泥石流的林业措施还要同山区群众脱贫致富奔小康与新农村建设紧密结合才行。因此，造林的林型配置和树种选择还必须考虑兼顾山区群众的经济利益。只有这样，才能使山区群众在参与防治泥石流灾害的过程中，既能减轻或消除泥石流灾害，又能在林业措施实施后获得一定数量的林特产品，增加经济收入，反过来进一步调动他们参与防治泥石流、保护林业工程和维护山区生态环境的积极性，最终把林业措施防治泥石流产生的防灾减灾效益、生态环境效益、经济效益、社会效益发挥到极致，并能够长久而持续地发挥。

（二）泥石流流域分区与造林

1.清水汇流区

清水汇流区位于泥石流沟的沟源和上游。在泥石流形成的过程中，这一区段主要提供水体和水动力条件。清水汇流区的地形特征是坡面和沟谷均较短，山坡陡峻、沟床纵坡大，在暴雨条件下地表径流汇流时间短，流量虽不大，但流速快，单位流量动能大，下蚀能力强。针对这些特征，在这一区段宜营造水源涵养林，利用林木的树冠、树枝和林下枯枝落叶层拦截、滞留降雨，一方面延长地表径流的汇流时间，减小径流系数和削减洪峰流量，达到削弱形成泥石流的水动力条件的目的；另一方面，通过蓄滞下渗水流，增加地下水补给，减少地表径流。

人工营造水源涵养林，以培育成乔、灌、草相结合的、具多层结构的复层林为最好。

2.泥石流形成区

泥石流形成区通常位于流域的上游、中游，仍具有山坡陡峻、沟床纵坡大的特征，但随着山坡和沟谷的加长，坡面径流和沟谷洪流流量大增，下蚀和侧蚀能力加强，因此沟谷和坡面都遭到强烈侵蚀，山体破碎，水土流失现象十分严重，崩塌、滑坡和坡面泥石流活动强烈，坡面上或沟床内松散堆积物极为丰富，是泥石流的松散固体物质的主要补给源区。针对该区的地形和坡面特征，宜营造水源涵养林和水土保持林，以利用森林植被保护山坡坡面和维持沟道岸坡的稳定，减小坡面侵蚀作用的强度，从而减少松散碎屑物质进入沟床补给泥石流的数量。由于该区段山坡和沟道两岸的稳定性一般都较差，造林的立地条件也往往较差，受这些不利条件的制约，直接造林一般难于成活，需在山坡下部或沟道中配合一定的工程措施，如修建谷坊、护坡、挡土墙等工程。通过这些工程的作用，既使山坡和沟岸能够保持基本稳定，又使造林的立地条件得到改善，然后再进行造林和植草等，这样才能够保证林草有较高的存活率。

3.泥石流流通区

泥石流流通区一般处于流域的中游或下游，其地形仍较陡急，但从全流域来看，沟床纵坡已发育至泥石流沟的均衡剖面阶段，即不冲不淤阶段或冲淤大体平衡，泥石流作用以通过为主，但实际上也有冲刷、淤积和松散固体物质补给作用发生。不过从总体上来说，该区段补给泥石流的松散固体物质较少，对泥石流的流量和规模贡献较小。但泥石流规模不同，所要求的均衡纵坡也不同，往往流量大时，能量也大，会对均衡纵坡造成冲刷，流量小，能量也小，会在均衡纵坡中形成淤积，出现大冲、小淤的情况；但若从平均来看，基本上仍然是处于不冲不淤的状态。

该区段实施造林措施的目的是稳定沟岸和山坡，减少坡面侵蚀，减少参与泥石流活动的松散固体物质量，使泥石流流经本段时，只有清水汇入，流过本段后，流量虽有增大，但密度和黏度却有所减小，流动性增大，泥石流流体有所变性（即由稠变稀），从而减小对下游的危害。在该区段造林，林型要根据地形条件和坡面侵蚀状况等实际情况而定，一般营造水土保持林、用材林、经济林、沟岸防护林、薪炭林等，在林间缓坡地带可适量布置一些草地，供放牧使用。

4.泥石流堆积区

泥石流堆积区位于泥石流沟下游或与主河交汇口附近，地形比较平缓、开阔，泥石流作用以堆积为主。在该区段，由于地形坡度小，泥石流运动的阻力增大，能量逐渐耗尽，沿途产生堆积作用，并逐渐停止运动。城镇、村庄、农田和人类活动主要集中在这一区段，因此泥石流对人类的危害也主要集中在这一区段。这一区段植树造林，林木能够起到一定程度拦截泥石流和削减泥石流破坏能力的作用。在这一带实施林业措施，除考虑防治泥石流的危害外，还应注重解决与当地居民生活直接相关的一些问题，如烧柴和发展经济等，因此林型配置宜以经济林、薪炭林、沟道防护林和护滩林为主，兼顾用材林或牧地等。

（三）造林树种的选择

实施林业措施能否成功，关键在于是否做到了适地适树。因此，树种选择的重要性不言而喻，它是林业措施中首先要慎重考虑的一个问题。只有从泥石流流域自然环境的实际出发，根据流域不同部位的立地条件，选择不同的适生乔、灌木树种进行造林，才能取得林业措施的成功。树种的选择应注意以下4项：

第一，以乡土树种为主，适当引种适宜当地条件的速生树种。选用乡土树种可以提高树木的成活率；引种适宜泥石流沟当地条件的速生乔木、灌木树种等，则可以提高植被恢复的速度，引种的品种以优良速生、深根和有较高经济价值（如经济林木或果树）及观赏价值的树种最好，尽可能地增加当地农民的收入和改善环境、美化环境。

第二，适地适树。仔细分析影响林木生长的制约性因子，有针对性的选用对不利环境适应能力强的树种作为造林树种。泥石流沟内垂直高差较大，地形复杂，各区段水热条件和土壤性质也不尽相同，适宜生长的树种及林木类型有差异，在选种时应充分考虑这些因素，以保证造林的成功。

第三，根据造林的种类不同，选用不同的树种。如水源涵养林，以选用适生的高大乔木树种为主，用材林、水土保持林及各种防护林，则选择根系发达、根蘖性强、耐旱耐瘠薄、生长迅速、郁闭快的树种；在有地下水出露或谷坡下部等易遭水湿的地方，要选择耐水湿的树种；在接近分水岭或山梁等高处营造防护林时，要选择抗风性强的树种；经济林应选择适生的、经济价值高并兼有水土保持效益的树种；薪炭林应选择根蘖性强、生长迅速、耐火力强、耐砍耐割的树种。

第四，居民点附近选择具观赏性的树种。在靠近村镇等居民点的部位、泥石流流域下游及沟口附近和邻近旅游景点的泥石流流域，应尽量选择具有美化、香化和色彩鲜明的观赏树种，以打造美好的人居环境，提高居民的生活质量。同时，在能够充分保证游客安全的前提下，那些植被生长茂盛、生态恢复良好、具有优美环境的泥石流沟，可适度发展观光旅游，以增加当地居民的收入。

尽管林业措施对于防治泥石流灾害有着重要作用，但对森林植被抑制泥石流等山地灾害的能力也要有正确认识，既要充分肯定森林植被具有保持水土的作用，并且在一定条件下具有抑制泥石流发生的作用，但也不能过分夸大其抑制灾害的能力，否则就可能出现对森林植被良好，但仍具备发生泥石流条件山区的忽视或减弱防灾措施，进而导致防灾减灾工作的被动。

第二节　农业措施

农业措施是生物措施防治泥石流的一个重要组成部分。将农业措施融入防治泥石流的生物措施之中，统筹考虑流域的植被生态系统，进而建立与泥石流防灾减灾相适应的农业生态系统，最大限度地提高山区土地资源的生产力，充分发挥农业措施的生态效益和经济效益，对减轻和防治泥石流灾害有着重要意义。

一、陡坡耕地退耕还林

陡坡耕地水土流失严重，不仅对生态环境起着破坏作用，而且流失的泥沙汇集到沟道里，对泥石流的形成起着促进的作用，有的甚至在暴雨的作用下直接在坡耕地形成坡面泥石流。因此，在山区，凡坡度大于25。的坡耕地，都应实行退耕还林。

自我们国家在大范围内实施d然林禁伐和退耕还林工程以来，工程区的森林资源稳定增长，水土流失面积减少，沙化土地治理见成效，也给工程区的农民带来了实惠，对改善生态环境、维护国土生态安全发挥了无可替代的重要作用，受到普遍好评，这项工程对大区域范围防范泥石流灾害也起到了积极作用。但还需要继续做更细致的工作，巩固退耕还林成果，防止新的陡坡耕种或毁坏林木现象的发生。

退耕还林中对那些坡度较缓（15。~25。）的坡耕地，退耕后可种植经济林或用材林，用林特产品收入替代农业收入；在条件适宜的地区也可种植高产优质牧草，通过圈养和割草喂养牲畜，力保山区群众在退耕还林的条件下，经济收入还能不断提高。

二、沟滩地退耕还沟

沟滩是泥石流或山洪的通道，过去为了扩大耕地面积，进行了围滩造地，使不少沟滩地被改造成了农田。这样做虽然使耕地面积扩大了，但却挤占了沟谷的行洪断面，对山洪或泥石流的排泄有阻碍作用，使山洪或泥石流发生时不能顺畅排泄，还因沟道被束窄使其流动受阻而易泛滥成灾。因此，必须采取措施将沟滩地还沟，恢复沟道的泄洪断面，并修筑沟堤，保护两岸滩地以上的农田和居民点等的安全。

三、改造闸沟垫地的地埂

在中国北方的石质山区，有很多小流域内都实施过闸沟垫地工程（包括泥石流沟），即在沟道内用石头干砌成谷坊坝，以此为地埂，将泥土拦蓄在沟道内，便形成了很多坝阶地，又叫闸沟地，由此获得了更多的耕地，对农业增产增收起到了一定的作用。但因为这类谷坊坝仅仅是用石块干砌而成的，石块间缺乏黏接，结构性很差，强度极低，并且无基础，在暴雨作用下，容易溃决。其一旦溃决便为泥石流形成提供大量松散物质，成为泥石流固体物质的补给源地，对增大泥石流规模和危害起着不可忽视的作用。北京山区、辽东山区等地都有过很多这方面的教训。因此，必须对干砌石谷坊坝进行改造，部分的干砌石谷坊坝需要改建成浆砌石谷坊，以保证其有足够的抗冲强度，确保闸沟地安全；即使有泥石流发生时，因浆砌石谷坊保持稳固，可起到不增大泥石流规模与危害的作用，也可减少农业损失。

在中国西北黄土高原地区的沟道里，为了拦泥和淤地，当地群众修建了大量的淤地坝，坝内拦截泥土后形成的土地成为坝地，用以耕作。多级淤地坝拦淤后便构成多级坝地。由于不少坝为黄土堆成的土坝，强度差，不坚固，在暴雨作用下，一旦溃决便形成泥流，拦蓄的泥土对增大泥流规模和危害起着很大的作用。陕北、陇东等地都有过很多这方面的教训。对这类土坝必须加以改造，提高强度，防止溃坝形成泥流危害下游，同样也可减少农业损失。

四、改造坡耕地

坡耕地往往实行的是顺坡耕作，一般都没有修地埂，一遇暴雨，在坡面径流作用下表层冲刷强烈，导致土壤肥力丧失和水土流失。长此以往，使耕地的土层变薄，质地变粗，结构恶化，以至于土壤严重退化，甚至引起表层沙化，不仅导致农作物产量大大降低，而且对生态环境造成严重破坏。因此搞好农田基本建设，加强对坡耕地的改造十分必要。在经济条件较好的山区，可采用政府在经济上适当补助的办法鼓励农民修筑地域，将坡耕地改造成梯田；对暂时不能梯田化的耕地，引导农民将顺坡耕作改变为等高耕作、条带状耕作或垄作，并在顺坡向较长的耕地中部栽植一个或多个有一定宽度的经济林木带或经济草本植物带，截留（阻）顺坡而下的坡面径流与泥沙，减少水土流失和补给泥石流的松散碎屑物质。

五、边远山区生态移民

由于经济发展的不平衡，在边远山区生活的部分群众的生存条件仍然很差，不仅生活和生产活动受到泥石流等山地灾害的危害和威胁，而且因土地资源等缺少，其他农业生产条件也很差，有的甚至连人畜饮水都很困难，当地生态环境和社会发展的人口压力大。虽然政府已经做出了很多努力，但因为基本生存条件差，群众的生产、生活条件仍很难改善。这些地方的居民，如果还继续留在原地生活，要实行退耕还林等农业措施将十分困难。因此，需要在这些地区开展生态移民工作，为实施防治泥石流的农业措施创造条件，同时也减轻社会发展的人口压力，促进生态环境向良性循环方面转化。

第三节　牧业措施

总体而言，山区的经济发展，必须坚持以林业为主，牧业、副业为辅，在有泥石流等山地灾害活动的山区也同样如此。但在一些地方，放牧是山区群众的一项重要收入来源，而牲畜往往会啃食林木幼苗，对林地保护不利，于是林业和牧业似乎是一对互不相容的矛盾体。虽然如此，还是需要给牧业以一定的地位。若对牧业处置不当，使当地群众的经济收益受到了较大影响，仍然会给林业措施的实施带来不利影响，从而影响到泥石流防治工作的开展。因此要全面考虑，并采取适当措施，既促进牧业发展，又保证林业不受损害。

一、改良草场

有的泥石流沟内存在可以放牧的草场，对此应开展调查工作，了解牧草的品种和品质。如果草场生长的草本植物品种比较单一、品质不佳或缺少豆科植物等，就需要采取措施对草场进行改良。例如，试验引进一些适应当地环境、生长迅速、根系发达、抗逆性强、生命力旺盛、繁殖力强、营养价值高的牧草或豆科植物，以满足放牧和增强土壤肥力的要求。山区地形条件复杂，牧场宜草本和灌木结合、多品种混播，以增强植被的群体效应，这样才能提高牧场的质量和载畜量，有利于提高土地的利用率和生产力，从而产生巨大的经济效益，以此巩固泥石流治理成果，促进泥石流治理区农村经济和区域经济的发展。

二、有选择性的发展人工草地

退耕以后的坡地，是否全部都要还林，要视当地的具体情况及需要来定。例如，有些泥石流沟内的部分坡耕地，可有选择地发展为人工草场。在相同的条件下，人工种植的牧草生长快，株丛密，品质好，产草量高，与天然草场比较，牧草产量可提高3~7倍。但一定要有选择地发展，切忌盲目进行。

三、调整牧业结构

要遵循草畜平衡的原则，按草地植被类型合理安排畜群畜种的比例，羊、牛兼牧。同时，将养殖牛、羊与饲养其他家畜、家禽统一考虑，并进行相互协调，使畜群结构尽可能趋于合理，达到家畜种类与数量在草地空间的最佳分布。

四、改变牧业养殖方式

改变传统牧业养殖的粗放经营的方式，做到适草适牧；改变在山坡随意放牧和任随牛、羊乱啃食苗木的现象，维护林木安全；推行放牧与割草贮草舍饲相结合的方法，逐步减少坡地放养，增加圈养，利用人工草地割草饲养，逐渐用圈养代替放养，以解决林牧矛盾。按照草地生长的季节性规律养殖牲畜，充分利用暖季青草期的草场资源快速发展牲畜、育肥，到冬季枯草期来临时，只保留基础母畜，将已育肥的老、弱、残畜、商品畜及时淘汰出栏，变为商品，以扬草场之长，避其之短，即由季节畜牧业替代传统畜牧业的养殖方式。

五、改良养殖品种

对羊的品种而言，尽量少养或不养要啃食幼树树茎和树皮的山羊，减少或消除其对林业的不利，改养不啃食树茎和树皮的羊种，如小尾寒羊。进一步培育或驯化引进优良牲畜，淘汰生长慢、对林业破坏性大的品种，提高生产性能，早出栏，快出栏，提高泥石流发育区群众的经济收入。

六、控制草场载畜量

草场虽然是可再生资源，但各种牧草都有各自的生长规律，要根据牧草的生长规律合理利用草场，改变传统的自由放牧方式，避免发生草场早期放牧、频繁放牧和低茬放牧等危害草场的现象，严格控制载畜量，实行以草定畜、草畜平衡，坚决禁止超过草场载畜量放牧，既要注意充分利用草场，更要注意草场的休养生息，使草场资源可永续利用，并由此获得长久和更大的经济效益。

七、严禁在封山育林区放牧

牛、羊等牲畜对幼树幼苗的啃食和践踏，往往直接造成其死亡，导致封山育林失败。因此在封山育林区应严格禁止放牧，以保证森林不受外界的干扰和破坏，林木能正常生长，早日发挥生态与减灾效益。

八、发展家庭副业与旅游业

随着林业措施的实施和逐步发挥出防灾减灾效益，山区的生态环境不仅得以恢复，泥石流危害逐渐减轻，而且林特产品也日益丰富，可利用其发展中草药采集与加工、养蜂、木材加工等副业，以副业增加的收入弥补牧业减少的收入；还可利用林地恢复带来的优美环境，开辟旅游度假地，发展旅游业等，既满足了城乡人民群众日益增长的物质与文化的需求，又增加山区群众的经济收入，可谓一举多得。

第七章　旅游城镇泥石流灾害防治与风险融资

西部山区旅游城镇是泥石流防护的重要对象，综合治理是山区旅游城镇泥石流减灾最有效的措施。通过对旅游城镇泥石流的勘查、试验与典型案例进行研究，本书以泥石流形成机理、运动规律和成灾模式等理论为基础．基于泥石流形成运动特征，建立了"围点、分段、罩面"的旅游城镇泥石流综合防治模式。"围点"即是指针对泥石流流域容易堵塞溃决的窄口和颗粒集中或崩塌滑坡的基脚点进行点状的局部拦截；"分段"则是依据泥石流在运动过程中性质的变化进行分段防治；"罩面"则是依据流域的泥石流形成特点，在形成区进行面状的生态工程建该与谷坊群的建设，减少水土流失，减少泥石流启动的方法。"围点、分段、罩面"的防治模式在不同的流域具有不同的体现：官坝河流域建立了川西旅游城镇泥石流岩土工程与生态工程相结合的"固、拦、淤、排、清"综合防治模式。该模式采用岩土工程与生物工程相结合，稳、拦、淤、排、清统一布局于上、中、下游。该模式在流域上游修建生物工程、谷坊群以削减洪水，减少泥沙，控制形成泥石流的水动力和松散的固体物源，反映罩面的特征。在流域中游修建拦砂坝、固床坝、挡土墙等控制泥石流形成的土体，同时拦截泥石流中大粒径的泥沙，对设计标准以内的泥石流灾害起到拦截泥沙变泥石流为高含沙水流的作用。对超过设计标准的泥石流灾害起到减少泥石流固体物质，控制泥石流规模，改变泥石流性质的作用。在流域下游修建导流堤、排导槽、排水沟等排导设施，并适时清淤，以畅通排导泥石流的作用，最终防止或减轻泥石流危害，体现了分段防治的特征，达到"岩土工程治标，生态工程治本"的防治目的，特别在主沟中上游泥石流堵溃点建立拦砂坝，反映了围点的模式，进而实现川西山区旅游城镇泥石流灾害防治的有效性、经济性、技术可行性。在红椿沟微小流域，在高比降的冲沟切沟区用大量的谷坊工程面状地控制源头的侵蚀，即为"罩面在流域的中下游或用拦挡工程排截泥石流，或用排导工程排泄泥石流，即为分段治理，主要在堵溃点修建拦河坝拦截物源，形成基于红椿沟泥石流形成运动特征的稳、拦、排模式。

本章以官坝河和红椿沟为典型分析其防治模式。技术路线图如下：

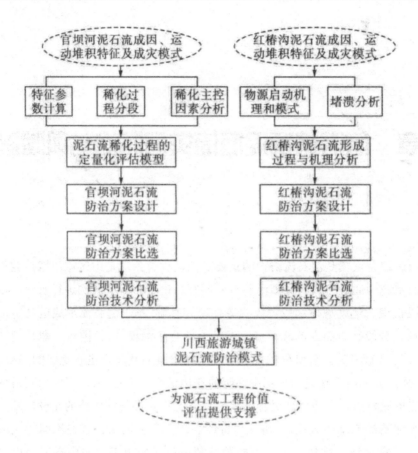

图 7-1　旅游城镇泥石流灾害防治模式研究技术路线图

第一节　旅游城镇泥石流灾害防治原则

　　旅游城镇泥石流灾害防治原则与道路、水电等其他防治对象工程有着相似的原则，但由于旅游城镇泥石流有其自身的特点，因此，其泥石流防治原则与其他类型的泥石流防治原则也有所不同，具体可以归纳为以下几点：

一、全面规划、突出重点原则

　　虽然旅游城镇泥石流的危害可能在全流域都会存在，但旅游城镇危害最重和急需保护的是地势平坦、人口稠密、基础设施较为集中的流域下游区。泥石流防治就需对流域的上、中、下游进行全面规划，在不同的区域采取不同的切实可行的泥石流防治措施，使其最后达到减轻或消除泥石流灾害的目的。旅游城镇泥石流灾害防治工程主要通过直接拦截泥沙以及部分大颗粒物质，间接地使得沟坡稳定，减少泥石流松散固体物质，从而降低泥石流的规模与频率，同时采取各类水土保持工程措施.达到植被覆盖率提高的目的，进而使生态系统得到改善，地表的水土流失减少.从而减少泥石流土源，控制泥石流规模和频率，实现近期治理与生态系统恢复的双赢。旅游城镇泥石流一般发生在流域的中、上游，而造成的灾害则往往在流域下游区域。因此.在防治上应考虑上、中、下游结合，同时突出重点的原则。

二、工程措施与生物措施相结合原则

旅游城镇泥石流的形成过程与流体动静力学性质及运动规律等均有其自身的特点和规律。在泥石流防治工程中，若是能结合及应用泥石流特点和规律设计防治工程，则防治工作不仅能较好地达到设计所期望的防治目的，而且还会大大提高工程的经济技术的合理性。

川西旅游城镇泥石流成灾的特点：

1.川西旅游城镇的泥石流暴发比较突然，成灾迅速

山区泥石流多在突发性暴雨、冰雪暴融、洪水溃决等因素激发下形成。凭借流域面积小、谷坡陡、汇流快等条件，泥石流居高临下，瞬间即达城区，加之多在夜晚或凌晨骤然暴发，猝不及防，若无有效的防灾措施，人们是难以逃避泥石流的袭击的。

2.来势凶猛，成灾集中

泥石流起动后，倚仗陡峻的沟床，迅猛下泻，其流速通常为5~10m/s，最快可达到12-15m/s，且规模巨大，一次泥石流冲出物质总量可达几十万乃至上百、上千 $\times 10^4 m^3$ 泥石流质体黏稠，容重可达1.5-2.3g/cm³饱含粒径1米至数米的巨砾，具有强大的冲击力和破坏力，足以摧毁沿程的各种建筑物。山区旅游城镇人口密集，生产生活设施拥挤，主要分布在泥石流沟道内及傍沟地带，泥石流一旦暴发，将直冲城区，无回旋余地，顷刻间即可酿成奇灾大难。

3.盲目选建，加剧成灾

泥石流沟密集的江河两岸都被视为建设旅游城镇的理想之地。随着泥石流的发展，堆积扇不断扩大，人口猛增，城镇用地急剧扩大，导致盲目占用河滩沟道，泥石流和山洪的通道被堵塞，泥石流的运动途径和力学特性也随之发生变化，加剧成灾过程和成灾规模。

结合上述川西地区旅游城镇泥石流成灾的特点，在泥石流防治设计工作中需要按照这些特点和规律采取相应的防治技术措施，只有如此才能确保泥石流防治工程的安全及技术、经济的合理性。

三、坚持高标准、高效益、技术可行原则

泥石流防治多属社会公益性质，因此泥石流防治必须坚持投资省、效益高、技术可行的原则。应克服大而全但不切

实际的盲目思想，否则将造成极大的浪费。近年来，国家对泥石流防治经费的投

入虽有很大幅度的提高，但与所需的泥石流防治费用相差很大。因此，在泥石流防治中应结合当地实际，严格制定出投资少、防治效益高的泥石流防治工程方案。同时，防治工程应顾及周边.不应造成工程毁坏，引起连锁反应，导致灾上加灾，使危害损失增大。因此，遵循技术可行的原则，对泥石流的防治将更加必要。

总之，泥石流防治应按防灾和恢复及维护生态平衡的需要开展。结合实际情况，选择最经济、最有效、最可行的防治工程措施，既要达到控制或减轻泥石流灾害的目的，又要能较好地改善相应地区的生态与环境。

第二节　旅游城镇泥石流防治标准

目前，泥石流防治标准还没有一个完美的确定的方法和规范。因此在实际工作中，可根据被保护对象及泥石流特性的不同，借用相应的行业的有关规定综合确定泥石流的防治标准。该方法的具体内容如下：首先根据系统的调查与勘查，计算出泥石流在不同频率情况下所能达到的规模，然后参照被保护对象所要求的防治标准.选择对应的泥石流防治标准。考虑到泥石流的形成及活动特点中有不少极难准确确定的变化因素，故从安全的角度出发，一般在选择泥石流防治标准时，都将会比相应的防治标准大一个等级。如被保护对象规定的标准系工程设计保证率为25年一遇，则泥石流的防治工程设计保证率则需要提高为50年一遇泥石流的规模。

建议在选用防治标准时，应同时考虑泥石流的规模、危害程度及受害对象三个方面，并应考虑其可能的变化。在具体选取时，首先按泥石流划分的灾害等级确定泥石流危害属于哪一个等级，再以此确定相应的泥石流防治工程设计标准。同时还应遵守以下原则：

（1）泥石流规模与危害程度同属一个标准时，则选用该标准。

（2）泥石流规模的标准高于或低于危害程度达到的标准时，应选用危害标准。

（3）当以后的泥石流危害程度只能低于已被造成的危害程度时，可选用低的标准。

（4）泥石流发生的规模标准高，目前危害程度低，但今后可能会变高，应选用高的标准。

第三节　灾害风险融资方式和资金来源

对投入成本及灾后损失资金的需求，随着灾害的频发，政府财政拨款已感到巨大压力。正如前文所述，灾害风险融资应该是灾害风险管理的重要组成部分，对重大灾害或巨灾的风险分摊与转移具有关键作用（见表7-1）。

风险融资能够为自然灾害造成的损失提供资金补偿，是进行灾害风险管理的主要构成部分。风险融资方式依据资金来源可划分为风险自留、风险转移两大类；风险自留的主要资金来源于风险管理单位内部，而风险转移的主要资金源于风险管理单位外部。

表7-1 各种灾害风险融资方式的比较

作用与功能	风险融资来源				
	自保	政府	保险市场	资本市场	
改善和影响风险转移方式与融资环境	*	***	**	*	*
保持市场的有效性	*	***	*	*	*
研发风险转移途径和产品	*	*	***	***	*
管理和拟定合理风险与费率	**	**	**	**	*
提供试点或小额资金支持	**	***	**	*	*
风险转移范围	*		***	***	

注：表示"起关键作用"，表示"仅起有限作用"，"*"表示"基本不起作用

一、风险自留

风险自留是团体或个人自己承纳风险事故引起损失的方式，事故损失则利用内部资金的融资和流通来实现。

许多个人或单位采用风险自留方式，是因为他们对灾害风险发生概率以及可能产生的经济损失认识不清，而没有采用灾害风险转移方式〔对。但风险自留在地质灾害中应用极少。

二、风险转移

风险转移为某单位将可能遭受的风险损失部分或全部转移至其他机构或单位来承担的方式。联合国国际减灾战略署将灾害风险转移定义为："正式或非正式地把某一风险的经济损失从一方转移给另一方的过程。通过这种转移，家庭、社区、企业或国家政府机构可以在灾害发生后从另一方获得资源。作为补偿，另一方可从风险转出方得到相应的社会和经济收益。

目前世界普遍使用的风险转移有以下四种融资类型：

（一）保险融资

保险是一种最早采用的传统的风险转移方式，可降低、分散灾害事件发生后产生的经济负担，能为恢复灾害造成的损失提供强有力的经济支撑，诸如地震、飓风、洪水、火灾以及滑坡和泥石流等山地地质灾害等都习惯采取这种风险转移方式。

可保风险需符合以下6个条件：①损失概率分布应可确定，②损失的时间、地点和金额等易确定，③损失发生具有偶然性，④巨灾事件一般不会发生，⑤低概率的损失风险，⑥有大量独立相似的风险事件。对巨灾风险来说，要得到达到一定精度的，特别是空间尺度的损失概率分布特征十分困难，所以难以确定精确的、公平的保费。这是因为没有概率分布，标的物期望损失数据相应地难以计算，导致正常情况下保险界无意承担巨灾风险圆]。除此之外，面对可能会发生的巨额财产损失，需要的准备金会远大于其他的一般保险业务，这就要求保险公司应保持大量的流动资金，以应付因灾害风险引起的很难预估的经济损失，可以预想若真如此，商业保险公司几乎无法操作、运行。巨灾损失评估技术有一定难度，尤其是对诸如环境资源的破坏、灾害造成旅游景区的旅游品牌价值损失等间接损失评估目前仍然是个难题。另外巨灾常常引发交通和通讯等的中断，使得及时理赔颇为困难。此外，大量独立、同质的风险标的是保险得以施行的前提，而实际发生的自然灾害若作为保险标的一般是不独立的(3)七这样一旦巨型或大型灾害出现，同时的、大量的索赔要求极易造成一个（即使是成熟的）保险公司的突然破产（见表7-2）。

表7-2　2009-2011年世界各大洲因巨灾所致的经济损失和保险赔付情况

	年份	全球	北美	拉美	欧洲	非洲	亚洲
巨灾经济 损失 （亿美元）	2009	600.3	200.9	8.6	201.1	4.8	167.4
	2010	1974.4	208.5	533.8	352	3.4	748.4
	2011	3674.3	632.4	58.6	87.1	18.6	2601.5
巨灾保险 赔付 （亿美元）	2009	243.2	122.6	0.5	77.0	1.8	24.2
	2010	418.5	153.5	86.8	63.0	1.2	22.4
	2011	1134.1	397.6	6.3	43.4	3.2	492.5
保险赔 付比例 （%）	2009	40.5	63.0	8.9	38.3	37.2	14.5
	2010	21.1	74.7	12.8	17.9	32.8	3.0
	2011	30.9	62.5	11.4	46.8	20.7	18.9

（二）再保险融资

再保险也称分保，是指保险人（原保险人）将其承担的保险业务，部分转移给其他保险人（再保险人）的经营行为。伴随自然灾害造成的经济损失激增，巨灾保险已逐渐发展为保险业的新增长点。即使再保险人分担了原保险人承担的巨灾风险，但其自身也同样面临和原保险人相同的困难，那就是欠缺以坚实的大数法则为基础、灾害风险的进一步分散和保持自身财务的稳定成]。同时，再保险交易也面临两种风险：信用风险和道德风险。再保险人违背约定，不按约定向原保险人支付赔款，即为信用风险；保险市场可能的不规范会使原保险人、再保险人获取的信息不一致，由此原保险人可能增加或减少索赔，即产生道德风险加七

（三）债券和期权融资

灾害债券是目前保险风险债券化最为普遍的形式，利用在资本市场发行债券将灾害风险转移、分散到众多债券投资人，如此可以弥补保险和再保险融资方式的不足，保险人也可以将其承保的灾害风险经由灾害证券的发行转嫁到资本市场。灾害债券本金偿还与利息收益直接与灾害风险的发生相关联。如果灾害风险未出现，为高收益债券；而一旦灾害风险发生，债券投资人很可能损失利息收益甚至本金。

为规避因支付灾害损失产生的大量赔偿而导致公司股票价值降低的风险，期权合同赋予买方在某个规定日期或此之前以事先规定的价格（执行价格）买进或卖出某一合约的权利，现已成为灾害风险创新管理的一种有效工具奶制。在功能上期权合同与超额赔款的再保险相似.都是面向保险公司、用于分散巨灾风险的重要形式。

（四）基金融资

保险公司和再保险公司对巨灾引起的巨大损失往往是难以预见且难以独立•承保的，为此建立灾害应急基金对超出再保险公司赔偿限额的部分给予赔偿是非常必要的，这样可以有效舒缓保险公司的赔付压力，维持巨型或大型灾害发生后的经济和市场稳定。

分析我国的风险投资发展趋势.可以看出政府出资创设的灾害风险投资基金也会出现亏损，有可能成为新一轮的不良资产。政府财政资金短缺，因为政府的资金主要来自税收，除了用于政府的日常开支和必要的基础设施投资外，已很难存有大量的资金用于灾害损失补偿及重建。参照发达国家以往经验，基金的设立可以由政府与商业保险公司以及其他社会力量一起参与，资金筹措来源包括中央政府以及地方各级政府的财政直接拨款和财政转移支付、保险公司获得的灾害保费收入提成以及社会捐助也可以向世界银行等国际金融机构申请援助贷款。

一个国家或地区的灾害融资体系应该是多种融资方式、多层次的完整系统。对于潜在的经济损失少的灾害风险，可以以风险自留方式为主，辅以保险等方式；对于特重大灾害，政府财政救助、社会捐助、保险和再保险以及证券化等方式才能弥补、减轻灾害导致的巨大经济损失，从而开展有效、迅速的灾害重建工作（如图7-1所示）

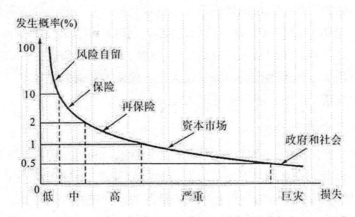

图7-1 灾害风险融资渠道整合系统示意图（据文献改绘）

第四节　旅游城镇泥石流灾害风险融资策略

进行灾害风险融资的前提是获得一定精度的灾害损失概率分布，需要建立科学、有效、合理的模型来计算保险公司对损失赔偿的预期值或保费赔付率如78）。可由于旅游风险评估研究没有获得国内和国际旅游资源安全学者和决策者的足够重视，已有的研究结果一般还处于对旅游风险来源的定性辨识时期，缺乏具体的旅游风险评估定量指标和表征方法〔叫，因而从具体的技术措施和途径上限制了灾害风险融资的开展。为此，对于获取较高精度的损失概率分布这一难题，可暂时利用指数保险以及保险标的范围扩张等方式替代(8)］。而未来应该通过灾害经济学、数学、计算机等学科交叉，加强各种灾害精确概率模型研究.从而推动在保险市场和资本市场进行风险融资的发展，完善和合理建立适合我国国情的灾害风险融资体系。

鉴于前文述及的泥石流等山地灾害造成的旅游城镇的巨大损失，本书提出适合我国国情和经济发展状况的融资方式，整合以上多种灾害风险融资渠道，通过融资补偿灾害造成的直接损失、间接损失，灾害造成的品牌价值损失以及防治工程所需资金，即以上提到的防治工程价值总金额，可为政府提供决策指导依据，具有现实可行性。

为此，本书针对旅游城镇泥石流灾害造成的经济损失和治理工程所需资金，结合我国目前的风险融资实际情况，提出以下融资措施。

一、发行灾害债券

发行灾害债券属于灾前融资，可以由政府牵头、政府举债，交由我国四大商业银行（中国工商银行、中国农业银行、中国建设银行以及中国银行）发行灾害债券；灾害债券作为有息债券.为了吸引购买者，利率可采用高于银行同期储蓄存款利率，低于贷款利率，取其存贷利率平均值。为了确保资金安全，这部分资金由四大商业银行用于信用度很高的贷款发放出去，银行按比例收取一定的手续费用，利润存入灾害债券收益。基于此，建立的灾害债券收益计算公式为：

灾害债券收益=［灾害债券面值X（银行同期贷款利率-银行同期存款利率）/2］—银行手续费

这一债券收益方式对银行、投资者、国家财政都是有益的，并且规避了以前把灾害基金交给投资公司运作的巨大机会风险，以及债券持有人血本无归的风险。

二、成立灾害基金

设立的灾害基金属于灾前融资，亦可为灾后融资，灾害基金可分为中央灾害基金和地方灾害基金。行政划分灾害区域，按属地原则由政府牵头成立地方灾害基金，由中国四大商业银行进行有息管理，灾害发生后能采取自救措施应对中低程度的灾害损失。地方灾害基金来源于该地方的灾害债券收益，旅游城镇或旅游景点的当地政府也可从旅游门票收入中每年划拨一定比例进入灾害基金。中央灾害基金来源于无灾害的区域发行的灾害债券收益。

三、保险、再保险

在泥石流危害区内，鼓励商业个体户、居民财产房屋、旅游景点基础设施、景观建筑房屋积极参与保险。商业个体户、居民财产房屋采用人们自愿参与保险，旅游景点基础设施、建筑房屋景观破坏，由旅游景区用每年的旅游收入按一定比例购买保险。如果遇到巨灾，还需要分担风险进行再保险，再保险属于灾后融资。

四、中央财政拨款和社会捐助

这种方式属于灾后融资，遇到大型灾害，必须依赖财政拨款和社会救助，基金和保险只能承担一部分损失补偿责任。

五、世界银行贷款

这种方式属于灾后融资，遇到巨灾，除了以上融资方式夕卜，还需要向世界银行获得优惠贷款以解决资金压力和财政压力。

根据灾害发生概率的高低和损失的大小，可以构建灾前和灾后旅游城镇的风险融资组合方案（见表7-3、图7-2）。

表7–3　旅游城镇泥石流灾害的发生风险及其融资模式与组合

灾害程度	轻度灾害	中度灾害	高度灾害	重大灾害	巨灾
概率（W	>10%	2%~10%	1%~2%	1%~0.5%	<0.5%
经济损失	损失低，损失总计在5000万元以下	损失总计在5000万无至2亿元	在2亿元至10亿元	损失大，总计在10亿元至50亿元	损失巨大，损失总计在50亿元以上
模式与组合	风险自留，个人或单位投保.保险公司赔付损失	由地方灾害基金和保险公司承担	由中央灾害基金拨付和保险公司承担	由中央灾害基金拨付.保险公司赔付一部分以及中央财政拨款承担	由中央灾害基金、地方灾害基金、中央财政拨款，保险公司、社会捐助以及世界银行优惠贷款承担

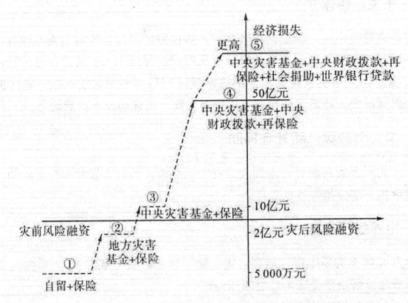

图7–2　旅游城镇泥石流灾害损失及相应的风险融资模式组合与方式进阶图

第八章 泥石流监测预警技术与系统集成

泥石流监测预警是指根据泥石流形成区降雨、泥石流流动区泥位及陆地面次声的监测结果，结合预警阈值计算结果，快速确定泥石流受灾等级及范围，及时发出报警信号，疏散人员避难的一种泥石流预防措施。在构建"陆、水、空""三位一体"立体空间分布的泥石流监测点的基础上，建立区域性和流域性的泥石流预测预警报系统。

第一节 "三位一体"泥石流监测预警技术

泥石流自动化监测系统是由综控中心（控制台）、泥位遥测等子系统共同作用对泥石流活动进行监测。它既可以全自动监测预报泥石流的暴发，还能够实时、全程地监测和收集有关泥石流形成、运动规律、灾害程度等多方面的信息数据。主要有降雨量、地声强度、泥位高度、泥石流表面平均流速等方面的数据。

综控中心是整个全自动监测系统的中枢部分，负责全部系统的调度控制、子系统的信息收集、数据分析和图表输出等主要任务。

在整个过程中，各个子系统都把各种信息数据通过无线方式连续不断地送到综控中心。在综控中心，利用计算机对这些各种数据进行分析处理，并打印储存起来。

系统的主要特点如下。

（1）监测严密，从支沟到主沟、上游到下游，层层设防、层层监测，可以防止错报、漏报情况的发生。

（2）具有同时收集地声、泥位、雨量、视屏、冲击力、表面平均流速等基本资料的功能，实现监测过程的系统化、同步化和自动化。

（3）全面采用数字技术，便于量化处理、分析各种信息。

（4）采用低功耗及智能电源（太阳能电池）管理技术，以及系统自启动运行方式，使整个系统可以长期无人值守并正常工作。

（5）监测预警预报系统通过网络连接防汛指挥系统，可快速决策，发布预警预报信号，防灾避灾，减少人员财产损失。

（6）对于特定区域的泥石流沟流域，通过对流域内雨量、泥石流产生特点和规律的研究，根据泥石流灾害威胁区域和程度，确定多级雨量和泥石流阈值，以增强预警预报的系统性和可操作性。

一、系统工作原理及结构

（一）监测预警报系统工作原理

1.综控中心由无线和有线接收设备、控制柜、微机和输出设备组成

各监测子系统通过无线或有线信号上传监测信息，控制柜将数据转换为与微机接口的数据信号；微机对接收的各个子系统数据进行数据分析处理和监控操作。综控中心可以随时访问各子系统的同步时间以及在任一时刻测试修改各子系统的状态。

2.泥石流遥测雨量子系统

石流遥测雨量子系统该子系统将泥石流形成区内的降雨信息在野外进行处理，并根据需要实时地将降雨数据信息发送给综控中心。综控中心根据雨量信息按设定的报警级别报警，子系统的各类参数值，如启动阈值和报警阈值等，都可由综控中心进行修改和设定。

3.泥石流遥测地声子系统

泥石流遥测地声子系统包括测试、通讯和中心数据等部分，该子系统将测得的数据经过转换和处理后，附加上时间同步等信息发送回综控中心，其中的各类参数也可以由中心实时地进行修改和设定。综控中心将地声数据经过初步处理后，用声、光、电、数显等方式进行报警。利用相关统计分析软件对野外的监测数据进行处理，可以获得各种揭示地声与泥石流流量关系的图表和曲线，以供基础研究使用。

4.泥石流遥测泥位子系统

泥石流遥测泥位子系统包括野外测试、通讯、综控中心数据处理等。自动监测泥位站的核心设备是遥测终端，配置超声波泥位计、通信终端、电源系统及避雷系统，实现泥位超声波信息的自动采集和自动传输。

5.有线泥位和冲击力仪器接口系统

有线泥位和冲击力仪器接口系统包括接触式泥位计、断线仪、冲击力仪、龙头高度检知线、摄像机等辅助性监测仪器，可以充分发挥智能处理和综合分析的作用。

6.泥石流运动特性监测系统

泥石流运动特性监测系统包括流速仪、容重仪、黏度仪、经纬仪等对泥石流运动力学和性质、泥石流体规模等进行监测的各种仪器设备和方法。

上述1～5部分可根据发生泥石流区域的具体情况分别在泥石流不同区域布置，使其成为多级泥石流监测预报预警系统，能够保证实现在不同条件下及早监测泥石流的形成、运动和发展以及提前预报预警，避免泥石流灾害的功能要求；系统运行期间，由自动雨量监测站、次声监测站和泥位监测站等自动采集有关监测指标数据。通过数据传输设备发送到接收站；以 GPRS/CDMA/3G/UHF/VHF/PSTN 等通信信道组网的监测站接收泥石流监测预报预警信号后上传监测中心以供决策；加上其他辅助保障设施以及配置的观测仪器（如检知线、断线仪、摄像机等），满足泥石流监测预报预警要求，工作原理逻辑如图8-1所示。

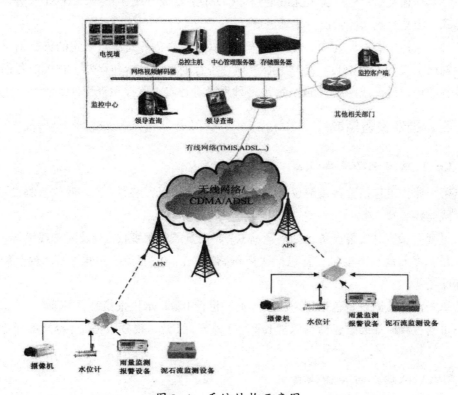

图8-1　系统结构示意图

当泥石流形成区发生降雨时，雨量监测子系统开始采集雨量数据，并把降雨信息发回综控中心；当降雨量（或雨强）达到和超过泥石流形成的临界雨量值时，首先发出预警预报；随着泥石流形成汇集于支沟，支沟上的地声监测子系统发出第二次报警；当泥石流汇入到主沟的上、中游时，位于上、中游的泥位遥测子系统被启动，并发出第三次报警信号；最后，辅助监测子系统也进入监测状态。当泥石流达到预定的上、下观测断面，并超过临界值时，有线泥位自动发出紧急报警。

在整个过程中，各个子系统都把各种信息数据通过有线或无线方式连续不断地送到综控中心。在综控中心，利用计算机对这些各种数据进行分析处理，可以实时在线显示曲线过程及数据存储，并根据各监测区域的预报预警信号综合发布预报预警方案。

（二）监测预警报系统构成

如图8-1所示，整个泥石流预警系统由三大部分组成。

（1）现场采集监测设备：包括泥石流监测设备、雨量监测设备、水（泥）位监测设备、视频摄像机等设备，负责现场泥石流、降雨、水（泥）位及图像等灾害信息的采集和处理，并通过无线（或有线）传输网络传送至监控中心。

（2）传输网络：包括微波无线通讯、CDMA/3G或有线（光纤、ADSL）等多种通讯方式，根据现场实际情况，灵活选择。

（3）监控中心：监控中心是本系统信息处理中心，各监测点采集的灾害信息通过传输网络汇集到监控中心，监控中心对信息进行处理、显示和存储，相关业务部门和有关领导可通过无线网络、Internet等多种手段进行实时监控和查询。

二、硬件设备组成

（一）数据现场采集设备

每个监控点包括雨量监测设备1套、泥石流次声报警装置1套、液位监测设备1套和视频监控装置1套。

每套雨量监测报警设备包括雨量筒1个、雨量监测报警仪1台及配套线缆等。

每套泥石流次声报警装置包括次声传感器1个、泥石流次声报警器1台及配套电源和线缆等。

每套液位监测设备包括超声波水（泥）位计1套、水位采集装置1套。

每套视频监控装置包括摄像机1个、室外云台1台、视频服务器1台及配套电源和线缆。

（二）数据实时传输设备

根据现场网络情况，考虑采用CDMA/无线网桥或者有线网络几种方式相结合。采用有线方式传输时每个监测点包括交换机（或ADSLMODEM）1套。采用CDMA传输时每个监测点需要CDMA无线传输模块1个（一般内置于无线视频服务器内）和CDMAUIM卡。采用无线网桥传输时每个监测点包括无线网桥1套（含天线、无线网桥及供电单元等）。

（三）数据综合监控中心设备

监控中心包括中心管理服务器、存储服务器（选配）、无线视频网关、电视墙（选配）、网络视频解码器（选配，与电视墙配套）及监控终端若干。

三、软件系统处理

软件系统的目标是构建一套集雨量监测、泥位监测和次声监测于一体的综合型泥石流监测预警系统，以对可能给人民生命财产和社会发展造成影响的泥石流灾害进行实时监测和智能预警，应用现代通讯技术，使决策机构可以及时发布警报，以减少或避免人员伤亡。

软件系统数据及信息处理流程如图8-2所示。

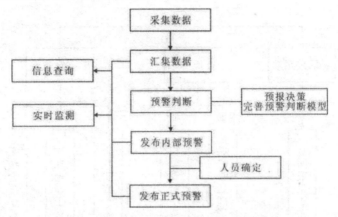

图8-2　软件系统数据处理流程图

（一）系统功能要求

1、灾害实时监测和预警功能

根据各监测区域的具体环境布设监测设备，在泥石流多发地段设置雨量、泥位及次声监测点，对泥石流进行监测预警，系统可随时根据需要添加不同的监测报警设备。

系统采取分级报警方式，根据现场采集的不同灾害信息，及时在各级监测指挥中心不同级别的显示设备上发出报警信号。报警处理策略包括：报警后声音和灯光启动；短信报警；报警自动调出电子地图等功能。

2、历史事故查询分析功能

基于监测数据记录的各类事故数据，能够按事故发生时间、地点、性质、类型等进行查询与分析。

3、系统管理功能

①设备管理功能：实现对系统内各种设备的管理，包括前端的采集设备、后端的服务器等。

②用户管理功能：登录密码更改；加入、编辑和删除用户；进行权限分配。

③阈值管理功能：对雨量、泥位、次声的报警阈值进行修改和查询。

④数据管理功能：查询、录入、修改、删除人员观测数据。

4、信息发布功能

根据报警级别用短信方式通知相关人员，并保存相关人员的处理意见。

（二）系统组成

系统软件主要由数据采集子系统、数据接收处理子系统、预警判断子系统、实时监测子系统、信息查询子系统、系统管理子系统组成，如图8-3所示。

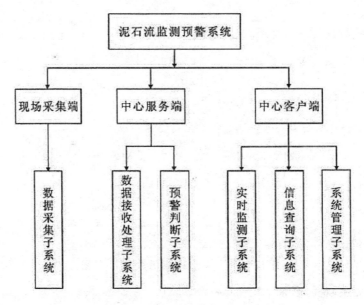

图8-3 泥石流监测预警软件系统组成

各子系统详细功能如表8-1所示。

表8-1 功能模块划分

序号	子系统	功能描述
1	数据采集子系统	数据采集（雨量、泥位、次声等）及传输，保证数据的准确性和及时性，设备运行信息
2	数据接收处理子系统	接收采集子系统传来的数据，写入数据库中
3	预警判断子系统	根据采集的实时信息计算判断是否达到预警条件，发布内部预警
4	实时监测子系统	表格和曲线实时显示监测参量和报警信息，查看设备运行状态
5	信息查询子系统	基础信息查询、监测信息（雨量、泥位、次声等）查询、统计报表输出等
6	系统管理子系统	设备管理、用户管理、阈值管理、人工观测数据管理、基础数据管理等

第二节　泥石流监测预警系统

一、数据采集子系统

数据采集子系统实时自动采集监测现场灾情信息，并传输至信息汇集子系统。信息采集子系统工作在监测现场，自动运行，无需人工干预。

数据采集子系统主要完成如下功能。

（一）数据采集

（1）可采集雨量、泥位、泥石流次声等信息。

（2）具备一定的过滤功能，排除各种干扰信息及异常数据。

（二）数据传输

（1）至少有两种传输信道，当第一信道发送失败时，自动切换到第二信道发送。

（2）传输信道以 GPRS 传输为主，有条件的地方可使用宽带网络传输；无 GPRS 传输条件的地方采用无线短波等方式传输。

（3）为保证数据的实时性，同时避免数据拥挤引起传输延时，可根据实际情况确定提高传输频率或降低传输频率。

（4）通讯数据要有应答，超时无应答就认为传输失败，下次传输要重传传输失败的数据。

（5）具备转发功能，不仅可以传输本设备采集的数据，还可以接收其他设备发送的信息并转发至指定设备或服务器。

（6）可响应召测，接收来自监控中心的召测指令，发送最新的记录值。

（7）支持动态域名解析。

（三）数据存储

（1）可存储 1~3 个月的数据。

（2）可在本地通过宽带网络、串口或 USB 导出数据。

（3）支持覆盖和溢出两种方式，可由用户指定使用何种方式保存。

（四）显示

（1）运行指示灯，运行指示灯闪烁指示设备正常运行。

（2）故障指示灯，按一定方式（指示灯组合、闪烁频率）区分指示常规故障：主板故障、传输模块故障、传输费用等。

（3）可通过串口使用超级终端软件进行设备的自检测试、设备运行状态查询等工作。

（五）参数设置

（1）在本地可通过宽带网络或串口进行参数设置。

（2）设备的时间及日期可以联机校时。

（3）可以设置数据传输条件。

（4）可以设置传输参数，如设置编号、地址、目的地址等参数。

（六）远程维护功能

（1）远程监视设备状态：定时上传（每天一次）设备运行状态信息，包括蓄电池电压等相关信息，用于提醒维护人员是否需要对设备进行更新维护。

（2）远程故障诊断：当有故障或错误发生时，要将故障或错误信息上传，提示相关人员对设备进行维修。

（3）远程配置参数。

（4）远程自动升级。

（5）定时校时，每天至少校时一次，校时后时间误差<ls，校时算法要考虑数据传输延时问题。

二、数据接收处理子系统

数据接收处理子系统接收来自各个雨量监测站、泥位监测站和次声监测站信息，根据信息的不同性质采用不同的方式对数据进行预处理，经分类后存入相应数据库中，并能将有关信息及时转发，供其他子系统调用。

数据接收处理子系统主要完成如下功能。

（1）数据接收：实时接收前端监测设备（信息采集子系统）发送过来的监测数据和报警状态，并发送应答信息。

（2）数据过滤：对数据进一步过滤，排除干扰数据和异常数据。

（3）数据分发：向相关客户端分发数据。

（4）保存数据：将数据分类保存到实时数据库中，必要时对数据进行压缩保存。

三、预警判断子系统

预警判断子系统根据采集的实时信息计算判断是否达到预警条件、发布内部预警。预警判断子系统主要完成如下功能。

（一）预警判断

（1）雨量预警：包括单站预警、多站综合预警判断等。

（2）泥位预警：设三级警戒值。

（3）次声预警：根据次声频率、强度等进行预警判断。

（二）报警通知

当有报警发生时，通过短信方式通知相关人员，并接收相关人员的回复信息，分类存入数据库，供日后查询。

四、实时监测子系统

实时监测子系统用于显示实时采集的各种信息数据，有报警给出报警提示。

实时监测子系统主要完成如下功能。

（一）用户登录

实时监测子系统的登录，只有授权用户可以登录本系统。

（二）站点导航

（1）按行政区划（或局段）、流域（或线路）、灾害类型等分类显示监测站点树。

（2）通过图标颜色显示设备当前在线状态。

（三）图形显示监测信息

（1）雨情监测。

①雨量预警图显示雨量预警曲线和实时监测信息。

②雨量过程线显示分钟雨量柱状图和累计雨量走势曲线。

（2）泥位监测：泥位预警图显示泥位警戒线和当前值。

（3）次声监测：次声预警图显示次声过程曲线。

（4）表格显示特征值。

（5）雨量特征值：包含站点名、前期影响雨量、小时雨量、激发雨量、更新时间等信息。

（6）泥位特征值：包含测站名、当前泥位值、更新时间等信息。

（7）泥石流特征值：包含站点名、频率、强度、更新时间等信息。

（四）报警功能

（1）表格显示报警信息，包括报警站点、报警类别、报警等级、报警时间等。

（2）地图显示淹没区域，可对地图进行放大、缩小、复原等操作。

（五）区域背景资料。

可登录的用户，可随时调阅区域背景资料，以便及时、详细地了解区域情况。

五、信息查询子系统

信息查询子系统实现对监测信息的访问、查询和统计分析，生成报表供打印输出，数据信息查询子系统界面示意图如图8-4、图8-5、图8-6所示。

信息查询子系统主要完成如下功能。

（1）数据统计报表。

按规定的报表格式显示相应数据，并可打印输出和导出成Excel表。报表包括降水资料逐日量表、月降水量柱状图、降水资料摘录表、降水量月报表、特征雨量表、报警信息统计表。

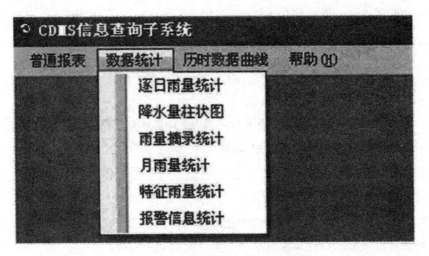

图8-4　数据统计报表界面示意图

（2）泥石流特征表。

包括泥石流观测记录表、泥石流观测成果表等。

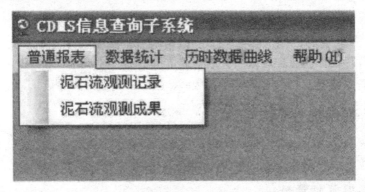

图8-5　泥石流特征表界面示意图

（3）历时数据曲线。

显示指定站点、指定时间段内的过程曲线。包括雨量过程曲线、泥位过程曲线、次声过程曲线。

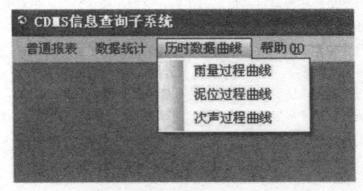

图8-6　历时数据曲线界面示意图

六、系统管理子系统

系统管理子系统主要包括用户和权限管理、系统设置、站点管理、设备管理、基础数据管理、阈值管理等。

系统管理子系统主要完成如下功能。

（1）数据管理：录入人工观测数据，包括流体观测记录和样品测量成果。

1）流体观测记录：添加、修改、删除泥石流流体观测数据。

2）样品测量成果：添加、修改、删除泥石流样品测量成果。

（2）区域管理：可设置区域基本信息，添加、修改和删除区域所辖站点和子区域。

1）修改区域基本信息。

2）添加、修改、删除站点。

3）添加、修改、删除子区域。

（3）站点管理：设置站点基本属性，为站点添加、删除设备。

（4）阈值管理：添加、修改、删除设备阈值。

（5）用户管理：添加、修改、删除用户和用户权限。

（6）基础参数设置：包括区域种类、设备类型、报警等级等基本数据的设置。

（7）系统参数设置：可对日界时间、前期有效雨量天数、递减系数等系统参数进行设置。

七、监测预警系统主要特点

泥石流的发生必须具备三个必要条件：物源条件、水源条件和沟床坡度条件等。对于暴雨型泥石流而言，降雨不仅是泥石流体的主要组成部分，也是泥石流激发的决定性因素。在同一条泥石流沟中，当无地震等极端事件发生时，流域内沟床条件在一定时期内，可认为是相对稳定的，而降雨条件和固体物质的储备分布在流域内存在一定的时空变化。对某一泥石流沟道，泥石流是否发生，决定于流域内的降雨条件及固体物质的储备和分布状况。因此，在查清沟道内可形成泥石流的松散固体物质的储备及分布的情况下，利用降雨资料预测泥石流是国内外目前通行的一种方法。通过网络配合雨量监测报警系统，根据当地泥石流发生的临界雨量，在一次降雨总量或雨强达到一定指标时立即发出预警报信号。

利用降雨条件对泥石流的发生进行预警，其关键是在于雨量阈值的确定。由于不同流域的水文条件、气象条件、植被条件、地质岩性，泥石流沟的类型等多种因素的影响，雨量阈值不是一个确定的值，对于每一条泥石流沟及其每一个雨量监测点都应该进行专门的研究，从而确定出激发泥石流的最小雨量阈值，达到预警的目的。

根据泥石流灾害规模、等级等划分标准以及对已发生过的泥石流灾害状态的调查，结合对定点泥石流沟道的形态参数的实地勘察，分析泥石流规模与致灾规模之间的相互关系，确定泥石流危害程度及其特征参数（如流量、泥位等）之间的对应关系，并将泥位、流量等设计参数输入泥位观测预警预报系统进行试运行，经过对参数的修正后构建泥位预报系统。

雨量阈值研究：泥石流雨量预警索统主要对泥石流沟进行水源观测，在监测区内布设一定数量的遥测雨量站，及时掌握降雨情况。由于各泥石流沟流域情况、沟道情况、泥石流形成条件和泥石流类型等差异明显，因此在建立泥石流监测预警系统时，需要收集整理基础资料如流域雨量、沟道雨量资料、邻近地区雨量资料、水文资料、灾害资料，并进行流域地形地貌、地质岩性、泥石流类型、源区范围等的考察和资料分析。在合理布设雨量监测站后，对各站的雨量阈值进行分析计算，确定泥石流的临界雨量范围，一旦降雨达到临界雨量，发布泥石流警报。

泥位阈值研究：从泥位阈值的主要影响因素出发，首先通过建立泥位要素与泥石流灾害规模之间的相关关系，然后分析泥位要素与泥石流灾害预警预报警戒级别之间的对应关系，通过实测沟道典型观测断面特征值和数学模型计算，研究确定泥位阈值，最终建立泥位监测预报预警系统。

第三节 泥石流调查GIS系统

为了提高泥石流预警系统管理水平，达到科学监测、及时预警、规范管理，实现泥石流预警系统监测数据和成果的远程准确上报、快速查询、分类统计，有必要开发并推广泥石流调查GIS系统，以逐步实现泥石流灾害的自动化和信息化处理，为泥石流预警系统运行、管理、决策打好基础。

该系统由各监测站点动态监测泥石流灾害情况，提交相关信息及灾害预警至二级站点进行初审；同时，由二级站形成数据、图形、文本、声音、影像一体化泥石流灾害监测及预警数字信息，录入泥石流动态监测数据库；一级站点用户通过泥石流调查GIS系统，实现相关信息资料的查询、复审、分析、汇总等工作，进一步提交监测信息及预警信息至中心站点；由中心站点完成对滑坡泥石流灾害的监测信息和预警信息终审、决策、对外公开发布等工作。

一、需求分析

（一）业务流程

与系统直接关联的业务工作主要包括对泥石流监测数据的采集统计、灾害预警信息管理和发布，其业务流程分别如下。

1.泥石流灾害数据采集统计

泥石流灾害数据采集统计可以实现对泥石流灾害的致灾因子、受灾环境、承灾体相关参数的定期监测。基于泥石流灾害在不同时空尺度上参数信息的差异，实现灾害特征信息的识别和提取。根据灾害参数和特征信息的连续动态监测，揭示灾害时空分异特征和参数变化规律，据此进行异常信息识别和诊断。

泥石流监测数据的实时采集是进行泥石流监测、统计分析、专题分析、决策支持的基础。数据采集系统是通过泥石流常规监测、泥石流自动化监测系统、泥石流遥感监测等监测方法和手段对泥石流变形进行监测。综合人类活动、社会经济等信息的采集，将这些信息通过公网上传到中心站数据中心入库，其方式包括一次性数据入库与实时数据动态入库两种方式。

2.泥石流预警信息管理和发布

根据泥石流灾害的时空分异规律，定期开展灾害风险评估，在时空尺度上分析评估灾害发生危险区域和风险等级，并增加高风险区的监测频次。灾害发生前，当灾害风险达到一定程度时，进行灾害预警。在灾害过程中，对灾害发展趋势、次生灾害等进行评估和预警。根据风险变化，结合承灾体信息，开展灾情预警，生成灾害可能发生时间和位置、可能影响范围和强度的预警产品。对泥石流的稳定性、危险度、规模、受灾范围、灾害等级等相关参数进行分析后，第一时间将这些信息上报给主管单位，为上级主管部门的参考应急预案提供地面相关地理资料背景，并利用网络向公众发布。

（二）信息流程

泥石流调查GIS系统的信息流程如下。

（1）各监测站点负责对滑坡泥石流各相关数据进行数据采集，并按照统一格式上传至二级站点，由二级站点经过初审后，通过网络提交。

（2）一级站点通过网络对已提交数据信息加以复审修改，同时，一级站点可通过网络对数据库中存储信息进行调用分析，为滑坡泥石流灾害预警提供相应技术支持。

（3）由中心站点完成系统的整理维护，并对提交的资料进行最终整编。

（4）最后，由中心站点负责对审核过后的预警信息进行最终发布，并层层下达至各级站点。

（三）功能需求

在网络通信、数据库技术和GIS平台的基础上，建立一个汇集查询显示、统计分析、定量监测计算、预警信息管理、应急响应等功能的泥石流调查GIS系统。依赖于基础平台提供的各种数据、模型和参数，系统需要能够实现以下功能。

1.数据管理

数据管理是泥石流调查GIS系统的一项基本功能，对于本系统来说，数据管理主要涉及以下两方面内容。

（1）基础数据管理。

①基础地理信息数据。

基础地理信息数据包括监测区域内各行政区的地形地貌、水文、气象、土壤、植被、土地利用等自然地理信息。

②基础社会经济数据。

基础社会经济数据包括监测区域内省、市、县三级行政区的社会经济情况，如耕地面积、总人口、工业生产总值、工业生产基本情况、农业生产总值、农业生产基本情况、第三产业生产总值、第三产业基本情况等，数据来源主要为各行政区的统计年鉴。

③监测场站基础数据。

监测场站基础数据包括各级站点信息，包括管理公告信息、成员设备更新、预警设置、汛前检查、资料归档等相应数据。

（2）监测数据管理。

监测数据包括降水观测数据、排桩观测数据、地表巡视数据、泥位流速观测数据、样品观测数据、冲淤观测数据。

2.数据查询显示

信息查询是在决策会议时为有关人员（包括决策者、专业人士、相关人员）提供有关信息（包括系统基础资料、定量监测实时动态结果、各类历史资料）查询服务的功能。其工作内容主要是对数据库的所有内容及其他子系统输出信息的查询与显示。

信息显示查询子系统应能对数据库信息提供查询功能，系统要求人机界面友好、操作简便、反应迅速，界面简洁、清晰，层次鲜明，界面风格一致，标识符号统一，重要信息突出，采用图形、图像、动画、影像等多媒体技术，提供地形地貌、地表水、地声、动物异常和其他变形等信息，促进决策人的理解、联想和创造性。并能随时调出历史信息与实时信息进行对比分析，为会议决策提供参考依据。查询功能应对不同层次的用户提供不同的查询界面。

3.灾害预警信息发布与管理

根据泥石流监测数据的统计分析，结合灾害风险区划和历史案例数据，对重点区域和可能发生灾害的地区进行不同时空尺度上的风险评估，生成具备季节和区域特征的持续灾害风险评估产品。根据定期风险评估结果，增加对高风险区域监测频次，形成针对滑坡和泥石流灾害的重点区域的不定期风险产品。同时，根据风险变化，结合承灾体信息，开展灾情预警，生成灾害可能发生时间和位置、可能影响范围和强度的预警产品。同时，根据灾害所涉及的地理区域，实施应急预案的相关内部资源和外部资源（如医疗、消防、公安等协作单位）的分布情况及联系方式，灾害周边的人文环境及可能波及的范围，最佳抢救路线、最佳逃生路径等信息，为政府部门应急预案的生成提供基础资料。

4.灾害统计分析

统计分析功能是通过多种分析工具，实现统计信息的综合分析、专题信息的空间化表达、泥石流灾害的动态监测分析评价。将收集到的信息归纳整理，形成各类专题报表和统计图表，通过统计、分类、空间对比分析、时间序列分析、趋势分析、历史对比分析、结构分析等分析工具，为管理者提供灾害触发因子、灾害规模、受灾范围、灾害方式、灾害等级等信息，为灾害预警预报以及灾后应急决策提供基础数据支持。

（四）性能需求

作为泥石流预警管理信息系统的基本支撑与运行平台系统，计算机业务支撑平台为减灾应用系统提供基础性的硬件、软件、网络、安全等方面的资源与运行环境，保证业务系统的正常、稳定、安全可靠运行。减灾应用系统具有常规监测任务重、应急能力强、可靠性要求高，以及具备海量数据传输、处理和管理能力等特点，对计算机业务支撑平台提出了以下需求。

（1）网络系统需求。

网络系统应保证各类数据、各级产品在全系统内的畅通传输，以及产品的对外服务；对系统资源和网络资源进行合理分配和管理，使各系统能科学、高效地运转。核心交换设备应具备10000M交换能力，服务器、工作站与核心交换设备的网络联接达到1000M，桌面办公PC机100M接入网络。

（2）服务器与存储备份系统。

泥石流调查GIS系统是一个具有功能复杂、业务化程度高、数据类型众多、处理难度大、工作模式多样等特点的计算机应用系统，对数据应用处理能力和存储具有很高的要求。服务器要具有足够的处理能力、运算速度、I/O速度、磁盘容量和网络功能，核心服务器主要包括高性能数据库服务器、备份管理服务器、Web服务器和应用服务器，这些服务器采用高性能小型机（考虑Unix操作系统）。预警管理信息系统的数据处理量大，处理产品种类多，数据存储量大。存储备份系统可以分为三部分：在线存储、近线存储和离线存储。在线存储主要保存一周内的数据及应用产品，存储介质采用光纤接口的磁盘阵列，保证对在线数据的高速读取。近线存储主要保存一季度内的数据及应用产品，存储介质可采用SATA接口的磁盘阵列，保证对数据的大容量存储，又具有价格经济的特点。离线存储主要保存几年内序列化的应用产品和极少量的原始数据，做长期（10年）保存，存储介质可采用DVD光盘刻录。

（3）安全系统。

泥石流调查GIS系统是一个流域级的应用业务运行系统，因此，安全系统建设是计算机业务支撑平台建设的重要内容之一，要满足应用系统的网络与信息安全，包括入侵检测、流量监控、用户身份鉴别、权限认证等。安全系统建设的核心是在业务运行区、内部办公区、Internet接入网络之间建立有效的安全控制和隔离，不同区域之间均通过防火墙。考虑到内部子网之间对数据传输速度有很高的要求，防火墙应该能够为其提供1000M的交换速度。另外，针对所有的办公终端计算机配备防病毒软件，防止病毒的破坏。

（4）桌面计算设备。

泥石流调查GIS系统使用的桌面计算设备主要包括高性能图形工作站和个人办公用计算机。减灾应用各业务系统操作人员主要使用图形工作站进行常规小数据量的产品处理和信息分析。因此，工作站可选用内存大于4GB的CPU，硬盘大于300GB，具备高端图形卡、千兆网卡的PC机。业务系统开发用计算机和办公用机选用高端PC机。

（5）输入输出等其他设备。

泥石流调查GIS系统的应用业务中，涉及很多图像的处理问题，包括图像输出、图形扫描等。同时，作为大型流域级减灾专业应用系统建设，还需要一些专业的输入输出设备为高质量图件制作及成果输出、提供综合会议服务等。所以在系统中需要配置一定数量的通用的图形输入输出设备，包括彩色打印机、激光打印机、传真机等，以及一些投影设备等。

（五）安全需求

数据安全在系统应用中处于十分重要的地位，尤其对于本系统来说，数据的可靠性与安全性直接影响了系统的输出结果，影响着对灾害进行快速响应的效率和结果。因此，在系统的建设上，将把数据安全性放到一个比较重要的高度。

系统在安全方面的需求主要体现如下。

（1）物理环境安全：指机房等物理设备的安全，主要要求有：机房建设严格遵循国家颁布的相关建设标准；电力系统保护，建立持续电力供应系统，配备合适功率的UPS电源等；消防系统建设；物理线路安全保护等。

（2）运行管理安全：建立完善的日常维护制度和异常处理制度，保障系统安全运行。

（3）数据安全：保障数据的存储安全。

（4）资源可信：指使用者的有效身份识别以及对操作者权限的可控制性和操作行为的可确认性。

（5）网络和系统安全：通过防火墙、防病毒软件等安全保障措施，保障网络通畅和系统安全。

二、系统拓扑结构

泥石流调查GIS系统由各监测站点动态监测泥石流灾害情况，提交相关信息及灾害预警至二级站点进行初审；同时，由二级站点形成数据、图形、文本、声音、影像一体化泥石流灾害监测及预警数字信息，录入泥石流动态监测数据库；一级站点用户通过泥石流调查GIS系统，实现相关信息资料的查询、复审、分析、汇总等工作，进一步提交监测信息及预警信息至中心站点；由中心站点完成对泥石流灾害的监测信息和预警信息进行终审、决策、对外公开发布等工作。

　　系统网络拓扑结构图如图8-7所示，各站点之间主要依靠Internet进行连接，信息流按照图中数字显示方式传递。中心站点用户可通过登录中心站网络系统进入泥石流调查GIS系统界面，地方一级站点和二级站点工作人员可通过Internet直接登录泥石流调查GIS系统，公众用户无需登录即可浏览相关网站的栏目，获取泥石流相关预警信息。

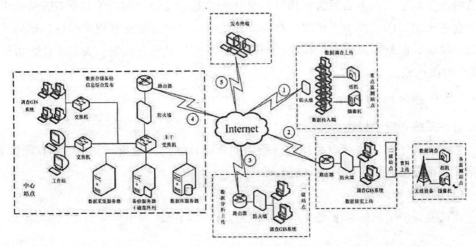

图 8-7　系统网络拓扑结构图

三、软件平台

　　在基于WEB服务的综合地理数据，泥石流动态监测数据基础上，以中心站点为中心节点，搭建面向各一级站点、二级站点节点，建成泥石流调查GIS应用服务网络，实现泥石流监测数据及预警的纵向（不同级别间）和横向（不同行政区）的访问。为泥石流监测调查提供智能化和可用性强的综合信息展现及再生分析服务。

　　泥石流调查GIS系统架构应实现下列功能：空间数据存储与管理、多源数据集成与互操作、企业级GIS应用、发布基于Web的GIS服务、基于Web的数据编辑、高级空间处理、专题地图操作、跨平台操作、二次开发能力等。

　　GIS数据库不但要满足应急平台对空间数据调用的要求，而且要使所设计的数据库系统尽可能优化。数据库在物理设备上的存储结构与存取方法称为数据库的物理结构，数据库物理设计是从一个满足用户信息需求的、已确定的逻辑数据库结构（逻辑模型）出发，设计出一个有效的、可实现的物理数据库结构（存储结构或物理模型）的过程。

四、系统功能设计

（一）系统功能结构

泥石流调查 GIS 系统以监测研究区域内泥石流动态监测数据库为基础，实现泥石流实地观测数据的便捷查询统计，同时，通过对泥石流动态监测数据分析，实现泥石流监测预警功能，为泥石流灾害预警信息化提供数据支持。泥石流调查 GIS 系统由系统管理子模块、图层控制子模块、数据管理子模块、站点信息管理子模块、基础信息管理子模块、监测信息管理子模块、预警信息发布与管理子模块、灾害统计分析子模块 8 个方面构成。

（二）子模块功能描述

（1）系统管理子模块。

系统管理子模块主要对系统运行所需的基础数据进行设置，如角色和权限配置、数据字典设置等。模块的具体功能如下。

1）用户管理。

该功能提供用户信息变更及用户修改密码、密码维护等用户信息管理操作。

2）权限管理。

该功能管理系统中的角色权限信息，可以对角色进行增加和删除；给角色赋予权限等操作。

3）日志管理。

该功能提供日志检索、统计等相关操作。

（2）图层控制子模块。

图层控制子模块主要对由系统数据显示的图层提供相关操作，其具体功能如下。

1）属性查询。

该功能提供用户对图层相关信息属性查询操作。

2）视图操作。

该功能提供视图所需相关操作，如放大缩小、平移、视图转换、鹰眼功能等。

3）比例尺。

该功能为视图比例尺改变提供相关操作。

4）图层标注。

该功能主要为图层标注显示与修改提供相关操作。

5）显示提示。

该功能针对图层相关属性为图层提供显示提示。

（3）数据管理子模块。

数据管理子模块主要对系统中的数据提供写入、读取删除等相关操作，其具体功能如下。

1）数据库读取。

通过该功能，用户可以从数据库中调用数据到系统中。

2）数据库写入。

通过该功能，用户可以将数据从系统中写入数据库。

3）本地写入。

通过该功能，用户保存系统中现有数据到临时存储硬盘。

4）本地删除。

通过该功能，用户从临时存储硬盘删除选择数据。

5）格式转换。

通过该功能，用户对存储数据进行不同格式间转换操作。

（4）站点信息管理子模块。

站点信息管理子模块主要用于各级站点信息管理，包括管理公告信息、成员设备更新、预警设置、讯前检查、资料归档提供相应数据。

1）管理公告管理。

该功能主要针对为各级站点提供的相应规范规划、人员培训等公告信息进行管理，并将其发布在相应网站上。

2）站点成员信息。

该功能主要针对各级站点成员个人信息进行管理。包括机构名称、所属行政区、地址、联系人、联系电话、执法队伍情况等。

3）站点设备管理。

该功能主要针对各级站点所有野外监测设备状况信息进行管理，主要包括仪器设备所属、管理人、使用保养情况等方面。

4）站点预警设置。

该功能主要对各级站点预警设置标准信息进行管理。

5）汛前检查准备。

该功能主要对各级站点汛前检查准备工作情况信息进行管理协调。

6）资料归档上报。

该功能主要对需要整理归档上报的资料信息进行管理，包括站点成员信息、站点设备信息、汛前检查情况等资料。

（5）基础信息管理子模块。

基础信息管理子模块主要用于对中心站监测区域内各行政区的基本信息进行管理，包括地形地貌、水文气象、土壤植被等。监测区域基础地理信息主要为监测区域内的滑坡泥石流的本底信息，为滑坡泥石流预警监测提供数据参考。

1）自然地理信息管理。

该功能对监测区域内各行政区的地形地貌、水文、气象、土壤、植被等自然地理信息进行管理。

2）社会经济信息管理。

该功能对监测区域内省、市、县三级行政区的社会经济情况数据进行管理，主要包括面积、耕地面积、总人口、工业生产总值、工业生产基本情况、农业生产总值、农业生产基本情况、第三产业生产总值、第三产业基本情况、主要数据来源、统计年度等。

3）土地利用信息管理。

该功能管理各县级行政区的各类土地利用类型的面积及数据统计年度。

4）植被覆盖度信息管理。

该功能管理各县级行政区的植被覆盖度情况数据，主要指标为荒山荒坡面积、中低覆盖度面积、高度覆盖度面积及数据统计年度。

5）地质灾害资料管理。

该功能对长江中上游监测区域内尤其是重点示范监测预警区域内进行管理。

6）坡度分区信息管理。

该功能管理各县级行政区的坡度分区情况数据，主要指标为各类坡度的土地面积及数据统计年度。

（6）监测信息管理子模块。

监测信息管理子模块主要用于对重点监测预警点泥石流情况现场调查的相关成果进行管理，将收集到的信息归纳整理，形成各类专题报表和统计图表，为管理者提供滑坡泥石流变形量及变形部位、地下水、地表水、地声、动物异常和其他变形等动态管理信息，从而为预警预报提供决策支持。

1）泥石流监测。

该功能主要对水源观测、土源观测、泥石流体观测等所获取的信息数据加以管理，为泥石流预报提供一定的数据依据。

2）稳定性分析。

该功能主要依据各级监测站点上传的相关数据，通过简布法、摩根斯坦—普莱斯法、萨尔玛法、不平衡推力法等模型对滑坡稳定性加以分析评价，从而为滑坡泥石流预警提供一定的数据依据。

3）危险度评估。

该功能主要通过多因子迭加法对滑坡泥石流危险度区划加以分析评价。

（7）预警信息发布与管理子模块。

预警信息发布与管理子模块主要用于对预警信息相关内容进行管理，包括各级站点预警信息的提交、公布，以及最终的预警资料的汇编生成。

1）预警上报。

预警信息发布与管理子功能主要对预警上报情况信息加以管理，包括预警地点、情况、上报人、审核人、批准人、相关日期等。

2）预警公告。

该模块主要用于预警信息上报核实后，发布预警公告信息并加以管理，包括灾情地点、情况、日期等，同时提供参考应急预案以供相关政府部分参考，并公布在相关网站上。

3）预警统计。

该功能主要对预警上报信息量加以统计，显示查询时间段内查询站点预警信息统计结果。

4）资料汇编。

该功能主要对预警相关资料加以管理，并依据预警情况自动生成预警所需资料报表，加以汇编整理入库，便于预警资料的提交上报。

（8）灾害统计分析子模块。

灾害统计分析子模块主要为利用泥石流已有的分析相关模型，通过泥石流发生后的实测数据，计算灾害发生的触发因子、灾害规模、灾害范围、灾害方式、灾害等级等状况，从而积累滑坡泥石流灾害发生的相关基础数据，为灾害预警模型提供进一步的数据支持。

1）触发因子分析。

该功能主要通过对灾害发生区域的降雨量、地震、重力与人为活动力等滑坡泥石流外界触发的主要因素进行分析评价，判断触发滑坡泥石流灾害的主要因子。

2）灾害规模估算。

该功能利用区域泥石流调查方法，开展灾害规模统计调查估算。

3）受灾范围估算。

该功能利用现场调查得到的各项数据估算滑坡泥石流发生可能影响的区域受灾范围，为人员紧急疏散、交通运输躲避等应急措施提供数据支持。

4）受灾方式内容。

该功能主要依据现场调查得到的数据对泥石流发生受灾方式、触发因子、泥石流规模、影响范围等方面进行统计分析并形成相应书面材料，为后期灾害等级评估提供基础数据支持。

5）灾害等级评估。

该功能通过对泥石流受灾对象的定性分析到定量权重归一处理，得到泥石流灾害等级，其权重主要考虑包括损害人员生命，危害国防、水电和其他重要设施，'毁损公路、铁路和桥涵，损毁房屋，危害工矿、企事业、小水电设施，毁损耕地和林草地，毁损国家和个人财产等多项因子。

五、数据库设计

（一）数据设计

（1）逻辑设计要点。

本系统中用于存储信息的数据按照存储类型分为两大类，一类数据是按数据库方式进行组织和存储，另一类数据是按照文件方式进行组织和存储。按照数据库方式进行组

织和存储的数据主要是需要进行集中维护和统一管理的基础地理数据和专业数据，按照文件方式组织和存储的主要是各级站点单独进行管理和维护的数据。

本系统中使用的文件格式将涉及：MicrosoftWord，MicrosoftExcel，AutoCAD-dwg/dxf，Geomedia，Microstation，JPEG等。用户在历史上积累了、并在当前运营状况下继续积累着大量这些格式的数据，其中存储了基础地理信息图、实地勘察测量表格等各类滑坡泥石流相关信息。考虑这些数据的情况，将对本系统在更广泛、更深入的层面上得到使用作出贡献。

（2）物理设计要点。

由于系统内涉及的数据分属多种格式、多个权属部门，它们的组织方式受到行政体制和使用者方面很大影响。首先，由于各个组织均有大量仅供本组织内使用的数据，因此数据不需要集中部署，而是在各自组织内部分散部署。其次，对各个组织内部署的数据文件，应当制订的目录和文件命名标准，以统一系统对各种类型数据的准确定位与访问。

（3）与程序的关系。

系统将对有限种数据文件格式提供直接支持，包括：数据读入、显示、格式转换等。直接支持的数据文件格式包括：DWG、DXF、DGN。

对系统不提供直接支持的数据文件格式，系统将通过调用该文件格式对应的显示/处理软件的办法来完成对这些数据文件格式的支持。

（二）数据库设计

数据库的设计采用监测因子分类管理格式进行，详见表8-1至表8-25。

表8-1　用户管理表字段清单

字段名	数据类型	不能为空	主键	外键
操作员ID	NUMBERPS（2，0）	TRUE	TRUE	FALSE
用户名称	NVARCHAR2（100）	TRUE	FALSE	FALSE
用户密码	NVARCHAR2（100）	TRUE	FALSE	FALSE

表8-2　权限管理表字段清单

字段名	数据类型	不能为空	主键	外键
操作员ID	NUMBERPS（2，0）	TRUE	TRUE	FALSE
用户名称	NVARCHAR2（100）	TRUE	FALSE	FALSE
用户权限	NVARCHAR2（100）	TRUE	FALSE	FALSE

表8-3　日志管理表字段清单

字段名	数据类型	不能为空	主键	外键
操作员ID	NUMBERPS（2，0）	TRUE	TRUE	FALSE
操作时间	NUMBERPS（4，0）	TRUE	FALSE	FALSE
操作记录	NVARCHAR2（100）	TRUE	FALSE	FALSE

表8-4　站点成员表字段清单

字段名	数据类型	不能为空	主键	外键
ID	NUMBERPS（8，0）	TRUE	TRUE	FALSE
姓名	NVARCHAR2（10）	TRUE	FALSE	FALSE
隶属单位ID	NUMBERPS（&0）	TRUE	FALSE	TRUE
职务ID	NUMBERPS（4，0）	TRUE	FALSE	TRUE
联系地址	NVARCHAR2（200）	FALSE	FALSE	FALSE
邮编	NVARCHAR2（6）	FALSE	FALSE	FALSE
电话	NVARCHAR2（100）	FALSE	FALSE	FALSE
传真	NVARCHAR2（100）	FALSE	FALSE	FALSE
电子邮件	VARCHAR（IOO）	FALSE	FALSE	FALSE

表8-5　站点设备表字段清单

字段名	数据类型	不能为空	主键	外键
ID	NUMBERPS（&O）	TRUE	TRUE	FALSE
设备名称	NVARCHAR2（100）	TRUE	FALSE	FALSE
购买日期	NUMBERPS（4，0）	TRUE	FALSE	FALSE
使用年限	NUMBERPS（4，0）	TRUE	FALSE	FALSE
设备状态	CLOB	FALSE	FALSE	FALSE
隶属单位ID	NUMBERPS（8，0）	TRUE	FALSE	TRUE
设备编号ID	NUMBERPS（4，0）	TRUE	FALSE	TRUE
负责人姓名	NVARCHAR2（10）	TRUE	FALSE	FALSE

字段名	数据类型	不能为空	主键	外键
电话	NVARCHAR2（100）	FALSE	FALSE	FALSE
传真	NVARCHAR2（100）	FALSE	FALSE	FALSE
电子邮件	VARCHAR（IOO）	FALSE	FALSE	FALSE

表8-6　站点预警设置表字段清单

字段名	数据类型	不能为空	主键	外键
ID	NUMBERPS（&0）	TRUE	TRUE	FALSE
行政区ID	NUMBERPS（8，O）	TRUE	FALSE	TRUE
名称	NVARCHAR2（100）	TRUE	FALSE	FALSE
摘要	NVARCHAR2（500）	TRUE	FALSE	FALSE
全文	CLOB	FALSE	FALSE	FALSE
颁布时间	DATE	TRUE	FALSE	FALSE
备注	NVARCHAR2（500）	FALSE	FALSE	FALSE

表8-7　行政区划表字段清单

字段名	数据类型	不能为空	主键	外键
ID	NUMBERPS（8，0）	TRUE	TRUE	FALSE
全称	NVARCHAR2（100）	TRUE	FALSE	FALSE
简称	NVARCHAR2（100）	TRUE	FALSE	FALSE
上级ID	NUMBERPS（8，0）	FALSE	FALSE	TRUE
行政区划代码	VARCHAR（12）	TRUE	FALSE	FALSE
级别ID	NUMBERPS（2，0）	FALSE	FALSE	TRUE

表8-8行政区划级别表字段清单

字段名	数据类型	不能为空	主键	外键
ID	NUMBERPS（2，0）	TRUE	TRUE	FALSE
级别名称	NVARCHAR2（100）	TRUE	FALSE	FALSE

表8-9自然地理情况表字段清单

字段名	数据类型	不能为空	主键	外键
ID	NUMBERPS（&0）	TRUE	TRUE	FALSE
行政区ID	NUMBERPS（&0）	TRUE	FALSE	TRUE
地形地貌情况	NVARCHAR2（500）	FALSE	FALSE	FALSE

字段名	数据类型	不能为空	主键	外键
土壤情况	NVARCHAR2（500）	FALSE	FALSE	FALSE
植被情况	NVARCHAR2（500）	FALSE	FALSE	FALSE
水文情况	NVARCHAR2（500）	FALSE	FALSE	FALSE
气象情况	NVARCHAR2（500）	FALSE	FALSE	FALSE
备注	NVARCHAR2（500）	FALSE	FALSE	FALSE

表 8-10　土壤类型表字段清单

字段名	数据类型	不能为空	主键	外键
ID	NUMBERPS（4，0）	TRUE	TRUE	FALSE
土壤类型名称	NVARCHAR2（100）	TRUE	FALSE	FALSE

表 8-11　土地利用情况表字段清单

字段名	数据类型	不能为空	主键	外键
ID	NUMBERPS（&0）	TRUE	TRUE	FALSE
行政区ID	NUMBERPS（8，0）	TRUE	FALSE	TRUE
土地利用类型ID	NUMBERPS（2，0）	TRUE	FALSE	TRUE
面积	NUMBERPS（8，2）	TRUE	FALSE	FALSE
统计年度	NUMBERPS（4，0）	TRUE	FALSE	FALSE

表 8-12　土地利用类型表字段清单

字段名	数据类型	不能为空	主键	外键
ID	NUMBERPS（2，0）	TRUE	TRUE	FALSE
类型名称	NVARCHAR2（50）	TRUE	FALSE	FALSE

表 8-13　植被类型表字段清单

字段名	数据类型	不能为空	主键	外键
ID	NUMBERPS（4，0）	TRUE	TRUE	FALSE
植被类型名称	NVARCHAR2（100）	TRUE	FALSE	FALSE

表 8-14　植被覆盖度表字段清单

字段名	数据类型	不能为空	主键	外键
ID	NUMBERPS（&0）	TRUE	TRUE	FALSE
行政区ID	NUMBERPS（8，0）	TRUE	FALSE	TRUE

荒山荒坡面积	NUMBERPS（10，2）	TRUE	FALSE	FALSE
中低覆盖度面积	NUMBERPS（10，2）	TRUE	FALSE	FALSE
高覆盖度面积	NUMBERPS（10，2）	TRUE	FALSE	FALSE
统计年度	NUMBERPS（4，0）	TRUE	FALSE	FALSE
备注	NVARCHAR2（500）	FALSE	FALSE	FALSE

表8-15　气候类型表字段清单

字段名	数据类型	不能为空	主键	外键
ID	NUMBERPS（4，0）	TRUE	TRUE	FALSE
气候类型名称	NVARCHAR2（100）	TRUE	FALSE	FALSE

表8-16　地质灾害表字段清单

字段名	数据类型	不能为空	主键	外键
ID	NUMBERPS（8，0）	TRUE	TRUE	FALSE
行政区ID	NUMBERPS（&0）	TRUE	FALSE	TRUE
地质灾害名称	NVARCHAR2（100）	TRUE	FALSE	FALSE
受灾面积	NUMB ERPS（10，2）	TRUE	FALSE	FALSE
统计年度	NUMBERPS（4，0）	TRUE	FALSE	FALSE
备注	NVARCHAR2（500）	FALSE	FALSE	FALSE

表8-17　坡度构成表字段清单

字段名	数据类型	不能为空	主键	外键
ID	NUMBERPS（&0）	TRUE	TRUE	FALSE
行政区ID	NUMBERPS（&0）	TRUE	FALSE	TRUE
坡度0。~5。	NUMBERPS（10，2）	FALSE	FALSE	FALSE
坡度5°~8°	NUMBERPS（10，2）	FALSE	FALSE	FALSE
坡度8。~15。	NUMBERPS（10，2）	FALSE	FALSE	FALSE
坡度15°~25°	NUMBERPS（10，2）	FALSE	FALSE	FALSE
坡度25°~35°	NUMBERPS（10，2）	FALSE	FALSE	FALSE
坡度>35。	NUMBERPS（10，2）	FALSE	FALSE	FALSE
统计年度	NUMBERPS（4，0）	FALSE	FALSE	FALSE

表8-18　排桩观测表字段清单

字段名	数据类型	不能为空	主键	外键
观测日期	DATE	TRUE	FALSE	FALSE
观测站点ID	NUMBERPS（&0）	TRUE	FALSE	TRUE
排桩编号	NUMBERPS（&0）	TRUE	FALSE	TRUE
观测斜距	NUMBERPS（10，2）	TRUE	FALSE	FALSE
观测坡角	NUMBERPS（10，2）	TRUE	FALSE	FALSE
垂直位移增量	NUMBERPS（10，2）	TRUE	FALSE	FALSE
水平位移增量	NUMBERPS（10，2）	TRUE	FALSE	FALSE
累计位移增量	NUMBERPS（10，2）	TRUE	FALSE	FALSE
平均变形速率	NUMBERPS（10，2）	TRUE	FALSE	FALSE
备注	NVARCHAR2（500）	FALSE	FALSE	FALSE

表8-19　降水量观测表字段清单

字段名	数据类型	不能为空	主键	外键
降水起止时间	DATE	TRUE	FALSE	FALSE
降水地区ID	NUMBERPS（&0）	TRUE	FALSE	TRUE
降水量	NUMBERPS（10，2）	TRUE	FALSE	FALSE
备注	hTVARCHAR2（500）	FALSE	FALSE	FALSE

表8-20　泥位、流速观测表字段清单

字段名	数据类型	不能为空	主键	外键
观测日期	DATE	TRUE	FALSE	FALSE
观测站点ID	NUMBERPS（8，0）	TRUE	FALSE	TRUE
断面编号	NUMBERPS（&0）	TRUE	FALSE	TRUE
平均流速	NUMBERPS（10，2）	TRUE	FALSE	FALSE
泥位	NUMBERPS（10，2）	TRUE	FALSE	FALSE
过流面积	NUMBERPS（10，2）	TRUE	FALSE	FALSE
过流颜色	NVARCHAR2（50）	TRUE	FALSE	FALSE
流态特征	NVARCHAR2（50）	TRUE	FALSE	FALSE
备注	NVARCHAR2（500）	FALSE	FALSE	FALSE

表 8-21 样品测定表字段清单

字段名	数据类型	不能为空	主键	外键
观测日期	DATE	TRUE	FALSE	FALSE
观测站点ID	NUMBERPS（&0）	TRUE	FALSE	TRUE
样品编号	NUMBERPS（&0）	TRUE	FALSE	TRUE
盛样桶重	NUMBERPS（10，2）	TRUE	FALSE	FALSE
样品总重	NUMBERPS（10，2）	TRUE	FALSE	FALSE
样品净重	NUMBERPS（10，2）	TRUE	FALSE	FALSE
样品体积	NUMBERPS（10，2）	TRUE	FALSE	FALSE
容重	NUMBERPS（10，2）	TRUE	FALSE	FALSE
黏度	NUMBERPS（10，2）	TRUE	FALSE	FALSE
样品泥沙干重	NUMBERPS（10，2）	TRUE	FALSE	FALSE
样品烘干比例	NUMBERPS（10，2）	TRUE	FALSE	FALSE
水重	NUMBERPS（10，2）	TRUE	FALSE	FALSE
所含水分比例	NUMBERPS（10，2）	TRUE	FALSE	FALSE
备注	NVARCHAR2（500）	FALSE	FALSE	FALSE

表 8-22 冲淤观测表字段清单

字段名	数据类型	不能为空	主键	外键
观测日期	DATE	TRUE	FALSE	FALSE
观测站点ID	NUMBERPS（&0）	TRUE	FALSE	TRUE
过流前高程	NUMBERPS（10，2）	TRUE	FALSE	FALSE
阵流时高程	NUMBERPS（10，2）	TRUE	FALSE	FALSE
过流面积	NUMBERPS（10，2）	TRUE	FALSE	FALSE
过流体积	NUMBERPS（10，2）	TRUE	FALSE	FALSE
备注	NVARCHAR2（500）	FALSE	FALSE	FALSE

表 8-23 其他观测表字段清单

字段名	数据类型	不能为空	主键	外键
观测日期	DATE	TRUE	FALSE	FALSE
观测站点ID	NUMBERPS（&0）	TRUE	FALSE	TRUE

字段名	数据类型	不能为空	主键	外键
容重	NUMBERPS（10，2）	TRUE	FALSE	FALSE
冲击力	NUMBERPS（10，2）	TRUE	FALSE	FALSE
物质组成	NVARCHAR2（50）	FALSE	FALSE	FALSE
备注	NVARCHAR2（500）	FALSE	FALSE	FALSE

表8-24 预警上报表字段清单

字段名	数据类型	不能为空	主键	外键
ID	NUMBERPS（8，0）	TRUE	TRUE	FALSE
预警编号ID	NUMBERPS（8，0）	TRUE	FALSE	TRUE
预警地区ID	NUMBERPS（8，0）	TRUE	FALSE	TRUE
预警时间	DATE	TRUE	FALSE	FALSE
受灾方式	NVARCHAR2（10）	TRUE	FALSE	FALSE
受灾面积	NUMBERPS（10，2）	TRUE	FALSE	FALSE
受灾程度	CLOB	TRUE	FALSE	FALSE
受灾损失	CLOB	TRUE	FALSE	FALSE
备注	NVARCHAR2（500）	FALSE	FALSE	FALSE

表8-25 预警统计表字段清单

字段名	数据类型	不能为空	主键	外键
预警编号ID	NUMBERPS（8，0）	TRUE	TRUE	FALSE
预警地区ID	NUMBERPS（&0）	TRUE	FALSE	TRUE
预警时间	DATE	TRUE	FALSE	FALSE
受灾方式	NVARCHAR2（10）	TRUE	FALSE	FALSE
统计时间	NUMBERPS（4，0）	TRUE	FALSE	FALSE

六、系统维护设计

（一）系统维护

（1）新建账号。

GIS系统所有用户都应拥有个人专用的唯一账号，以便操作能够追溯到具体责任人，不应在系统中设立无人使用的账号。当需要增加用户账号时，应执行如下流程。

1）根据业务需要增加用户账号时，申请人应填写《用户账号及权限管理表》。

2）申请人主管领导确认该用户的岗位职责，同时审批《用户账号及权限管理表》。

3）系统管理员审核《用户账号及权限管理表》，根据申请人主管领导所确定的申请人岗位职责，分配相应的权限，并签字确认。

4）系统管理员根据《用户账号及权限管理表》创建用户，签字确认后通知该用户，并负责《用户账号及权限管理表》的归档。

对于特权用户账号管理如下。

1）GIS经理对应用系统管理员、数据库管理员、操作系统管理员等特权用户及其联系方式进行登记备案，确保其满足职责分离要求，填写《特权用户登记备案表》并负责归档。

2）GIS经理对网络管理员及其联系方式进行登记备案，填写《特权用户登记备案表》并负责归档。

3）特权用户发生变更和终止时，应及时更新《特权用户登记备案表》。

这里特别需要明确指出在管理员用户中，GIS系统管理员不应兼任数据库管理员和操作系统管理员，应用系统管理员、数据库管理员和操作系统管理员不应参与GIS系统的日常业务处理。

（2）管线变更与撤销管理。

1）用户因工作岗位调动或其他原因需要变更权限时，应填写《用户账号及权限管理表》。

2）用户主管领导确认该用户新的岗位职责，并审批《用户账号及权限管理表》。

3）系统管理员审核《用户账号及权限管理表》，根据用户主管领导所确定的新岗位 职责，分配相应的用户权限，并签字确认。

4）系统管理员根据《用户账号及权限管理表》变更该用户权限，签字确认后通知 该用户，并负责《用户账号及权限管理表》的归档。

5）员工因离职或其他原因需要撤销权限时，其主管领导填写《用户账号及权限管 理表》，并立即通知系统管理员撤销该员工账号的访问权限。

6）审阅《用户账号及权限管理表》，并签字确认。

7）系统管理员在《用户账号及权限管理表》撤销该账号在所有系统的访问权限，关闭用户账号，并签字确认。

8）系统管理员负责《用户账号及权限管理表》的归档。

9）如果离职用户涉及上级业务部门GIS系统的用户权限，则通知GIS系统在本单 位的主管业务部门，再由本单位的GIS负责A/GIS经理通知系统管理员撤销该账号在该 应用系统的访问权限，并关闭用户账号。

（二）数据库维护

（1）数据库维护。

数据库建设是整个系统建设的重点，它是数据共享透明、应用快速响应的关键。因此，在系统建成之后，为了保证系统能够及时地满足现实性的要求，将建立数据维护机制，进行数据的更新维护。

（2）基础地理数据维护。

定期的基础地理数据的更新，主要是根据国家测绘局的基础地理数据更新情况进行调整。此周期建议根据不同地区的实际情况进行制定，建议重点地区1~3年更新一次，非重点地区5~10年更新一次。主要通过数据维护小组来进行基础地理数据的购买和数据在系统内的导入。

（3）泥石流动态监测数据。

泥石流动态监测数据由各级站点进行维护。在系统建设完成后，会根据数据来源和数据收集情况，编制统一的数据采集模板，提供给各监测站点。各监测站点的数据采集员根据数据实际发生变化的频率，每天进行数据更新情况的收集，填写到数据采集模板中，并交二级站点单位内部的数据审核员进行审核，初审通过之后直接通过网络提交给数据维护员，由数据维护员在系统内进行数据维护。同时，给予一级站点单位数据审核员开放审核、调用、修订、上传权限，允许一级站点单位数据审核员对数据进行审核、调用、修订、上传等操作。

第九章　泥石流成灾等级及受灾范围的划定

任何一场泥石流灾害的发生都有其内在和外在的原因，内在因素主要是指陡峻的地形和充分的固体物质补给条件，集中降雨是泥石流灾害的诱发动力因素，而人为活动则是引起泥石流灾害的外部要因，复杂的各种影响因素导致泥石流灾害形式与结果千姿百态，不尽相同，成灾方式既可以是单一方式，也可以是多种方式的组合。

第一节　泥石流成灾类型及方式

泥石流灾害的发生，固体松散物质的补给条件是最关键的内在因素之一，而固体松散物质的来源无外乎有以下几种，即山腹坡面发生崩塌滑坡而下的土石块体、天然水库溃坝形成土泥石块体、沟床淤积泥沙的流动、火山活动和冰川活动。据此我们可以很直观地将泥石流灾害依次分为，崩塌滑坡型泥石流灾害（简称崩滑型泥石流）、溃坝型泥石流灾害、侵蚀型泥石流灾害、火山泥石流灾害、冰川泥石流灾害等5种类型，其中，最常见的是具有重力侵蚀作用的崩滑型泥石流灾害，由于它以固体松散物质补给量最大、突发性强、运动速度快、冲击力大，故破坏性极强，占所有泥石流灾害的比例高达80%以上，同时它受地表水和地下水的双重作用，兼有滑坡与泥石流的特征，即沟源头有滑坡壁、裂缝等，而滑坡体本身又能以流体方式顺沟而下；其次是在沟谷中淤积沙石坝受到来流冲击下发生溃决而形成的一种溃坝型泥石流灾害，其规模和危害性仅次于崩滑型泥石流；在沟床淤积的泥沙因水量的增加而发生流动所形成的一种侵蚀型泥石流的规模与强度均较小，往往不是主要的泥石流灾害类型；而火山与冰川泥石流灾害则是在特定的区域环境和气候条件下形成的特殊泥石流灾害，在日本、欧洲、北美等国家比较普遍，而在我国并不多见。

泥石流作为一种容重大、流速快、暴发突然、冲击力强大的特殊固液两相流，其成灾方式主要表现在冲刷、撞击、磨蚀、淤埋、堆积等几个方面。

（1）沿程冲刷。

泥石流暴发后，在形成区和流通区不断将势能转化为巨大的动能，对沟床及沟岸产生冲刷破坏。在泥石流沟上游揭底开槽、沟床急剧下切，中游产生旁侧侵蚀，下游形成剧烈的局部冲刷，充分体现出泥石流沿程不同的冲刷特点。

（2）撞击与磨蚀。

泥石流动能的沿程积累造成越来越大的破坏作用，据推算泥石流行进中大石块的冲击力可高达 $10t/m^2$ 以上，使得泥石流龙头正面以巨大的冲击力撞毁沿途桥梁、道路、堤坝、房屋等建筑物，形成巨大灾害；另一方面，在泥石流中游，由于泥石流的侧向展宽作用，不断磨损和挤压两岸建筑屋，也形成相当的破坏力，而且掏刷两岸还易引发崩塌滑坡重力侵蚀等二次灾害。因此，撞击与磨损成为泥石流的另一种特有、重要的成灾破坏方式。

（3）淹埋与堆积。

随着泥石流流量、容重、流速、泥深的沿程增加，自泥石流沟流通区至堆积区，将不可避免地出现泥石流淹没与淤埋，并且伴随着粗大颗粒和石块的沿程加入，这种淹埋破坏性灾害会逐渐加剧，一直要持续到沟口直至泥石流全部堆积下来为止，所到之处都将对当地设施造成破坏，并引起的人员伤亡等灾害事故。这种淹埋与堆积破坏是泥石流最常见、最重要的成灾方式之一，危害范围大，应该引起普遍的关注。

另外，泥石流在行进的过程中，因受地形和固体物质补给条件沿程变化的影响，泥石流常常容易出现阵性流，当动能不足以维持泥石流运动时，泥石流龙头部可能会骤然停止，堵塞沟道不断淤堵成坝，其上游水位也会迅速升高而形成堰塞湖，严重加剧上游的淹埋损失，甚至逼迫泥石流改道而行。

（4）漫流与弯道爬高。

当泥石流不足以搬运固体物质时，会因为自身淤积和阻塞而向两侧漫流泛滥成灾，而且泥石流在弯形沟道的凹岸还因受离心力的作用出现的侧向爬高，加大漫流灾情，因此泥石流的漫流与弯道爬高对两岸工农业生产及居民生活带来极为不利的影响。

第二节 泥石流成交等级的划分

为了制定泥石流灾害防治工程的规划标准，认识泥石流灾害的规模与强度，有必要将泥石流灾害进行等级划分。泥石流灾害等级是衡量泥石流灾害规模和强度的一个最重要指标，又称泥石流灾害度。一般来说，可以根据受灾人口数量、规模及经济损失情况三要素以及受灾对象对泥石流灾害等级进行定性划分，如表9-1所示。

参照相关文献，可制定如表9-2所示的泥石流灾害等级绝对定量划分标准。此外，还有一种反映区域泥石流灾情程度的等级相对指标，即与绝对指标的三要素相对应，分别为受灾人口伤亡率、受灾面积率及经济损失率，结果如表9-3所示。

表9-1 泥石流灾害等级定性划分标准

等级	受灾对象	灾害等级			
		轻度	中度	重度	特重度
I	大城市、重点大型企业单位、国家重要基础设施	1-1	1-2	1-3	1-4
n	中小城市、中型企业单位、省级以上交通干线	D-1	n-2	n-3	n-4
m	小城镇、小厂矿、地区交通线路	m-i	ni-2	in-3	in-4
IV	农田、村庄、县区交通支线等	IV-1	IV-2	IV-3	IV-4

表9-2 泥石流灾害等级绝对定量划分标准

灾害等级		死亡人数（人）	受灾面积（hm²）	经济损失（万元）
I	一大灾害	>1000	>66.67	>10000
n	一重大灾害	100~1000	6.67~66.67	1000~10000
in-	一重灾害	50~100	3.33~6.67	100~1000
IV-	一中灾害	10~50	0.67~3.33	50~100
v-	一轻灾害	<10	<0.67	<50

表9-3 泥石流灾害等级相对定量划分标准

灾害等级		受灾人口伤亡率（%）	受灾面积率（%）	经济损失率（%）
I-	一大灾害	>40	>40	>20
n-	一重大灾害	30~40	30~40	10~20
m-	——重灾害	20~30	20~30	5~10
IV-	一中灾害	10~20	10~20	2.5-5
v-	一轻灾害	W10	W10	W2.5

第三节 不同等级泥石流受卖范围的划定

通过预警阈值模拟方法已经确定的史家沟5个级别的泥石流泥位预警值，借鉴警戒洪水线的确定方法，根据史家沟所在流域的等高线图确定了不同预警值所对应的等高线数值：假定泥石流的发生时间足够长，将小于等于此等高线的区域与黑水河所包围的面积视为泥石流发生时的致灾范围。

一级泥石流泥位预警值对应的等高线值为1300m；二级泥石流泥位预警值对应的等高线值为1100m；三级泥石流泥位预警值对应的等高线值为900m。

史家沟泥石流淹没受灾范围示意图如图9-1所示。可以看出，当泥位达到二级警戒数值时（20年一遇的泥石流泥位数值为1.144m），泥石流发生的范围对大部分宁南县城造成一定影响，大于此值灾害范围将更大，小于此值灾害范围将减小。有鉴于此，这里重点将预警预报值确定为1.144m，达到此数值必须发出逃避预警信号。

史家沟各级别的泥石流致灾面积如表9-4所示。

表9-4 史家沟泥石流预警等级及致灾预警范围

流域名称	泥位阈值 (m)		致灾面积 (km²)	预警范围
史家沟	0.587	三级	2.15	发出注意信号，黑水河附近的居民要注意
	1.144	二级	13.38	发出泥石流危险信号，坛罐窑、大村子、景星乡、黑泥沟、码口村、梓油村、杜家湾及转堡附近包括三级范围的居民要必备物品，逃避危险区
	1.460	一级	20.42	发出避险信号，八家村、高家村子、后山村、新观音、下村、弯腰石、中咀、新村、披砂村及坪子上包括二级范围的居民要立即逃避危险

第十章 泥石流灾害的抢险救灾措施

尽管目前国内外都开展了泥石流防治工作，但因数量巨大，又受财力、物力和科学技术水平所限，不可能在短时期内消除泥石流的危害，因此在泥石流发生时开展抢险救灾工作是十分必要的。

第一节 抢险救灾的组织措施

在泥石流发生时，要开展抢险救灾工作，只有在完善的防灾减灾机构的领导下，有组织有指挥地有序进行，方能避免混乱，发挥最大效益而取得显著的减灾成果，从而使灾害损失降到最低程度。

一、建立和完善防灾减灾和抢险救灾管理机构

中国泥石流防灾减灾管理机构，曾经历由无到有，由小到大的发展过程。由于泥石流的形成和危害与洪水的关系极为密切，因此在1998年以前，泥石流灾害的防灾减灾与抢险救灾、灾情调查和评估、应急工程的安排与实施、家园重建的论证等工作，由以各级政府的一位主要领导人为指挥长的挂靠在水利系统的各级防汛抗旱指挥部[个别省（区）例外]统筹管理；1998年以后，由于泥石流灾害划归地质灾害，因此由国土资源系统统一管理。目前泥石流灾害的管理工作，处于由水利系统向国土资源系统转移的过渡阶段，因此存在着由水利系统和国土资源系统共管的现实。无论是防汛抗旱指挥系统的管理，还是国土资源系统的管理，都将泥石流作为一种严重的灾害纳入自己的管理范围之内，都在泥石流减灾防灾和抢险救灾工作中发挥了巨大的作用，做出了重要的贡献。

随着山区开发建设的加快，山区经济取得飞速发展，经济的质量和密度不断提高，一场与过去相同规模的泥石流所造成的损失，可能是过去的数倍、数十倍，乃至成百上千倍。这就要求防灾减灾和抢险救灾管理机构要更加完善。为此提出以下两点

建议：一是在各级政府领导下，由一位主要领导主持工作，或扩大防汛抗旱指挥部门的职能，或扩大国土资源部门的职能，或新组建自然灾害防灾减灾与抢险救灾中心，负责各级政府管辖区域的各类自然灾害，包括泥石流灾害的防灾减灾与抢险救灾工作，同时要吸收水利、水土保持、国土资源、医疗卫生、防疫、城建、环保、农林、电力、交通、通讯、金融保险、公安和民政等部门的技术人员和管理人员参加宏观决策和技术指导，使防灾减灾和抢险救灾管理机构更为完善；二是目前无论是防汛抗旱指挥系统，还是国土资源系统都只在建制县（市、区）才建立有防灾减灾与抢险救灾管理机构，而在极易出现灾害的建制县以下的镇（乡）、村却没有防灾减灾与抢险救灾的管理机构，因此应在镇（乡）、村级建立防灾减灾与抢险救灾管理机构，做到一旦发生灾害，村、镇（乡）级防灾减灾与抢险救灾机构能立即奔赴现场，投入抢险救灾工作。

二、组织抢险救灾队伍和储备抢险救灾物资

要有效地执行抢险救灾工作，组织一支强有力的抢险救灾队伍和储备足够的抢险救灾物资是必需的。

（一）组织强有力的抢险救灾队伍

抢险救灾是减轻灾害损失的重要措施，在管理机构落实的条件下，组织一支训练有素、召之即来、来之能战、战之能胜的队伍是十分重要的。镇（乡）、村两级除了训练一定数量的能有效和统一指挥抢险救灾工作的抢险救灾指挥人员外，还应组织一批以青壮年为主的抢险救灾工作人员，做到在其管辖区内一旦发生灾害，就能在抢险救灾管理机构的统一指挥下，有效地进行抢险救灾工作，把灾害造成的损失降到最低程度。县级及以上的防灾减灾与抢险救灾机构，应配备专业齐全、训练有素的抢险救灾指挥人员和专业人员，一旦接收到某地发生灾害，能在尽可能短的时间内奔赴灾害现场，指挥和参与抢险救灾工作。

（二）储备足够的抢险救灾物资

抢险救灾物资是保障抢险救灾工作能顺利进行的物质基础，其包括抢险救灾的工具、医疗用品和防止再次发生灾害和次生灾害的物品等。其中工具项应包括铲、锹、锄、挖掘设备等刨、铲土石体的工具和三轮车、汽车等交通工具及发电机等；药品项包括消毒药物、消炎药物、绷带和担架等；防止再次发生灾害和次生灾害的物品，包括水泥、木材、铅丝、砂石、草（麻）袋、汽油、柴油等。这些物资，必须根据防灾减灾和抢险救灾预案作好充分准备。

三、加强危险区段的监测与预报

中央、省（市、区）、市（州）和县（市）级防灾减灾与抢险救灾机构，每年都要制定减灾防灾预案，县（市）级防灾减灾机构应根据中央和省（市、区）、市（州）

的预案结合本县（市）灾害的实际状况制定防灾减灾预案，对危险区段要进行重点监测，并根据监测结果，向同级人民政府和上级防灾减灾机构报告泥石流灾害是否发生的预报意见。如果做出泥石流即将发生的预报，应立即报告同级人民政府并说明依据，由同级人民政府审查后发布泥石流预报。

四、建立避灾所

由于泥石流具有毁灭性的能力和特征，因此在泥石流即将暴发之前，应组织居民尽快撤出危险区，去安全区避灾。可见在安全区建设避灾所是减轻和防止泥石流灾害的重要措施，当地政府和防灾减灾部门应加以高度重视。安全区应是地质基础好，不受崩塌、滑坡和坡面泥石流威胁和危害的区域，在选择好这种区域后，应在其上搭建应急建筑物作为生活场所，并备足必需的生活用品，作为避灾所，供泥石流危险区的居民避灾时使用。这对于保障处于泥石流危险区居民的人身安全和社会稳定将起到无可估量的作用。

五、确定撤离路线

处于泥石流危险区的居民，要安全地到达避灾所避灾，只有通过安全路线转移，才能达到目的，因此确定正确的转移路线是至关重要的。这和选择安全区建立避灾所一样，必须选择好安全转移路线，保障居民在转移途中不至于遭受山洪、崩塌、滑坡和坡面泥石流等灾害的危害，从而保障居民在转移至避难所途中的人身安全。

六、组织危险区内的居民安全有序的转移

当得到泥石流即将发生的预报时，处于危险区的居民，必须按撤离预案，在政府或防灾减灾管理机构的组织和指挥下有序地进行转移，首先转移儿童、老人、病人、孕妇和妇女，接着转移一般人员，抢险救灾人员和组织指挥人员，也应在组织和保障其他人员撤离的同时，撤离危险区，以避免造成人员伤亡。

七、开展危险流域的群测群报

泥石流的暴发具有很强的区域性，在危险区段的许多流域和非危险区段的少数流域，都可能成为泥石流的危险流域。在众多的危险流域都想靠政府或政府的防灾减灾管理机构来进行监测

预报，是十分困难的，因此必须发动这些流域的广大居民在政府和防灾减灾管理机构的领导、支持和指导下，组成泥石流监测预报小组，对泥石流进行监测预报。当监测到有可能发生泥石流的信息时，便在泥石流监测预报小组的组织和指挥下，按预先安排的转移路线，安全有序的转移至事先建立的避灾所避灾，以避免人员伤亡和减轻财产损失。

第二节　抢险救灾的技术措施

抢险救灾的技术措施，是保障可能受灾人员不受灾害危害和已受灾害危害人员不再次受到危害，以及减少人员伤亡和财产损失的重要措施，主要有以下几个方面：

一、自救措施

目前，国内外虽然都加强了对泥石流的预测预报，但由于影响泥石流形成的因素复杂，而且暴发突然，因此要对其进行准确预报，尚存在一定困难。在下述两种情况下，处于泥石流危险区的居民应采取自救措施：一是泥石流防灾减灾部门虽然发出了泥石流预报，但提前的时间量较短，虽然大部分人员已经撤离，但仍有部分或少量居民在泥石流到达前尚未撤离时，应采取自救措施；二是少数或个别居民在外独立作业或在出行途中，无法获得泥石流预报信息而遭遇泥石流时，应采取自救措施，以保障自身的安全。

（一）泥石流已暴发，但尚未逼近所在位置时的自救措施

由于泥石流暴发时，往往发出巨大的声响和具有腥臭味，土质沟岸伴有强烈震动，夜间发出闪电般的亮光，流体浓稠而奔腾咆哮，部分沟谷断流等特征，因此人们一旦发现所处流域出现上述现象，就说明该流域已暴发了泥石流。这时人们应立即采取自救措施：迅速撤离泥石流流通通道和堆积区，并避开弯道凹岸，选择地质条件好，松散堆积层较薄，不会发生崩塌、滑坡和坡面泥石流的山坡的安全地带避灾，以保障自身的生命安全。

（二）泥石流已逼近所处位置时的自救措施

处于泥石流危险区尚未撤离的人们，以及在外独立作业或在出行途中处于泥石流危险区的人们，若发现泥石流前峰已逼近自身，这时千万要冷静，不要慌张，要看清方向，切忌下沟，也不要沿等高线向上游或下游跑动，而是要在所在岸，立即沿着与等高线垂直的方向向上攀爬，尽快离开泥石流流通通道和堆积区，上岸后切勿在弯道凹岸停留，要迅速选择安全地带避灾，以保障自身的生命安全。

（三）不幸被卷入泥石流中的自救措施

若不幸坠入或被卷入泥石流之中，千万不要慌乱，应根据不同情况采取不同的自救措施。一是若流体中有木材或树木，便应尽快抓住木材或树木，因为这些物质往往漂浮在流体之上，可保持头部不被泥石流淹没，当这些漂浮物冲近岸边时，应设法逃离流体上岸；二是若流体中没有木材或树木可抓，则要千方百计让头部露出流体，并设法向岸边靠近，一旦发现竹林或树木，便拼命抓住，当泥石流消退便设法脱离危险区；三是若被泥石流体埋压，只要还有一口气，就要千方百计露出头部，等待援救。

（四）被建筑物埋压的自救措施

若被泥石流冲垮塌的房屋等建筑物埋压，应尽可能将头部置入建筑物垮塌后所形成的空隙内，以保障自身生命的存活，并等待救援。

二、互救措施

前文已述，由于泥石流成因复杂，暴发突然，要准确对其进行预报，目前确实还存在一定困难。在此情况下，不仅可能出现泥石流预报的提前时间量不足，还可能出现错报和漏报。当出现预报提前时间量不足或漏报时，处于泥石流危险区的居民或以团队在外作业或出行途中的人们，可能直接与泥石流遭遇。在这种情况下，处于泥石流危险区的人们，应实施互救措施。实施互救措施，需要救助的人员较多，这既有一定的优势，又存在较大的困难。因为人员多，主意也多，大家集思广益，能想出各种办法实行互救，而且人多力量大，只要充分调动大家的积极性，就能安全有序的撤出危险区，到达较安全的区域避灾；但人多，困难也多，儿童和老弱病残需要首先转移，如果组织不好，也会出现混乱，从而给互救工作造成困难，甚至带来严重灾难。可见，互救措施必须在强有力的组织者指挥下，充分发挥全体人员的聪明才智和拼搏精神，才能保障其的成功。

（一）泥石流即将逼近的互救措施

从防灾减灾机构获悉或根据泥石流活动特征判断泥石流已经暴发，并即将逼近危险区内的居民区或在外作业与出行团队的所在场所时，流域内的防灾减灾小组或在外作业与出行团队的负责人，应组织处于危险区的全体人员尽快有序的扶老携幼的转移到较安全的地带避灾，决不能贪念财产，决不能慌乱。一贪念财产和慌乱，就势必影响转移的速度，拖延转移的时间。而这时，时间就是生命，是谁也拖延不起的，因此处于危险区的全体人员必须听从统一指挥，而指挥人员必须通盘考虑全体人员的安危，同心协力，共渡难关。

（二）泥石流已逼近的互救措施

若泥石流已逼近危险区内的居民区或在外作业与出行团队所在场所时，会给危险区内的人员带来极大的威胁和危害。流域内的防灾减灾小组或在外作业与出行团队的负责人，应当机立断，立即组织危险区全体人员，抛弃一切可能影响转移速度的物资和财产，由青壮年扶老携幼，在所在岸沿着垂直于等高线方向向山坡上攀爬，迅速脱离泥石流流通通道、堆积区和弯道凹岸，然后选择较安全的地带避灾，以保障居民和在外人员的生命安全。

（三）有人坠入或被卷入泥石流中的互救措施

若有人不幸被卷入或坠入泥石流中，这时除被卷入或坠入泥石流的人员按自救措施奋勇自救外，指挥人员应安排青壮年，在充分保障施救人员安全的条件下，一方面鼓励被卷入或坠入泥石流的人员实施自救，并指导自救的方向和方法，一方面准备好施救工具，如竹竿、木杆、绳索和药品等，坠入或被卷入泥石流的人员一旦靠近施救范围，就立即施救，即用竹竿、木杆或绳索等将其拉上岸来，并转移至安全地点实施抢救。

三、援救措施

由于泥石流含有大量泥沙石块，密度高，规模大。同一沟谷一场与山洪同频率的泥石流，其规模往往为山洪的数倍至数十倍，而且暴发突然，具有毁灭性，因此在泥石流发生后，灾区的居民必然遭到重创，仅靠自救是难以战胜灾害的，迫切需要政府和防灾减灾机构的援救。泥石流灾害的援救措施，主要包括以下几个方面。

（一）立即启动应急机制

当接收或了解到某地或某流域即将暴发泥石流时，或因各种原因造成泥石流漏报，在不知情的情况下，接收或了解了某地或某流域已暴发泥石流时，管辖该区域或该流域的县（市）、乡（镇）政府主管领导与分管领导和村委会负责人及其防灾减灾机构人员，应根据具体情况立即启动应急机制，并按预案分工，召集抢险救灾队伍，携带抢险救灾物资和交通工具，迅速奔赴现场开展援救工作。

（二）迅速按防灾减灾预案开展援救工作

在启动应急机制的条件下，县（市）、乡（镇）政府和村委会及

其防灾减灾机构，应根据所掌握的灾情信息，按防灾减灾预案立即实施援救措施。

1.在泥石流即将发生条件下的援救措施

当通过监测预报体系或群测群报体系，接收或了解到某地或某流域即将发生泥石流的预报信息时，当地的县（市）、乡（镇）政府的主要领导和分管领导与村委会的负责人及其防灾减灾机构人员，要根据防灾减灾预案的要求和分工，一方面立即发出泥石流即将发生的警报，并通知该地或该流域的防灾减灾小组，紧急做好危险区内居民转移的动员工作，要动员他们千万不要贪念财物，并组织他们按预定的安全路线有序地进行转移；一方面立即奔赴现场，和该地或该流域的防灾减灾小组一道，动员和指导危险区内的居民通过预定路线，安全地转移到预先设置在安全区的避灾所避灾，以保障危险区居民的人身安全。危险区居民转移后，若泥石流发生了，肯定会对危险区的住房、财物和农田造成巨大损失，但由于人员已转移，不会对人员造成伤亡，这时只要安排好转移人员的生活，一般能做到人心和社会的稳定。在此情况下，不要过余急于开展抢救工作，但应派出巡查人员进行巡逻，以保障转移人员的财产不致丢失，等到监测预报部门或抢险救灾指挥部门确认不会再次暴发泥石流及其次生灾害后，再组织抢险救灾人员，按后文将论及的抢险救灾程序，对能抢救的国家和灾民的房屋、财物等进行充分的抢救，力争把危险区内国家和居民的财产损失降到最低程

度，并创造条件恢复灾民正常的生产和生活活动；危险区人员转移后，若经过一定时间的观察和经监测预报部门与抢险救灾指挥部门确认，泥石流不会发生时，便解除警报，转移人员应回家居住，恢复正常的生产和生活活动。

2.在泥石流已发生条件下的援救措施

目前各级政府和防灾减灾部门，虽然十分注意泥石流的监测预报，但由于泥石流成因复杂，分布广泛，性质特殊，暴发突然，不仅误报时有发生，漏报也时有发生。

当某地或某流域在未获得预报信息的情况下发生泥石流时，除该地或该流域的村（居）民组负责人领导灾民自救和互救外，还必须有村委会（社区）和各级政府的援救，才能保障抢险救灾工作的顺利进行。

（1）抢险救灾工作的步骤与程序

抢险救灾工作必须按科学的步骤和程序有序地进行，才能取得最大的成效。

①紧急抢救伤员与转移灾民

泥石流灾害是一种十分残酷的灾害，在危险区居民尚未撤离或尚未完全撤离时其的发生，往往造成大量居民受灾和部分居民受伤，因此抢险救灾人员在到达现场的第一时间，应紧急抢救伤员和转移灾民。

a.紧急抢救伤员

由于受泥石流伤害的人员，不仅受伤严重，而且还往往被泥沙石块或倒塌的建筑物所埋压，因此必须将其抢救出来才能进行治疗。在抢救过程中必须充分注意伤员的安全，尤其要保护伤员的头部和内脏，保障伤员不致在抢救过程中遭到进一步的伤害；在抢救出来后，要根据伤员的具体情况进行治疗，受伤严重的经处理后应送医院治疗，以保障伤员的生命安全。

b.紧急转移灾民

由于泥石流往往规模巨大，暴发突然，在流动过程中常伴有巨大的声响、闪光和地表震动，并造成巨大的危害而披上神秘的面纱c危险区内未遭泥石流直接危害的居民，身体虽未受伤，但精神也会受到巨大冲击，因此在紧急抢救伤员的同时，必须迅速将这些逃过劫难的灾民转移到安全区，并安排适当人员给他们讲解泥石流的基本知识，消除他们的精神恐惧，恢复正常的精神状态，并将其中的青壮年吸收到抢险救灾队伍中去。

②积极寻找失踪人员

在抢救伤员和转移灾民的过程中，大致也查明了尚未发现踪迹的人员。这些人员有的可能已经逃出，有的可能已经死亡，均可列为失踪人员。为了查清这些人员的下落，抢险救灾队伍一方面要积极寻找可能已逃出的存活人员，一方面要全面分析和探挖可能已经死亡的人员。要尽一切可能把存活人员找回来，进行妥善安顿；把死亡人员找出来，进行体面安葬，充分体现人民政府为人民的以人为本的精神。

③加强灾情监测，保障抢险救灾人员安全

由于泥石流具有巨大的能量和固相物质输移量，因此在其发生后，除给沟道沿途和堆积区造成严重危害外，下列几种情况应引起抢险救灾队伍的高度重视：一是在泥石流形成区和沟道沿途可能还堆积有大量松散碎屑物质，这些物质在暴雨的作用下，可能再次形成泥石流，并再次造成危害；二是在危险区内除造成房屋倒塌外，可能还有大量房屋进水进泥石流而致使地基基础墙体被泡软，随时都有可能倒塌，造成次生灾害；三是泥石流进入主河（沟）后，堵塞主河（沟），致使堵塞体上游河水猛涨而淹没大片农田、道路和村庄，造成严重的淹没灾害，堵塞体一旦溃决，便形成山洪，甚至形成稀性泥石流，给上、下游两岸的农田、道路和村庄造成巨大的冲刷危害。为了防止泥石流灾害再次发生和次生灾害发生给抢险救灾队伍造成人员伤亡和给灾区造成进一步的财产损失，抢险救灾队伍一进现场就要分派具有专门知识的人员对灾情进行严密监测。监测的主要内容：一是降水监测，因为降水往往是泥石流和次生灾害发生的重要条件和激发因素，因此不仅必须对其进行监测，而且还要与其他项目联合进行监测；二是泥石流可能再次暴发的监测；三是房屋可能倒塌的监测；四是泥石流堵断主河后，主河上游水位上涨的监测和堵塞体溃决可能性的监测等，并应及时将监测结果向抢险救灾指挥部报告。指挥部应

根据监测结果和抢险救灾的实际状况，指挥抢险救灾工作，以保障抢险救灾人员的安全。

④积极抢救国家和灾民财物

由于泥石流暴发突然，在没有预知其发生的情况下，人员撤离的时间极为短暂，不可能将国家和居民的大宗财物进行转移，因此在抢救伤员和转移居民后，在寻找失踪人员的同时，应积极抢救国家和居民财物，使灾害造成的损失降到最低程度。在抢救危险区内的财产时，一定要对危房的稳定性进行严密监测，高度重视抢救人员的安全。对于抢救出来的物资应登记注册，属国家的财产应归还国家；属私人的财产应物归原主。

⑤抓紧应急治理工程的施工

如前文所述，由于泥石流灾区可能再次发生泥石流灾害，也◆可能发生次生灾害。这些灾害会给灾区造成进一步的危害，因此对这些可能在短期内造成进一步危害的潜在灾害，必须采取紧急措施进行治理。如对可能再次发生泥石流灾害的灾害点，应根据抢险救灾指挥部（领导小组，下同）的意见和建议采取修建铁丝石笼堤、坝或疏通沟道等临时性措施，防止泥石流再次发生对灾区造成进一步危害；对堵塞江河（沟谷）的堵塞体，也应根据抢险救灾指挥部的意见和建议，采取开挖堵塞体或另辟渠道等措施，将堰塞湖内的水以合理的流量放出，逐步降低上游水位。这样既减轻上游的淹没灾害，又防止堵塞体突然溃决引发山洪泥石流给上、下游两岸造成冲刷危害。为了保证施工能按时顺利进行，抢险救灾指挥部可根据实际情况调拨抢险救灾部门储备的抢险救灾物资，不足部分应与各级政府和有关部门协商解决，保证应急工程

所需物资及时到位，以保障应急工程施工按时顺利完成。

⑥妥善救济灾民，稳定灾民情绪和社会秩序

受灾居民转移到安全区后，虽然人身安全得到了保障，但由于住房和财产损失严重，短衣缺食，无家可归或有家难归，迫切需

要救济。在这样的情况下，若救济不及时或不妥当，会影响灾民的情绪，甚至产生恐慌心理，而社会上极少数心怀不轨的人，便有可能利用灾民的这种恐慌心理，宣传封建迷信，甚至乘机进行偷盗和抢劫，破坏灾区的安定团结和社会稳定。可见妥善救济灾民，稳定灾民情绪是十分重要的。在稳定灾民情绪的同时，要加强治安工作，严厉打击犯罪行为，保障灾区的社会稳定，以利于援救工作的顺利进行。

⑦加强灾区消毒，防止瘟疫发生

大规模泥石流灾害，会造成大量的牲畜和野生动物死亡，这些死亡动物腐烂后会产生大量有害细菌和病毒，同时通过面蚀、沟蚀、崩塌和滑坡等水力侵蚀和重力侵蚀，还会把分散埋藏于地下的动物残体、残骸、有害细菌和病毒等带向下游，集中于泥石流堆积区。这样就导致泥石流堆积区和房屋倒塌区，成为有害细菌和病毒的集中分布区，致使这些地区及周围地带成为发生瘟疫，如鼠疫、痢疾、伤寒等疫病的温床。为了防止瘟疫的发生，确保灾区及周边地区居民生命的安全，在泥石流发生后，必须由卫生防疫部门按规定，对泥石流堆积区、房屋倒塌区及周围地带严格地、多次的进行消毒，做到防患于未然。

⑧搭建临时住房和抢修生命线工程

泥石流灾害发生后，灾区的住房、水管（渠）、电力、通信线路、公路乃至铁路往往遭到严重破坏，致使灾区部分灾民无家可归或有家难归，生活用品匮乏，甚至与外界断绝了联系，这种状况必须尽快改善。抢险救灾人员在抢救伤员与转移灾民、抢救财物和抢修应急治理工程后，应立即搭建临时性住房和抢修生命线工程。由于住房是人们休养生息的场所，因此应尽快搭建，让塌房户和危房户有虽然简陋但却安定的居住场所；同时应抢修水管（渠）、电力线路和通信线路，因为只有有了洁净的水源，恢复了电力和通讯，灾民才具备了返回家园的基本条件；接着要恢复公路、车站等交通设施，保障救灾物资顺畅运进灾区，保障恢复灾区与外界的联系。临时性住房搭建和生命线工程抢修完工后，灾民就基本上具备了恢复正常生产和生活活动的条件，至此抢险救灾的外业工作基本结束。

（2）抢险救灾的分级负责制

灾情就是命令，一旦发生灾情，抢险救灾工作就必须立即跟上，迅速实施。但灾情有大有小，除村委会、乡（镇）和县（市）政府在其管辖境内发生灾害时，无论灾情大小，都必须参与和指挥抢险救灾工作外，市（州）及以上政府应根据灾情大小，实行分级负责制（表10-1）。这样既能保障不管出现什么样的灾情都有相应级别的政府和防灾减灾机构负责抢险救灾工作，又能保障较高或更高级别的政府能集中精力抓好

灾情更大的灾害的抢险救灾工作。

表10-1　泥石流灾情等级*及分级负责制一览表

灾情等级	死亡人数（人）	直接经济损失（万元）	抢险救灾主管部门	抢险救灾领导部门
轻灾	1～4	<500	县（市）与市（地、州）防灾减灾机构	县（市）政府
中等灾害	5～29	500～5000	市（地、州）与省（市、区）防灾减灾机构	市（地、区）政府
大灾	30～99	5000～50000	省（市、区）与国务院防灾减灾机构	省（市、区）政府
特大灾	M100	M50000	省（市、区）与国务院防灾减灾机构	省（市、区）政府与国务院

　　某一灾害造成的损失，只要达到某一灾害等级的一个指标，那么其就属于这一灾害等级。

　　（3）抢险救灾的实施

　　某地或某流域在未转移的情况下发生泥石流时，村（居）民组负责人在组织村民自救和互救，尽可能减少人员伤亡的同时，应在第一时间向村委会报告。

　　村委会接到村（居）民组的报告后，一方面要立即向乡（镇）政府报告，一方面要立即组织全村的抢险救灾力量，由村主任带队，以最快的速度奔赴抢险救灾现场，投入抢险救灾工作。

　　乡（镇）政府接到村委会的灾情报告后，一方面要向县（市）政府报告；一方面要迅速通知灾害发生地各邻村村委会组织抢险救灾人员尽快奔赴灾害现场，投入抢险救灾工作；同时要立即组织乡（镇）防灾减灾机构人员、政府各部门人员和抢险救灾人员，在乡（镇）政府主要领导或分管领导的带领下，带上药品和抢救物资，尽快到达灾害现场，参与和指挥抢险救灾工作。

　　县（市）政府在接到乡（镇）政府的报告后，一方面要向市（地、州）政府报告，一方面要立即组织防灾减灾机构的领导和专业人员，以最快的速度到达灾害现场，指挥和参与抢险救灾工作，同时要召集水利、水土保持、国土资源、环保、农林、医疗卫生、防疫、城建、电力、通讯、交通、金融保险、公安和民政等部门的领导和专业人员组成抢险救灾工作组，由政府主要领导或分管领导带队，携带药品和抢险救灾物资，以最快的速度奔赴灾害现场，指挥和参与抢险救灾工作。

　　市（地、州）政府在接到县（市）政府的报告后，一方面要向省（市、区）政府报告，一方面要立即组织防灾减灾机构的领导和专业人员，以最快的速度到达灾害现场，指挥和参与抢险救灾工作，同时也要做好由主要领导或分管领导带队，组织与抢险救灾工作有关的单位和部门的领导和专业人员去灾害现场，指挥和参与抢险救灾的准备工作。省（市、区）政府接到市（地、州）政府的报告后，应立即责成省防灾减灾机构的领导和专业人员做好到灾害现场进行抢险救灾的准备工作。

县（市）政府领导和市（州）防灾减灾机构人员到达灾害现场后，已完全具备了完成伤员抢救、灾民转移、失踪人员寻找、灾情监测和抢救国家与灾民财物的能力，同时也完全具备汇总、评估和核实灾情的能力。至此应建立以县（市）领导为指挥长、县（市）防灾减灾机构领导为副指挥长、市（地、州）防灾减灾机构领导为顾问的抢险救灾指挥部。指挥部的任务：一是无论灾情大小，都要领导和指挥抢险救灾队伍和灾区居民完成抢险救灾工作各个步骤的各项任务；二是组织专业人员迅速评估、汇总和核实灾情，并根据核实后的灾情，按表12-1的指标确定灾害等级。

灾害等级一旦确定，则应立即向主管这一灾害等级的政府及其下属各级政府和上一级政府的防灾减灾机构报告。接到报告的各级政府和防灾减灾机构，应立即派出由主要领导和专家（可邀请或指派科研机构和大专院校的专家）组成的工作组，迅速奔赴灾害现场指挥并完成全部抢险救灾工作。

（4）灾后重建的考察与论证

灾后重建工作，是一项十分重要的工作，其的成功与否，涉及该灾害点今后的防灾减灾大局，因此对这一工作，应倍加重视。由于在抢险救灾工作中，集中了大量的泥石流防灾减灾科技人员和政府及相关部门的行政领导，他们通过抢险救灾，对灾区的自然环境和社会经济条件十分熟悉，对泥石流造成危害的原因、危害程度，以及防灾减灾的途径十分了解，因此在抢险救灾工作基本结束时，应充分利用抢险救灾人员对灾区和灾情十分了解的优势，对灾后重建工作进行论证，在论证中若需要考察，应及时组织考察，并在考察论证的基础上，根据规划科学、安全可靠、经济合理的原则，提出至少二套灾后重建方案，供灾后重建参考。

第十一章　泥石流行政防治管理与开发利用

泥石流防治的措施，包括技术措施和行政管理措施。关于技术措施，已在前文作了翔实介绍，如生物措施、工程措施、预警报措施和抢险救灾措施等。若仅有技术措施，不管其有多先进，那也是远远不够的。因为如果没有有效的行政管理措施与之紧密结合，那么泥石流防治的各项技术措施都是很难取得成功和长久发挥效益的。可见，泥石流防治的行政管理措施是泥石流防治取得成功的保障措施，在泥石流防治中起着十分重要的作用。

泥石流防治的行政管理措施，包括宣传教育，立法执法，制定防灾、减灾、抢险救灾预案、生产自救和重建家园等管理内容。下面分别进行介绍。

第一节　泥石流防治的行政管理措施

一、宣传教育的管理

泥石流在山区分布广泛，能量和规模巨大，不仅能在瞬间给人们的物质财富造成毁灭性破坏，而且也能在瞬间给人们的精神世界造成震撼性的冲击。泥石流的活动场所为小流域或坡面，在空间分布上是分散的、不连续的；泥石流尽管活动频繁，但那是指大区域而言，就某一条沟谷（坡面）来说，其暴发频率往往是较低、低，甚至很低的，一般数年、十数年、数十年，乃至上百年、数百年才暴发一次，即使那些超高频率的、一年能暴发数次至数十次的泥石流，由于每次暴发时间只有数分钟、十数分钟、数十分钟、数小时，最多也难超过24小时，因此泥石流在时间演化上是低频、短暂和间断的。泥石流在空间分布上的分散性和不连续性与在时间演化上的低频性、短暂性和间断性，蕴藏着泥石流活动的神秘性和隐蔽性；泥石流分布的广泛性和能量与规模的巨大性，蕴藏着泥石流危害的普遍性、严重性和惨烈性。

正是由于泥石流所具有的神秘性和隐蔽性，使人们往往难以见到其的真面目，从而掩盖了其危害的普遍性、严重性和惨烈性，使人们觉得泥石流虽然神秘而可怕，但离自己却很远。于是导致人们在泥石流的危险区内垦地耕作，修房造屋，建设交通线路、水利设施，甚至修建村庄和城镇，殊不知这些人为活动为泥石流灾害的加强和扩大埋下了祸根。可见，在山区广大干部和群众中开展泥石流的科学普及宣传和法律法规教育是当前加强泥石流防治最迫切的任务之一。

（一）科普宣传

研究泥石流的成因及防治是一门学科，即泥石流学。不仅泥石流形成、演化、分布和成灾有自身的规律，而且其属性、类型、特的形成、分布和成灾规律的条件下，通过观测、实验，还可充分掌握泥石流的属性、类型和特征，从而不仅可以从理论上解释泥石流，还可以从技术上预防和治理泥石流。目前，根据中国和世界研究泥石流的水平和进展，已具备了揭开泥石流神秘性和隐蔽性的条件，也具备了相应的防治泥石流的技术手段和措施。在此情况下，我们应将这些研究和防治泥石流的理论成果和应用技术，充分地向山区的广大干部和群众进行宣传，让他们了解泥石流的形成条件、演化机制、分布和成灾规律，了解泥石流的属性、类型、活动特征，以及预防和治理泥石流的技术措施，使他们充分认识到泥石流的危害虽然严重，但是可知、可防和可治的，从而建立起防治泥石流的坚定信念，并合理安排泥石流区域和泥石流流域的开发利用，以达到花最小的投资，获取最大防灾减灾效益的目的。

1.通过传媒或会议宣传泥石流知识

通过传媒或会议宣传泥石流知识，就是将泥石流基本知识编写成简短的宣传材料，通过电视、广播、互联网或会议，向山区广大干部和群众做宣传。在山区，尤其是在泥石流多发区的各级政府，都应充分利用传媒或会议，加强这一宣传工作。

2.编辑出版招贴画

编辑出版招贴画，就是将泥石流的基本知识和防灾、减灾与抢险救灾的技术方法，编辑为配备有通俗易懂的文字说明的生动形象的画面，由山区各级政府和相关部门，利用其对山区广大干部和群众做宣传。目前，中国科学院水利部成都山地灾害与环境研究所和国土资源部等，都编辑出版了涉及泥石流、滑坡等山地（地质）灾害的招贴画，并均已向有关单位和山区群众发送（售）。

3.编辑出版科普读物

编辑出版科普读物，就是将泥石流基本知识和防灾、减灾与抢险救灾的技术方法，用通俗易懂的语言编辑成科普读物，向山区广大干部和群众发行（送）。

4.举办培训班

举办培训班，就是以行政区域（省、市、县）为单元，举办泥石流灾害及其防治的培训班。通过培训，为山区，尤其是为泥石流多发区培养泥石流防灾、减灾与抢险救灾的技术骨干和宣传人才，提高山区广大干部和群众的泥石流认知水平和防灾减灾水平。

5.建立识别和防治泥石流的基地

建立识别和防治泥石流的基地，就是在山区，尤其是在泥石流多发区，以行政区域〔省、市（地、州）、县〕为单元，选择一条未经治理的典型泥石流沟谷，作为人们识别泥石流的样板，同时选择一条已经治理的典型泥石流沟谷，作为人们了解泥石流防治的样板。通过这两个样板的参观、见习，提高山区广大干部和群众识别泥石流沟（坡）的水平，建立人们防治泥石流的信心，从而积极投身到泥石流防治的事业中去，进而在山区，尤其在泥石流多发区，形成人人参与泥石流防治的新局面。

（二）法律法规教育

泥石流的形成主要取决于自然因素，但泥石流活动的加强和危害的加重，甚至部分新生泥石流的出现，都与人为因素密切相关。究其原因，是由于人类的经济活动时有违背自然规律的现象发生，如森林过伐，乱砍滥伐，毁林、毁草开荒，陡坡耕作，采矿与筑路的不合理排废与弃土等。为了规范人类的经济活动，立法机构和防灾减灾主管部门制定了许多法律、法规，但仅有法律、法规是远远不足的，作为自然灾害管理主体的县级及以上各级政府，还应通过自身和下属的防灾减灾机构，如防灾减灾中心、防汛抗旱指挥部、国土资源厅（局）等，联合传媒和科研、设计、大专院校等部门，充分向山区广大干部和群众宣传与泥石流灾害有关的法律、法规，使他们从思想上真正认识到用法律、法规规范自身的行为在泥石流防治中的必要性和重要性，从而遏制不合理的人类经济活动的发生。

由上述分析可见，开展科普宣传和进行法律、法规教育，在泥石流防治的管理工作中，的确占有举足轻重的地位。

二、立法执法的管理

前文所述的法规教育，是指根据已有的法律法规对山区广大干部和群众进行教育。立法则是立法机关根据社会经济及其发展的实际需要，制定新的法律或修改与完善已有的法律。执法，一般说来是在已有法律的基础上，依法进行的管理工作。执法部门在执法过程中，也可根据法律和社会经济及其发展的实际需要，制定实施细则，从而确保法律获得正确而切实地贯彻执行；在执法过程中，若发现新的需要用法律手段规范或约束的问题，也可根据实际情况制定出规定或管理办法，先行执行，待其成熟后，再向全国人大或人大常委会申请，批准为正式的法律。

（一）立法

根据中国的法律体制，自然灾害的立法归全国人大或人大常委会；各级地方人大，可根据法律和本地区社会经济现状和发展远景的实际需要，制定本地区的法规、条例和管理办法等。目前，中国已先后颁布了一系列有关自然灾害的法律，如《中华人民共和国水法》《中华人民共和国防洪法》《中华人民共和国防汛条例》《中华人民共和国河道管理条例》《中华人民共和国水土保持法》《城市规划法》《环境保护法》

《地质灾害防治管理办法》《地质灾害防治条例》等。这些法律和法规、条例与管理办法，在规范与约束人类自身行为和防治自然灾害过程中，都发挥了巨大的作用，取得了良好的防灾效益、社会效益和经济效益。目前，中国人大加大了自然灾害立法的工作力度，以满足自然灾害行政管理的实际需要。

（二）执法

根据中国法律制度，国务院和各级地方政府为执行法律的行政机构。国务院负责全国自然灾害的管理工作，其中不同的灾种由不同的部门管理；各级地方政府，在国务院或上一级政府的统一部署下，负责本地区自然灾害的管理工作，不同的灾种，一般由与国务院相对应的部门进行管理。目前，泥石流灾害划入地质灾害范畴，由国土资源部管理。根据国土资源部发布的《地质灾害防治管理办法》规定，县级及以上人民政府的地质矿产主管部门，对本地区的地质灾害防治工作实行统一管理。根据《地质灾害防治管理办法》，下列行为：在地质灾害危险区从事容易诱发地质灾害活动的；故意发布虚假的地质灾害预报信息造成损失的；侵占、盗窃、毁损或破坏地质灾害监测、治理工程设施的；阻碍防治地质灾害工程施工的；不按防灾预案要求承担监测预防任务的；人为诱发地质灾害的责任者不履行治理责任的；负责地质灾害防治管理工作的国家工作人员徇私舞弊、滥用职权或者玩忽职守的；其他危害地质灾害防治管理工作的都是违法行为，应当给予行政处罚，构成犯罪的，应依法追究刑事责任。

通过上述分析可见，山区各级政府和防灾减灾机构，在组织广大干部和群众认真学习泥石流的基本知识，掌握一定的识别和防治泥石流的技术方法的基础上，还要通过法制手段的管理，来规范人们的各类经济活动，才能达到保护好山地环境和森林生态系统，减少形成泥石流的固相物质和水动力条件，控制泥石流的规模与危害，为泥石流的预防和治理做出贡献的目的。

三、防灾减灾策略管理

泥石流防灾减灾策略，是将自然科学、社会科学和公众行为融为一体地防止和减轻泥石流灾害的方法和对策。泥石流的防灾减灾策略，主要包括下列内容。

（一）泥石流危险区的管理

无论是一个泥石流区域，还是一个泥石流流域，并非整个区域或流域都是危险区，其中必然有大量的安全区。对安全区和危险区的管理，肯定是不能等同看待的。对安全区的管理，主要是加强生态建设和遏制不合理的人类经济活动；对危险区的管理，则涉及自然因素和人为因素两个层面的诸多问题。可见，加强对泥石流危险区的管理，是减轻和防治泥石流灾害的最经济有效的措施之一。下面就泥石流区域危险区和泥石流流域危险区的管理进行介绍。

1.泥石流区域危险区的管理

泥石流的区域危险区，通常可通过泥石流的区域危险度区划来确定。一般说来，在泥石流区域危险度区划中，被确定为中度危险区及以上的区域，应确定为重点泥石流危险区，应纳入泥石流区域危险区的管理范畴。泥石流区域危险区的管理目的：一是根据泥石流的危险程度做出泥石流危害程度的评估，提出具体的区域泥石流的防治原则和目标，制定出区域泥石流防治规划，为区内的资源开发和经济建设提供防治泥石流的理论依据；二是对可能威胁和危害区内城镇、重点村庄、工厂、矿山和重要水利设施与交通干线的泥石流，做出初步评价和预测，为区内重点保护对象的泥石流防治提供理论依据；三是要在区内建设重大（点）项目时，应根据区内泥石流的危险度等级和泥石流活动的实际状况，对建设场地的泥石流灾害进行具体评价。

2.泥石流流域危险区的管理

泥石流流域危险区，应根据孕育泥石流的环境背景条件、泥石流的性质、活动特征和可能暴发的规模等来确定。一般说来，泥石流的形成源地、流通通道和堆积区及受其影响的地区，都应确定为危险区；其余地区为安全区或较安全区。对泥石流流域危险区的管理，主要是对流域内泥石流的属性、暴发频率、规模、危害范围和危害程度，以及危险区内土地利用、居民住房和过沟建筑物等的管理。当确定上述建筑物可能遭到泥石流的危害时，应提出避灾措施，同时应立即向上一级政府和防灾减灾机构报告，请求（申请）援助，并在上级政府和防灾减灾机构的组织或支持与指导下，及时开展泥石流防治工作。

（二）泥石流防治过程与防治工程的管理

泥石流防治工程安全与否，直接关系到山区广大群众生命财产的安危。为保证泥石流防治工程的安全，提高防治效益，对泥石流防治过程的各个阶段及竣工后的防治工程，都应加强管理。

1.泥石流防治过程的管理

在立项阶段，管理工作的重点是对立项报告编写单位的资质、立项报告的质量进行监管，并组织专家对立项报告进行评审，督促编写单位根据专家评审意见，补充和修改报告，然后报批。

在勘测设计阶段，管理工作的重点是对勘测、设计单位的选择和对勘测、设计工作质量的监督。如确认勘测、设计单位是否具有勘测、设计资质证书，对提供的勘测报告、设计资料和文件组织专家评审。

在施工阶段，管理工作的重点是对施工质量和施工工期的监督，应按规定聘请专职的监理工程师对工程质量和工程进度进行监理，并按有关规定组织竣工验收。并按验收意见，由施工单位对工程进行最后整改，使工程质量完全符合设计要求。

2.泥石流防治工程的管理

在工程验收合格后，应指定专门部门或人员对工程进行管理，管理工作的内容包括：汛期对工程运行情况的观测，汛后对工程的整修和维护；政府或减灾防灾机构应定期或不定期对工程进行检查，切实实施有效的管理。

（三）泥石流灾害防灾减灾预案的管理

泥石流灾害的防灾减灾预案，就是为防止和减轻泥石流灾害而预先准备的方案。泥石流防灾减灾预案的主要内容是，受灾害威胁的单位和个人在泥石流发生之前和发生时应采取的防范泥石流危害的技术措施和行政措施。泥石流灾害防灾减灾预案的编制，应分级分层次进行。原则上，省（市、区）级预案应以区域性灾害预报、宏观防灾决策为主，兼顾重大灾害点的预报和防灾减灾措施的落实；市（地、州）、县（市、区）级预案应以具体隐患点的监测和避灾、减灾为主。

1.省（市、区）级减灾预案的制定

（1）要说明上年度泥石流灾害的分布、灾情及预报效果等。

（2）要介绍气象、地震部门对当年降水、地震等的趋势预报。

（3）要根据本省（市、区）泥石流的实际状况，结合降水和地震的趋势预报，对当年可能发生泥石流灾害的主要区域和各区域的重大灾害点做出预报。

（4）要对省（市、区）内重要城镇、矿山和交通干线等可能出现的泥石流灾害做出初步评估与预测，并提出防治原则与建议。

（5）对影响特别大的隐患点，要尽可能提出较具体的预报意见和可行的防灾减灾措施的建议。

（6）预案应在当年雨季到来前二个月制定完毕，并立即以文件形式下达到市（地、州）、县（市、区）政府和防灾减灾机构。

2.市（地、州）、县（市、区）级防灾减灾预案的制定

（1）要说明上年度泥石流灾害的灾情，汛后各隐患点泥石流灾害的发展趋势。

（2）要根据省（市、区）级防灾预案的预测预报，结合本地区泥石流灾害的实际状况，对本地区的泥石流灾害做出趋势预报，并提出重点防灾区段和防灾要求。

（3）对重要灾害隐患点，要做出中长期预报，对可能造成的危害，要进行评估，并逐点提出预防措施。

（4）要制定好群测人员的培训计划和重要隐患点的巡回检查计划。

（四）泥石流预警报系统的管理

建立泥石流灾害的监测与预警报系统，在泥石流灾害可能发生时发出泥石流预报，在泥石流灾害已发生时发出泥石流警报。临灾流域当接收到泥石流灾害的预报时，应启动紧急避灾体制，及时组织流域内处于危险区的人员转移到安全区避灾；当接收到泥石流灾害的警报时，应在启动紧急避灾体制的同时，启动紧急抢险救灾体制，在组织泥石流危险区居民收移的同时，充分做好抢险救灾的准备工作。可见，积极、主动的泥石流灾害的紧急避灾和抢险救灾工作，是建立在泥石流的监测与预警报系统基础之上的。因此抓好泥石流灾害的监测与预警报工作站的建设和正常运行，是泥石流灾害行政管理的重要内容之一；在抓好泥石流监测与预警工作站的同时，还应切实抓好在泥石流灾害监测与预警站指导之下的群测群报点的工作，因为这一工作也

是泥石流灾害预警报工作的重要内容之一。

（五）泥石流危险区财产保险的管理

泥石流灾害往往造成毁灭性破坏，政府、企事业单位和个人都无力在短期内筹措到足够的资金恢复生活和生产，因此在灾前参加各种保险，不失为一种转移、分散灾害损失的有效途径。中国各保险公司已针对泥石流等山地灾害制定了专门的保险办法，个人、团体和企事业单位投保后，一旦发生灾害，保险公司能及时理赔，为恢复生产和生活、重建家园提供资金来源；同时，保险公司开展山地灾害保险，要对危险区内的资产进行风险评估，按资产风险大小的不同收取不同费率的保费，这有利于山区企事业单位、团体和居民将资产向风险小的区域转移，也间接地起到了减轻灾害损失的作用。

四、抢险救灾与灾后重建的管理

抢险救灾是为了把灾害造成的损失减轻到最低程度；灾后重建是为了使灾区居民走出灾害阴影，脱离灾害危害，重新过上安居乐业的生活。但要切实做好抢险救灾和灾后重建工作，还必须要有强有力的行政管理措施作保障，才能实现。可见，抢险救灾和灾后重建的管理是十分重要的行政管理。

（一）抢险救灾的管理

抢险救灾的管理，包括抢险救灾的日常管理和临灾与发灾状态的管理和生产自救的管理三类，下面分别进行介绍。

1.抢险救灾的日常管理

抢险救灾工作能否顺利开展，灾害造成的损失能否减轻到最低程度，与抢险救灾的日常管理有密切联系。如果日常管理做好了，那么在临灾或发灾时，抢险救灾工作就能顺利启动、就能保质保量完成抢险救灾任务，于是就能把国家和人民生命财产的损失减轻到最低程度；如果日常管理工作不到位，那么临灾或发灾时，不是抢险救灾工作难于或无法启动，就是在抢险救灾过程中遇到各种困难，导致抢险救灾工作不能顺利进行，或延误抢险救灾的最佳时间，致使本来可以通过抢险救灾挽回的国家和人民的生命财产变得无法挽回，从而造成不可弥补的损失。可见，抢险救灾的日常管理在抢险救灾管理中占有极为重要的地位，切不可忽视。抢险救灾工作的日常管理，主要包括6个落实和3个培训与演练。

（1）抢险救灾日常管理的6个落实。抢险救灾日常管理的6个落实是十分重要的，是临灾或发灾时进行抢险救灾的基础，在抢险救灾工作中占有极为重要的地位，必须抓紧抓好。

①防灾减灾与抢险救灾机构的层层落实。防灾减灾与抢险救灾机构的层层落实，是抢险救灾工作成败的关键因素，因为如果没有完善而常设的组织机构，到临灾或发灾时就不能立即、畅通地启动防灾减灾与抢险救灾预案，抢险救灾工作在缺少机构的

一级层面，就会因群龙无首而难于进行，从而延误抢险救灾的最佳时机而给灾区带来无法弥补的损失。可见，防灾减灾与抢险救灾机构的层层落实，在抢险救灾工作中是何等重要的大事。

②抢险救灾队伍和抢险救灾物资储备与更新的层层落实。抢险救灾队伍的建设和抢险救灾物资的储备与及时更新的层层落实，是保障抢险救灾工作顺利进行的重要因素，因为如果没有精干的救灾队伍和足够数量的抢险救灾物资或抢险救灾物资过期而不能使用，都会延误抢险救灾的最佳时机而造成不可挽回的损失。

③危险区段与危险流域监测预报或群测群报的落实。监测是泥石流预报的基础，预报是指挥泥石流危险区居民撤离危险区，去安全区避灾的先决条件，是减轻灾害损失，尤其是减少人员伤亡的重要手段，因此危险区段和危险流域的监测预报或群测群报工作的落实，是一项十分重要的工作，各级政府和相关领导必须给予高度重视。

④避灾所建设的落实。避灾所是建在安全区，供泥石流危险区居民在泥石流暴发时临时居住的场所。有了这一场所，在灾害发生时，可以保障灾区居民的基本生活，稳定居民的情绪，并可动员居民中的青壮年投入到抢险救灾第一线去工作，十分有利于抢险救灾工作的顺利进行。

⑤撤离路线是泥石流灾害临近或发生时，危险区居民由危险区到避灾所避灾的路线，是保障危险区居民安全撤离的生命线，因此不仅要按撤离路线的技术要求事先确定好，而且还应保障其畅通，尤其在雨季，必须保障其畅通。

⑥组织危险区居民安全有序转移的落实。在临灾或发灾时，组织危险区居民安全有序转移是减少人员伤亡的重大措施，因为在临灾或发灾时，危险区居民的心理十分恐惧，经济压力、精神压力和生存压力都很大。这时如果没有组织他们有序转移，那么他们或者会贪念财产不肯撤离，或者会慌不择路进入泥石流冲击区和淤埋区，有的人甚至脱离了主沟泥石流危险区，却又进入了支沟泥石流危险区或崩塌、滑坡危险区，从而造成不可挽回的损失。可见，组织危险区居民安全有序转移是一项十分重要的管理工作。各级政府和防灾减灾与抢险救灾机构，应在危险区安排好临灾与发灾时的撤离预案和组织指挥系统，一旦需要，立即启动，组织指挥危险区居民安全有序地撤离危险区。

（2）抢险救灾日常管理的3个培训与演练。抢险救灾的日常管理，除了要做到6个落实外，还必须坚持3个培训与演练。

①危险区居民灾情意识的培训与安全转移的演练。危险区居民的安全转移是减轻灾害，尤其是减少人员伤亡的重大措施。要做到在临灾或发灾时安全转移危险区居民，就必须做到每年在雨季前对危险区居民进行灾情意识的培训和安全转移的演练。通过培训和演练，让危险区每个居民，都能提高防灾抗灾意识和切实掌握安全转移的路线、避灾点的位置和转移中应注意的事项，从而真正做到心中有数。

②危险区居民实施自救和互救措施的培训与演练。由于泥石流暴发突然，虽然通

过监测可以预报，但错报和漏报是难免的；何况，即使做出了较准确的预报，其时间提前量也不一定能保证危险区全部居民的安全撤离；加之，因工作或出行而处在危险区的居民是很难获得泥石流的预报信息的。因此一旦出现漏报或时间提前量不足，便可能使危险区居民和未获得预报信息的人员，在灾害发生时还处于未撤离或未安全撤离，甚至完全不知泥石流已发生的状态。在此情况下，就要求处于危险区的人员要有自救和互救能力，通过自救和互救来保障集体和个人的生命安全。为了加强危险区居民在遭遇泥石流时的自救和互救能力，每年在雨季前应组织他们进行自救和互救的培训与演练，让他们掌握遭遇泥石流时的自救和互救的措施。

③抢险救灾队伍的培训与演练。抢险救灾队伍是抢救国家和人民生命财产，减轻灾害损失的主力军。抢险救灾队伍不仅要有高尚的思想品德，还要有过硬的抢险救灾技术，只有具备了这两个条件，才能成为一名合格的抢险救灾队员。抢险救灾队伍的思想品德，可通过政治思想教育加以提高，抢险救灾队伍的技术素质，可通过抢险救灾培训和模拟实战演练加以增强。因此每年雨季前抽出足够的时间，对抢险救灾队伍进行培训是十分重要的。通过培训和演练，把他们培养为一支召之即来、来之能战、战之能胜的，既能最大限度的抢险救灾，又能保障自身安全的抢险救灾队伍。

综上所述，抢险救灾队伍和处于泥石流危险区的居民通过培训和演练，其防灾、抗灾意识，临灾或发灾时的精神状态，自救、互救、安全转移和抢险救灾的能力，都将获得很大的提高，从而全面提高抢险救灾队伍和泥石流危险区居民的防灾、抗灾和抢险救灾素质；不仅如此，通过培训和演练，山区各级政府和防灾减灾与抢险救灾机构的领导和指挥人员，指挥抢险救灾的素质和能力也将获得很大的提高。通过培训和演练获得的这两大提高，无疑对抢险救灾的成功具有重大意义。

2.临灾或发灾时抢险救灾的管理

关于临灾和发灾时抢险救灾的管理，这里仅从行政管理措施出发加以强调。

（1）临灾时抢险救灾的管理。当县级及以上人民政府或受政府授权的相关单位发布某小流域可能发生泥石流灾害时，该小流域即处于临灾状态，当地村（居）民委员会和乡（镇、街道办事处）政府应将该流域作为临灾时的抢险救灾对象进行管理。

①立即启动临灾预案。村（居）民委员会和乡（镇、街道办事处）政府应立即向临灾流域的抢险救灾小组发出泥石流即将暴发的警报。该流域抢险救灾小组在收到警报后，应立即启动危险区临灾预案：

立即采用广播、电话、敲锣、击鼓、口头通知或事先约定的方法等，将泥石流即将发生的警报通知到危险区内的每户居民。

立即启动危险区居民转移预案，组织居民有序转移：首先传移儿童、孕妇和老弱病残人员；其次，由部分青壮年携带贵重物资和现金转移，部分青壮年和抢险救灾小组成员严密监视泥石流的发展态势。

②立即准备和组织抢险救灾工作。村（居）民委员会和乡（镇、街道办事处）政

府的主要领导或分管领导在向临灾流域发出泥石流警报后，要立即奔赴现场，准备、组织和指挥抢险救灾工作：

检查和落实危险区居民的转移状况，若未达到预案要求，应指挥和督促其按预案规定全面完成转移任务。

落实转移居民的生活安排，确保被转移人员有良好而稳定的情绪。

在安顿好被转移居民的生活后，乡（镇、街道办事处）政府和村（居）民委员会的领导还应做好下列工作：一是组织村和流域的抢险救灾小组及青壮年对危险区进行巡视，确保国家和居民财产的安全；二是严密监视流域的降水状况和泥石流可能暴发的前兆现象；三是要与县政府、县防灾减灾与抢险救灾机构和泥石流监测预警中心保持密切联系，不断获得有关泥石流活动的最新信息。

若县级及以上政府或被授权的相关单位发布了解除泥石流警报的公告，或通过现场监测，降水已停止，山洪已消退，天气向晴朗转化，确定这次不会发生泥石流时，应立即向县政府或被授权的相关单位汇报，并请示解除临灾警报，一旦获得批准，便可安排被转移人员陆续回家居住，恢复正常的生产和生活；若通过现场监测泥石流暴发了，那么该流域就由临灾状态进入了发灾状态。这时的抢险救灾管理，应按后文将讲述的发灾时的抢险救灾进行管理。

（2）发灾时抢险救灾的管理。某地或某流域，只要发生了泥石流，不管事前有无预报，其抢险救灾工作都应按下列步骤和程序进行有序管理。

抢险救灾工作的现场管理。一旦某地或某流域发生泥石流灾害，就应立即启动抢险救灾预案，县（市、区）政府、乡（镇、街道办事处）政府和村（居）民委员会的主要领导或分管领导和防灾减灾与抢险救灾机构的主要领导，应立即奔赴灾害现场，组织和指挥抢险救灾工作，至少要做到8个监督与落实。

①紧急抢救伤员与即刻转移灾民的监督与落实。

②积极寻找失踪人员工作的监督与落实。

③灾情监测和保障抢险救灾人员安全工作的监督与落实。

④抢救国家和灾民财物工作的监督与落实。

⑤应急治理工程的规划、设计和施工的监督与落实。

⑥救济灾民、稳定灾民情绪和社会秩序工作的监督与落实。

⑦灾区消毒、防止瘟疫发生工作的监督与落实。

⑧搭建临时住房和抢修生命线工程工作的监督与落实口

灾情核实和灾害等级确定的管理。市（地、州）防灾减灾与抢险救灾机构的领导与科技人员、县政府的主要或分管领导和防灾减灾与抢险救灾机构的领导及科技人员到达灾害现场后，在开展抢险救灾工作的同时，要迅速核清灾情，并根据人员损失和经济损失确定灾害等级。灾害等级一旦确定，便应立即将灾情和灾害等级上报至主管这一级灾害的政府及上一级政府的防灾减灾与抢险救灾机构。主管这一级灾害的政府和下属的各级政府应派出主要领导或分管领导、上一级政府及下属各级政府（包括主管这一级灾害的政府）的防灾减灾与抢险救灾机构应派出主要领导和科技人员立即奔赴现场，组织、指挥和监督、落实各项抢险救灾工作，一定要尽可能把灾害造成的损失控制到最低限度。

（3）生产自救的管理。生产自救是在抢险救灾基本结束，灾区具备了恢复正常生产和生活条件后，为了尽可能挽回部分灾害造成的损失而采取的一项重要措施。

受灾单位（如工厂、矿山、铁路、公路、车站、电站和机关、学校等企事业单位）的生产自救应由受灾单位领导和主管部门领导共同制定方案，由受灾单位组织实施，由主管部门监督执行。

灾民的生产自救应由各级政府的民政系统，会同相关部门（如国土资源局、水利局或水务局、农业局、林业局、畜牧局等）共同协商，并根据灾情的实际情况分类制定自救方案，由乡（镇、街道办事处）政府和村（居）民委员会监督管理，由灾民具体执行。

（二）重建家园的管理

灾后的家园重建工作，要求在抢险救灾的外业工作基本结束后，充分利用抢险救灾人员中，有各级政府的领导和专业技术人员及其对灾情特别了解的条件，至少提出两套灾后重建家园的方案。这些方案，对灾后家园重建工作来说是十分必要的，但抢险救灾工作涉及的面很广、工作量很大、危险也很大，抢险救灾人员十分疲劳，加之他们并非全是重建家园的专家，因此他们提出的方案是决策性方案。要实施这些方案，还需做大量的分析、论证和补充、修改工作，主要包括以下几个方面。

1.优化方案的确定

主管这一级灾害的政府，应在抢险救灾指挥部（小组）提出的家园重建方案的基础上，组织泥石流、建筑、水利、环保、国土资源、交通、通讯和电力等方面的有关专家和技术人员，对家园重建方案进行分析、论证，在分析论证中对每个方案进行补充、修改和完善，并在此基础上，对各方案进行优化比较，最终确定一个规划科学、安全可靠、布局妥帖、经济合理的优化方案作为灾后重建家园的实施方案。

2.设计的落实

在家园重建方案落实后，应根据方案要求选定设计单位。

（1）若重建方案为泥石流危险区的单位和居民全部迁出，另择场地兴建，那么设计工作应以有资质的建筑设计单位为主，有资质的地勘、水利、环保等设计单位配合，完成灾后重建的设计任务。

（2）若重建方案为泥石流危险区的单位和居民部分迁出，部分留原地重建，那么迁出部分重建的设计任务和留原地重建部分的住房及配套设施的设计任务，仍由前述设计单位和配合单位共同承担。由于原地重建部分仍处于泥石流危险区，因此必须进行泥石流防治。泥石流防治工程的设计任务，应由有资质的泥石流防治设计单位进行设计，确保根据设计进行泥石流防治后，能将重建区由泥石流危险区变为安全区。

（3）若重建方案为全部在原地重建，那么在重建工作中泥石流的防治起着关键作用，其设计工作应以有资质的泥石流防治设计单位和建筑设计单位为主，配合有资质的水利、环保等设计单位。确保根据设计进行泥石流防治后，能将重建区由泥石流危险区变为安全区。

3. 施工的落实

设计完成后，应立即组织有资质的施工单位和监理单位进行施工和监理，确保重建家园工作能保质保量按时完成。

4. 外围配套设施建设的落实

无论易地重建，还是部分易地重建、部分原地重建，或是全部原地重建，外围配套设施，如水、电、气、交通、通讯等都需要新建（因易地重建场址是新的，本来就没有配套设施；原地重建原来虽有配套设施，但在泥石流灾害中，多半已遭毁坏），因此在设计时应一并设计，在施工时应一并施工。

5. 建设资金的落实

建设资金是实现家园重建工作的重要保障条件之一，必须予以落实。一般说来，企事业单位的建设资金，应由重建单位及主管部门共同解决（包括自筹资金、保险赔付金和主管部门划拨的资金等）；灾民的建设资金，应根据实际情况，由民政系统补贴一部分，灾民自筹一部分来解决。

6. 按基建程序进行管理的落实

灾后重建家园是一项系统工程，涉及许多方面。除前述的5个方面外，还有诸如工程总量大，但每项工程量，尤其是灾民重建的工程量小；设计、施工单位多元化，资金注入多元化，业主多元化等，为灾后重建的管理带来诸多不便，但主管这一级灾害的政府及其下属的各级政府的民政部门和相关单位，应把重建家园的总体工程按基建工程进行管理，通过全方位的管理，确保重建家园工作能按时、保质、保量完成，保障受灾单位和灾民尽快恢复安居乐业的生活，从而迸发出建设家园、建设美好生活的高度责任感和激情。

第二节　泥石流的开发与利用

泥石流是山区特殊的自然环境在发展演化过程中伴生的，或与人类不合理的经济活动共同作用激发的自然现象与自然-人为现象或过程。由于其具有巨大的能量，常给人类的劳动成果、人类赖以生存的环境和人类自身的生命安全造成重大危害，因此人们往往把它作为一种自然灾害或自然-人为灾害来认识、研究和进行防治。但任何事物都具有两面性，泥石流也一样，它在带来灾害的同时，也会带来若干可资利用的资源，只不过不如带来的灾害那么显著而已，因此人们在研究其带来灾害的同时，也应对其带来的可资利用的资源进行探讨，做到在防治它的危害的同时，也对它带来的资源加以充分利用，从而达到化害为利的目的。

一、泥石流活动产物的开发利用

泥石流活动产物是指泥石流及其在侵蚀、输移和堆积的全过程中所形成的产物，包括泥石流堆积物和泥石流活动过程中形成的侵蚀地貌、堆积地貌和侵蚀-堆积地貌等，关于这一点在前文已有详细介绍。泥石流活动产物的开发利用，包括泥石流及其侵蚀、输移和堆积过程所形成的各种产物的开发利用。

（一）泥石流活动产物在生产实践中的开发利用

目前在生产实践中对泥石流活动产物的开发利用，仅限于对泥石流停止活动后所形成的泥石流堆积物及其组成成分的开发利用，但随着研究的深入，今后将逐步扩大到对泥石流地貌的开发利用。下面仅就在生产实践中对泥石流堆积物的开发利用进行介绍。

1.泥石流堆积物中大石块的开发利用

在石质山区，泥石流往往将许多坚硬而质地上乘的大石块输移至沟口，有的甚至在沟口形成石海，这些大石块是良好的建筑材料，通常被当地居民加以充分利用。目前主要用于以下几个方面：一是被当地居民用作修房造屋的建筑材料，二是被当地居民或有关部门用作泥石流防治建筑物的建筑材料，三是被当地居民用作销往附近城镇的建筑材料，四是当地居民将其中的上等品加工为型材，销往国外作建筑材料，如东北地区泥石流活动区的群众，把泥石流输出的花岗石加工成条石后销往日本等。可见泥石流将巨石输往沟口，虽然可能造成灾害，甚至严重灾害，但也可降低当地居民的采石成本，因此若开发利用合理，也可从中获得一定的补偿。

2.泥石流堆积物中沙粒和碎石的开发利用

泥石流由流域内松散碎屑物构成，这些形成泥石流的物源中，含有大量沙粒和碎石级颗粒。泥石流到达沟口后，由于一部分黏粒和粉粒（中性悬浮质）随水进入主河（沟），而其余物质便在沟口形成堆积。这些堆积物经后续流和后期洪水改造后，大量沙粒和碎石级颗粒便集中存留下来，经过筛选或破碎，这些沙粒和碎石便可成为良好的建筑材料。这些建筑材料一经上市，便可促进当地建材市场的繁荣与发展。

3.黏性泥石流堆积物的开发利用

黏性泥石流的黏粒含量通常大于土体总含量的12%，有的高达20%左右，其堆积后十分密实，抗冲刷强度大，因此在不少地区，如甘肃武都等，往往以泥石流治泥石流，即根据黏性泥石流堆积物结构密实，抗冲刷能力强的特性，用黏性泥石流堆积物筑坝拦截泥石流，以达到拦截泥沙、稳固沟床和沟岸，从而减小泥石流规模、控制泥石流危害的目的。经验证，这种方法在一些黏性泥石流分布区，的确还是一种行之有效的方法。但必须指出的是，用黏性泥石流堆积物筑坝防治泥石流的方案，必须经过充分论证，确认的确能起到防治作用的沟谷才可实施，同时用黏性泥石流筑坝拦截泥石流的方案，一般只适用于小规模泥石流沟，对于这一点必须有充分的认识，否则会造成规模更大、危害更重的泥石流灾害。

4.泥石流流体的开发利用

泥石流流体除了含有石块和沙粒外，还含有大量的粉粒和黏粒，以及表层土壤带人的大量养分，尤其是黄土泥流，因此将泥石流引入预先做好地埂的劣地造田，是形成肥沃良田的手段之一。黄土地区筑坝造地，就不仅是利用泥石流治理泥石流，而且还将泥石流淤积物开发为肥沃良田，进行粮油生产的有效利用方法之一。内蒙古自治区鄂尔多斯市达拉特旗境内黄河右岸的西柳沟，是一条规模特大、以过渡性为主、兼具稀性的泥沙质泥石流沟。该沟一旦暴发泥石流，便堵塞，甚至堵断黄河，曾给包头市造成巨大的危害。但在西柳沟与黄河的汇口以下的黄河右岸有大量沙质劣地，达拉特旗水利局和农业局等有关部门准备将该沟的泥石流引入这些沙质劣地，将其改造为良田。如果这一设想获得实现，不仅可为达拉特旗增加不少质量较好的良田，而且将大为减轻泥石流对黄河造成的培塞危害，从而减轻泥石流给包头带来的重大的经济危害。当然在利用泥石流的同时，对泥石流在运动中所具有的巨大威力必须有充足的认识，并采取必要的措施，才能达到避害趋利的目的。

（二）泥石流活动产物在泥石流学术研究中的开发利用

泥石流具有暴发突然，冲击、淤埋能力巨大，在暴发过程中难于直接接触，而且流体内含有大量泥沙石块，为不透明体，加之除部分沟谷外，一般暴发频率低，难于准确预测暴发时间等特点，在一般情况下，难于捕捉到泥石流的暴发过程；同时即使有机会碰上了泥石流暴发，由于其所具有的特殊性质，在事先无充分准备的情况下，除了增加感性认识外，也很难取得具体的数据和相关资料。因此研究泥石流必须从两个方面入手：一是建立观测站对暴发过程中的泥石流进行观测，通过观测，研究泥石流的形成、运动和堆积规律；二是根据泥石流的活动产物，尤其是泥石流堆积物（因为其具有记忆泥石流活动的部分，乃至全部信息的能力），通过分析、对比不同流域、不同环境背景条件下的泥石流活动产物的共性和特性与通过分析、对比相同流域泥石流堆积物和泥石流形成区原状土体的异同点等来研究泥石流的形成机理、运动和堆积规律。由于建站观测泥石流的运动过程，不仅需要大量的人力、物力和财力，而且暴发频率能满足建站需要的泥石流沟谷十分有限，因此能建站的沟谷数量甚少，于是通过分析、对比不同流域、不同环境条件下的泥石流活动产物和相同流域泥石流堆积物与形成源地原状土体的异同点来研究泥石流的活动规律就显得十分重要。目前，世界各国的泥石流科技工作者对此都十分重视。

1.泥石流活动产物在判别泥石流沟（坡）和泥石流活动史中的开发利用

要判别一条（处）沟谷（坡面）是否为泥石流沟（坡），其最直接、可靠用又可行的方法，就是通过考察或遥感解译，分析沟谷（坡面）内是否有泥石流活动产物存在。其中，一是分析有无泥石流堆积物，如扇状堆积、锥状堆积、侧方堆积、中泓堆积、分流堆积、弯道超高堆积、抛高堆积、缝隙堆积、龙头堆积和满床堆积等存在；二是分析有无泥石流地貌：侵蚀地貌，如破碎坡、基岩谷、角峰等，堆积地貌，如堆积扇（锥）、堆积垄岗、堆积龙头、堆积舌、堆积裙边和堆积斑等，侵蚀-堆积地貌，如阶地、葫芦谷、缝隙堆积、基岩谷、多变谷等存在。通过分析，凡有泥石流堆积物或泥石流地貌存在的沟（坡）都应判定为泥石流沟（坡）。同时，通过泥石流堆积物的沉积相分析和不同沉积序列堆积物的测龄分析，还可了解泥石流在各历史时期的活动概况。可见，泥石流活动产物是判别泥石流沟（坡）和探索泥石流活动史的最有力的证据。

2.泥石流活动产物在判断泥石流活动现状和预测泥石流发展趋势方面的开发利用

判断泥石流活动现状和预测泥石流发展趋势是紧密联系的，前者是后者的基础，因为只有对泥石流活动现状的判断是正确的或较正确的，所做出的泥石流发展趋势的预测才会是可靠和可信的。

（1）泥石流活动现状的判断。要采用泥石流活动产物来确定泥石流的活动现状，主要应根据泥石流堆积物的堆积特征、静力学特征和泥石流地貌的发展演化状况来加以判断。一条（处）泥石流沟谷（坡面），若存在堆积层厚度由薄变厚，堆积物颗粒由细变粗、粗颗粒比例不断增高、颗粒粒径组成变幅不断加大；侵蚀地貌变化由弱到强、急剧发展，堆积地貌由小到大，不断扩张，侵蚀-堆积地貌变化强烈、变幅巨大等现象，那么该沟（坡）的泥石流活动处于发展期；一条（处）泥石流沟谷（坡面），若存在堆积层的厚度、堆积物的颗粒粒径组成成分的变化幅度和粗颗粒的比例虽有波动，但变幅较小而相对稳定；侵蚀地貌虽强烈发展、堆积地貌虽不断扩张、侵蚀-堆积地面虽不断发展演化，但变化幅度也较小而相对稳定的现象，那么该沟（坡）的泥石流处于活跃期；一条（处）泥石流沟谷（坡面），若存在堆积物颗粒粒径组成成分的变化幅度和粗颗粒比例逐渐变小；侵蚀地貌规模逐渐萎缩，堆积地貌扩展速率逐渐变缓，侵蚀-堆积地貌变幅逐渐减小等现象，那么该沟（坡）的泥石流活动处于衰退期；一条（处）沟谷（坡面），虽然泥石流堆积物和泥石流地貌明显存在，但侵蚀地貌已停止发展，堆积地貌不再扩张，侵蚀-堆积地貌基本稳定，在流通通道附近的堆积物已逐渐演化为流水堆积物，那么该沟（坡）的泥石流活动已处于休止期。要是没有特殊的激发因素出现，那么泥石流将不会再暴发。

（2）泥石流发展趋势的预测。在利用泥石流活动产物判断出泥石流活动现状的基础上，预测泥石流发展趋势就可迎刃而解了。一条（处）泥石流沟谷（坡面），若根据其的活动产物判断其处于发展期，那么这条（处）沟谷（坡面）的泥石流，其暴发频率将由低变高，发生规模和危害范围将由小变大，危害程度将由轻变重，要经过长期的发展，才能进入活跃期，于是可以预测该沟谷（坡面）的泥石流活动将有不断发展、逐渐增强的趋势；一条（处）泥石流沟谷（坡面），若根据其的活动产物判断其处于活跃期，那么该沟谷（坡面）的泥石流活动，其暴发频率、活动范围、发生规模和危害程度，都将处在一个较确定的范围内，并且要经过长期的发展，才能进入衰退期，因此可以预测，该沟谷（坡面）的泥石流活动，将在一个相当长的时期内具有稳定、持续而强烈活动的发展趋势；一条（处）沟谷（坡面），若根据其泥石流的活动产物，判断其处于衰退期，那么，该沟谷（坡面）泥石流的暴发频率将由高变低，发生规模和活动范围将由大变小，危害程度将由重变轻，经过长期的衰退，将逐渐步入休止期，所以可以预测，该沟谷（坡面）的泥石流活动将有一个逐渐减弱而直至停止活动的发展趋势；一条（处）沟谷（坡面），若根据泥石流活动产物判断其处于休止期，那么其内的泥石流地貌已停止发育，泥石流堆积物已部分被冲洪积物所替代，流域生态逐渐恢复，部分堆积区已被开发为农田或其他建设场地，于是可以预测，在无特殊激发因素的作用下，该沟泥石流活动将处于平静状态。上述充分说明，泥石流活动产物是判断泥石流活动现状和预测泥石流发展趋势的重要的科学依据之一。

3.泥石流活动产物在泥石流防治工程设计参数确定方面的开发利用

泥石流防治建筑物，一般建筑在泥石流流通通道或堆积扇上。这些建筑物一是要与泥石流直接接触，二是要与泥石流堆积物直接接触，因此与泥石流和泥石流活动产物的关系极为密切，直接影响到这些建筑物的设计参数。恰好，泥石流活动产物不仅存储存着大量判断泥石流沟（坡）、泥石流活动现状和发展趋势预测的信息，而且还存储着大量确定泥石流防治工程设计参数的信息。如通过泥石流堆积物的现场考察和实验室的测试分析，能查明泥石流的物质组成和流变性质，从而能确定泥石流的密度和流体性质；通过泥位、沟床纵、横断面和大颗粒物质粒径的观察、量测和测量，能查明泥石流的流动状态和冲击能力，从而确定泥石流的能量、流速和冲击力（包括流体的动压力和孤石的撞击力）；通过泥石流堆积厚度、堆积范围的量测和泥石流流失量的评估，能确定单次泥石流的总量；通过对泥石流堆积物的渗透能力、密实度、干密度、抗剪和抗压强度的测定，可确定泥石流堆积物的渗透压力、内摩擦角、黏聚力和承载能力等。这些参数，都是泥石流防治工程设计必须确定的参数。可用这些参数与采用其他方法获得的参数进行对比分析，使泥石流防治工程所采用的参数更趋合理。

4.泥石流活动产物在全球变化研究中的开发利用

未固结或尚未完全固结的泥石流堆积物，可追溯到第四纪中更新统（Q2古泥石流），而已经固结成岩的泥石流堆积物，应可在各时期的底砾岩中细分出来（目前这一工作尚未进入实质性探讨研究阶段，但随着泥石流及其堆积物和全球变化研究的深入发展，这一领域的研究肯定会不断地获得发展），这些古老的泥石流堆积物，均记忆着自身形成时代的环境条件，如冷期、暖期，冰进、冰退，海进、海退，地质构造活动和生物演进状态等环境条件的演化与变迁，其与冰川堆积物、流水冲洪积物等一样，成为全球变化研究的重要构成要素之一。

由上述分析可见，泥石流活动产物，尤其是泥石流堆积物是泥石流及其相关研究和全球变化研究的重要资源之一，在学术研究中具有很高的价值。

二、泥石流流域与泥石流分布区的开发利用

泥石流流域和泥石流分布区，往往具有良好的农业气候资源、农林牧特产资源、水利资源和矿产资源等，往往是开发资源、发展经济的良好场所，但是地质、地貌和气候、水文要素在造就山地资源生成的同时，也造就了山地灾害的形成条件。人类在山区开展经济活动时，往往对山地资源十分重视，不断地进行开发和索取，而对山地灾害，尤其是泥石流灾害的危险性和危害性认识不足，对山地环境未加足够的保护，导致本来就具有山地灾害形成条件的山区，其环境进一步退化，致使山地灾害的形成条件更加充分，泥石流等山地灾害的发生频率增高、规模增大、危害加重。这不仅严重影响了泥石流流域和泥石流分布区的资源开发和经济建设，而且还给其内的国家和人民生命财产的安全带来重大灾祸。那么是否泥石流流域和泥石流分布区的资源就不能开发、经济建设就不能进行呢？其结论是否定的，但在其内的资源开发和经济建设，必须遵循山地发展、演化的自然法则，紧密结合泥石流防治，才能达到既开发资源、又避免山地灾害危害的双重目的。

（一）泥石流流域的开发利用

泥石流流域系指具有独立的泥石流堆积扇的天然汇水区，因其形成条件独特，一般为小流域。一个典型的泥石流流域通常可分为四个区，关于这一点，前文已作过详尽论述，下面仅就泥石流流域不同分区的开发利用进行介绍。

1.清水汇流区的开发利用

清水汇流区位于流域源头，环境和生态条件较为优越，重力侵蚀和水力侵蚀轻微。该区对泥石流活动的贡献，主发是汇集大量清水并输入泥石流形成区，启动土体形成泥石流；一般说来，输入的清水流量越大，启动形成区土体形成泥石流的几率和规模也越大。可见清水汇流区汇集的雨水对泥石流的形成的确起到了推波助澜的作用。结合泥石流防治，清水区的开发利用，应尽可能减小输入泥石流形成区的清水流量。减少输入泥石流形成区清水流量的途径，主要是把清水区建成乔灌草结合、针阔混交、复层、异林的水源涵养林地。通过乔木、灌木、草被、苔藓、地衣的层层拦截和阻挡，通过枯枝落叶层、腐殖质层和林木根系腐烂与动物挖掘所形成的洞穴的吸收，不仅能降低清水的汇流速度，而且还能把一部分地表水转化为地下水，从而延长汇流时间，减小输入形成区的清水流量，于是形成泥石流的水动力条件被强烈削弱，这就达到了减小泥石流规模、控制泥石流危害的目的；此外，一些在清水汇流区有修建水库条件的流域，除了在其内建设水源涵养林外，还应修建调洪水库。雨季来临前将水库放空，以拦截水库上游的暴雨洪水，暴雨之后以一定流量向需要水源的地方供水，这样不仅可以控制在暴雨过程中进入泥石流形成区的清水流量，削弱形成泥石流

的水动力条件，而且还可以达到控制泥石流规模，减轻泥石流危害并充分利用水资源的目的。由上述分析可见，在清水汇流区建设水源涵养林和在条件适合的清水汇流区修建水库，不仅对防治泥石流灾害具有重要意义，而且其中的水源涵养林是构成区域生态屏障的重要组成部分，修建的水库具有发展灌溉和发展水产养殖的功效，因此对区域的环境保护、水源涵养、气候水文条件改善、人居环境升位和生产力提高都将起到十分有利的作用。

2.形成区的开发利用

泥石流形成区位于流域中上游或中游，是形成泥石流的固相物质的主要供给源地。区内往往山体裸露、岩体破碎，沟岸和山坡发育有大量的坍塌、滑塌、崩塌、滑坡和坡面泥石流，因此开发利用难度较大。结合泥石流防治，该区的开发利用，应在工程防治为生物防治创造良好立地条件的基础上进行。通过工程防治，使大部分沟岸和山坡变得稳定或基本稳定，然后在稳定区建设水源涵养林；在较稳定区，先种草被和灌木，待变得稳定后，再种植深根系乔木，最终建成水土保持林；在较不稳定地区，先种草，待较稳定后再种植灌木，最终建成水土保持灌木林。在水源涵养-水土保持林建成后，区内沟岸和山坡将变得稳定或较稳定，致使形成泥石流的固相物质大为减少，从而控制泥石流的规模和危害。可见，泥石流形成区的开发利用是一个十分复杂的问题，应在工程防治的基础上，将该区建设为水源涵养-水土保持林地。

只有这样，才能既达到稳定区内沟岸与山坡，减少供给泥石流形成的固相物质量，又达到使该区林地成为区域水源涵养-水土保持林的组成部分，从而在区域水源涵养和水土保持中发挥重要作用的目的。

3.流通区的开发利用

泥石流流通区通常位于流域的中下游或下游，沟谷型泥石流流通区一般较长，山坡型泥石流流通区往往很短，甚至缺失。流通区的沟道是泥石流运动的主要通道，由于这段沟道的纵剖面已达到泥石流运动的均衡剖面，因此冲淤变化较小（仍存在大冲小淤的情况，但总体保持平衡），区内的沟岸和山坡，尤其是山坡基本保持稳定状态，很少补给泥石流固相物质。结合泥石流防治，流通区的沟道可开发建设泥石流拦挡设施的主控工程（大型拦沙坝等），对全流域的泥石流防治起控制作用；在流通段较长的流域，还可在通过层层拦挡后，在适当沟段修建水库，在雨季来临前将水库放空，以便起到拦挡和调节挟沙山洪与高含沙山洪的作用，雨季末将水库蓄至正常水位，以满足当地的冬灌和春灌，发展当地经济。流通区的山坡一般比较稳定，而且往往已靠近村寨，因此可根据具体情况将其开发建设为水土保持林、用材林、薪炭林和经济林，在沟道两侧还可建设防护林，以满足当地居民生产、生活、发展经济和保护环境的需要。

4.堆积区的开发利用

泥石流堆积区一般位于沟谷下游，多数位于山口以外；有的地区，由于大量泥石流沟谷将泥石流输入主河，在主河内形成由泥石流堆积物构成的宽阔的河漫滩，可见主河也可成为泥石流的堆积场所。一般说来，泥石流堆积区，尤其堆积扇顶，是泥石流能量集中释放的区域，因此破坏能力巨大，破坏方式多样（以淤埋为主，但也有强烈的撞击、局部冲刷和漫淤等形式），不仅如此，而且由于堆积区地势平缓、靠近水源、农业气候条件较好、交通方便等优点，因此泥石流暴发频率低或较低的泥石流沟，其堆积区还往往已被建设为农田、村庄乃至城镇。这给泥石流堆积区的开发建设带来很大的挑战，也带来极好的机遇。

结合泥石流防治，堆积区的开发利用应尽可能降低泥石流的淤埋能力、撞击能力、局部冲刷能力和漫淤范围。这就要求要有合理的排导措施，将泥石流导进或排入无危险区域，即将泥石流导进事先选择好的停淤场或排入输移能力较强的主河（应通过论证，确保不给停淤场及其周围和主河及其两岸造成新的灾害），从而将堆积区的泥石流危害降到最低程度。在这样的条件下对，堆积区进行开发建设就有了安全保障，这时就可根据各堆积区的具体状况进行合理利用。如果堆积区为未开发地，那么就可根据规划，按最佳方案建设排导设施，建好后，其两侧10~20米以内应建防护林，10~20米以外，可开发建设为农田、果园等，在确保安全的情况下，也可开发为其他建设用地；如果堆积区已垦殖为耕地，那么在建设泥石流排导设施时，应在满足泥石流防治需要的条件下，尽可能减少耕地占用量，但排导设施建成后，仍应在其两侧10~20米以内建设防护林，10~20米以外的土地既可按原来的用途继续使用，也可改建为经济价值更高、更有利于环保的用地或其他建设用地；如果堆积区不仅被垦殖为农田，而且还建有村庄，那么在开发建设排导设施时，应在满足泥石流防治需要的前提下，首先考虑村庄和人员的安全，其次尽量考虑减少拆迁量，对于必须拆迁的房屋和住房，应做好妥善安置，以确保排导设施、村庄和居民的安全与和谐，在排导设施建好后，其两侧10~25米范围内，应建防护林，10~25米范围外的土地可按原用途继续使用，也可开发建设为经济价值更高的农业用地或其他建设用地，以增加当地居民的收入；如果堆积区已建设为城镇，那么必须在防治泥石流灾害和保护现有城镇安全与发展两个方面取得平衡，即应在满足防治泥石流和保护现有城镇共同需要的前提下，编制一个堆积区开发利用的最佳方案，并严格按该方案进行泥石流防治和城镇改造建设，使泥石流防治和城镇功能的发挥均达到一个新的境界，在建有城镇的泥石流堆积区，也和其他泥石流堆积区一样，排导设施是必不可少的，而且必须坚固耐用，同时在排导设施两侧15~25米范围内必须建成防护林带或绿化地带，该地带平常可供居民休养憩息，在暴雨或特大暴雨激发下发生超设计频率泥石流时，起预防泥石流灾害的作用，在泥石流防治和城镇改造都取得进展的条件下，可根据城镇发展的实际需要，选择安全地域开展新的建设，以促进工业和第三产业的发展，从而促进整个流域乃至整个区域的经济发展。

由上述分析可见，堆积区的开发利用是十分复杂的，处于不同状态和不同开发阶段的泥石流堆积区，有不同的开发利用方式和途径，但有一点是相同的，堆积区的开发利用离不开排导设施的建设。可见排导设施的安全是堆积区开发利用成功与否的关键，因此做好排导设施的勘察、规划设计与施工和维护是至关重要的，必须引起当地政府、广大群众和科技人员的高度重视。至于泥石流堆积物在主河内形成的宽阔的高河漫滩，可与治河相结合，将其开发建设为稳产高产良田，但一般不宜用作其他建设用地，尤其不宜用作居民区建设用地。

在这里还应指出的有两点：一点是前文所述的泥石流流域的开发利用，虽然是按流域内泥石流活动的自然分区进行分析的，但受人类认识水平的强烈影响.而U各分区在地域上是有序地连接着的，是一个整体，因此泥石流流域的开发利用也是一个整体，是一个系统工程，在研究或规划泥石流流域各分区的开发利用时，必须要有整体观念，充分考虑各分区泥石流防治与开发建设的异同点和相互连接，才能取得最佳效益；另一点是若要在泥石流流域内采矿（石）或进行其他建设，首先应研究其可能给流域泥石流活动带来的影响及影响程度，要在此基础上合理布局三通工程和工业场地与排土场，要尽可能减少对流域生态和环境的破坏，尽可能做到废石、弃土不加入泥石流活动，如不能完全做到这一点，就应加大泥石流防治力度，至少做到不加大泥石流的规模和危害。只有这样，流域内的采矿（石）和其他建设事业才能给流域和区域带来良好的生态、社会和经济效益。

（二）泥石流分布区的开发利用

泥石流分布区往往具有丰富的矿产资源、水利资源、森林资源和农业气候资源，在中国资源开发和经济建设中占有重要地位，是中国资源开发和经济建设新的增长点。但由于区内泥石流常给城镇、村寨、工矿、交通、通信、农业、水利、电力、环境和人民生命财产安全等造成重大灾害，致使区内资源的开发利用和经济文化建设严重滞后。可见泥石流灾害已成为制约泥石流分布区资源开发利用和经济文化建设的重大因素之一。要改变这一现状，必须认真探讨区内资源开发利用和经济文化建设与泥石流灾害之间的关系，切实做好泥石流防治工作，从而为区内的资源开发利用和经济文化建设打好基础，做好铺垫。结合泥石流防治，泥石流分布区的开发利用，必须强调以下几点。

1.区域综合规划与单项规划紧密结合

在一个以气候区、生物区或流域、政区为对象划分的泥石流分布区内部，不管是资源的类型和储量，还是泥石流的属性和特征，在不同的地域往往既具有许多相似或相近的共性，又具有许多独自的特性，因此对其内的资源开发利用和泥石流防治，都必须根据资源的实际情况和泥石流的属性与特征做好规划，首先做好区域综合规划，然后在其指导下，做好单项规划。一般说来，区域综合规划总是包含许多单项规划。区域综合规划是单项规划的母体，单项规划必须符合区域综合规划的原则和目标，才能保障其实施的结果与区域综合规划和其他单项规划和谐一致，相互协调，而单项规划是区域综合规划的构成元素，是基础，只有单项规划能全面完成，区域综合规划才能完成。

上述说明没有单项规划的区域综合规划是空头规划，但如果没有区域综合规划的指导，各单项规划按各自的需要进行，那么这些单项规划将可能出现相互冲突和相互矛盾，难于达到相互协调和相互促进的目标，从而给泥石流分布区的资源开发利用、经济文化建设和泥石流防治造成混乱和危害。可见，强调泥石流分布区资源开发利用和泥石流防治的区域综合规划与单项规划的紧密结合是十分必要的。因为只有这样，才能保障区内资源开发、经济文化建设和泥石流防治工作的和谐一致和高速发展，才能促进区内人民生活水平的迅速提高。

2.资源开发利用应与环境保护，尤其应与生态环境保护平衡发展

泥石流分布区往往山高坡陡、沟深流急，地质构造发育、岩体破碎、风化强烈，降水集中、时有暴雨或大暴雨发生，在这样的地质、地貌和气候条件下，由重力侵蚀和水力侵蚀造成的崩塌、滑坡、冰崩、雪崩、水土流失，尤其是泥石流等灾害也应运而生；同时经过长期发展演化与这样的环境条件相适应的生态系统也不断获得发展，并与上述环境保持着脆弱的平衡与和谐；随着山地的隆升而形成的矿产资源、水利资源、生物资源和农业气候资源（尤其是立体农业气候资源）也变得越来越丰富；作为环境第一要素的人类，为了满足自身物质和精神文明的需要，对山区丰富的资源当然应当充分的加以开发利用，但必须认识到山地环境各要素的平衡与和谐是相对而脆弱的、是极易被打破的。若人类活动导致一个要素发生破坏，必然导致其他要素的相继破坏，从而导致泥石流灾害的发展和加强，既给环境，也给人类带来更大的灾祸C可见，人类在开发利用泥石流分布区丰富的资源时，必须强调资源开发利用应与山地环境，尤其是应与山地生态环境平衡发展，这不仅会让人类当代获得最大的经济、社会和生态效益，而且也会给子孙后代留下美好的发展空间。

3.先防治后开发利用或防治与开发利用同步进行

泥石流分布区往往具有丰富的资源与严重的灾害，尤其是泥石流灾害并存的特征，这给区内的资源开发利用带来极大困难，甚至严重影响到开发利用项目的成败，因此在泥石流分布区开发利用资源时，最好做到先防治泥石流，后开发利用资源，或者至少做到防治泥石流与开发利用资源同步进行。只有这样才能做到不仅可降低泥石流防治的成本，而且还可以做到既避免开发利用资源加速泥石流的发生发展，又避免泥石流给开发利用资源带来重大危害。

4.经济建设与泥石流防治紧密结合

泥石流分布区的丰富资源，潜藏着巨大的开发前景，因而一般泥石流分布区都将成为经济建设的新区和前沿阵地，成为国民经济发展的新的增长点，即在泥石流分布区开展经济建设是必然趋势，是迟早都要进行的。在泥石流分布区开展经济建设，必须根据经济建设和泥石流防治的实际需要，坚持紧密结合泥石流防治进行经济建设规

划、布局和实施。只有这样，才能既保障经济建设的高速发展，又保障泥石流防治工作的顺利进行，从而确保将泥石流分布区建设成具有可持续发展条件的地区。

由上述分析可见，在泥石流分布区进行资源开发利用和经济建设，只要强调区域综合规划与单项规划紧密结合，资源开发利用和经济建设与环境保护平衡发展，与泥石流防治紧密结合，那么区内的泥石流活动范围将缩小、暴发频率将降低、发生规模将减小、危害范围和危害程度将受到控制。这时泥石流灾害将不再成为区内资源开发利用和经济文化建设的障碍；区内的工业建设场地和设施，交通运输、电力、通信线路，厂房、生活区和城镇、村庄等将不会再遭受泥石流的严重威胁和危害；区内资源将获得充分利用，经济建设将获得迅猛发展，人民生活水平将获得很大提高；昔日荒凉、经济文化建设发展滞后的泥石流分布区，将被建设成环境优美、经济文化发达、人民安居乐业的分布在各山区的璀璨明珠，从而造福于山区，造福于全国、造福于子孙后代。

第十二章　泥石流监测预警技术在长江上游的应用

长江上游地区，北自若尔盖、武都，南至下关，西起巴塘、德荣，东抵巫山的广大山区都有不同程度的泥石流分布。其中分布比较集中的是金沙江干流中下游、雅碧江中下游（包括安宁河流域）、小江流域、青依江流域、岷江上游、大渡河中游、白龙江流域、涪江上游等干支流。区域内除成都平原、高原平地、河谷平坝及川东中浅丘陵等地区外，都分布有不同类型的暴雨泥石流。

第一节　长江上游泥石流情况

一、按规模分布情况

根据调查数据，长江上游流域面积大于 1km、危及 1 户居民以上的泥石流共计 3186 条，总流域面积为 50424.75km²，直接威胁财产 120.60 亿元。其中流域面积为 1~Skm²、5~10km²、10~20km、^20km² 的泥石流，分别占总泥石流数量的 53.2%、15.48%、14.06%、17.26%。另外，流域面积 N5km²、直接危害 30 人以上的泥石流共 1491 条。

二、按省级行政区分布情况

3186 条泥石流在调查区所涉及的 6 省 1 市内的分布情况为：云南省占泥石流总数量和面积的 27.9%，贵州省占 4.99%，四川省占 26.18%，甘肃省占 32.67%，陕西省占 6.59%，湖北省占 0.41%，重庆市占 1.26%。

三、按流域分布情况

长江上游已查明泥石流在各水系的分布状况是：金沙江流域分布有泥石流沟（坡）2700 余条（处），其中，中上游的巴曲河口一奔子栏分布有泥石流沟（坡）约

300条（处），金沙江下游分布有泥石流沟（坡）1450余条（处），支流龙川江中下游分布有泥石流沟（坡）100余条（处），小江分布有泥石流沟（坡）142条（处），雅碧江分布有泥石流沟（坡）约750条（处）[干流二滩电站库区160多条（处）、鲜水河110余条（处）、安宁河360余条（处），其余干、支流120余条（处）]；岷江流域分布有泥石流沟（坡）1200多条（处），其中大渡河流域800多条（处），岷江上游及青衣江流域约400条（处）；嘉陵江流域分布有泥石流沟（坡）3000余条（处），其中白龙江流域分布有泥石流沟（坡）1500余条（处），西汉水流域900余条（处），嘉陵江干流及其他支流约600条（处）；沱江流域分布有泥石流沟（坡）40余条（处）；长江三峡库区分布有泥石流沟（坡）270余条（处），如图10-1所示。地震灾区泥石流主要分布于岷江上游支流、嘉陵江上游涪江、白龙江流域及沱江上游的石亭江、绵远河、鸭子河等流域。

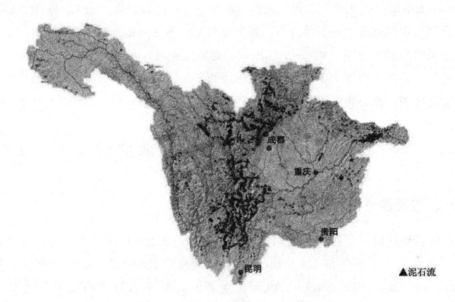

图10-1　长江上游泥石流沟分布图

四、泥石流的分布规律

（1）密集或零星分布两级地貌阶梯过渡带内。

1）密集分布在第一级地貌阶梯与第二级地貌阶梯的过渡带内。

在第一级地貌阶梯与第二级地貌阶梯的过渡带内，海拔由4000m迅速下降到2000-1000m，部分地区下降到300~700m，因此泥石流都极为发育。就泥石流而言，这一带内既有雨水类泥石流，又有冰雪融水类泥石流，既有自然泥石流，又有人为泥石流；目前，带内已查明的泥石流沟约占区内已查明的泥石流沟总数的80%》

2）集中分布在第二级地貌阶梯与第三级地貌阶梯的过渡带内。

第二级地貌阶梯与第三级地貌阶梯的过渡带，其海拔由2000-1000m下降到500m

或以下，因此泥石流也较为发育。就泥石流而言，这一带内只发育有雨水型泥石流，也 有自然泥石流和人为泥石流；目前带内已查明的泥石流沟的数量约占区内已查明的泥石 流沟数量的10%o

3）零星分布在两级地貌阶梯内。

在区内第一级地貌阶梯和第二级地貌阶梯内部，泥石流发育程度很低，但河流两岸 仍有一定切割深度，因此也有泥石流零星分布。但其内分布的泥石流数量，无论是已查 明的泥石流数量，还是根据自然地理环境特征和泥石流形成条件评估的数量，都不会超 过区内滑坡、泥石流数量的10%。

（2）密集分布在大断裂带上和地震带内。

1）密集分面在深大断裂带上。

长江上游处于东部扬子准地台与西部地槽三江褶皱系、松潘一甘孜褶皱系和秦岭褶 皱系的交接复合部位，地质构造作用十分强烈，深大断裂发育。在这些深大断裂带上泥石

流分布十分密集，如金沙江断裂带上的巴曲河口f子栏发育有泥石流沟（坡）300余条 （处）、安宁河断裂带上发育有泥石流沟（坡）212条（处）、鲜水河断裂带上发育有泥石 流沟（坡）99条（处），小江断裂带上发育有泥石流沟（坡）146条（处）等。

2）密集或集中分布在地震带内。

长江上游地震活跃，震级和裂度均很高，分布有多个地震带，如天水一武都一文县一 川北地震带、甘孜一康定地震带、理塘地震带、安宁河地震带、马边地震带、滇东北地震 带、中甸一剑川地震带等。这些地震带都是泥石流强烈活动带，泥石流分布密集或集中， 规模巨大，危害严重。如2008年5月12日发生在川西北地震带内的龙门山区和邛峡山区 的汶川8级特大地震及其余震，直接触发40000~50000余处的崩塌、滑坡发生，崩塌、 滑坡形成的松散固体物质总量在50亿~80亿n?，松散碎屑物质大量增加及其土体结构 的破坏，泥石流形成的激发降水量与降雨强度降低，在地震发生的2008年就发生许多特 大型泥石流灾害，给灾区的恢复重建和人民生命财产安全造成巨大危害。

（3）泥石流集中分布于多暴雨区。

长江上游泥石流类型多样，主要以降雨，尤其是暴雨为主要激发因素。已查明的泥 石流沟谷主要具有沿长江上游暴雨区集中分布的特点。如嘉陵江上游地区、岷江上游地 区、大渡河流域、金沙江下游地区，虽然气候差异明显，既有亚热带湿润区，也有干旱河 谷区，年降水量各不相同，但受季风气候的影响，每年雨季，尤其是7、8月两个月，这些 地区都是暴雨的多发区，因此在这些流域泥石流分布较为集中。

（4）泥石流多分布在小流域内。

据统计，四川境内成（都）昆（明）铁路沿线可求出流域面积的366条泥石流沟

中，流域面积 W4km2 的占 72.7%；金沙江下游四川省会理、宁南等 6 县的 346 条泥石流沟中，流域面积＜10km2 的占 67.3%；三峡库区的 271 条泥石流中，流域面积＜5km2 的占 70.1%，宝（鸡）成（都）铁路沿线的 168 条泥石流沟中，流域面积＜2km2 的占 74%。可见，泥石流主要分布在小流域内。

第二节　长江上游泥石流监测预警系统

一、基本情况

长江上游水土保持重点防治区滑坡泥石流预警系统范围涉及金沙江下游的云南省昭通市的昭阳区、彝良县、绥江县、巧家县、永善县、水富县；贵州省毕节地区的毕节市、大方县、威宁县；四川省宜宾市的宜宾县、屏山县，雅安市的雨城区、凉山州的雷波县、金阳县、会理县、宁南县、昭觉县；嘉陵江上游支流的白龙江（含白水江）和西汉水流域的甘肃省陇南市的文县、武都县、康县、礼县、西和县、宕昌县、迭部县，甘南州的舟曲县，天水市秦城区；陕西省汉中市略阳县、镇巴县，宝鸡市的凤县；长江三峡库区的重庆市开县、梁平县、石柱县、云阳、奉节县、万州区；湖北省宜昌市的耕归县、兴山县，恩施州的巴东县等 6 省 1 市 12 市（州、区）共 38 个县（区），地理坐标为 E 102°30'~110°01'，N26°30'~34°32'。土地总面积 46.03 万 km\

整个区域空间跨度大，地质构造复杂，地层岩类多样，新构造运动和地震活动强烈，地貌类型以高原、山地为主，地形破碎，山高坡陡，气候条件复杂多样，时空分异明显，项目区内分布有多个暴雨中心。这些均构成了滑坡、泥石流发育的有利因素。同时，随着社会和经济的发展，人类活动诱发滑坡、泥石流也愈演愈烈。

二、泥石流灾害现状

泥石流是发生在长江上游部分区域内最严重的侵蚀过程，长江上游的西藏东部、横断山区、云南西部及东北部、四川西部、陇南及陕南以及长江三峡库区等，共有大小泥石流沟道 1 万多条，分布面积占 10 万 km²，是我国泥石流灾害分布最集中、危害最严重的地区之一。近期活动明显的滑坡共 3080 多处；流域面积在 1km² 以上、危及 1 户居民以上的泥石流沟有 1212 多条；流域面积在 5km2 以上、直接危害在 30 人以上的泥石流沟有 950 多条。区内每年发生重大灾害数十次，造成数百人员伤亡和巨额财产损失。频繁的灾害严重威胁着当地人民的生命财产安全，制约着社会经济的发展和人民生活水平的提高。

三、预警系统现状

1990 年，作为中国政府实施"十年国际防灾减灾计划"的重要举措，经水利部提议，长江上游水土保持委员会研究决定在长江上游水土保持重点防治区组建滑坡、泥石流预警系统，并将其纳入"长治"工程防治体系，长江上游滑坡、泥石流监测预警工作由此展开。预警系统范围涉及金沙江下游的云南省昭通市，贵州省毕节地区，四川省宜宾市、凉山州、雅安市；嘉陵江上源支流的白龙江（含白水江）和西汉水流域的甘肃省陇南市、甘南州、天水市，陕西省汉中市、宝鸡市；长江三峡库区的湖北省宜昌市、恩施州，重庆市等6省1市12市（州、区）38个县（市、区）。截至2005年底，预警系统已建有1个中心站，3个一级站，8个二级站，56个监测预警点和18个群测群防试点县，拥有300多名专业监测预警人员，监控面积达11.3万kn?，保护着数十万人生命安全和数十亿元固定资产安全。

多年来，预警系统实行"政府负责，站点预警，以点带面，群测群防"的预警方针，对长江上游众多的滑坡、泥石流灾害采取积极的预防措施，对重大灾害隐患进行监测预警，最大限度地减少其对人民生命财产的危害，积极推动水土保持法等法律法规的贯彻实施，防止人为因素引起或加剧滑坡、泥石流灾害。有针对地开展试点性的治理工作。预警系统对于有效降低长江上游水土保持重点防治区滑坡泥石流灾害程度起到积极作用。

预警系统工作在各级政府的大力支持和各级站点监测人员的共同努力下，取得了巨大的成效。据不完全统计，截至2005年底，长江上游滑坡、泥石流预警系统共预报处理滑坡、泥石流灾害244处，其中站点成功预报灾害险情10处，群测群防预报灾害险情和防治处理灾害险情234处，共撤离和转移群众3.83万人，避免直接经济损失2.43亿元；开展了5处滑坡、泥石流治理试点工程，保护了数十万人和数十亿元固定资产的安全。主要成效如下。

（1）站点成功预报灾害险情10处。预警系统已成功地预报了湖北省拂归县鸡鸣寺、重庆市奉节县李子坪、开县巨坪滑坡和四川省雷波县牛滚述I、甘肃省迭部县黑多村滑坡以及四川省会理县清水河泥石流、宁南县后山泥石流、甘肃省陇南市北峪河泥石流、礼县刘家沟泥石流等灾害，避免和减少了2800多人员伤亡和350多万元财产损失。

（2）群测群防成功预报234处滑坡、泥石流灾害险情。预警系统在多年的预警实践中，以站点为依托，以点带面，广泛、深入地开展群众性防灾减灾工作，已成功预报和处理了234处滑坡、泥石流灾害，共避免了3.55万人员伤亡和2.4亿元财产损失。目前，预警系统各级站点已成为当地政府防灾减灾的重要参谋。

（3）滑坡、泥石流治理工程效益显著。为探索滑坡、泥石流治理的途径和经验，先后开展了云南省巧家县白泥沟、甘肃省武都县清水河、四川省宁南县银厂沟和云南省东川市等4处泥石流治理试验工程和重庆市万州区太平溪滑坡治理试验工程，取得了很好的经济、生态和社会效益。云南省巧家县白泥沟工程于1996年9月一次拦蓄泥石流冲积物30万n?，使下游数百亩良田和100多户村民、1500万元固定资产免遭损失，目前该泥石流沟道已得到全面开发建设。重庆市万州区太平溪滑坡治理试验工程地处当地移民搬迁的核心地带，工程有效地稳定了两岸滑坡，现已成为城区"黄金用地"。甘肃省武都县清水河治理工程虽经历 1993 年 7 月 13—15 日历时 56h 的强降雨，但由于治理工程有效地发挥了拦蓄水沙的作用，控制了泥石流固体物质冲出，保护了武都县城安全。

四、存在的主要问题

预警系统建成投入运行以来取得了很大的成效，但由于这项工作还处于探索、试点和局部开展阶段，还不能适应全面、有效防灾减灾的需要，迫切需要进一步加强。目前预警系统主要存在以下问题，这些问题制约了预警系统效益的进一步发挥。

（1）监测手段科技含量不高，技术落后，难以准确科学的监测预警。目前的监测预警站点普遍采用简易的观测方法，即主要靠人工观测，监测方法单一，遇到雷雨天气，通讯难以畅通，而到夜间，监测预警工作又很难实施，严重制约了防灾方案的实施。

（2）设备老化。预警系统经过十几年的运行，大部分预警设备已经超过使用年限，监测仪器和设备破损、老化严重，影响观测精度，已不能满足预警工作的需要。

（3）预警人员素质不高、业务能力有待进一步提高。滑坡泥石流预警是一项综合性很强的工作，涉及地质、地貌、水文、气象、社会等众多学科知识，要求预警人员具有较全面的能力。但目前由于系统投入不足，预警人员素质不高，急需加强技术人员的技术培训和再教育。

（4）部分预警点经过多年监测后，一部分滑坡、泥石流已趋于稳定，一部分经过治理其保护对象已经安全或撤离，需要对部分站点进行适时调整。

五、滑坡泥石流预警系统建设工程项目

本次建设项目的建设任务和作用是以原有预警系统为基础，进一步完善预警系统及其监测预警水平和能力，以监测站点为重点，以群测群防为主要手段，最大限度地减轻滑坡泥石流危害，减少人员伤亡和经济损失。通过预警系统为云南、贵州、四川、湖北、重庆、甘肃、陕西 7 省（市）所辖 12 市（州、区）38 个县（市、区）数十万人口的生命安全和数十亿元固定资产安全提供技术保障。

（1）工程立项、设计批复文件。

1）工程立项。

2007 年 9 月，长江委水利委员会长江科学院编制完成《长江上游水土保持重点防治区滑坡泥石流预警系统建设项目可行性研究报告》（以下简称"可研报告"）。2008年 3 月，水利部以水规计（2008）99 号文对该可研报告进行了批复。

2）设计批复文件。

2008年6月，长江委水利委员会长江科学院根据已批准的可研报告，编制了《长江上游水土保持重点防治区滑坡泥石流预警系统建设项目初步设计报告》（以下简称"初设报告"）。

2008年12月，水利部印发《关于长江上游水土保持重点防治区滑坡泥石流预警系统建设项目初步设计报告的批复》（水总（2008）544号）核定该项目静态总投资2423万元。工程资金来源全部为中央投资。

（2）设计标准、规模及主要技术指标。

1）设计标准、规模。

长江上游水土保持重点防治区滑坡泥石流预警系统建设项目范围涉及7个省（市），站点较多，对重点示范点、新建站点分别进行了典型设计，对改造站点、群测群防建设、预警管理系统、项目区调查GIS系统、仪器设备参数等提出设计要求。

工程规模：新建站点5个、重点示范点建设7个、站点改造44个、群测群防重点县建设18个和滑坡泥石流预警信息管理系统建设。

2）主要技术指标。

泥石流监测项目主要有水源观测、土源观测、泥石流体观测。对泥石流的常规监测内容主要是泥石流运动要素观测、流域内的气候和雨量观测、泥石流的形成过程观测、沟道冲淤变化观测等。监测方法主要有泥石流常规方法和先进的泥石流自动监测预警系统。

泥石流常规监测主要是利用常规的设备和仪器按监测项目进行。水源观测利用雨量观测资料，及时掌握降雨情况，根据当地泥石流发生的临界雨量，在降雨总量或雨强达到一定指标时发出预警信号。泥石流体监测主要是对泥位、流速、冲击力、级配等进行监测与分析，冲淤监测主要监测泥石流扇的消长情况，并对泥石流灾情进行监测。

泥石流自动化监测预警系统通过监测泥位、雨量、地声等对泥石流活动进行监测。它既可以全自动监测预报泥石流的暴发，还能够实时、全程地监测和收集有关泥石流形成、运动规律、灾害程度等多方面的信息数据。泥位观测精度达到0.1m，雨量监测精度达到1mm。

（3）主要建设内容及建设工期。

1）主要建设内容。

主要建设内容包括：

①新建1个泥石流、4个滑坡预警监测点。

②建设4个滑坡和3个泥石流重点示范预警监测点。

③对30个滑坡和14个泥石流监测预警点进行设备等更新改造。

④对原18个群测群防县开展滑坡、泥石流危害性等方面的宣传和相关的监测预警技术培训，增加群众的防灾减灾意识，并在每个县设置一定数量的群测群防点，使

专业 监测和群测群防相结合，提高监测预警范围和水平。

⑤通过管理及信息设备配备，并利用现代计算机网络技术和3S技术，建设一个覆

盖整个预警系统范围的现代化GIS系统，为预警系统的科技化和信息化服务，切实提高 预警系统的信息化和现代化水平。

建设内容详见表10-1。

表10-1　建设内容情况表

序号	建设项目	建设内容
1	新建站点	5个 新建四川省雷波县马湖东西湖泥石流预警点、云南省昭阳区后寨子 滑坡预警点、重庆市奉节县邓家坪滑坡预警点、石柱县南宾中学滑坡预警点、云阳县瓦啄溪滑坡预警点等5个监测点
2	重点示范点建设	7个 重点示范点建设云南省巧家县水碾河泥石流预警点、贵州省大方县县城滑坡预警点、四川省宁南县后山泥石流预警点、甘肃省陇南市武都区北峪河 泥石流预警点、陕西省略阳县阳山滑坡预警点、重庆市开县巨坪滑 坡预警点、湖北省殊归县陈家湾滑坡预警点
3	站点改造	44个 30个滑坡监测点和14个泥石流监测点：云南省彝良县麻窝滑坡预 警点，绥江县牟村滑坡预警点，巧家县大寨滑坡预警点，永善县宛家湾滑坡预警点，水富县奔槽沟滑坡预警点。贵州省毕节市渭河滑 坡预警点，威宁县雨白秋滑坡预警点。四川省雷波县罗卜欠滑坡预 警点，金阳县县城滑坡预警点、洼池沟泥石流预警点，会理县清水 河泥石流预警点，宁南县瓦房子滑坡预警点，昭觉县城北泥石流预 警点，宜宾县坪桥滑坡预警点、屏山县欧家坡滑坡预警点、雅安雨 城区和龙滑坡预警点。甘肃省礼县刘家沟泥石流预警点、大山沟泥石流预警点，西和县西山滑坡预警点，秦城区余家坪滑坡预警点， 舟曲县锁儿头滑坡预警点、泄流坡滑坡预警点，宕昌县大地沟泥石 流预警点，迭部县黑多村滑坡预警点，文县关家沟泥石流预警点、 金昌沟泥石流预警点、燕儿沟泥石流预警点，武都县泥湾沟泥石流 预警点、沟坝河泥石流预警点、甘家沟泥石流预警点、东江河泥石 流预警点，康县寺沟泥石流预警点。陕西省略阳县狮凤山滑坡预警 点，凤县苍坪滑坡预警点，镇巴县鞍境梁滑坡预警点。重庆市梁平 县望坪滑坡预警点、大河坝滑坡预警点，石柱县枫木滑坡预警点， 云阳县瓦窑坡预警点，万州区万全滑坡预警点。湖北省秭归县石庙 滑坡预警点，巴东县白岩滑坡预警点、代树坪滑坡预警点、李家弯 滑坡预警点，兴山县杨道河预警点

序号	建设项目	建设内容
4	群测群防重点县建设	18个
		云南省昭阳区、绥江县、巧家县、永善县、彝良县，四川省雷波县、宁南县、金阳县、会理县，甘肃省礼县、西和县、武都县、文县、宕昌县、舟曲县，陕西省略阳县，湖北省秭归县、兴山县
5	滑坡泥石流预警信息系统建设	1个
		包括中心站建设、一级站建设、二级站建设、重点监测点软硬件建设、数据采集、录入及应用系统开发等

2）建设工期。

根据批复的初步设计，工程施工总工期36个月。工程于2011年5月完工，其中主要工程已于2010年11月完工。

第三节　泥石流监测预警示范点

一、四川省泥石流监测预警示范点

（1）四川省宁南县后山泥石流重点监测预警示范点。

1）后山泥石流区域概况。

宁南县位于四川省凉山彝族自治州东南部，坐落在泥石流堆积扇群上部，西北、东北、东南三面环山而开口向西南。地理位置为E102.27'44"~105°55'09"，N26°50'12"~27°18'34"。由西北至东南的主要沟谷有羊圈沟（流经城区西北侧）、阴阳沟及沈家沟（均流经县城东南侧）。三者主要是单沟或多沟暴发泥石流，都对县城有直接威胁。其中后山泥石流属羊圈沟的支流史家沟流域，史家沟为发源于宁南县城后山的一条泥石流支沟，最高海拔2600~2800m。史家沟为宁南县主要河流黑水河的三级支流，该沟在县泥石流预警站处与吴家沟汇合后称羊圈沟，羊圈沟和县城后山的其他支沟汇入深沟，深沟向南注入黑水河。史家沟流域面积1.639km2，沟长3670m，沟头到沟口高差1420m，沟床纵比降314‰。

宁南县城的8条泥石流沟皆发源于后山。后山各沟沟头至沟口高差400~1650m，潜在势能充足。各沟的流域狭长，汇水区、泥石流形成区、流通区和堆积区发育完整。

后山泥石流区有水厂、学校、农田、农户、丝厂、事业单位等「土地面积80hm2o 城镇建筑面积110万 m³，近郊农舍10万 n?，城乡人口7300余人，粮田53.33hm²，城乡固定资产总值1800余万元。

2）后山泥石流的危害及监测现状。

宁南县城坐落在后山几条支沟的洪积和老泥石流堆积扇之上，泥石流这…自然营力早已存在，但有记载的泥石流灾害始于1850年。据《会理州志》卷十二记载，清道光三十年（1850年）八月初七子时，披砂（现宁南县城）等处发生强烈地震，余震不断，地震期间发生暴雨山洪泥石流；羊圈沟（史家沟下游）洪水横流，冲毁街坊数十间，史称"水打坝"。清光绪二十年（1894年）阴阳沟发生泥石流。冲老城街，毁南华宫、川主庙及部分民宅，人称"水打街子"。史家沟紧临阴阳沟，也发生了山洪。1954年雨季，羊圈沟（含史家沟）、阴阳沟、沈家沟同时发生山洪泥石流，县城东西两侧受灾较重，冲毁农田2.8hm2，冲毁木桥1座和民房26间，损失达50余万元。由于地质原因，山坡与沟道的稳定性较差，山脚泥石流固体物质储存量较大，近年来泥石流灾害有增多的趋势：石落沟在2006年6月30日、7月7日、9月18日发生3次泥石流灾害，天久沟2007年6月6日暴发泥石流灾害。后山泥石流区是一个地震活动比较频繁的地区，历史上有地震后，伴有次生泥石流灾害的发生。

史家沟内可直接补给泥石流形成的松散固体物质储量以中游海拔1300-1500m的沟段内较为丰富，主要有以下三部分。

现代沟床堆积物：从沟口到海拔1500m附近，长度约400mo此段沟床新老泥石流堆积物较厚，两岸还残留一些老泥石流堆积堤，上部堆积体厚度达5~6m，越往下越薄，至山口处降至1~2m，平均厚3m，堆积体平均宽10m，由此估算出此段沟床堆积体方量为1.2×10^4nA海拔1500m以上主沟床纵比降大，沟床内的堆积物少且较为稳定，堆积方量估算为6000-10000m³，但一旦上游出现暴雨或大暴雨，仍有可能被山洪掀起形成泥石流。

滑坡崩塌堆积物：史家沟中游有小型崩塌滑坡体4处，其中筲箕坝平台的前缘于1991年10月和1993年9月因连续大雨和暴雨两次向下滑动，并牵动山坡上的残坡积层形成泥石流。其他3处崩塌体很小，为谷坡表层剥离。崩滑体总方量估算约为3.6对（）4nA

山坡上的残坡积物：根据宁南县水土流失分布图，县城后山一带属中度一强度侵蚀区，侵蚀模数3750-6500t/（km2-a）o随着后山封山育林，坡耕地减少，森林覆盖率不断增加，山坡的侵蚀模数还会降低。残坡积物主要为泥石流提供碎屑及细粒物质，并以"零存整取"的方式排入沟床，每年的泥沙方量约1000~2000tn3o

宁南县城后山泥石流预警点于1991年3月建立，根据《崩塌、滑坡、泥石流监测规程》（DZT0223—2004）、《长江上游滑坡泥石流监测预警系统技术手册》（2007.12），后山泥石流为最重度危险区，监测预警点级别为I级。

3）工程总体布置。

在县城后山泥石流预警点房顶设置1台自动雨量计，2台放置在泥石流沟道区的两侧。在距离预警点1076m的史家沟泥石流流通区，山脚U形沟道中安装2台泥位报警仪，并将探测器线路与位于半坡上发射器天线相连接。在预警点值班室安装泥石流自动报警接收器。在距离预警点926m修建泥石流监测上断面，下断面设在预警点门前史家沟桥的上方。

4）监测工程设计。

监测项目：泥石流暴发时的流态、龙头、龙尾、历时、泥面宽、泥深、测速距离、测速时间、流速、流量、容重、径流量、输沙量、沟床纵比降、流动压力。

监测方法：采用的是以非接触式为主，结合成因预报的方法，即通过设在泥石流形成区的降雨资料，分析建立泥石流预测预报模型，以此来判断泥石流暴发的可能性，并通过监测断面或泥位仪对泥石流流体进行量化监测，同时利用泥石流从监测断面到保护区的流动时间差来做出预警。

断面观测：在泥石流沟道上设立观测断面，采用测速雷达和超声波泥位计，再配以打印机实现泥石流运动观测。

动力观测：采用压电石英晶体传感器、遥测数传冲击力仪、泥石流地声测定仪进行观测。

输移和冲淤观测：在泥石流沟流通区布设多个固定的冲淤测量断面，采用超声波泥位计进行观测。

①泥石流报警仪安装设计。

在距站房1076mU形沟道中泥石流流通区安装报警仪探头。在山顶上安装地声报警仪发射器和发射天线，由站内接收器接收信号。

②泥石流地声报警仪安装设计。

a.选址。

在距站房1076mU形沟道中泥石流流通区地段安装地声报警仪探头。在山堡上安装地声报警仪发射器和发射天线。

b.安装设计。

安装地声报警仪探头：在原已修建的竖井中安装地声报警仪探头，距竖井Im的地方栽植7m高的电杆作为探头导线支撑架。

安装地声报警仪发射器和发射天线：利用山堡地形，栽植7m高的电杆作为发射天线的支撑架，天线固定在竖立的电杆顶部，发射器及电瓶用铁箱保护后，固定于杆脚，然后通过地声报警仪导线把电瓶、发射器、发射天线、地声报警仪探头进行连接并发出信号，由站内接收器接收信号。

③泥石流断面设计。

本次监测断面尺寸设计，是根据史家沟已建成的排导槽断面为主要依据。该排导槽建于1985—1989年期间，2001年史家沟发生过泥石流，根据相关资料和对修建的排导槽仔细调查没发现有翻槽的迹象，故采用已建排导槽的设计数据作为本次监测断面设计。泥石流监测断面设计如图10-2所示。

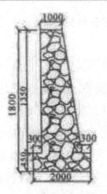

（a）挡土墙横断面尺寸图

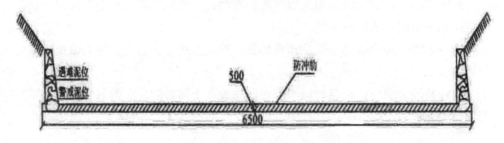

（b）泥位报警站横断面图

图 10-2 泥石流监测断面图

④输移和冲淤观测。

布设固定的冲淤测量断面，采用测速仪和超声波泥位计进行观测。采取在已建排导槽地段，设置第一、第二固定冲淤测量断面，并结合采用超声波泥位计进行观测。

第一测量断面：位于炸药库房右侧，距站房 925m，设置在浆砌石排导槽中，断面完整、顺直，其形状为矩形断面，高 1.8m、宽 6.5m，槽壁上设立标尺。

第二测量断面：位于站房左侧的浆砌石排导槽，距站房 5m，断面完整、顺直，其形状为矩形断面，高 3.9m、宽 5.8m，槽壁上设立标尺。

⑤主要仪器设备。

根据后山泥石流特点及工程设计，监测站点需配置以下主要监测仪器设备，详见表 10-2。

表 10-2 宁南县后山泥石流监测预警点主要仪器设备配置表

序号	名称	单位	数量
1	自动雨量计	台	3
2	超声波泥位计	台	2
3	泥位报警仪	台	2
4	泥位传感器	台	3
5	泥位监测记录仪	台	3
6	GSM无线网络报警系统	台	3

序号	名称	单位	数量
7	太阳能供电装置	台	2
8	数据通讯线缆	套	2
9	流速仪	台	1
10	泥沙采样仪	台	1
11	电子天平	台	1
12	钢尺等常规监测设备	套	1

2）四川省雷波县马湖乡东、西河泥石流预警点。

1）东、西河泥石流区域概况。

东、西河泥石流预警点位于雷波县马湖乡境内，距雷波县城45km。地理位置位于为E103°44'，N28°21'。东、西河流域面积53.13km²，东、西河主沟长度12.20km，主沟纵坡173%。流通沟河宽8~15tn，平均河宽8m左右。冲积扇面积53360m²，冲积扇体积达160080m²。

东、西河流域大地构造属于四川南部"川滇南北构造带"与四川盆地"新华夏系沉降带"的接合部。构造以褶皱为主，断裂不甚发育，岩石破碎，风化强烈，流域内松散碎屑物质丰富。主沟为北南走向，冲沟西东两侧坡度陡，坡耕地多，崩塌、滑坡发育，碎块石等堆积物多。泥石流为稀性泥石流，固体物质主要为石灰岩。

东、西河流域内有耕地面积55hm2，主要农作物为水稻、油菜和魔芋。2007年项目区农业总产值742.90万元，粮食总产量126.88万kg，人均产粮406kg，农业人均纯收入2258元。泥石流调查情况如表10-3所示。

表10-3东、西河泥石流详查表

内容	数值	备注
泥石流编号		
名称	东、西河	
省（直辖市）	四川	
地（市）	凉山州	
县、乡、村	雷波马湖乡马湖、鲂鱼村	
流域面积（km²）	53.13	
主沟长度（km）	12.20	
主沟纵坡（‰）	173	
流通沟长平均宽度（m）	10	
流通沟长最大宽度（m）	15	
流通沟长最小宽度（m）	8	
泥石流类型	稀性	黏性/稀性/中性

内容	数值	备注
固体物质主要成分	石灰岩	砂岩/石灰岩/变质岩/火成岩/其他
堆积扇面积（m²）	53360	
堆积扇方量（m³）	160080	
最近泥石流发生时间	2001年7月6日	
已造成人员伤亡（人）		
已造成财产损失（万元）	58	
整治措施	排导槽	坡面径流拦截/谷坊/拦砂坝/排导槽/无
直接危害人口（人）	3125	
直接威胁财产（万元）	5780	
监测预警意见	专业监测	专业监测/流动站点监测/群测群防

2）东、西河泥石流的危害。

东、西河泥石流主要威胁离鱼村1、2组，马湖村1、2、3、4组及乡政府、学校、卫生院、邮电所、信用社、林管站等单位。威胁人口共575户、3125人。威胁区共有房屋2857间（其中砖混结构1285间，土木结构1572间），耕地55hm²，生猪1337头，耕牛43头，财产共计5780万元。

东、西河泥石流属沟谷型泥石流，冲积扇的几何形状为扇形。由于其松散固体物质泥土夹杂碎块石，发生的泥石流均为稀性泥石流，容重为1.5t/m³，其冲刷能力、淤埋能力、破坏性均较大。该泥石流发生频率为1~5年一遇，暴发规模大小不等。1996年7月东河发生泥石流，冲毁农田5.33hm²，受灾人口200户、912余人；受灾农作物面积9.2hm²，经济损失67万元。2006年6月23日，西河发生泥石流造成西河河坝决堤，冲毁房屋1间、良田0.47hm²，农作物受灾7.33hm²，27户农户112人受灾。

马湖乡是雷波县确定的滑坡泥石流群测群防乡，为加强东、西河泥石流灾害的监测，2005年设立了东、西河群测群防看守点，安装了1台手动式雨量计，配备了1名观测人员进行预警监测，大力开展泥石流灾害的宣传普及工作。

根据《崩塌、滑坡、泥石流监测规程》（DZ10223—2004）、《长江上游滑坡泥石流监测预警系统技术手册》（2007.12），东、西河流域为泥石流重度危险区，监测预警点级别为II级。

3）建设规模和工程总体布置。

配置自动雨量计并安装在站房顶部。在东河和西河的流通段上游建水尺两处，进行断面观测；同时，安装泥位监测仪进行泥位监测。

4）监测工程设计。

①降雨监测设计：选用自动雨量计，同时配备1台雨量筒，作为雨量校正用。雨量计安装在监测管理房屋顶，注意避开对降水量观测有影响的障碍物，仪器口设置水

平，雨量计安装好后要进行调试检查校正。

降水量观测，每日8时观测一次，有降水之日应在20时检查一次，暴雨时适当增加检查次数，自记纸每日8时定进调整或更换（无降水之时每张自记纸可连续使用3天，有降水之日必须更换）。每次观测数据填写在有关表内，每月降水资料，统计10min、1h、24h最大降水量以及一次连续最大降水量，年降水量要统计1日、3日、7日、15日、30日的最大降水量，并以时间为横坐标，月累计降水量为纵坐标作降水量柱状图。

②泥位观测设计：选择东河和西河开阔、沟岸稳定的地方布设观测断面，观测断面浆砌石挡土墙总长50m。在断面的浆砌石挡墙上设置泥位标尺，泥位用断面处的标尺进行观测。同时，配备泥位监测仪，观测泥位的涨落过程。当监测断面泥位达到警戒值时，应立即发出预警信号，当泥位达到避难泥位时，则发出警报信号。

③其他观测设计。

水位监测：采用水尺进行人工监测。

冲淤观测：观测以纵断面和方格网控制，并用经纬仪、水准仪等常规仪器进行测量。

观测断面冲淤观测：首先在暴发泥石流之前，测量观测断面的形状并绘出断面图。在泥石流过程中，阵流性泥石流则在阵与阵间隙时，测一次河底高程，并同时记录阵流泥位高程，按其对应数值画出该断面的泥石流实际过流断面，泥石流过后再测一次断面，每次测量应收集泥石流的运动及取样的资料。

沟道冲淤观测：沿泥石流沟道每隔30~100m布设一个断面，并埋设固定桩，每次泥石流过后测量一次，要同时测量横断面及纵断面。

扇形地冲淤变化观测：泥石流扇形地除测绘大比例尺地形图外，还应布置边长10~50m的方格网，每次泥石流后，用经纬仪测定淤积或冲刷范围，并用水准仪测量各方格网高程了解高程变化。

④主要仪器设备的配置。

主要采取雨量观测、泥位观测和水位观测。根据雷波县马湖乡东、西河泥石流特点，泥石流监测主要采用常规监测方法，监测站点配备常规的监测设备。其主要仪器设备详见表10-4。

表10-4　东、西河泥石流预警点主要仪器设备配置表

序号	名称	单位	数量
1	自动雨量计	台	1
2	雨量筒	个	1
3	泥位报警仪	台	2
4	电子经纬仪	台	1

序号	名称	单位	数量
5	水准仪	台	1
6	泥位标尺	个	2
7	电视机	台	1
8	传真扫描复印一体机	台	1
9	电话	台	2
10	台式计算机	台	2
11	照相机	台	1
12	办公家具	套	2
13	钢尺等常规监测设备	套	1

二、云南省泥石流重点监测预警示范点

以下对云南省巧家县水碾河泥石流重点监测预警示范点作出介绍。

（1）水碾河泥石流区域概况。

巧家县位于云南省昭通市南部，地理位置为E102-52'~103°26'，N26°32'~27°257》

水碾河泥石流沟内地层出露较全，从元古界—古生界—新生界均有出露。最易被侵蚀形成泥石流的为第四系更新统和全新统，特别是水碾河主沟两侧的侵蚀补给物，水碾河右岸上千万立方米的滑坡有张家垮山，柳家垮山、姚家垮山；水碾河左岸是著名的巧家后山大滑坡，厚度约300m，在沟谷切深的情况下，引起坡面松散物滑坡，致使大量固体松散物补入沟谷，在强大水动力驱动下，极易发生大型或巨型泥石流灾害。

该流域位于低纬西风环流带南支槽，水汽来自背风坡的中雨区，雨季湿润空气由于地面强烈增温而引起强烈对流上升，常导致地形雨与雷雨等局地式暴雨，引发暴雨泥石流。流域水系属平行水系，沟总长31km。海拔900m以上平均纵坡为35‰暴雨年径流深200~600mm。

流域内有6个土类，面积最大的为黄红壤亚类中的碳酸盐岩黄泥土，其次为黄棕壤类的碳酸盐岩黄泥土、燥红土和黄棕壤类的玄武岩风化土为主。在暴雨季节，土壤及风化碎屑物随径流而流失，形成风化一层、剥蚀一层、冲走一层的反复流失结果，在暴雨情况下极易发生泥石流。

1）泥石流发生状况。

据堆积物测量特征、堆积物粒度分组特征和钻孔资料，水碾河属崩滑补给高频沟谷型黏性泥石流沟，浆体容重为2.0~2.34t/m³。据1989年5月6日观测到的泥石流流

态，石块在沟道内呈滚动和跃移状，流体紊动强烈，阵性明显，流体内石块撞击强烈，撞击挤压产生的泥浆喷高超过10m。泥石流发生时大地震颤，响声如雷，黏性泥石流特有的阵性和直进性强，流石流遇阻后冲爬高度达10m以上。此次泥石流具有速度快、流量大的特点，破坏性极强，泥石流过后，只见巨石累累，遍地泥沙石块，原有地面景观荡然无存，长径大于4m，重量大于200t的漂石100余块。估算最大流速7m/s，最大流量为1029m³/s，固体松散物120万m²。水碾河泥石流特征如表10-5、表10-6、表10-7所示。

表10-5　泥石流堆积物粒度成分汇总表

沟名	堆积性质	>80 mm	20~80 mm	2~20 mm	0.9-2 mm	0.45~0.9 mm	0.3~0.45 mm	0」~0.3 mm	<0.1 mm	平均粒径D50
水碾河	黏性泥石流	20.35%	30.50%	30.35%	1.06%	1.65%	1.26%	2.76%	2.11%	22.1%

表10-6　泥石流配方试验成果表

沟名	位置	固体物质重量（kg）	固体物质比重（t/m³）	泥石流状态下的加水质量（kg）	水与固体物质比值	泥石流容重（t/m³）	备注
水碾河	烂营盘53°，平距830m	17.96	2.45	2.80	1：6.4	2.34	1984年8月24日泥石流样本
	烂营盘28°，平距260m	9.76		0.60	1：6.1	2.13	1984年8月24日泥石流样本

表10-7　泥石流流量计算表

频率	1%	2%	5%	10%	20%
设计流量（m³/s）	420.14	382.40	330.54	294.54	250.50
洪峰流量（m³/s）	1523.0	1328.8	1099.0	935.1	776.55

2）河流泥沙。

流域境内因受地质构造、地形特征、地貌类型、岩性发育等多种因素的综合影响，使整个地势地形破碎，山高谷深，沟壑密集。水碾河小流域河流水系主要有：烂泥塘沟、罗家大垮沟、大木厂沟、大沟 4 条,总流长 31km。

大沟:发源于大沟村公所驻地,流长 6km,从东向西流入水碾河注入金沙江,汇集流域集水面积 17.6km²,河床坡降 68‰,年均产水量 2110 万 m²,年均输沙量 33.96 万 m² 烂泥塘沟:发源于半边屯水库,流长 7.5km,从东向西流入金沙江,汇集流域集水面积 9.84km2,河床坡降 56.2‰,年均产水量 859 万 m²,年均输沙量 19.38 万 m³。

罗家大垮沟:发源于巧家营乡政府驻地,流长 6.3km,从东向西流入金沙江,汇集流域集水面积 10.69km²,河床坡降 59.2%。,年均产水量 940 万 m³,年均输沙量 18.87 万 m³.

大木厂沟:发源于旧营村的母猪卡,流长 15.7km,流域境内 11.2km,从东向西蜿蜒流入金沙江,汇集流域集水面积 8.91km²,河床坡降 51.4%。,年均产水量 1101 万 m²,年均输沙量 15.18 万 m²。

(2) 泥石流的危害及监测现状。

根据堆积物测量特征、堆积物粒度分组特征和钻孔资料,水碾河属崩滑补给高频沟谷型黏性泥石流沟,浆体容重为 2.0~2.341/0?。因受地质构造、地形特征、地貌类型、岩性发育等多种因素的综合影响,使整个流域呈现地形破碎、山高谷深、沟壑密集的特点。

水碾河是巧家县危害巨大的泥石流沟=1916 年、1946 年、1955 年、1970 年、1980 年、1981 年、1989 年相继发生过特大型泥石流,每次泥石流的流量都超过 100 万 m²。1980 年 8 月 24 日凌晨,水碾河暴发泥石流,流石流浆体体积 134 万 m³,毁田 136hm2,死 8 人,伤 13 人;1989 年 5 月 6 日,水碾河暴发泥石流,泥石流浆体体积 115 万 m³,毁田约 133.33hm2,造成巧大公路交通中断,直接经济损失 1600 余万元。此两次泥石流堆积的面积不到扇面的 30%,从扇面的形状、堆积物厚度、历史扇面的漂石分布情况和堆积扇总厚分析,历史上曾发生过一次量上千万立方米的泥石流。

历史上水碾河基本无防治措施。1991 年长江水利委员会水土保持局将水碾河列入长江上游滑坡泥石流预警系统泥石流监测点,在巧家县设立水碾河泥石流预警点,开展降水和泥位观测,进行临灾预报。设计保护范围 3.2km²,保护人口 1700 人。

该预警点监测范围内自建点以来,未发生泥石流灾害。

根据《崩塌、滑坡、泥石流监测规程》(DZ/T0223—2004)、《长江上游滑坡泥石流监测预警系统技术手册》(2007.12),东西河泥石流为最重度危险区,监测预警点级别为 I 级。

(3) 建设规模及工程总体布置。

新建站房 60m2;增设遥测自动雨量计 3 台;安装泥石流地声振动报警仪 2 部;安装超声波泥位仪 2 台;进行沟道断面监测 2 处;建立实验分析系统 1 套。

(4) 监测工程设计。

1) 监测设计。

降雨观测：在水碾河上游的老尖山、三家村及站房屋顶设3台遥测自动雨量计，进行降水观测；结合移动短信平台，掌握适时降水情况，为灾害监测预警提供第一手资料，同时保留原有虹吸式自记雨量计，以防漏测、误报。

泥石流泥位观测设计：采用传统的断面观测和超声波泥位仪相结合，观测泥石流泥位。在流通区上游及沟口各设浆砌石断面1处，用于观测、比较，在沟道建浆砌块石观测断面长50m；在流通区上游及沟口各设超声波泥位仪1部，用于观测泥位，和过流断面数据相互对比、印证；建立实验分析系统，搜集分析泥石流数据，提高科学性和实用性。

2）泥石流临灾预报：采用泥石流地声振动报警仪，结合在沟谷内设立泥石流断线检知设施，捕捉泥石流来临的信息并发出预警信号。

3）沟谷巡查：日常工作中注重对水碾河泥石流形成区、流通区的松散固体物质调查，掌握沟谷河道变化情况。

4）主要设备的配置。

根据水碾河泥石流特点，泥石流监测加强了区域的降雨量观测与预警，提高了泥石流监测与报警的设备配置。监测站点配备的主要监测仪器设备详见表10-8.

表10-8　水碾河泥石流预警点主要仪器设备配置表

序号	名称	单位	数量
1	自动雨量计	台	3
2	手持GPS	台	1
3	超声波泥位计	台	2
4	泥位报警仪	台	2
5	泥位传感器	台	2
6	泥位监测记录仪	台	2
7	GSM无线网络报警系统	台	2
8	太阳能供电装置	台	2
9	数据通讯线缆	套	2
10	泥位标尺	处	2
11	流速仪	台	1
12	泥沙采样仪	台	1
13	电子天平	台	1
14	钢尺等常规监测设备	套	1
15	办公家具	套	2

三、甘肃省泥石流预警点

以下对甘肃省陇南市武都区北峪河泥石流预警点作出介绍。

（1）北峪河泥石流区域概况。

北峪河泥石流沟位于甘肃省陇南市武都区北部，是白龙江北岸一级支流，流域面积432km2，其中水土流失面积375km2，主沟道总长44km，地貌上属甘肃南部土石中山地类型区。其地理位置位于E104°51'48"~105°11'09"，N27°09'19"~33°23'26"。该沟流经武都区的安化镇、柏林乡、马街镇、汉林乡等4个完整乡镇及龙鱼、甘泉、城郊、城关等乡镇的部分村社，流域内共有人口3.89万人，耕地0.567万hm²，沟口危害区为陇南市城区所在地。

（2）北峪河泥石流的危害及监测现状。

北峪河流域内支沟众多，据统计，近30年来北峪河流域共发生7次较大规模的泥石流，共导致18人死亡，并造成了巨大的经济财产损失。

北峪河泥石流预警点作为长江上游滑坡泥石流预警系统第一批监测预警点于1990年12月正式批准建立并投入运行，截至2007年，已开展泥石流监测预警工作近17年，积累了丰富的泥石流监测预警和防灾减灾工作经验。

北峪河流域监测预警点目前主要开展降雨、泥位、流速、流量、样品测定、冲淤观测等几方面的观测内容。

根据《崩塌、滑坡、泥石流监测规程》（DZ/T0223—2004）、《长江上游滑坡泥石流监测预警系统技术手册》（2007.12），北峪河泥石流为最重度危险区，监测预警点级别为I级。

（3）建设规模及工程总体布置。

在重点支沟布设自动雨量监测网，对雨量进行远程遥测预报预警，在现有监测设备设施基础上增加标准无线监测报警雨量站4个；在干沟和重要支沟设立泥位自动观测报警站，开展泥石流实时报警，新增无线自动泥位警报站2个；新增沟道冲淤观测点8个；同时，对现有的北峪河监测预警站及陇南一级站的网络系统进行升级改造，完善现有的监测预警通讯信息传输系统。

（4）监测工程设计。

1）自动雨量监测站设计。

①自动雨量监测报警点：主要在面积大于20km2的支沟和干流主要河段布设，具体位置为安坪沟靡子坝、汉林沟汉林村、干流司家坝段和高桥段。共4个雨量自动监测报警点。

②自动雨量监测系统：主要在北裕河泥石流监测预警点、主要支沟和干流上泥石流形成区布置，作为降雨量观测报警的主要设备。北裕河原有的翻斗遥测自计雨量计及人工雨量筒作为校核，备用系统仍然继续使用降水量观测，利用自动无线雨量监测系统可实现降雨监测数据的远程自动传输，以达到北峪河监测预警点对全流域实时降雨的远程遥测以及对灾害性降雨的及时报警。

2）泥位监测报警站设计。

主要分为两个方面：一是干流北裕河泥石流监测预警点观测断面处的泥位自动报

警系统；二是在干流上游和下中游主要支沟上的泥位自动报警系统。

泥位自动监测报警点主要通过泥位接触探头和GSM网报警的方式实现对各支沟泥石流的多级监测及报警，泥位探头监测到的泥位信号通过无线（SW）和GSM信号传输至北峪河泥石流监测预警站的接收系统。泥石流泥位监测报警系统布置在干流原监测预警点观测断面处及干流上游和中下游主要支沟上。将该系统布置在流域内泥石流暴发频率较高的干流上游安化段、干流中游马街上板桥断面处。

此外，在下游北峪河河口出口段设置人工观测断面1处，采集样品并进行泥位、流速、流量的人工监测，校核上游断面监测资料。

本设计采用泥位自动监测报警为主，人工泥位监测为辅的两套泥位监测系统，以保证泥石流观测准确、可靠、及时、稳定。

3）沟道冲淤观测。

在泥石流沟道重点部位对泥石流形成、沟道变化、冲淤及堵塞情况进行观测，一般每年观测1次，可根据实际情况增加观测次数。共设置8处重点观测断面，具体分布为：油房沟郭坪村、田家沟田家沟村、安坪沟官化村、汉林沟花石崖、马槽沟马槽沟村、干流上游安化段、干流中游高桥预警点处、干流中游马街上板桥断面处。

4）主要设备的配置。

根据北峪河泥石流特点及工程设计，监测站点需配置以下监测仪器设备，详见表10-9。

表10-9　北峪河泥石流预警点主要仪器设备配置表

序号	名称	单位	数量
1	自动雨量计	台	4
2	泥位报警仪	台	2
3	超声波泥位计	台	2
4	泥位传感器	台	2
5	泥位监测记录仪	台	1-2
6	无线发射装置	台	2
7	太阳能供电装置	台	2
8	数据通讯线缆	套	2
9	流速仪	台	1
10	泥沙采样仪	台	1
11	电子天平	台	1
12	泥位标尺	个	4
13.	钢尺等常规监测设备	套	1

第四节 泥石流监测预警技术的推广应用

一、四川宁南县城后山史家沟泥石流监测预警系统

（1）站点选择的依据。

宁南县城所在地是县内最大的山间盆地，整个县城位于泥石流沟堆积扇扇群上，面积约10余km2》宁南县城后山有8条泥石流沟。根据对宁南县城后山主要泥石流沟的现场踏勘发现，其中，羊圈沟横穿县城中间而过，目前对宁南县城的威胁最为突出。

羊圈沟实际上是史家沟和吴家沟两条泥石流沟道汇合以后贯穿整个县城的一条泥石流沟道，泥石流形成源地开阔，固体物质储量庞大，潜在危害突出。根据现场踏勘，大量往年暴发的小型泥石流，尤其是2001年6月9日暴发的特大泥石流在沟内堆积了大量的松散固体物质。通过对当地居民访问知道，2001年6月的特大泥石流曾将下游排导槽全部淤满。2008年6月，国土部门组织利用开挖机对排导槽中的淤积物进行了清理，但沟内堆积的大量松散物质却无人问津。经现场测量估计，从沟口简易公路往上，沟内松散堆积物超过20000m3o当雨季到来时，如此数量庞大的松散堆积物，当雨量一旦超过临界值暴发泥石流，超过20000m3的泥沙石块混合着雨水直泻而下，加之规模如此庞大的泥石流势必进一步强烈侵蚀、掏刷沟道，将带起更多的泥沙直扑处于其正下方的宁南县城。县城的数万百姓将无处可避，生命财产安全岌岌可危，后果不堪设想。同时，史家沟沟道两侧岸坡陡峻而松散，极易发生崩塌，从而进一步提供大量松散物质。丰富的松散固体堆积物，使该沟泥石流暴发的临界雨值也将较之以往大大降低。

因此，将羊圈沟上游支沟史家沟作为此次泥石流雨量监测的对象。

史家沟出口高程为1230m，在四川宁南泥石流预警站站房处与吴家沟汇合后进入羊圈沟，上游形成区高程超过2300m。根据泥石流监测雨量站的布设原则，分别在水井湾（海拔2140m）、官村子（海拔1670m）和预警站站房房顶（海拔1230m）设置雨量监测装置，如图10-3和表10-10所示。

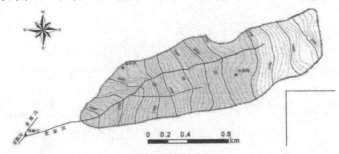

图10-3 宁南县史家沟雨量站布置总图

表10-10　宁南县史家沟雨量站基本情况表

观测点	地理位置		自然位置
	经纬度	高程（m）	
水井湾	E102。46'42.5" N27。05'02.9"	2140	披砂镇披砂村12组
官村子	E102。46'06.2" N27°04' 53.1'	1670	披砂镇披砂村12组
预警站	E102。45'45.1" N27。04'48.9"	1230	后山泥石流预警点

（2）各站点基本情况。

1）水井湾站点。

水井湾隶属于宁南县披砂镇披砂村12组，位于史家沟上游，属于史家沟泥石流的形成区。该区域主要为坡度较大的坡耕地，平均坡度超过23°，储备了丰富的松散固体物质，在一定的降雨条件下，一旦进入沟道，将造成毁灭性的后果，如图10-4所示。同时，该区域为史家沟的沟头位置，在此处布置雨量站具有相当的代表性。

图10-4　水井湾的坡耕地

考虑日照和无线讯号条件，将该雨量站设置在该村村民苏里忠家的院墙上，其地理位置为E102°46'42.5"，N27°05'02.9"，海拔高程2140m，位于史家沟左岸沟头，如图10-5所示。根据项目组人员现场测试，该处无线讯号稳定，且日照充足，能够满足雨量站正常运行的需要。

图10-5　宁南县城后山雨量站水井湾站点：村民苏里忠家

2）官村子站点。

官村子位于水井湾和预警站的中间，同样隶属于宁南县披砂镇披砂村12组，位于史家沟的右岸，即史家沟与吴家沟的中间分水岭位置处。该处雨量站控制了史家沟沟岸崩塌和沟内松散物质堆积区域，同样具有相当的雨量控制作用。为了满足日照和无线讯号要求，将该雨量站设置在该村村民蒋梦国家的晒坝边，其地理位置为E102°46'06.2″，N27°04'53.1″，海拔高程1670m，如图10-6所示。根据项目组人员现场测试，该处无线讯号定，且日照充足，能够满足雨量站正常运行的需要。

图10-6 宁南县城后山雨量站官村子站点：村民蒋梦国家

3）预警站站点。

宁南县城泥石流预警站位于史家沟的沟口，史家沟与吴家沟交汇处。在此处设置雨量站，可同时监测史家沟、吴家沟及羊圈沟的雨量。同时，自建站以来，预警站的房顶就已设置雨量筒，在此处建立雨量站可以延长其资料序列。此外，将雨量站布设在预警站站房楼顶还可以方便管理。经过现场测试，该处日照充足，无线讯号稳定，满足自计式雨量计的要求。经过定位，该处地理位置为E102°45'45.1″，N27°04'48.9″，海拔高程1230m，如图10-7所示。

图10-7 宁南县城后山雨量站预警站站点

（3）泥石流情况及土壤颗粒组成。

史家沟流域面积1.639km2，沟长3670m，沟头到沟口高差1420m，沟床纵比降314‰。根据20世纪80年代工程措施设计方案，史家沟20年一遇的设计日雨量128.0mm，洪水流量11.03m3/s，泥石流流量15.80tn3/s，固体物质输移量2.19万nA史家沟土壤颗粒级配曲线如图10-8所示。

表10-11 史家沟流域特征参数表

流域名称	流域面积F（km²）	形成区面积（km²）	汇流区面积（km²）	主沟长度L（km）	主沟平均纵坡降Z
史家沟	1.639	1.077	0.562	3.67	0.314

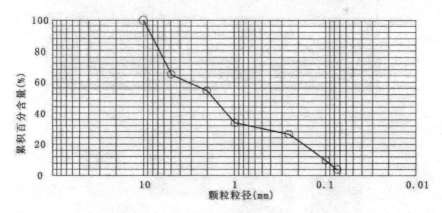

图10-8 史家沟土壤颗粒级配曲线

（4）史家沟沟道概况。

宁南县城后山属于泥石流多发区，主要分布有史家沟、吴家沟等8条泥石流沟道，而且史家沟和吴家沟两沟形成特征、地理位置相似，在宁南县泥石流预警监测站点汇合形成羊圈沟。

由于后山泥石流堆积区有水厂、学校、农田、农户、丝厂、事业单位，受灾体类型多样，潜在受灾可能性大，历来备受政府和群众的高度重视，布置泥位监测预警很有必要。此外，后山各沟沟头至沟口高差400~1650m，潜在势能充足，汇水区、泥石流形成区、流通区和堆积区发育完整。山坡和沟道的稳定性差，山脚泥石流固体物质储存量较大。后山泥石流区是一个地震活动比较频繁的地区，历史上有地震后，伴有次生泥石流灾害的发生，一旦发生后果不堪设想。史家沟流域及泥石流影响区如图10-9所示。为此，针对泥位监测及预警系统的布置进行了详细现场调查，史家沟监测布置如图10-10所示。

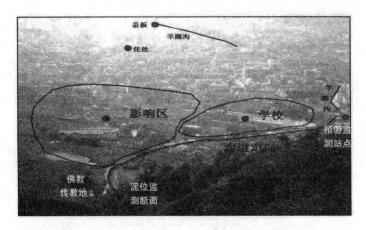

图 10-9　史家沟流域及泥石流影响区

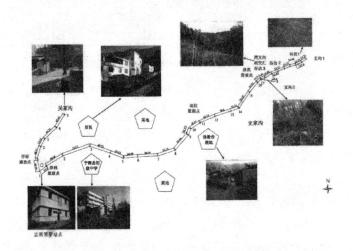

图 10-10　史家沟监测布置概况图

沟道形态：沟道形态可分为导流槽及自然沟道两部分。导流槽部分为规则的 U 形，平均宽度 7.0m，平均坡度为 7.23°。自然沟道部分形态复杂，平均坡度为 13.17°，最窄处宽约 16m，最宽处约 28m，沟道内植被覆盖度高。史家沟纵剖面如图 10-11 所示。

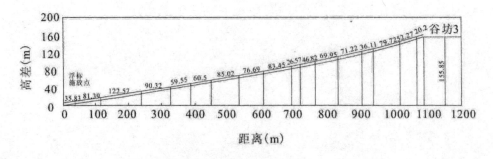

图 10-11　史家沟纵剖面图

沟道的上游地区：从拟建谷坊1到沟头约2400m，主要是汇水区和形成区。形成区为典型的扇形结构，汇水区范围广，多为农业耕地，如图10-12所示。

图10-12　史家沟上游

沟道的下游地区：沟道的下游为史家沟和吴家沟交汇形成的羊圈沟，从两沟交汇处到在建公路（有盖板）长约1627m，穿过整个市区，为明渠性导流槽，断面为规则的U形（平均宽6.1m，平均深2.7m）；经过在建公路后导流槽顶端铺有盖板（平均宽3.25m，平均深3.1m），沟道断面如图10-13所示。

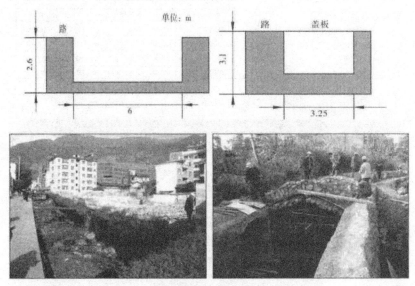

图10-13　羊圈沟断面图（史家沟下游）

（5）史家沟雨量观测站的布置。

史家沟出口高程为1230m，在四川宁南泥石流预警站站房处与吴家沟汇合后进入羊圈沟，上游形成区高程超过2300m《根据史家沟流域的地貌形态、流域高差等，按照雨量观测站的布置原则，项目组最终在泥石流形成区的上游、中游及预警站站房选定了雨量监测点的布置位置，包括后山披砂镇披砂村12组（水井湾）村民苏里忠家的院墙上（海拔2140m）、披砂镇披砂村12组（官村子）村民蒋梦国家的晒坝边（海拔

1670m）以及宁南县城后山泥石流预警站的观测房楼顶（海拔1230m）分别设置自计式雨量计和遥测雨量计进行雨量观测。

（6）泥石流监测预警系统的建设及运行。

史家沟泥石流监测预警建设工作自2009年6月和12月两次野外现场考察、选点布设，至2010年8月，完成了四川宁南县城后山史家沟泥石流预警系统建设项目，包括雨量监测点建设、泥位观测点建设、断线监测设备安装、常规监测设备安装、雨量及泥位阈值的研究和技术支持方案以及软件开发等项目要求全部工作内容。总体安装布置图、站点建设、软件界面等如图10-14至图10-16所示。

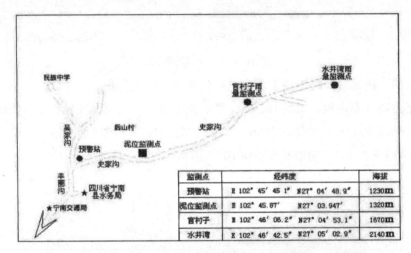

监测点	经纬度	海拔
预警站	E 102° 45′ 45.1″ N27° 04′ 48.9″	1230m
泥位监测点	E 102° 45.87′ N27° 03.947′	1320m
官村子	E 102° 46′ 06.2″ N27° 04′ 53.1″	1670m
水井湾	E 102° 46′ 42.5″ N27° 05′ 02.9″	2140m

图 10-14　宁南县史家沟泥石流预警系统监测点布置图

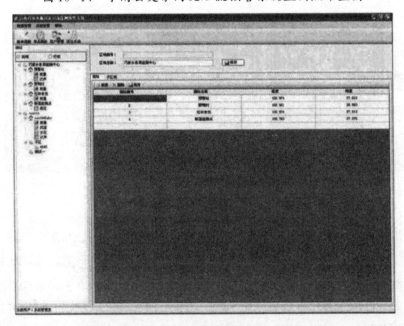

图 10-15　泥石流监测预警系统软件界面图

图 10-16　宁南县史家沟泥石流预警系统部分建设成果

二、云南巧家县水碾河泥石流监测预警系统

（1）站点选择的依据。

水碾河位于巧家县城以北 6km，为金沙江一级支流。流域面积 57.6km2，主沟长 15km。沟口地理位置为 E102°54.8′，N26°57.7′。流域呈条块形，长 11.5km，宽 9.2km。发源地轿顶山最高点海拔 3555m，堆积扇末端金沙江边最低点海拔 645m，相对高差 2910m，主沟比降 138‰。，沟道纵坡上陡下缓，变化明显。从泥石流沟口至马脖子一带长约 9km 的沟段全部在五莲峰断裂的南端发育发展，受断裂的拉张升降影响和沟道的调坡作用，沟道两岸发育了炭山沟、龙家山、张家垮山、姚家垮山等多个大滑坡，固体松散物十分丰富，为泥石流的形成提供了基本条件。

该沟属高频沟谷型黏性泥石流沟，泥石流容重为 2.0~2.34t/m3，泥石流物质为沟谷两侧补给的固体松散物。其暴发的方式为：崩塌、滑坡形成的固体松散物+前期降水+短历时暴雨一启动沟床质一形成泥石流。

历史上，水碾河沟曾多次暴发灾害性泥石流，冲毁房屋、田地，给人民群众的生命财产造成重大损失。如 1980 年农历 7 月 13 日，水碾河曾暴发特大泥石流，时间持续 1~2h，造成 8 人死亡。

10余年来，水碾河未发生大规模的泥石流，沟谷内积累了大量固体松散物，如遇大雨或单点暴雨，极有可能激发泥石流，造成新的危害。

水碾河泥石流监测预警建设工作自2009年6月和12月两次野外现场考察、选点布设，至2010年8月，完成了四川巧家县水碾河泥石流预警系统建设项目，包括雨量监测点建设、泥位观测点建设、常规监测设备安装、雨量及泥位阈值研究和技术支持方案以及软件开发等项目要求全部工作内容。监测点布置图见图10-17。

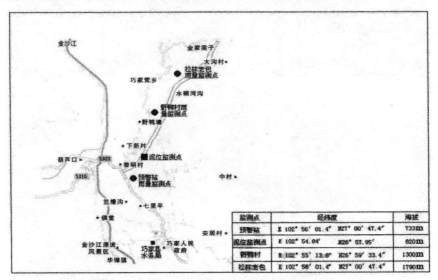

图10-17 巧家县水碾河泥石流预警系统监测点布置图

根据泥石流监测雨量站的布设原则，分别在泥石流形成区松林老包（海拔1790m）、野鸭村（海拔1300m）和位于沟口附近的预警站站房房顶（海拔733m）设置雨量监测装置，如表10-11和图10-18所示。

表10-11 巧家县水碾河雨量站基本情况表

观测点	地理位置		自然位置
	经纬度	高程（m）	
松林老包	E102。56'01.4" N27。00'47.4"	1790	白鹤滩镇巧家营村
野鸭村	E102。55'13.8" N26。59'33.4"	1300	白鹤滩镇
预警站	E102。56'01.4" N27°00'47.4"	733	白鹤滩镇

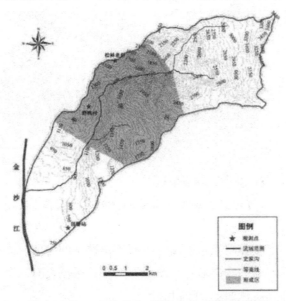

图 10-18 巧家县水碾河雨量站布置总图

（2）各站点基本情况。

1）松林老包站点。

松林老包隶属于云南省巧家县白鹤滩镇巧家营村，位于水碾河沟上游形成区。该区域地形十分陡峻，坡面破碎，储备了丰富的松散固体物质，在一定的降雨条件下，一旦进入沟道，将造成毁灭性的后果，如图 10-19 所示。在该区域往上的三家村，有巧家县水碾河沟泥石流预警站的雨量监测站。

图 10-19 松林老包松散而陡峻的坡面

考虑日照和无线讯号的条件，将该雨量站设置在该村村民罗华国家的房顶上，如图 10-20 所示，其地理位置为 E102°56'01.4"，N27°00'47.4"，海拔高程 1790m，位于水碾河沟右岸。根据项目组人员现场测试，该处无线讯号稳定，且日照充足，能够满足雨量站正常运行的需要。

图 10-20　水碾河沟泥石流监测雨量站松林老包站点：村民罗华国家

2）野鸭村站点。

野鸭村位于松林老包和巧家水碾河沟泥石流预警站的中间，同样隶属于云南省巧家县白鹤滩镇，位于水碾河沟的右岸。水碾河沟在该区域内有众多的大规模滑坡，积累了丰富的松散固体物质，如图10-21所示。

图 10-21　水碾河沟沟道两侧的崩塌滑坡

为了满足日照和无线讯号的要求，将该雨量站设置在该村村民张勇家的屋顶上，如图10-22所示，其地理位置为E102°55'13.8"，N26°59'33.4"，海拔高程1300m。根据项目组人员现场测试，该处无线讯号稳定，且日照充足，能够满足雨量站正常运行的需要。

图 10-22　水碾河沟泥石流监测雨量站野鸭村站点：村民张勇家

　3）预警站站点。

　水碾河沟泥石流预警站的新建站房位于水碾河沟沟口左侧，如图10-23所示。经过现场测试，该处日照充足，无线讯号稳定，满足自计式雨量计的要求。经过定位，该处地理位置为E102°56'01.4"，N27°00'47.4"，海拔高程733m。

图10-23　水碾河沟泥石流监测雨量站预警站站点

参考文献

[1] 陕西省地质环境监测总站. 泥石流 [M]. 武汉：中国地质大学出版社，2020.06.

[2] 中国地质环境监测院，自然资源部地质灾害应急技术指导中心编. 地质灾害监测预警与应急避险 [M]. 北京：地质出版社，2018.08.

[3] 新疆维吾尔自治区测绘科学研究院，中测新图（北京）遥感技术有限责任公司编著. 新源县崩塌滑坡泥石流地质灾害监测 [M]. 北京：测绘出版社，2018.10.

[4] 赵鹏飞，李吉奎编著. 泥石流 [M]. 南京：南京出版社，2016.05.

[5] 自然灾害的预防与自救丛书编委会主编. 泥石流 [M]. 贵阳：贵州科技出版社，2015.08.

[6] 国土资源部地质环境司，中国地质环境监测院著. 地质环境监测技术方法及其应用 [M]. 北京：地质出版社，2014.08.

[7] 谢宇主编. 泥石流 [M]. 石家庄：花山文艺出版社，2013.06.

[8] 陈循谦编著. 泥石流与水土保持 [M]. 昆明：云南科学技术出版社，2007.06.

[9] 国家减灾委员会办公室编. 避灾自救手册 滑坡与泥石流 [M]. 北京：中国社会出版社，2014.04.

[10] 张春山，杨为民，吴树仁编著. 山崩地裂 认识滑坡、崩塌与泥石流 [M]. 北京：科学普及出版社，2012.06.

[11] 国家减灾委员会办公室编. 泥石流灾害流紧急救援手册 [M]. 北京：中国社会出版社，2010.07.

[12] 罗元华，陈崇希著. 泥石流堆积数值模拟及泥石流灾害风险评估方法 [M]. 北京：地质出版社，2000.03.

[13] 蒋忠信编著. 震后泥石流治理工程设计简明指南 [M]. 成都：西南交通大学出版社，2014.10.

［14］李永祥编．泥石流灾害的人类学研究 以云南省新平彝族傣族自治县 8.14 特大滑坡泥石流为例［M］．北京：知识产权出版社，2012.10.

［15］国家减灾委员会办公室编．避灾自救手册 滑坡与泥石流［M］．北京：中国社会出版社，2005.09.

［16］水电水利规划设计总院批准；国家能源局主编．水电工程泥石流勘察与防治设计规程［M］．北京：中国水利水电出版社，2019.

［17］张永军著．多地貌典型区泥石流综合研究［M］．西安：西安地图出版社，2020.04.

［18］中国地质灾害防治工程行业协会编著．泥石流灾害防治工程勘查规范［M］．武汉：中国地质大学出版社，2018.01.

［19］陈卫东，付峥，余学明等著．水电工程泥石流防治安全控制技术［M］．北京：中国水利水电出版社，2018.09.

［20］郭树清，李海军，张仲福著．泥石流防治工程常见问题及其对策研究［M］．兰州：兰州大学出版社，2018.11.

［21］曹修定．泥石流泥位雷达监测技术规程试行［M］．武汉：中国地质大学出版社，2018.

［22］魏宝祥，李佛琳，陈功编著．植物工程原理及其应用［M］．昆明：云南大学出版社，2017.07.

［23］朱耀琪著．中国地质灾害与防治［M］．北京：地质出版社，2017.12.

［24］余斌，唐川等著．泥石流动力特性与活动规律研究［M］．北京：科学出版社，2016.08.

［25］王洪德，高幼龙等著．地质灾害监测预警关键技术方法研究与示范［M］．北京：中国大地出版社，2008.12.